CURSO DE MECÁNICA ANALÍTICA

Curso de Mecánica Analítica es un libro de texto para estudiantes universitarios. Abarca los temas de la mecánica clásica de un curso de un semestre para cuarto año de la Licenciatura en Física: coordenadas generalizadas, ecuaciones de Lagrange, principio de mínima acción, hamiltoniano, teoremas de conservación, fuerzas centrales, teoría de pequeñas oscilaciones, dinámica de cuerpos rígidos, ecuaciones de Hamilton, espacio de fases, transformaciones canónicas, sistemas dinámicos, caos en sistemas disipativos y hamiltonianos. El estilo de notas de clase, con abundantes ejemplos que sirven para motivar el material y muchos cálculos hechos explícitamente, lo hacen particularmente atractivo para estudiantes que se enfrentan por primera vez con la Mecánica Clásica.

Guillermo Abramson es Doctor en Física, investigador del CONICET y profesor del Instituto Balseiro (Bariloche, Argentina). Realizó trabajo postdoctoral en Trieste, Italia, y en Dresde, Alemania, y actualmente es miembro de la División Física Estadística e Interdisciplinaria del Centro Atómico Bariloche. Ha publicado más de un centenar de trabajos científicos, dirigido tesis y gestionado proyectos de investigación. El Dr. Abramson es también un entusiasta astrónomo y divulgador de la ciencia. Ha publicado también *Viaje a las Estrellas: De cómo y con qué los hombres midieron el universo* (Siglo XXI, 2011) y *En el Cielo las Estrellas* (EDIUNC, 2016) y escribe semanalmente en su blog *En el Cielo las Estrellas* (guillermoabramson.blogspot.com).

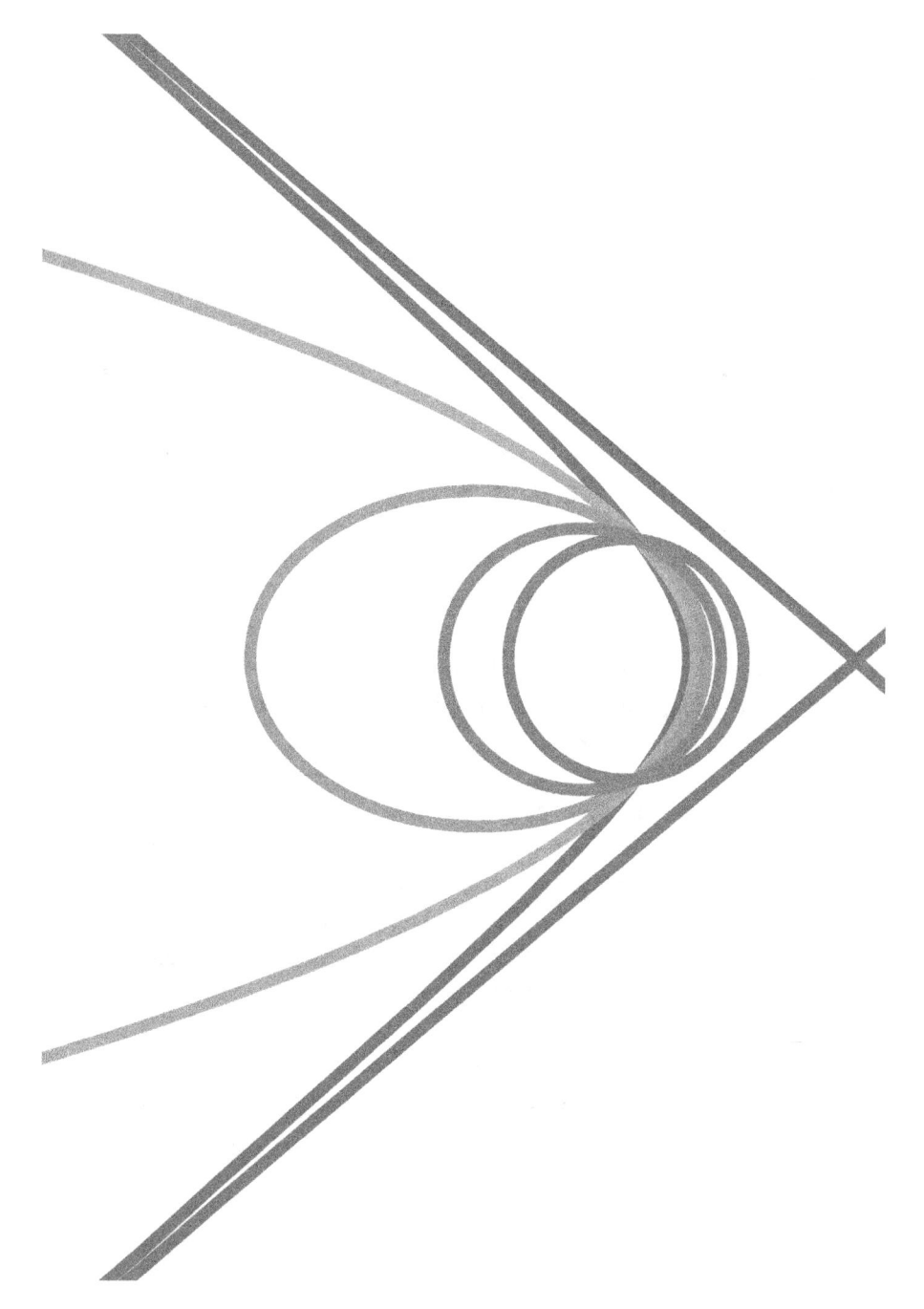

Curso de MECÁNICA ANALÍTICA

Guillermo Abramson

EN EL CIEL✪ LAS ESTRELLAS

Curso de Mecánica Analítica
© Guillermo Abramson, 2022

ISBN 979-8-40-948798-0

Primera edición
Publicado por KDP y **EN EL CIEL⊗ LAS ESTRELLAS**

Todos los derechos reservados. No se permite la reproducción total o parcial, el alquiler, la transmisión o la transformación de este libro, en cualquier forma o por cualquier medio, sea electrónico o mecánico, mediante fotocopias, digitalización u otros medios, sin el permiso previo y por escrito del autor.

Visite En el cielo las estrellas (enelcielolas.blogspot.com)

Para Lara y Felipe.

ÍNDICE GENERAL

1 **Fundamentos y revisión** 1
   1.1 Las leyes de Newton 1
   1.2 Conservación del momento lineal 3
   1.3 El sistema del centro de masa 4
   1.4 Conservación del momento angular 8
   1.5 Conservación de la energía 9
   1.6 Trayectoria de un sistema conservativo 11
   1.7 Rocket science 15

2 **Mecánica de Lagrange** 21
   2.1 Ecuaciones de Lagrange 21
   2.2 Principio de Hamilton 37
   2.3 Fuerzas que dependen de la velocidad 49
   2.4 Teoremas de conservación 54
   2.5 Multiplicadores de Lagrange 72
   2.6 Propiedades del lagrangiano 82
   2.7 ¿Por qué T menos U? 86

3 **Fuerzas centrales** 89
   3.1 Planteo del problema 90
   3.2 Coordenadas relativas 92
   3.3 Reducción a un cuerpo 94
   3.4 Reducción a un plano 95
   3.5 Potencial efectivo 97
   3.6 La ecuación de la órbita 103
   3.7 Las órbitas 106
   3.8 El movimiento orbital 125

3.9 Puntos de Lagrange 134
3.10 Scattering 144

4 Oscilaciones 171
4.1 El oscilador armónico 172
4.2 Oscilador armónico amortiguado 176
4.3 Osciladores acoplados 177
4.4 Tratamiento general 193
4.5 Degeneración 200
4.6 Oscilaciones de una cadena lineal 205

5 Cuerpos rígidos 217
5.1 Velocidad angular 219
5.2 Eje de rotación 221
5.3 Energía cinética 225
5.4 Tensor de inercia 227
5.5 Energía potencial 236
5.6 Momento angular 237
5.7 Dinámica de un cuerpo rígido 245
5.8 Ángulos de Euler 262

6 Mecánica hamiltoniana 275
6.1 Ecuaciones de Hamilton 277
6.2 El espacio de fases 287
6.3 El teorema de Liouville 290
6.4 Transformaciones canónicas 295

7 Sistemas dinámicos 313
7.1 Flujos en una dimensión 314
7.2 El plano de fases 322
7.3 El caos 341
7.4 Caos en sistemas hamiltonianos 357

8 Problemas 379

Bibliografía 429

ÍNDICE GENERAL

Índice alfabético   431

PRÓLOGO

Había una vez una Mecánica Clásica. La Mecánica es, por supuesto, el estudio de cómo se mueven las cosas, ya sea una pelota o un cometa, un átomo o un rulemán. Nació con Galileo y Newton en la Revolución Científica del siglo XVII, y se desarrolló inmensamente gracias a la reformulación de Lagrange y Hamilton en los siglos XVIII y XIX, cuando se la empezó a llamar "analítica". Durante dos siglos resultó obvio que ésa era *la* mecánica, la única, la que podría explicar el movimiento de cualquier sistema observado o imaginable. En el siglo XIX la Mecánica Estadística y el Electromagnetismo se construyeron sobre ella. Y de pronto, entre 1900 y 1930, surgió una nueva mecánica, la que necesitamos para describir el movimiento de las partículas subatómicas, y que tiene inmensas consecuencias incluso en el mundo macroscópico. Esta nueva ciencia, la Mecánica Cuántica, no relegó a la que empezó a llamarse "clásica" al baúl de los recuerdos. La Mecánica Clásica, en el siglo XXI, está tan viva como siempre por una cantidad de razones. En primer lugar, porque hay muchísimos sistemas de interés que están adecuadamente descriptos por ella. En segundo lugar, el desarrollo de la teoría del caos y otras ramas de los sistemas dinámicos han potenciado su estudio. Finalmente, porque las herramientas matemáticas y conceptos teóricos que llevaron a la Mecánica Clásica a su sensacional éxito son un requisito para fundar sobre ellas el estudio de los sistemas cuánticos. En la currícula de una carrera de física, de hecho, la Mecánica Clásica es la primera (y probablemente la única) materia que se presenta a los estudiantes como una construcción teórica completa. Los alumnos la asimilan hasta con emoción; es la primera vez que se encuentran con semejante edificio físico-matemático.

Este libro es un curso de Mecánica Clásica para estudiantes universitarios. Nació de la materia que dicté durante años en el Instituto Balseiro (Universidad Nacional de Cuyo y Comisión Nacional de Energía Atómica, Argentina), para alumnos de cuarto año de la Licenciatura en Física y las Ingenierías Nuclear y Mecánica. El contenido abarca los temas que me gustaron en esos años para dar en clase. El lector debe tener un dominio elemental del cálculo diferencial e integral, y de las ecuaciones diferenciales, así como de la física newtoniana básica que generalmente se estudia en el primer año de estas carreras. El estilo es de notas de clase: hay muchos ejemplos que sirven para motivar el material, y muchos más cálculos hechos explícitamente, como si fuese en el pizarrón, sin atajos del tipo "después de un poco de álgebra", usuales en muchos tratados y libros de texto. Existen muchos buenos libros de Mecánica, incluso en castellano, en los cuales se podrán encontrar discusiones más completas o más profundas de ciertos temas. De todos modos, déjenme advertirles que si creen que van a aprender Mecánica simplemente leyendo libros, están muy equivocados. Van a aprender Mecánica estudiando, haciendo las guías de problemas y reflexionando.

Durante el año 2019 (justo antes de la pandemia de COVID-19) el curso completo fue filmado y puesto en línea en el canal de YouTube del Instituto Balseiro[1]. Me acompañaron en esa ocasión el Dr. Diego Harari, a cargo de los temas de mecánica hamiltoniana (con un enfoque un poco distinto del que encontrarán aquí), y la Dra. Marina Huerta, quien dictó una introducción a la Relatividad Especial. Los temas de sistemas dinámicos están mucho más desarrollados aquí en el texto, que en las clases en línea.

GA
Bariloche, febrero de 2022

---

[1] Instituto Balseiro: Mecánica clásica (youtu.be/psms00DeX9o).

Las tres formulaciones de la Mecánica

Newton - 1687 - *Principia mathematica*

- Fuerzas y aceleraciones.
- Coordenadas cartesianas.
- Segunda Ley.
- Espacio y tiempo.

Lagrange - 1788 - *Méchanique analytique*

- Sin fuerzas de vínculo.
- Coordenadas generalizadas.
- Ecuaciones de Euler-Lagrange.
- Lagrangiano.
- Espacio de configuraciones.

Hamilton - 1834 (y otros, incluído el propio Lagrange)

- Ecuaciones de Hamilton.
- Hamiltoniano. En casi todos los problemas interesantes es la energía: una cantidad físicamente relevante y que muchas veces se conserva (al contrario del lagrangiano).
- Espacio de fases.
- Otras cantidades conservadas, métodos aproximados, perturbaciones...
- Física: fluidos, cuántica, astrofísica, plasmas...

CAPÍTULO 1

FUNDAMENTOS Y REVISIÓN

La Mecánica se ocupa del movimiento de partículas y sistemas de partículas masivas. También de cuerpos sólidos, que pueden imaginarse como continuos de partículas infinitesimales, que veremos oportunamente. Y también de fluidos, que generalmente se estudian por separado por peculiaridades matemáticas de su descripción, y que quedan fuera del alcance de este curso.

Repasemos brevemente los elementos básicos de la Mecánica y sus resultados más relevantes, que generalmente son el contenido de los cursos de Física I y similares.

1.1 Las leyes de Newton

El *espacio* y el *tiempo* son los conceptos fundamentales de la Mecánica: a cada tiempo, la posición de una partícula está determinada por una terna de números reales que son su *vector posición*:

$$\mathbf{r}(t) = (x, y, z).$$

La forma más simple de definir estos números es mediante coordenadas cartesianas con respecto a un origen y unos ejes ortogonales, que constituyen un *sistema de referencia*. Tanto la posición como el tiempo son variables continuas. La derivada temporal de la posición es la *velocidad*,[1] $\dot{\mathbf{r}}$, también continua. La derivada de la velocidad

---

[1] Usaremos muchas veces la notación de Newton, habitual en la Física: las derivadas temporales denotadas con puntos sobre la variable.

es la *aceleración*, $\ddot{\mathbf{r}}$, no necesariamente continua.

Dado un sistema de referencia, las coordenadas cartesianas no son las únicas posibles para determinar los tres parámetros espaciales de la posición de una partícula. Se pueden usar coordenadas polares (en el plano), esféricas, cilíndricas... las que convenga. Conviene aprender a derivar el vector posición en distintos sistemas de coordenadas, o tener a mano las expresiones.

Existen sistemas de referencia especiales, llamados *inerciales*. Cabe preguntarse cuáles son estos sistemas inerciales: son aquéllos donde valen las *leyes de Newton*.[2] No hay otra manera de decirlo. En la práctica, son los sistemas no acelerados. ¿No acelerados con respecto a qué? Con respecto a un sistema inercial.

La Primera Ley de Newton dice que si sobre una partícula no actúan fuerzas (una *partícula libre*), ésta conserva su estado de movimiento: no se acelera; se queda quieta o con movimiento uniforme. No parece tener mucha gracia.[3] Es una especie de definición cualitativa de *fuerza*.

La Segunda Ley es más interesante y útil. Dice que en un sistema inercial, *efe es igual a eme por a*:

$$\mathbf{F}(\mathbf{r}, t) = m \frac{d^2 \mathbf{r}}{dt^2}.$$

Son tres ecuaciones, compactadas de manera vectorial. La forma que tenga en componentes depende del sistema de coordenadas usado. La *fuerza* es la suma de todas las fuerzas externas actuando sobre la partícula. La masa es la *masa inercial*, una propiedad de la partícula que hace de constante de proporcionalidad entre la fuerza y la aceleración. Si tomamos a la masa como un tercer concepto fundamental (como el espacio y el tiempo, algo que no definimos: es lo que se resiste al cambio del movimiento), entonces la Segunda Ley es una definición *cuantitativa* de fuerza.

---

[2]Isaac Newton, *Principia mathematica philosophiæ naturalis* (1687).
[3]Arthur Eddington: "Una partícula se queda quieta o se mueve uniformemente en línea recta excepto si no lo hace".

La Tercera Ley sí tiene más pinta de ser una ley de la naturaleza, una afirmación científica aplicable al mundo real. Se refiere a dos partículas en *interacción*: la fuerza que una hace a la otra es igual y opuesta a la que la segunda hace sobre la primera. Esta ley no es estrictamente válida ya que todas las interacciones se propagan a la velocidad de la luz, pero es razonablemente aproximada en todas las situaciones de la vida cotidiana y en muchos problemas astrofísicos también. Las dos fuerzas, vale la pena declararlo aunque sea obvio, *actúan sobre cuerpos distintos*. Pueden estar sobre la misma línea o no (gravitatoria y electromagnética, por ejemplo). Cuando no están sobre la misma línea a veces se dice que satisfacen una *forma débil* de la Tercera Ley. Pueden depender de las posiciones relativas, de las velocidades, y de propiedades intrínsecas de los cuerpos.

Como consecuencia directa de las leyes de Newton[4] tenemos unos *teoremas de conservación* sumamente útiles.

1.2 Conservación del momento lineal

El *momento lineal*[5] de una partícula, $\mathbf{p} = m\mathbf{v}$, se conserva (no cambia en el tiempo) si la fuerza neta aplicada sobre la partícula es nula, $\mathbf{F} = 0$. El teorema vale en cada dirección espacial por separado, así que si sólo una de las componentes de la fuerza es nula, se conserva el momento en esa dirección.

El momento lineal de un sistema de N partículas es

$$\mathbf{P} = \sum_{i=1}^{N} m_i \mathbf{v}_i.$$

También se conserva si sobre el sistema no actúan fuerzas externas, aunque haya interacciones *entre* las partículas. Esto puede ser muy

---

[4]Hilarante *Cumbia de las Tres Leyes de Newton*: youtu.be/g4Y90GswWFo.

[5]Por favor, no le digan nunca más "cantidad de movimiento". Si Marley (en *La ciencia de lo absurdo*) puede decirle *momentum* (palabra en latín, que es la que se usa en inglés), Uds. también. Las razones quedarán claras a lo largo del curso, espero.

útil: por ejemplo, para dos partículas en interacción (y sin otras fuerzas aplicadas sobre ellas) tendríamos que, por la Tercera Ley:

$$\mathbf{F}_{12} = -\mathbf{F}_{21}$$

Por la Segunda Ley, cada una de estas fuerzas es la variación del momento lineal de cada partícula:

$$\mathbf{F}_{12} = \frac{d\mathbf{p}_1}{dt}, \quad \mathbf{F}_{21} = \frac{d\mathbf{p}_2}{dt}.$$

Por lo tanto:

$$\frac{d\mathbf{p}_1}{dt} + \frac{d\mathbf{p}_2}{dt} = 0 \Rightarrow \mathbf{p}_1 + \mathbf{p}_2 = \mathbf{P} = \text{constante}.$$

1.3 El sistema del centro de masa

Cuando se habla de momento, hay que indicar siempre qué sistema de referencia se usa. Después de todo, las velocidades dependen del sistema de referencia. Si el sistema S' se mueve con velocidad $\mathbf{u}$ con respecto al S, las velocidades de cualquier partícula, en S y S', están relacionadas:

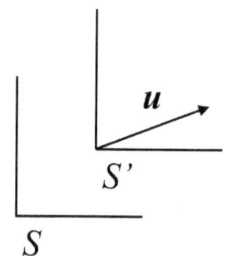

$$\mathbf{v} = \mathbf{v}' + \mathbf{u}.$$

Si el momento se conserva en una interacción (una colisión, por ejemplo) en S', entonces también se conserva en S.

Cualquier sistema inercial es tan bueno como otro, pero hay uno especialmente útil: el sistema del centro de masa (SCM). Es un sistema donde el momento total de un sistema de partículas (aisladas, aunque haya interacciones entre ellas) es cero. Si en S el momento es:

$$\mathbf{P} = \sum_i m_i \mathbf{v}_i,$$

1.3. EL SISTEMA DEL CENTRO DE MASA

entonces el SCM es un S' que se mueve con velocidad

$$\mathbf{u} = \frac{\mathbf{P}}{M},$$

donde M es la masa total, ya que

$$\mathbf{P}' = \sum_i m_i \mathbf{v}'_i = \sum m_i \left(\mathbf{v}_i - \frac{\mathbf{P}}{M}\right) = \mathbf{P} - \mathbf{P} = 0.$$

El CM del sistema está en:

$$\mathbf{R}_{cm} = \frac{\sum_i m_i \mathbf{r}_i}{M},$$

y, por supuesto, no se mueve en el SCM. Es obvio que su velocidad es cero en el SCM, ya que la derivada de $\mathbf{R}_{cm}$ es la definición de $\mathbf{u}$, la velocidad del SCM. Como no se mueve, en general es conveniente elegirlo como origen de coordenadas del SCM.

Hay otro sistema inercial útil: el sistema del laboratorio (SL). No tiene nada especial, salvo que es inercial y que es el sistema en el cual se dan las condiciones de un problema. Los laboratorios de la vida real, por supuesto, son sólo aproximadamente inerciales; depende de lo que uno quiera medir si los puede considerar inerciales o no.

Hagamos el siguiente problema de dos maneras distintas para ver la utilidad del SCM.

Ejemplo: Colisión de dos partículas. Sean dos partículas que sólo se mueven en una dimensión. El choque es elástico, sin pérdida de energía total. Queremos encontrar las velocidades finales v_{1f} y v_{2f}.

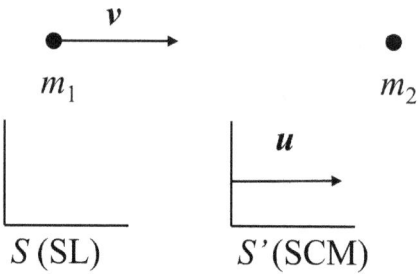

El momento total en S (el SL) es:

$$P = m_1 v_1 + m_2 v_2 = m_1 v + m_2 0 = m_1 v,$$

$$\Rightarrow u = \frac{P}{m_1 + m_2} = \frac{m_1 v}{M}, \text{ hacia la derecha con respecto a } S.$$

Con esto, las velocidades en el SCM son:

$$v'_1 = v - u = v - \frac{m_1 v}{M} = \frac{(m_1 + m_2)v - m_1 v}{M} = \frac{m_2}{M} v,$$
$$v'_2 = 0 - u = -\frac{m_1}{M} v.$$

Se trata de un choque elástico, así que las velocidades de las partículas en el SCM se invierten (cambian de signo) en el choque. Esto es así porque, como en el SCM el momento total es cero, la relación entre las velocidades tiene que ser m_1/m_2 tanto antes como después del choque. Así que tienen que ser o iguales, o aumentar o disminuir ambas en la misma proporción. Pero si aumentaran o disminuyeran ambas, entonces no se conservaría la energía, *ergo* las velocidades no cambian. Por lo tanto, las velocidades finales en el sistema S (SL) son (notar el cambio de signos):

$$v_{1f} = -\frac{m_2}{M} v + u = -\frac{m_2}{M} v + \frac{m_1}{M} v = \boxed{\frac{m_1 - m_2}{M} v},$$
$$v_{2f} = +\frac{m_1}{M} v + u = \frac{m_1}{M} v + \frac{m_1}{M} v = \boxed{\frac{2m_1}{M} v}.$$

1.3. EL SISTEMA DEL CENTRO DE MASA

Hay tres casos interesantes para destacar:

1. Si $m_1 = m_2$, entonces la partícula izquierda se detiene y la partícula derecha se lleva toda la velocidad. Es un caso conocido del billar, las bolitas y otros juegos.

2. Si $m_2 \gg m_1$, la partícula izquierda "rebota" con velocidad $\approx -v$, y la partícula derecha casi no se mueve. Es como chocar contra una pared.

3. Si $m_1 \gg m_2$, la partícula de la izquierda (la más pesada) sigue de largo casi con la misma velocidad $\approx v$, mientras que la partícula de la derecha (la más liviana) ¡sale disparada con velocidad $2v$!

En la resolución de este problema "casi" no nos preocupamos por la energía (salvo en el argumento de la inversión de las velocidades). Podemos resolver el problema sin pasar al SCM si pensamos más en detalle en la conservación de la energía, pero la cuenta es más un lío. Se hace así, todo en el SL:

$$\text{cons. momento:} \quad m_1 v + 0 = m_1 v_{1f} + m_2 v_{2f}, \tag{1.1}$$

$$\text{cons. energía:} \quad \tfrac{1}{2} m_1 v^2 + 0 = \tfrac{1}{2} m_1 v_{1f}^2 + \tfrac{1}{2} m_2 v_{2f}^2. \tag{1.2}$$

Son dos ecuaciones con dos incógnitas, v_{1f} y v_{2f}, así que no hay problema en resolverlas, pero una es una cuadrática y es más complicado:

$$(1.1) \Rightarrow v_{2f} = \frac{m_1 v - m_1 v_{1f}}{m_2} = \frac{m_1}{m_2}(v - v_{1f}).$$

Con ésta en (1.2):

$$\cancel{m_1} v^2 = \cancel{m_1} v_{1f}^2 + \cancel{m_2} \frac{m_1^{\cancel{2}}}{m_2^{\cancel{2}}}(v - v_{1f})^2,$$

$$\Rightarrow 0 = -v^2 + v_{1f}^2 + \frac{m_1}{m_2}(v^2 - 2v v_{1f} + v_{1f}^2),$$

$$\times m_2: \quad \Rightarrow 0 = -m_2 v^2 + m_2 v_{1f}^2 + m_1 v^2 - 2 m_1 v v_{1f} + m_1 v_{1f}^2$$

$$\text{junto las } v: \quad = (m_1 + m_2) v_{1f}^2 - 2 m_1 v v_{1f} + (m_1 - m_2) v^2,$$

$$\text{saco el factor común:} \quad = [(m_1 + m_2) v_{1f} - (m_1 - m_2) v](v_{1f} - v), \tag{1.3}$$

$$\Rightarrow \begin{cases} v_{1f} = v \text{ obvio, no interesa,} \\ v_{1f} = \frac{m_1-m_2}{m_1+m_2} v \text{ como antes.} \end{cases}$$

La solución $v_{1f} = v$ parece espuria, por venir de una ecuación cuadrática. Correspondería a un caso en que la partícula de la izquierda yerra el golpe, o a cualquier tiempo "final" antes de la colisión. De la segunda:

$$\Rightarrow v_{2f} = \frac{m_1}{m_2}\left(v - \frac{m_1-m_2}{m_1+m_2}v\right) = \cdots = \frac{2m_1 v}{M}.$$

Ejercicio: ¿Cómo sería este problema en dos dimensiones? Es como un billar: si la bola de la izquierda se deflecta θ, ¿cuánto valen las velocidades finales, y cuánto vale ϕ?

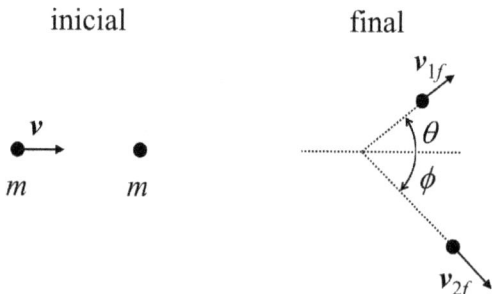

1.4 Conservación del momento angular

Tenemos un resultado similar involucrando el momento angular. Se define el *momento angular* de una partícula con respecto a un punto o:

$$\mathbf{L}_o = \mathbf{r} \times \mathbf{p} = m\mathbf{r} \times \mathbf{v},$$

donde $\mathbf{r}$ es el vector posición de la partícula con respecto al punto o, y el símbolo $\times$ indica el producto vectorial.

Si definimos el *torque* de una fuerza (con respecto a un punto o):

$$\mathbf{N}_o = \mathbf{r} \times \mathbf{F},$$

1.5. CONSERVACIÓN DE LA ENERGÍA

se obtiene de las leyes de Newton que

$$\mathbf{N}_o = \frac{d\mathbf{L}_o}{dt}.$$

Así que vale el siguiente teorema de conservación: el momento angular se conserva en las direcciones en las que el torque de las fuerzas aplicadas sobre la partícula sea nulo.

1.5 Conservación de la energía

Se define el *trabajo* realizado por una fuerza que actúa sobre una partícula, como la integral de línea a lo largo de la trayectoria, entre dos puntos:

$$W_{AB} = \int_A^B \mathbf{F} \cdot d\mathbf{r}.$$

donde · es el producto escalar. Usando la Segunda Ley se demuestra que (en 1D)[6]

$$W_{AB} = \int_A^B m\left(\frac{v\,dv}{dx}\right) dx = \tfrac{1}{2}\,mv^2\big|_A^B = T_B - T_A, \qquad (1.4)$$

donde la última igualdad es la diferencia de las energías cinéticas[7] cuando la partícula está en A y en B, respectivamente. Es decir, el trabajo realizado por la fuerza da la variación de la *energía cinética*.

El trabajo en general depende del camino recorrido. Pero existen fuerzas con la siguiente propiedad: el trabajo que realizan cuando la partícula va de A a B es independiente de la trayectoria seguida. Estas fuerzas se llaman *conservativas*. ¿Por qué? Por lo siguiente. El trabajo realizado sobre un circuito cerrado es cero. Pero a su vez,

---

[6]Pista para la demostración: $F = ma = m\frac{dv}{dt} = m\frac{dv}{dx}\frac{dx}{dt} = m\frac{dv}{dx}v\ldots$

[7]El uso de la letra T para la energía cinética se debe a Lagrange, quien usó la inicial de *travail* en francés. Autores anteriores, como Leibniz, usaban en cambio la *vis viva*, $2T$. La expresión (1.4) es el *teorema de las fuerzas vivas*.

por el teorema de Stokes, es igual a la integral de superficie del rotor de la fuerza:

$$0 = \oint_C \mathbf{F} \cdot d\mathbf{r} = \int_S (\nabla \times \mathbf{F}) \cdot d\mathbf{s}.$$

Esto vale en cada punto del espacio, donde podemos definir un circuito C cerrado infinitesimal, así que debe anularse el rotor, y por lo tanto la fuerza se puede obtener como gradiente de una función escalar, llamado *potencial* o *energía potencial*:

$$\nabla \times \mathbf{F} = 0 \iff \boxed{\mathbf{F} = -\nabla U(\mathbf{r}),} \qquad (1.5)$$

que juega un rol fundamental en la Mecánica.[8] Por convención se define el potencial usando el signo negativo delante del gradiente. Por la expresión (1.5) está claro que, si integramos la fuerza conservativa a lo largo de un camino, también obtenemos que el trabajo es:

$$W_{AB} = \int_A^B \mathbf{F} \cdot d\mathbf{r} = \int_A^B (-\nabla U) \cdot d\mathbf{r} = -(U_B - U_A), \qquad (1.6)$$

que, junto con (1.4), nos dice que, para fuerzas conservativas, se conserva la suma de la energía cinética y potencial, llamada *energía mecánica*, $E = T + U$.

Por supuesto, también existen fuerzas *no conservativas*. Si actúan fuerzas de los dos tipos simultáneamente, la energía mecánica no se conserva (se *disipa*).

---

[8]Teorema: Dada una fuerza, es necesario y suficiente para que el potencial esté bien definido (que sea independiente del camino), que el rotor sea cero. La suficiencia requiere considerar un abierto simplemente conexo; si no, no es cierto en general que una fuerza irrotacional sea derivable de un potencial escalar (ni que tenga la propiedad de integral independiente del camino).

1.6 Trayectoria de un sistema conservativo

Pensemos en un sistema conservativo unidimensional. Si E es constante, entonces:

$$E = \tfrac{1}{2}mv^2 + U(x) = \text{cte} = E_0,$$

donde E_0 es la energía en el instante inicial t_0, determinada por las condiciones iniciales. Si despejamos la velocidad:

$$v = \sqrt{\frac{2}{m}(E - U(x))},$$

$$v = \frac{dx}{dt} \Rightarrow \boxed{t - t_0 = \pm \int_{x_0}^{x} \frac{dx'}{\sqrt{\frac{2}{m}(E - U(x'))}}.}$$

que, si se puede integrar, nos da $t = t(x)$, y si ésta se puede invertir, obtenemos $x(t)$. La posibilidad de integrar y de invertir este problema, como puede imaginarse, depende mucho de la forma funcional de $U(x)$. Sin embargo, la forma de $U(x)$ permite obtener información sobre la trayectoria *aunque no se pueda hacer la integral*.

Observe el potencial de la Fig. 1.1, panel de arriba. Es un potencial cualquiera, arbitrario, con subidas y bajadas como función de la variable x. ¿Cómo será el movimiento en este potencial, del cual ni siquiera sabemos su expresión matemática?

En primer lugar notamos que el potencial tiene máximos y mínimos. Estos son *equilibrios* o *puntos de equilibrio* del sistema. En ellos la fuerza (que es la derivada del potencial) se anula. Si ponemos una partícula quieta en un equilibrio, se queda quieta: de manera estable en los mínimos, y de manera inestable en los máximos.

Conviene dibujar, paralelo al gráfico de $U(x)$, un espacio (x, v) (Fig. 1.1, panel inferior). Más adelante usaremos p en lugar de v, y lo llamaremos espacio de fases. Queremos describir las trayectorias del sistema en este espacio de fases: ponemos la partícula en una

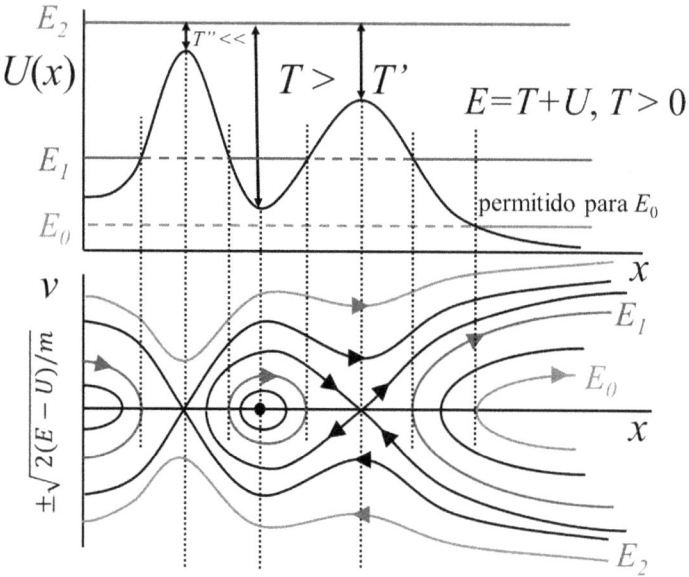

Figura 1.1: Potencial y espacio de fases de un sistema conservativo unidimensional.

posición inicial, con una velocidad inicial, y queremos ver cómo se mueve. En las posiciones de los equilibrios, sobre el eje x (velocidad cero) podemos marcar puntos, trayectorias triviales de la partícula quieta. En la figura marcamos con un circulito el equilibrio estable, para destacarlo.

Por ser un sistema conservativo, en el eje de la energía potencial podemos marcar la energía mecánica correspondiente a la condición inicial. Si hacemos una línea horizontal, todos los puntos sobre la línea tienen la misma energía mecánica. Nos conviene analizar casos característicos, que tengan movimientos distintos, correspondientes a que estas horizontales intersequen la curva $U(x)$ en distintos lugares.

Comencemos con una energía pequeña, E_0. Toda la parte marcada con línea cortada tiene $E < U$, lo cual daría $T < 0$, algo imposible: la energía cinética, que va como el cuadrado de la velocidad, es semidefinida positiva. Así que toda esa región (del eje x) es inaccesible para una partícula con energía E_0. No existen condiciones iniciales compatibles con poner a la partícula allí con esa energía. Donde la horizontal verde es continua, en cambio, la energía mecánica tiene un exceso sobre $U(x)$, que es la energía cinética, positiva como corresponde. Excepto en el punto de intersección: allí la energía cinética es cero, la velocidad es nula, y podemos marcar un punto sobre el eje horizontal en el espacio de fases.

Estos puntos de intersección de $E = U(x)$ se llaman *puntos de retorno*, por una razón sencilla. Imaginemos una partícula a la derecha del punto de retorno que acabamos de encontrar, con velocidad negativa (debajo del eje x en el espacio de fases). Se mueve hacia la izquierda (porque la velocidad es negativa), y se va frenando (porque la derivada de U es negativa, luego la fuerza apunta hacia la derecha). Así que la trayectoria es como la curva verde dibujada: se acerca al eje desde abajo. Y toca el eje en el punto de retorno, donde se agota su energía cinética. Allí está quieta, pero no es un equilibrio: hay una fuerza hacia la derecha que la acelera, su velocidad crece, y se aleja hacia la derecha. El "paisaje" de energía potencial que recorre es el mismo que encontró al acercarse al punto de retorno, así que su velocidad repite la trayectoria de acercamiento, pero del lado de las velocidades positivas. La trayectoria es simétrica con respecto al eje x.

El razonamiento se repite para cada valor de energía. Para caracterizar el movimiento podemos notar que hay rangos de energía que producen trayectorias distintas de la que acabamos de ver. Por ejemplo, para E_1 hay cuatro intersecciones con la curva $U(x)$: cuatro puntos de retorno. A la derecha del de más a la derecha, la situación es parecida a la que vimos para E_0: trayectorias que vienen de más infinito por abajo, cruzan el eje x en el punto de retorno, y regresan a infinito por arriba, de manera simétrica. Es la curva roja de la derecha.

Pero si ponemos la partícula entre los puntos de retorno del medio, en el "valle" del potencial, tenemos una trayectoria que va y viene entre los dos puntos de retorno. Es un ciclo, una trayectoria acotada, o cerrada, en lugar de abierta, no acotada. Cuando la dibujamos en el espacio de fases, tenemos cuidado de que cruce el eje horizontal justo en los puntos de retorno, y que la velocidad sea máxima (positiva o negativa) coincidiendo con la posición del equilibrio, porque allí la energía cinética es máxima. Todas las trayectorias de este valle forman ciclos alrededor del mínimo. Muy cerca del mínimo serán elipses (porque cerca de un mínimo el potencial es aproximadamente cuadrático, y el movimiento es aproximadamente el de un oscilador armónico). Pero para energías más grandes su forma exacta dependerá de la forma de las "laderas".

Para el potencial de la figura, la energía E_1 tiene una tercera trayectoria posible: a la izquierda del punto de retorno de más a la izquierda. No dijimos qué pasa con el potencial en $x = 0$: podría ser una subida muy abrupta, o una discontinuidad, con lo cual $x = 0$ sería un punto de retorno adicional. La trayectoria roja de la izquierda, por abajo, "rebotaría" como contra una pared, y de manera muy abrupta o discontinua retornaría por las velocidades positivas (al chocar contra una pared infinita, la velocidad se invierte de manera discontinua).

Las partículas con energía E_1 tienen dos regiones "prohibidas" disjuntas, marcadas con líneas cortadas. Las trayectorias de un valle nunca se encuentran con las de otro valle, ya que las partículas no pueden atravesar las barreras, donde la energía cinética sería negativa.[9]

Finalmente, hay un tercer régimen de energía, E_2, suficientemente alta de modo que todo el espacio es accesible. Las trayectorias tambén están dibujadas: son las que no tienen puntos de retorno (salvo en $x = 0$ si consideramos allí una pared, como dijimos). A medida que la recorremos, la velocidad sube y baja de acuerdo al paisaje de potencial: es mínima coincidente con los máximos del potencial, y máxima en la posición de los mínimos. Tenemos una curva azul con velocidades positivas, alejándose hacia el infinito,

---

[9]Las partículas cuánticas sí pueden hacerlo, se llama "efecto túnel".

y otra con velocidades negativas, viniendo del infinito. En el infinito, por otro lado, nótese que la velocidad es constante (porque $U \to 0 \Rightarrow T \to E$), así que todas las trayectorias abiertas se "aplanan" hacia la derecha.

¿Pueden cruzarse estas trayectorias en el espacio de fases? En general, no. Si se cruzaran habría un punto donde las mismas condiciones iniciales (posición y velocidad) darían trayectorias ambiguas. Eso no es posible para un problema diferencial de orden dos bien comportado; el teorema de unicidad de las soluciones no lo permite. *Excepto en los equilibrios*: las trayectorias se cruzan en los equilibrios, en particular en los inestables. Nótese en la figura lo que ocurre cuando la energía mecánica es justo justo la de un máximo del potencial: hay dos trayectorias que se acercan y dos que se alejan, y en ese punto se cortan. Piense en lo que ocurre, que no tiene nada de raro.

1.7 Rocket science

Resolvamos el movimiento de un cohete como ejemplo, no sólo del uso de estos principios y leyes, sino de la manera en que me gustaría que aprendan a aproximarse a los problemas de Física.

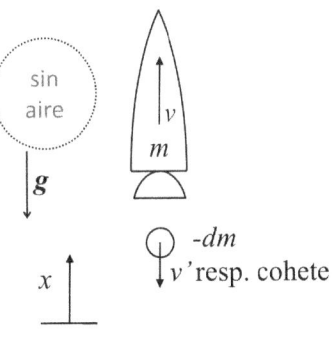

El cohete es el motor más sencillo de la Física, funcionando hasta en el vacío. Su movimiento es una aplicación clásica de conservación del momento. Los cohetes se impulsan expulsando gases por las toberas de sus motores. Estos gases son producto del quemado del combustible y tienen cierto momento lineal. La masa del cohete disminuye a medida que se gasta el combustible. Encontremos la ecuación de movimiento del cohete y, a partir de la ecuación, encontremos la velocidad v en función de su masa m, suponiendo una pérdida de masa constante por unidad de tiempo.

¿Qué pasa en ausencia de gravedad y de aire? El cohete pierde masa $dm = \dot{m}\,dt < 0$ a velocidad v' (respecto del cohete). Podemos calcular el momento inicial y el final correspondientes a la emisión de ese diferencial de masa, que deben ser iguales en ausencia de fuerzas exteriores:

$$\text{Inicial: } p(t) = mv. \tag{1.7}$$
$$\text{Final: } p(t + dt) = (m + dm)(v + dv) - dm(v - v'). \tag{1.8}$$

donde usamos el hecho de que dm es negativa (así que la masa emitida es $-dm$) y que v' es su velocidad con respecto al cohete. Igualando final e inicial podríamos buscar la velocidad. Pero hagámoslo con gravedad, usando la Segunda Ley en su forma $F = dp/dt$, sólo en dirección vertical. Ignoremos de todos modos el roce con el aire. Simplifiquemos también la fuerza de gravedad, manteniendo g constante con la altura. (¿Es razonable? Sí: a 100 km de altura tenemos $g = 9.5$ m/s^2, que es casi el mismo valor que en la superficie terrestre. En una órbita baja, a 400 km de altura, no es mucho menor.)

Empuje. Por Newton tenemos:

$$F = \frac{dp}{dt} \Rightarrow F\,dt = dp = p(t+dt) - p(t),$$

usando (1.7-1.8):

$$-mg\,dt = (m+dm)(v+dv) - dm(v-v') - mv,$$
$$= \cancel{mv} + m\,dv + \cancel{v\,dm} + \underbrace{\cancel{dm\,dv}}_{o^2} - \cancel{v\,dm} + v'dm - \cancel{mv},$$
$$= m\,dv + v'dm. \tag{1.9}$$

Reagrupando:

$$\boxed{m\frac{dv}{dt} = -v'\frac{dm}{dt} - mg.} \tag{1.10}$$

1.7. ROCKET SCIENCE

La Ec. (1.10) es la ecuación buscada. Notemos que el primer término de la derecha, a pesar del signo negativo, es positivo, ya que $\dot{m} < 0$. Este término, $-v'\dot{m}$, tiene unidades de fuerza, y se llama *empuje*.

Despegue. El resultado (1.10) dice algo interesante. Tenemos que $\dot{v}$ es una diferencia, $\dot{v} = v'\gamma/m - g$ (llamamos γ a la tasa de pérdida de masa, $-\dot{m} > 0$). Para *despegar* necesitamos que $\dot{v} > 0$. Si v' y γ son constantes, entonces el cohete no despega hasta que $m(t)$ *sea suficientemente chica*. En general, el cohete tendrá al principio un exceso de combustible, y tiene que quemarlo hasta que $v'\gamma/M = g$ para despegar. Este efecto se ve perfectamente en algunas cañitas voladoras.

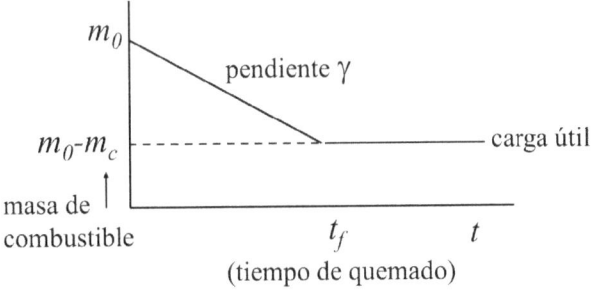

Vuelo. Supongamos que el *caudal* γ es constante. Entonces la masa decae linealmente:

$$m(t) = m(0) - \gamma t.$$

Pongamos esto en la Ec. (1.10):

$$\frac{dv}{dt} = \frac{v'\gamma}{m} - g = \frac{v'\gamma}{m_0 - \gamma t} - g.$$

¡Integrémosla!

$$\Rightarrow dv = \left(\frac{v'\gamma}{m(t)} - g\right) dt,$$

$$\Rightarrow v(t) = v_0 + \int_0^t \frac{v'\gamma\, dt}{m_0 - \gamma t} - gt,$$

$$= v_0 - gt + v' \ln \frac{1}{1 - \frac{\gamma t}{m_0}}.$$

Es decir, la velocidad crece logarítmicamente. A mí me sorprendió un poco esto cuando lo calculé, ya que un crecimiento logarítmico es más bien lento, y el cohete es cada vez más liviano: hubiera esperado un crecimiento más rápido. Pero es así, y no tiene nada de malo sorprenderse.

Velocidad final. En algún momento se quema todo el combustible y sólo queda la carga útil del cohete. Es el *tiempo de quemado*, y es fácil ver que $t_f = m_c/\gamma$ (ver la figura de $m(t)$). Así que la velocidad final es:

$$v_f = v_0 - g\frac{m_c}{\gamma} + v' \ln \frac{1}{1 - \frac{m_c}{m_0}}.$$

En esta expresión se ve que para lograr una velocidad final grande es clave la relación entre la masa del combustible y la masa total inicial. Cuanto más cerca de 1 esté, mayor será la velocidad final. Así que la mayor parte de la masa del cohete es combustible, y no carga útil, lo cual es un poco un desperdicio. Habría una alternativa: que v' sea muy grande, así m_c podría ser menor. Los motores iónicos funcionan con $v' \approx c$ durante tiempos larguísimos para usar ese efecto. Es el caso de las sondas interplanetarias Deep Space 1, Hyabusa, Smart 1, Dawn, DART, etc.

Ejercicio adicional para coheteros: Muestre que la v_f calculada es menor que la que se obtiene con un cohete con la misma m_c pero con dos etapas.

Escape. Calculemos la cantidad de combustible que se necesita para lograr la velocidad de escape si, por ejemplo, $v' = 2000$ m/s y $\gamma = m_0/60$ (y $v_0 = 0$). La velocidad de escape de la superficie terrestre se calcula fácilmente usando la conservación de la energía (llegando quietos al infinito, donde la energía potencial gravitatoria

1.7. ROCKET SCIENCE

es nula):

$$\tfrac{1}{2}v_e^2 - \frac{GM}{R} = 0 \Rightarrow v_e = \sqrt{\frac{2GM}{R}} = \sqrt{2gR} = 11.2\,\text{km/s}.$$

Mantengamos la simplificación $g = $ constante, así podemos usar la expresión calculada. Llamemos $\alpha = m_c/m$. Tenemos:

$$v_f = -60g\,\alpha + v'\ln\frac{1}{1-\alpha},$$
$$\Rightarrow v_f = -60g\,\alpha - v'\ln(1-\alpha),$$
$$\Rightarrow 60g\,\alpha + v_f = -v'\ln(1-\alpha).$$

Esta es una ecuación trascendente, del tipo de las que no son fáciles de resolver analíticamente. ¿Qué hacer? Lo mejor es resolverla gráficamente: los dos miembros son funciones de α, que podemos graficar simultáneamente y buscar el punto de intersección.

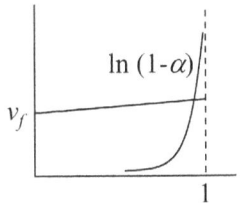

Y también podemos seguir aproximando. Para $\alpha \in (0,1)$, con $v_f = 11200$ m/s y $g \approx 10$ m/s, el miembro de la izquierda es una recta casi constante, así que podemos aproximar:

$$v_f \approx -v'\ln(1-\alpha),$$
$$\Rightarrow 1 - \alpha \approx e^{-v_f/v'},$$
$$\Rightarrow \alpha \approx 1 - e^{-v_f/v'} = 1 - e^{-11200/2000} = 1 - e^{-5.6}.$$

Ahora, si queremos saber la relación entre la masa del combustible y la de la carga útil, hacemos:

$$\frac{m_c}{m_{vac}} = \frac{m_c}{m_0 - m_c} = \frac{1}{\frac{m_0}{m_c} - 1} = \frac{1}{\frac{1}{x} - 1} = 270,$$

¡unas 300 veces más combustible que carga útil!

CAPÍTULO 2

MECÁNICA DE LAGRANGE

Las ecuaciones de Lagrange[1] son una formulación de la Mecánica equivalente a la de las ecuaciones de Newton. Tienen muchas ventajas sobre éstas. En primer lugar, tienen la misma forma en cualquier sistema de coordenadas. Por otro lado, permiten describir la dinámica ignorando las fuerzas de vínculo, que en general son desconocidas y que muchas veces no interesa conocer. Además, son derivables de un principio variacional, tal como demostró Hamilton[2] en la década de 1830. Esta propiedad no les resultará a Uds. tan obviamente ventajosa, pero con el correr de las décadas resultó que el principio de Hamilton encontraría generalizaciones más allá de la Mecánica Clásica, en la Teoría de Campos y finalmente en la Mecánica Cuántica.

2.1 Ecuaciones de Lagrange

Empecemos con un poco del formalismo y luego hacemos algunos ejemplos de aplicación.

---

[1]Joseph-Louis Lagrange, *Mécanique analytique* (1788). Conocido por su nombre francés, en realidad fue un matemático italiano nacido en Turín con el nombre Giuseppe Lodovico Lagrangia (1736-1813).

[2]William Rowan Hamilton (1805-1865), matemático irlandés genial que trabajó siempre en soledad y tuvo una vida bastante desgraciada. Lean su biografía en Wikipedia. Y vean el video de *A capella science*: youtu.be/SZXHoWwBcDc.

Una partícula sin vínculos

Veamos primero que las ecuaciones de Lagrange son equivalentes a las de Newton para la dinámica de una partícula. La generalización a muchas partículas es trivial.

Sea una partícula en 3D, sujeta a fuerzas conservativas (diremos algo sobre fuerzas no conservativas más adelante). La energía cinética es:
$$T = \tfrac{1}{2}mv^2 = \tfrac{1}{2}m\dot{\mathbf{r}}^2 = \tfrac{1}{2}m(\dot{x}^2 + \dot{y}^2 + \dot{z}^2).$$
Y la potencial es:
$$U = U(\mathbf{r}) = U(x,y,z).$$
El *lagrangiano* (o *función lagrangiana*, o *lagrangiana*) se define como:
$$\boxed{\mathcal{L} = T - U} = \mathcal{L}(x,y,z,\dot{x},\dot{y},\dot{z}).$$
Ojo al signo menos: el lagrangiano no es la energía mecánica $T+U$. ¿Qué interés puede tener T menos U? Bueno, tiene. Lagrange era un genio.[3]

Tomemos sus derivadas parciales:
$$\frac{\partial \mathcal{L}}{\partial x} = -\frac{\partial U}{\partial x} = F_x, \text{ la fuerza en dirección } x,$$
$$\frac{\partial \mathcal{L}}{\partial \dot{x}} = \frac{\partial T}{\partial \dot{x}} = m\dot{x} = p_x, \text{ el momento lineal en dirección } x,$$
y lo mismo en las otras direcciones. Derivando esta última con respecto al tiempo, y usando la Segunda Ley $F_x = \dot{p}_x$:
$$\frac{d}{dt}\frac{\partial \mathcal{L}}{\partial \dot{x}} = \dot{p}_x = F_x = \frac{\partial \mathcal{L}}{\partial x}.$$
O sea: $\dfrac{d}{dt}\dfrac{\partial \mathcal{L}}{\partial \dot{x}} = \dfrac{\partial \mathcal{L}}{\partial x},$ y: $\dfrac{d}{dt}\dfrac{\partial \mathcal{L}}{\partial \dot{y}} = \dfrac{\partial \mathcal{L}}{\partial y},$ $\dfrac{d}{dt}\dfrac{\partial \mathcal{L}}{\partial \dot{z}} = \dfrac{\partial \mathcal{L}}{\partial z}.$

El argumento es del todo reversible, así que estas *ecuaciones de Lagrange* (en coordenadas cartesianas por ahora) son equivalentes a las de Newton.

---

[3] Para un argumento "con los dedos", ver la Sección 2.7 al final de este capítulo. Pero sólo después de haber estudiado todo el capítulo.

Vínculos y coordenadas generalizadas

En coordenadas cartesianas todo esto parece andar fenómeno. Pero en muchas ocasiones uno necesita usar coordenadas *no* cartesianas. Por un lado están los problemas que tienen alguna simetría evidente, que nos pide a los gritos usar, por ejemplo, coordenadas polares, o coordenadas cilíndricas, si hay un eje de simetría. Por otro lado, aunque no existan simetrías geométricas, las partículas pueden estar *obligadas* a moverse de determinada manera: rieles, pistas, contactos con otros cuerpos, alambres de formas caprichosas, estar atadas o fijas entre sí... Lo que llamamos, en general, *vínculos*. En tales casos también convendrá usar coordenadas caprichosas, tales como la distancia a lo largo de un riel, por ejemplo.

Ahora bien, las expresiones de las componentes de la aceleración en coordenadas no cartesianas pueden ser muy complicadas. En polares son complicadas (ver Problema 1.1.), imaginen en coordenadas arbitrarias. Esto hace que la Segunda Ley de Newton sea difícil de usar en coordenadas no cartesianas. El método de Lagrange, que es equivalente al de Newton, se las arregla maravillosamente bien en *coordenadas generalizadas*.

En general, entre las $3N$ coordenadas cartesianas de un sistema de N partículas pueden existir relaciones (los *vínculos*), que limitan el número de coordenadas independientes. A veces los vínculos son relaciones geométricas del tipo:

$$f(\mathbf{r}_1, \ldots \mathbf{r}_N, t) = 0,$$

y se llaman *holónomos*. (Si la dependencia en el tiempo no está se llaman *esclerónomos*, y si está se llaman *reónomos*.) No son ni por asomo todos los vínculos posibles, ya que podría haber desigualdades (dos partículas atadas por una cuerda, por ejemplo). O incluso podrían depender de las velocidades:

$$f(\mathbf{r}_\alpha, \ldots \dot{\mathbf{r}}_\alpha, t) = 0.$$

Cada ecuación de un vínculo holónomo permite despejar (aunque sea en principio) una de las coordenadas en función de las otras,

Figura 2.1: Un meme sobre la aceleración en coordenadas polares (circula en redes sociales).

reduciendo el número de las que finalmente importan en las ecuaciones dinámicas, hasta quedarnos con un número

$$n = 3N - \# \text{ ec. de vínculo}$$

de coordenadas independientes. Este número se llama *número de grados de libertad* del sistema, y está claro que no necesitamos más que $n \leq 3N$ coordenadas independientes para describir la posición del sistema.

Las n coordenadas independientes *las elegimos*, y no necesariamente son n de las coordenadas cartesianas. Las llamamos $q_1, \ldots q_n$, q_i o incluso, abusando de la notación, **q** (no tienen por qué formar un vector), o simplemente q. En general quedará claro a qué nos referimos.

2.1. ECUACIONES DE LAGRANGE

Dado un sistema de N partículas con posiciones $\mathbf{r}_\alpha$, $\alpha = 1, \ldots N$, decimos que $q_1, \ldots q_n$ son *coordenadas generalizadas* del sistema si cada posición $\mathbf{r}_\alpha$ puede escribirse como función de las q_i (y eventualmente el tiempo):

$$\mathbf{r}_\alpha = \mathbf{r}_\alpha(q_1, \ldots q_n, t), \quad \alpha = 1, \ldots N.$$

Y, recíprocamente, cada q_i puede escribirse como función de las posiciones (y eventualmente el tiempo):

$$q_i = q_i(\mathbf{r}_1, \ldots \mathbf{r}_N, t), \quad i = 1, \ldots n.$$

El número n debe ser *el menor* que permite hacer esto: no deben "sobrar" coordenadas.

Para sistemas con vínculos, n será *estrictamente menor* que $3N$. Y la reducción puede ser drástica. Por ejemplo, para un cuerpo rígido compuesto por, imaginen, 10^{23} partículas (los átomos), n es 6: los seis parámetros que alcanzan para decir dónde está el centro de masa y cómo está orientado el cuerpo.

El espacio de las q_i se llama *espacio de configuraciones*. El sistema completo está definido por un punto en este espacio. El problema de la Mecánica consiste en encontrar la evolución temporal de ese punto. Para lograrlo no basta con conocer la configuración q_i. Pero sí basta conocer una configuración $q_i(t_0)$ a un tiempo dado y *además* todas las *velocidades generalizadas* $\dot{q}_i(t_0)$. ¿Cómo sabemos esto? Por experiencia. La Mecánica es, en el fondo, una ciencia empírica. Dadas todas las coordenadas generalizadas y todas las velocidades generalizadas queda determinado todo el movimiento posterior.

Y el movimiento, como si fuera por arte de magia,[4] está determinado por las ecuaciones de Lagrange, ¡que tienen la misma forma en cualquier sistema de coordenadas!:

$$\boxed{\frac{\partial \mathcal{L}}{\partial q_i} = \frac{d}{dt}\frac{\partial \mathcal{L}}{\partial \dot{q}_i}, \quad i = 1, \ldots n}$$

---

[4]Claro que no es magia: ver más adelante de dónde salen las ecuaciones de Lagrange.

(para vínculos holónomos).

Observación: Las derivadas de $\mathcal{L}$ en coordenadas cartesianas dan las componentes de la fuerza y del momento lineal. En coordenadas generalizadas llamamos:

$$-\frac{\partial U}{\partial q_i} = \text{fuerza generalizada sub } i,$$

$$\frac{\partial \mathcal{L}}{\partial \dot{q}_i} = \text{momento generalizado sub } i,$$

y así como las unidades de las coordenadas generalizadas pueden no ser longitudes (pueden ser ángulos, por ejemplo), las unidades de las fuerzas y los momentos generalizados no necesariamente son de fuerza o de momento. Pueden ser torques y momentos angulares, o incluso otras magnitudes.[5]

Ejemplo sencillo: coordenadas polares

Encontremos las ecuaciones de movimiento de una partícula en 2D, usando las coordenadas polares como coordenadas generalizadas.

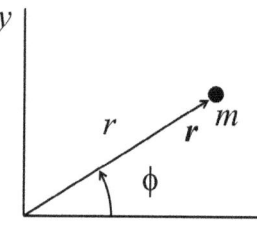

En el sistema inercial (x, y) tenemos la relación $(x, y) \to (r, \phi)$ y sabemos escribir la velocidad en polares (Capítulo Problemas, problema 1.1.). Podemos entonces escribir la energía cinética:

$$T = \tfrac{1}{2}mv^2 = \tfrac{1}{2}m(\dot{r}^2 + r^2\dot{\phi}^2),$$

$$\Rightarrow \mathcal{L}(r, \phi, \dot{r}, \dot{\phi}) = T - U = \tfrac{1}{2}m(\dot{r}^2 + r^2\dot{\phi}^2) - U(r, \phi).$$

Ecuación radial:

$$\frac{\partial \mathcal{L}}{\partial r} = \frac{d}{dt}\frac{\partial \mathcal{L}}{\partial \dot{r}} \overset{\text{derivar}}{\Rightarrow} mr\dot{\phi}^2 \underbrace{-\frac{\partial U}{\partial r}}_{F_r \text{ (fuerza radial)}} = \frac{d}{dt}m\dot{r} = m\ddot{r},$$

---

[5]En general, van a encontrar en los libros la fuerza generalizada definida como $Q_j = \sum_i^n \mathbf{F}_i \cdot \partial \mathbf{r}_i/\partial q_j$. En Goldstein (p. 57) pueden encontrar la demostración de que es lo mismo que $-\partial U/\partial q_j$.

2.1. ECUACIONES DE LAGRANGE

$$\boxed{F_r = m(\ddot{r} - r\dot{\phi}^2),}$$

donde vemos que la expresión entre paréntesis es la componente radial de la aceleración, que obtuvimos sin necesidad de calcularla derivando los versores como en el Problema 1.1.

Ecuación angular:

$$\frac{\partial \mathcal{L}}{\partial \phi} = \frac{d}{dt}\frac{\partial \mathcal{L}}{\partial \dot{\phi}} \overset{\text{derivar}}{\Rightarrow} \underbrace{-\frac{\partial U}{\partial \phi}}_{\text{¿qué es esto?}} = \frac{d}{dt} mr^2\dot{\phi}.$$

Ejercicio: Calcular $\mathbf{F} = -\nabla U$ en polares para interpretar esta ecuación.

Da:

$$\nabla U = \frac{\partial U}{\partial r}\hat{r} + \frac{1}{r}\frac{\partial U}{\partial \phi}\hat{\phi},$$

$$\Rightarrow F_\phi = -\frac{1}{r}\frac{\partial U}{\partial \phi} \Rightarrow -\frac{\partial U}{\partial \phi} = rF_\phi,$$

es decir, el lado izquierdo $-\partial U/\partial \phi$ es rF_ϕ, es decir el torque con respecto al origen.

Por otro lado $mr^2\dot{\phi}$ es el momento angular con respecto al origen, así que la ecuación angular nos dice que el torque es igual a la derivada temporal del momento angular.

Ejemplo: Péndulo plano

La principal ventaja práctica del método de Lagrange es su capacidad de encontrar las ecuaciones de movimiento de sistemas con vínculos, ignorando olímpicamente las fuerzas. Un ejemplo bien conocido de tal tipo de sistemas es un péndulo plano.

Tenemos dos coordenadas cartesianas, x e y, y un vínculo, $x^2 + y^2 = l^2$. Así que tenemos un solo grado de libertad. Como ya

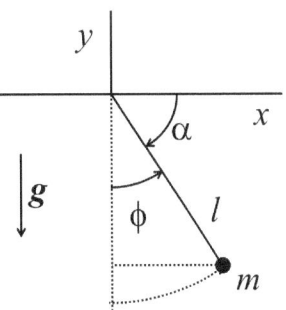

anticipamos, las coordenadas generalizadas *se eligen*. ¿Qué coordenada generalizada usamos? Podríamos usar $x = \sqrt{l^2 - y^2}$. O mejor $y = \sqrt{l^2 - x^2}$, ya que el potencial gravitatorio depende sólo de la altura. Pero las raíces cuadradas pueden no ser la mejor opción. Lo mejor, en este caso, es usar coordenadas polares desde el punto de suspensión, ya que el vínculo es simplemente $r = l$ y usamos ϕ como coordenada. La relación con las cartesianas es:

$$x = l \sin \phi,$$
$$y = l \cos \phi.$$

Escribimos entonces la energía cinética en polares, donde el primer término se anula por la existencia del vínculo:

$$T = \cancel{\tfrac{1}{2}m\dot{r}^2} + \tfrac{1}{2}ml^2 \dot{\phi}^2.$$

La energía potencial es la gravitatoria:

$$U = mg \times \text{altura} = mg(-y) = mg(-l \cos \phi) = -mgl \cos \phi.$$

Conviene verificar que uno escribió la energía potencial con el signo correcto: cuando el ángulo crece la partícula sube, así que el potencial aumenta. La función $-\cos \phi$ es creciente, así que está bien.

Escribimos entonces el lagrangiano:

$$\mathcal{L} = \mathcal{L}(\phi, \dot{\phi}) = \tfrac{1}{2}ml^2 \dot{\phi}^2 + mgl \cos \phi,$$

donde, de nuevo, prestamos atención a poner el signo correcto en el potencial.

Ahora, sea cual sea la coordenada generalizada que hayamos elegido, $\mathcal{L}(x, \dot{x})$, $\mathcal{L}(y, \dot{y})$, $\mathcal{L}(\phi, \dot{\phi})$,... $\mathcal{L}(q, \dot{q})$ (siempre una sola), la dinámica está dada por la misma ecuación de movimiento:

$$\frac{\partial \mathcal{L}}{\partial q} = \frac{d}{dt} \frac{\partial \mathcal{L}}{\partial \dot{q}}.$$

2.1. ECUACIONES DE LAGRANGE

Derivamos:

$$\frac{\partial \mathcal{L}}{\partial q} = \frac{\partial}{\partial \phi}(mgl\cos\phi) = mgl\frac{\partial}{\partial \phi}(\cos\phi) = -mgl\sin\phi,$$

$$\frac{\partial \mathcal{L}}{\partial \dot\phi} = \frac{\partial}{\partial \dot\phi}(\tfrac{1}{2}ml^2\dot\phi^2) = ml^2\dot\phi \xrightarrow{d/dt} ml^2\ddot\phi.$$

$$\Rightarrow \underbrace{-mgl\sin\phi}_{\text{torque resp. O}} = \underbrace{ml^2}_{\text{mom. inercia}}\ddot\phi,$$

$$\Rightarrow \boxed{\ddot\phi = -\frac{g}{l}\sin\phi,} \quad \text{ecuación de movimiento.}$$

Ejemplo: Péndulo elástico

El resorte tiene longitud natural l_0 y está siempre derechito. El movimiento es plano. Las coordenadas cartesianas son dos, como en el péndulo recién visto. ¿Cuántos vínculos hay? ¡Ninguno! Los resortes no son vínculos, son interacciones. Tenemos entonces dos grados de libertad. ¿Qué coordenadas gene-

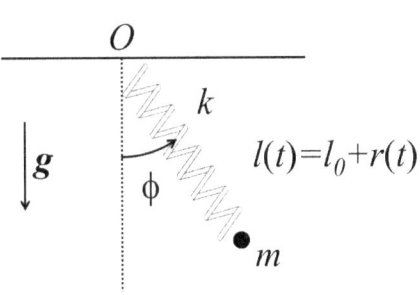

ralizadas usamos? Inspirados por el ejemplo anterior podemos usar coordenadas polares ϕ y l, que ahora depende del tiempo. O mejor el "estiramiento" r, que es más simpático para escribir la energía potencial elástica que es $\tfrac{1}{2}kr^2$:

$$l(t) = l_0 + r(t) \Rightarrow \dot l = \dot r, \quad \text{(siempre necesito la derivada temporal para } T\text{)}$$

$$T = \tfrac{1}{2}m\big[\dot r^2 + \underbrace{(l_0+r)^2}_{l^2}\dot\phi^2\big],$$

$$U = \text{gravitatoria} + \text{elástica} = -mg\underbrace{(l_0 + r)}_{l}\cos\phi + \tfrac{1}{2}kr^2,$$

$$\boxed{\mathcal{L}(r,\dot{r},\phi,\dot{\phi}) = \tfrac{1}{2}m\left[\dot{r}^2 + (l_0+r)^2\dot{\phi}^2\right] - \tfrac{1}{2}kr^2 + mg(l_0+r)\cos\phi.}$$

Ahora hay dos coordenadas, así que hay dos ecuaciones. ¡Pero las dos son la misma: $\frac{\partial \mathcal{L}}{\partial q} = \frac{d}{dt}\frac{\partial \mathcal{L}}{\partial \dot{q}}$!

Ecuación radial:

$$\frac{\partial \mathcal{L}}{\partial r} = m(l_0+r)\dot{\phi}^2 - kr + mg\cos\phi,$$

$$\frac{\partial \mathcal{L}}{\partial \dot{r}} = m\dot{r} \xrightarrow{d/dt} m\ddot{r},$$

$$\Rightarrow \cancel{m}\ddot{r} = \cancel{m}(l_0+r)\dot{\phi}^2 - \underbrace{k/m}_{/m}\,r + \cancel{m}g\cos\phi$$

$$\Rightarrow \boxed{\ddot{r} = -\frac{k}{m}r + g\cos\phi + (l_0+r)\dot{\phi}^2.} \qquad (2.1)$$

Ecuación angular:

$$\frac{\partial \mathcal{L}}{\partial \phi} = -mg(l_0+r)\sin\phi,$$

$$\frac{\partial \mathcal{L}}{\partial \dot{\phi}} = m(l_0+r)^2\dot{\phi} \xrightarrow{d/dt} m(l_0+r)^2\ddot{\phi} + 2m(l_0+r)\dot{r}\dot{\phi},$$

$$\Rightarrow \cancel{m}(l_0+r)^{\cancel{2}}\ddot{\phi} + 2\cancel{m}\cancel{(l_0+r)}\dot{r}\dot{\phi} = -\cancel{m}g\cancel{(l_0+r)}\sin\phi$$

$$\Rightarrow \boxed{(l_0+r)\ddot{\phi} + 2\dot{r}\dot{\phi} = -g\sin\phi.} \qquad (2.2)$$

Las Ecs. (2.1)-(2.2) son las ecuaciones de movimiento. Ejercicio: Verifique (o interprete) los términos en el contexto de $F = ma$ (radial, centrípeta, tangencial, torque...).

Ejemplo: Máquina de Atwood

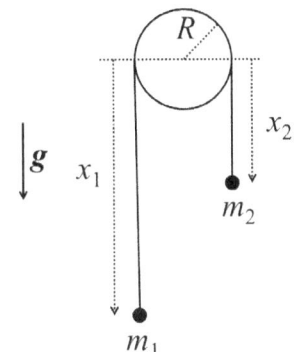

Tenemos gravedad, un hilo inextensible, movimiento sólo vertical, y una polea sin masa ni fricción. Ni se nos ocurre pensar en las tensiones. Las coordenadas cartesianas son dos: x_1 y x_2 (positivas hacia abajo, ver figura). El vínculo es $x_1 + \pi R + x_2 = l = $ cte, o sea un grado de libertad. Elijamos como coordenada generalizada x_1, de modo que $x_2 = -x_1 + $ cte $\Rightarrow \dot{x}_2 = -\dot{x}_1$. Empezamos escribiendo energía cinética y potencial:

$$T = \tfrac{1}{2}m_1\dot{x}_1^2 + \tfrac{1}{2}m_2\dot{x}_2^2,$$
$$= \tfrac{1}{2}(m_1 + m_2)\dot{x}_1^2.$$
$$U = -m_1 g x_1 - m_2 g x_2$$
$$= -(m_1 - m_2)g x_1 + \cancel{\text{cte}},$$

donde verificamos que $U(x_1)$ disminuye cuando m_1 baja, como debe ser, y eliminamos un término constante en la energía potencial que no cambia las ecuaciones de movimiento. Entonces, el lagrangiano es:

$$\boxed{\mathcal{L}(x_1, \dot{x}_1) = \tfrac{1}{2}(m_1 + m_2)\dot{x}_1^2 + (m_1 - m_2)g x_1.}$$

Tenemos una sola ecuación de movimiento:

$$\frac{\partial \mathcal{L}}{\partial x_1} = (m_1 - m_2)g,$$

$$\frac{\partial \mathcal{L}}{\partial \dot{x}_1} = (m_1 + m_2)\dot{x}_1 \xrightarrow{d/dt} (m_1 + m_2)\ddot{x}_1,$$

$$\Rightarrow (m_1 + m_2)\ddot{x}_1 = (m_1 - m_2)g \Rightarrow \boxed{\ddot{x}_1 = \frac{m_1 - m_2}{m_1 + m_2}g.}$$

Si $m_1 > m_2 \Rightarrow \ddot{x}_1 > 0$, lo cual está bien ya que si las masas están inicialmente quietas, m_1 cae. La máquina sirve para medir la aceleración de la gravedad, ya que haciendo $m_1 \approx m_2$ se puede hacer muy lento el movimiento. Para esto la inventó Atwood,[6] pero los péndulos tipo Kater[7] (cuya teoría desarrolló Bessel[8]), son mucho más precisos.

Ejemplo: Bolita en un aro

Tenemos una bolita enhebrada en un aro vertical, que se hace girar a velocidad angular constante ω alrededor del diámetro vertical. Es un problema con un vínculo holónomo, pero *dependiente del tiempo*. El movimiento no tiene fricción, y hay gravedad. Tenemos tres coordenadas cartesianas pero un solo grado de libertad: el desplazamiento a lo largo del aro, que podemos describir con la coordenada angular $\theta \in (-\pi, \pi)$. Conviene escribir explícitamente (x, y, z) como funciones de θ para poder escribir T sin complicarse la vida:

$$x = R\sin\theta \cos\omega t,$$
$$y = R\sin\theta \sin\omega t,$$
$$z = -R\cos\theta.$$

Vemos que es un vínculo dependiente del tiempo. Derivo:

$$\dot{x} = R\cos\theta\, \dot{\theta} \cos\omega t - R\sin\theta \sin\omega t\, \omega,$$
$$\dot{y} = R\cos\theta\, \dot{\theta} \sin\omega t + R\sin\theta \cos\omega t\, \omega,$$
$$\dot{z} = +R\sin\theta\, \dot{\theta}.$$

Tenemos que escribir $T = 1/2\ m(\dot{x}^2 + \dot{y}^2 + \dot{z}^2)$. Lo hacemos en dos

---

[6]George Atwood (1745–1807), matemático inglés, maestro del ajedrez y empleado aburrido en una oficina de patentes...
[7]Henry Kater (1777–1835), físico inglés y capitán del ejército imperial.
[8]Friedrich Bessel (1784–1846), astrónomo alemán, fue el primero en medir la distancia a las estrellas.

2.1. ECUACIONES DE LAGRANGE

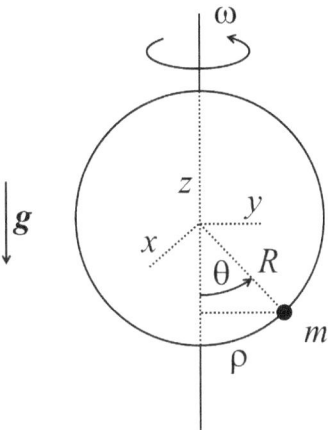

partes para ser ordenados:

$$\begin{aligned}
\dot{x}^2 + \dot{y}^2 &= R^2 \cos^2\theta \cos^2\omega t\, \dot\theta^2 + R^2 \sin^2\theta \sin^2\omega t\, \omega^2 + \cancel{2A} \\
&\quad + R^2 \cos^2\theta \sin^2\omega t\, \dot\theta^2 + R^2 \sin^2\theta \cos^2\omega t\, \omega^2 - \cancel{2A}, \\
&= R^2 \cos^2\theta (\underbrace{\cos^2\omega t + \sin^2\omega t}_{1})\, \dot\theta^2 \\
&\quad + R^2 \sin^2\theta (\underbrace{\sin^2\omega t + \cos^2\omega t}_{1})\, \omega^2, \\
\dot{z}^2 &= R^2 \sin^2\theta\, \dot\theta^2.
\end{aligned}$$

La expresión es complicada pero vemos que se simplifica rápidamente. Por un lado, los términos cruzados de los cuadrados, que representamos por $2A$, son iguales y de signo contrario, y se cancelan. Por otro lado, al juntar factores comunes se forman cosenos cuadrados más senos cuadrados, que dan 1. Al juntar el término de $\dot{z}^2$ se forma uno más de éstos:

$$\dot{x}^2 + \dot{y}^2 + \dot{z}^2 = R^2 (\underbrace{\cos^2\theta + \sin^2\theta}_{1})\, \dot\theta^2 + R^2 \sin^2\theta\, \omega^2,$$

$$\Rightarrow T = \tfrac{1}{2} m (R^2 \dot\theta^2 + R^2 \omega^2 \sin^2\theta).$$

(Con el tiempo uno se acostumbra a escribir de memoria esto, observando que $R\dot\theta$ es la velocidad a lo largo del aro, y que $(R\sin\theta)\omega$ es la velocidad normal al aro en la dirección de giro.)

La energía potencial es:

$$U = mgz = -mgR\cos\theta,$$

(¡siempre verificando que tenga el signo correcto!, en este caso creciente con θ.) El lagrangiano, entonces, es:

$$\boxed{\mathcal{L}(\theta,\dot\theta) = \tfrac{1}{2}mR^2(\dot\theta^2 + \omega^2\sin^2\theta) + mgR\cos\theta.}$$

Hay una única ecuación de movimiento, en θ:

$$\frac{\partial \mathcal{L}}{\partial \theta} = mR^2\omega^2\sin\theta\cos\theta - mgR\sin\theta,$$

$$\frac{\partial \mathcal{L}}{\partial \dot\theta} = mR^2\dot\theta \xrightarrow{d/dt} mR^2\ddot\theta,$$

$$\Rightarrow mR^2\ddot\theta = mR^2\omega^2\sin\theta\cos\theta - mgR\sin\theta,$$

simplificando $\Rightarrow \ddot\theta = \omega^2\sin\theta\cos\theta - g/R\sin\theta,$

$$\Rightarrow \boxed{\ddot\theta = \left(\omega^2\cos\theta - \frac{g}{R}\right)\sin\theta.}$$

Esta ecuación parece difícil de resolver, pero para un físico es muy fácil de interpretar, y esto nos permitirá sacar una cantidad de resultados. Observemos que tiene la forma:

$$\ddot\theta = f(\theta).$$

Es decir, tiene la forma de la Segunda Ley de Newton en una dimensión, para una partícula de masa 1 y sujeta a la acción de una fuerza f. Como si fuera un movimiento en un potencial sencillo, dependiente de la coordenada. ¿Qué potencial? Bueno, un *potencial efectivo*:

$$f(\theta) = -\frac{\partial}{\partial \theta}U_{ef}(\theta),$$

2.1. ECUACIONES DE LAGRANGE

$$\Rightarrow U'_{ef}(\theta) = \left(\frac{g}{R} - \omega^2 \cos\theta\right)\sin\theta,$$

(con el signo menos di vueltas el paréntesis), e integrando:

$$\Rightarrow \boxed{U_{ef}(\theta) = -\frac{g}{R}\cos\theta - \frac{\omega^2}{2}\sin^2\theta.}$$

Podemos dibujarlo, es una suma de $-\cos\theta$ y $-\sin^2\theta$.

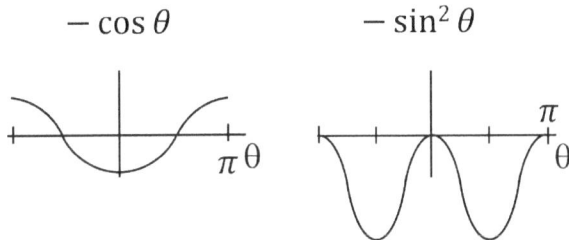

¡Ajá! No es trivial. ¿Tendrá equilibrios? ¿Dónde? Dependerá de los parámetros R, ω y g. Los extremos los encontramos de la derivada, que ya la tenemos porque es la "fuerza":

$$U'_{ef}(\theta) = \left(\frac{g}{R} - \omega^2 \cos\theta\right)\sin\theta = 0,$$
$$\Rightarrow \theta_0 = 0, \quad \theta_1 = \pi.$$

Tenemos, por un lado, los dos equilibrios θ_0 y θ_1 donde se anula el seno. Es como un péndulo: un equilibrio abajo y uno arriba. Pero *además* tenemos equilibrios donde se anula el paréntesis:

$$\frac{g}{R} - \omega^2 \cos\theta = 0 \rightarrow \boxed{\cos\theta = \frac{g}{R\omega^2},}$$

es decir, coseno igual a algo. Esto puede o no tener solución. Si tiene solución, tenemos equilibrios adicionales. Es decir:

- Si $\omega^2 < g/R$ $\Rightarrow$ no existen más equilibrios. (Notar cómo escribí la condición, en lugar de $g/(R\omega^2) > 1$, separando a la izquierda un parámetro "de control", y a la derecha parámetros que no controlamos.)

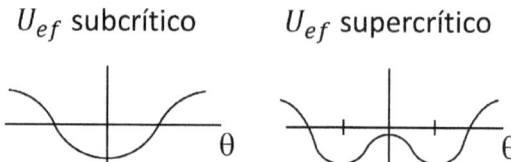

Figura 2.2: Potencial subcrítico y supercrítico, dependiendo de la velocidad angular ω. Ejercicio adicional: ¿Como es el movimiento cerca de los mínimos?

- Si $\omega^2 > g/R$ $\Rightarrow$ existen otros dos equilibrios, $\theta_2 = -\theta_3$ por la paridad del coseno.

En otras palabras, existe un valor *crítico* de ω, $\omega_c = \sqrt{g/R}$, tal que el potencial efectivo cambia entre estas dos configuraciones cualitativamente distintas (Fig. 2.2).

¿Qué nos dice esto? Tendríamos que analizar la estabilidad de estos equilibrios, viendo cuáles son mínimos y cuáles son máximos, pero podemos darnos por satisfechos mirando los gráficos del potencial efectivo. Si ω es mayor que el valor crítico, el equilibrio estable θ_0 deja de serlo y pasa a ser inestable. Y aparecen dos nuevos equilibrios que por debajo de ω_c no existían. Por eso decimos que ocurre un cambio *cualitativo*: cambia la estabilidad y la existencia misma de los equilibrios. Este cambio se llama en general *bifurcación*, un nombre que queda claro al representar, como es habitual, los equilibrios como función del parámetro de control en un *diagrama de bifurcaciones*, que vemos en la Fig. 2.3.

En otros contextos, el fenómeno se llama también *transición de fase de segundo orden*, y también *ruptura de simetría*, y es extremadamente poderoso en la física moderna, desde la dinámica de poblaciones hasta la inflación cósmica y el bosón de Higgs, pasando por el magnetismo.

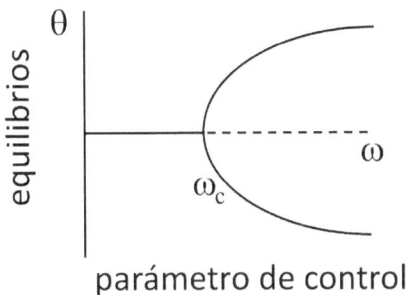

Figura 2.3: Diagrama de bifurcaciones de la bolita en el aro, representando los equilibrios en función del parámetro de control ω.

2.2 Principio de Hamilton y cálculo de variaciones

¿De dónde salen las ecuaciones de Lagrange? Bueno, hay más de una manera de deducirlas. De particular interés es la que demostró Hamilton en la década de 1830, hoy llamada *Principio de Hamilton*.

Especifiquemos con precisión el problema. Supongamos que el estado de un sistema a tiempo t_1 es el punto $q(t_1)$ del espacio de configuraciones, y el punto $q(t_2)$ a tiempo t_2. Al avanzar el tiempo la configuración del sistema cambia: las partículas suben y bajan, se acercan y se alejan entre sí, los cuerpos rotan, etc. De manera que el *estado* del sistema sigue una trayectoria $q(t)$ en ese espacio. Esta trayectoria no necesariamente tiene una conexión obvia con las trayectorias de las partículas en el espacio físico: cada punto representa *la configuración entera* del sistema. Hamilton demostró que, si todas las fuerzas (excepto las de vínculo) son derivables de potenciales (que dependan de la posición, de las velocidades y del tiempo[9]), entonces:

---

[9] Llamados *sistemas monogénicos*.

> El movimiento del sistema entre t_1 y t_2 es tal que la integral
>
> $$S = \int_{t_1}^{t_2} \mathcal{L}\, dt$$
>
> tiene un valor mínimo (estrictamente: estacionario) sobre la trayectoria real del sistema, con respecto a variaciones de trayectoria.

Es decir, de todas las posibles trayectorias que conectan $q(t_1)$ con $q(t_2)$, la integral S (llamada *acción*) evaluada sobre la trayectoria que realmente sigue el sistema tiene el menor valor.

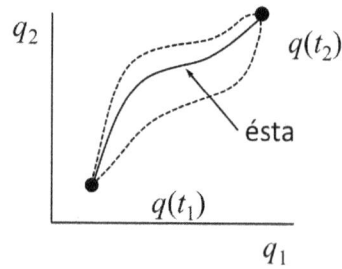

Si los vínculos son holónomos, el Principio de Hamilton es necesario y suficiente para que valgan las ecuaciones de Lagrange.[10] Vamos a probar solamente la mitad del teorema: que el principio de Hamilton implica las ecuaciones de Lagrange. Es la parte realmente interesante, donde uno puede ver una ventaja sobre la formulación newtoniana. La gracia está en que $\mathcal{L}$ está construido con las energías cinética y potencial, que son escalares. Así que $\mathcal{L}$ también es escalar, y S también. Por esta razón, no dependen del sistema de coordenadas, a diferencia de los vectores que aparecen en la Segunda Ley de Newton. Así que las ecuaciones de movimiento tendrán la misma forma lagrangiana sin importar cómo elijamos las coordenadas generalizadas. Como ya dijimos, hay otras ventajas que resultarán más evidentes cuando estudien teorías de campos. Hoy en día prácticamente toda la Física puede derivarse de principios variacionales.

---

[10] Para sistemas monogénicos, el Principio de Hamilton es sólo suficiente; es decir, PH $\Rightarrow$ EL.

Cálculo de variaciones

El cálculo de variaciones es toda una nueva matemática para Uds., así que vale la pena dedicarse un poquito a sus métodos y sus fascinantes aplicaciones.

Estamos interesados en encontrar el mínimo, o el máximo, de una cantidad que podemos expresar como una integral. Un ejemplo sería encontrar el camino más corto entre dos puntos. Otro sería encontrar la trayectoria de un rayo de luz que, según Fermat,[11] sigue el camino óptico más corto (el más rápido). En general, tenemos una integral de la forma:

$$S = \int_{x_1}^{x_2} f\big(y(x), y'(x), x\big)\, dx, \qquad (2.3)$$

donde $y(x)$ es una curva por ahora desconocida, que conecta los puntos $A = (x_1, y_1)$ y $B = (x_2, y_2)$. De entre todas las curvas que conectan A con B tenemos que encontrar la que hace que S sea mínima (o máxima, o al menos extrema).[12] La idea es similar al problema de Análisis I de encontrar el mínimo o el máximo de una función $f(x)$. En ese caso sabemos que tenemos que hacer $df/dx = 0$, y sabemos que hay tres casos, según sea d^2f/dx^2. Cuando apenas se satisface $df/dx = 0$ y no sabemos nada de la segunda derivada, decimos que f es *extrema*, ya que un desplazamiento infinitesimal de x deja $f(x)$ sin cambio (porque la pendiente es nula). El método

---

[11]Pierre de Fermat (1601–1665), abogado, legislador y matemático francés, pionero del cálculo infinitesimal, pero recordado también por éste, el primer principio variacional de la Física, y también por el famoso Último Teorema de Fermat.

[12]Estrictamente, tenemos que $y : [x_1, x_2] \in \mathbb{R} \to V$, donde V es algún espacio, $y' : [x_1, x_2] \to T_y V$ es su derivada, que va al espacio tangente, y f va del producto de $[x_1, x_2]$ por el *fibrado tangente* de V (es decir, el producto de todas las y con sus derivadas, $TV = \bigcup \{y\} \times T_y V$), de regreso a $\mathbb{R}$. En este contexto, S es una función de la función $y(x)$, es decir una *funcional*, usualmente denotada con corchetes: $S[y(x)]$. Desde el punto de vista de la Mecánica lo importante es que mientras V puede ser un vector de cualquier dimensión, f es un escalar, y por lo tanto independiente del sistema de coordenadas.

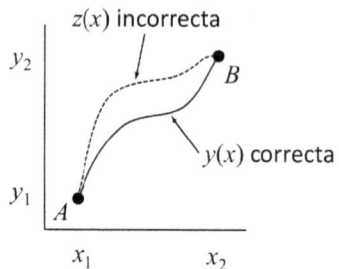

que vamos a estudiar es el que deja a S estacionaria,[13] y eso en general es suficiente. Por supuesto, nada impide seguir adelante con órdenes superiores.

Digamos que $y = y(x)$ es la solución correcta y que $z(x)$ es cualquier otra trayectoria que pasa por A y B, la "variación". Queremos quedarnos cerca de $y(x)$, así que podemos escribir:

$$z(x) = y(x) + \delta y.$$

Sabemos que
$$\delta y(x_1) = \delta y(x_2) = 0 \tag{2.4}$$
porque $y(x)$ y $z(x)$ coinciden en A y B.

¿Cómo cambia f ante la variación dada por δy? Usamos la Regla de la Cadena:
$$\delta f = \frac{\partial f}{\partial y}\delta y + \frac{\partial f}{\partial y'}\delta y'.$$

¿Qué es $\delta y'$?
$$\delta y' = \delta\left(\frac{dy}{dx}\right) = \frac{d}{dx}\delta y.$$

Entonces:
$$\delta S = \int_{x_1}^{x_2} \left[\frac{\partial f}{\partial y}\delta y + \frac{\partial f}{\partial y'}\delta y'\right] dx.$$

---

[13]*Extrema* y *estacionaria* se usan de manera más o menos intercambiable.

2.2. PRINCIPIO DE HAMILTON

Hagamos el segundo término por separado que es más delicado. Podemos integrarlo por partes:

$$\int_{x_1}^{x_2} \frac{\partial f}{\partial y'} \delta y' dx = \int_{x_1}^{x_2} \underbrace{\frac{\partial f}{\partial y'}}_{u} \underbrace{\frac{d}{dx}\delta y}_{v'} \, dx,$$

$$= \underbrace{\frac{\partial f}{\partial y'}}_{u} \underbrace{\delta y}_{v} \Big|_{x_1}^{x_2} - \int_{x_1}^{x_2} \underbrace{\delta y}_{v} \underbrace{\frac{d}{dx}\frac{\partial f}{\partial y'}}_{u'} \, dx.$$

El primer término de esta expresión se anula por (2.4), así que poniendo todo junto y reacomodando:

$$\delta S = \int_{x_1}^{x_2} \left(\frac{\partial f}{\partial y} \delta y - \delta y \frac{d}{dx} \frac{\partial f}{\partial y'} \right) dx,$$

$$= \int_{x_1}^{x_2} \left(\frac{\partial f}{\partial y} - \frac{d}{dx} \frac{\partial f}{\partial y'} \right) \delta y \, dx.$$

Para que S tenga un extremo, δS debe anularse para variaciones δy *arbitrarias*, lo cual es posible solamente si el paréntesis que tenemos en el integrando es idénticamente nulo:

$$\boxed{\frac{\partial f}{\partial y} - \frac{d}{dx} \frac{\partial f}{\partial y'} = 0,}$$

que se llama *ecuación de Euler-Lagrange*.[14] La generalización a más variables es inmediata: si en f hay más funciones $y(x)$, basta tomar

---

[14]Leonhard Euler (1707–1783), matemático alemán, estaba estudiando estos problemas. Cuando Lagrange le escribió en la década de 1750 con sus cálculos, Euler quedó tan impresionado que quiso que Lagrange se fuera a trabajar con él a Berlín. Euler era el matemático más grande de Europa, y Lagrange, intimidado, no aceptó. Cuando Euler murió, por recomendación del propio Euler y de D'Alembert, a Lagrange le ofrecieron su cargo en la Academia de Ciencias de Prusia, y Lagrange se fue a Berlín. Allí escribió su Mecánica Analítica, que publicó en francés en 1788 al año siguiente de mudarse a París (tras la muerte de Federico II el clima académico cambió en Prusia), donde vivió hasta su muerte en 1813.

las variaciones en cada una de ellas por separado, y se tienen más ecuaciones de Euler-Lagrange. En particular, si f es $\mathcal{L}(\mathbf{q}, \dot{\mathbf{q}}, t)$, se obtienen las ecuaciones de Lagrange.

Problema de la braquistócrona

Se trata de un problema famoso, ya que su análisis llevó a Bernoulli[15] a sentar los fundamentos del cálculo de variaciones.[16] No tiene mayores consecuencias para el curso de Mecánica, pero el resultado es tan lindo que vale la pena usarlo como práctica.

El problema es el siguiente: dados dos puntos en un plano vertical, A y B, con A más alto que B, ¿cuál es la forma de la trayectoria que debe seguir una partícula para llegar de A a B, por acción de la gravedad, en el menor tiempo posible? En otras palabras: si construimos una pista sin fricción y soltamos una bolita en A, ¿qué forma debe tener la pista? *Braquistócrona*, del griego, significa "mínimo tiempo".

El tiempo de viaje a A a B es:

$$t(A \to B) = \int_A^B dt = \int_A^B \frac{ds}{v},$$

con ds a lo largo de la trayectoria.

La velocidad v, a cada altura de la partícula, se puede calcular sin dificultad por conservación de la energía. Tomemos un sistema de coordenadas con origen en el punto A, con el eje x vertical hacia abajo y el eje y horizontal (lo hago así porque así me salió la cuenta, se puede hacer al revés también). La energía es $E = \frac{1}{2}mv_A^2 - mgx_A = 0 = \frac{1}{2}mv^2 - mgx$, luego $v = \sqrt{2gx}$.

---

[15]Johann Bernoulli, matemático suizo (1667–1748). Fue maestro y supervisor de Euler y de su propio hijo Daniel Bernoulli, el de la hidrodinámica y el principio que relaciona la presión con la velocidad de un fluido. Jacob, hermano de Johann, fue otro de los grandes matemáticos de la familia.

[16]La historia del problema y su solución está contada en mi blog: guillermoabramson.blogspot.com /2016/12/el-desafio-de-la-braquistocrona.html.

2.2. PRINCIPIO DE HAMILTON

Además:
$$ds = \sqrt{dx^2 + dy^2} = \sqrt{dx^2 + y'(x)^2 dx^2} = \sqrt{y'(x)^2 + 1}\, dx,$$

donde usamos que $y'(x) = dy/dx$. Entonces el tiempo es la siguiente integral:

$$t(A \to B) = \int_0^{x_B} \frac{\sqrt{y'(x)^2 + 1}}{\sqrt{2gx}} dx = \frac{1}{\sqrt{2g}} \int_0^{x_B} \frac{\sqrt{y'(x)^2 + 1}}{\sqrt{x}} dx.$$

Es decir, tenemos un problema variacional, con un integrando dado por:

$$f(y, y', x) = \frac{\sqrt{y'(x)^2 + 1}}{\sqrt{x}}.$$

Para encontrar la trayectoria sólo tenemos que aplicar la ecuación de Euler-Lagrange a esta f:

$$\frac{\partial f}{\partial y} = \frac{d}{dx} \frac{\partial f}{\partial y'}.$$

La función f es independiente de y, así que el primer miembro es cero, y por lo tanto:

$$\frac{\partial f}{\partial y'} = \frac{1}{\cancel{2}} \frac{\cancel{2} y'}{\sqrt{x}\sqrt{1 + y'^2}} = \text{constante}.$$

Es una ecuación diferencial ordinaria medio horrible (¡tiene y' en dos lugares!), que conviene simplificar escribiéndola al cuadrado:

$$\frac{y'^2}{x(1 + y'^2)} = \frac{1}{2a} \quad \text{(ponele, definiendo } a\text{)},$$

$$\Rightarrow \frac{2a}{x} = \frac{1 + y'^2}{y'^2} = \frac{1}{y'^2} + 1,$$

$$\Rightarrow \frac{2a}{x} - 1 = \frac{2a - x}{x} = \frac{1}{y'^2},$$

$$\Rightarrow y' = \sqrt{\frac{x}{2a - x}}, \quad \text{mucho mejor,}$$

que podemos inmediatamente escribir como una integral:

$$\int dy = y = \int \sqrt{\frac{x}{2a-x}}\,dx.$$

Esta ecuación puede integrarse haciendo el (increíble) cambio de variable:

$$x = a(1 - \cos\theta), \qquad (2.5)$$
$$\Rightarrow dx = a\sin\theta\,d\theta,$$

con el cual:

$$y = \int \sqrt{\frac{a(1-\cos\theta)}{2a - a + a\cos\theta}}\, a\sin\theta\,d\theta,$$
$$= \int \sqrt{\frac{a(1-\cos\theta)}{a + a\cos\theta}}\, a\sin\theta\,d\theta,$$
$$= a\int \sqrt{\frac{\cancel{a}(1-\cos\theta)}{\cancel{a}(1+\cos\theta)}}\sqrt{1-\cos^2\theta}\,d\theta,$$
$$= a\int \sqrt{\frac{1-\cos\theta}{1+\cos\theta}}\sqrt{(1-\cos\theta)(1+\cos\theta)}\,d\theta,$$
$$= a\int \sqrt{\frac{(1-\cos\theta)(1-\cos\theta)\cancel{(1+\cos\theta)}}{\cancel{1+\cos\theta}}}\,d\theta,$$
$$= a\int \sqrt{(1-\cos\theta)^2}\,d\theta,$$
$$= a\int (1-\cos\theta)\,d\theta$$
$$\Rightarrow y = a(\theta - \sin\theta) + c. \qquad (2.6)$$

Las ecuaciones (2.5)-(2.6) son ecuaciones paramétricas de la curva buscada, dando x e y en función de θ. Esta curva es una cicloide (la curva que describe un punto fijo a un círculo de radio a cuando

2.2. PRINCIPIO DE HAMILTON

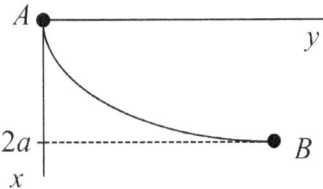

"rueda sin deslizar" por la parte de abajo del eje horizontal). Hay que elegir las constantes de integración a y c adecuadamente para que la curva pase por los puntos A y B: $c = 0$ y $2a$ es la diferencia de altura.

Esta curva tiene otra propiedad notable, tal vez aún más notable que la de ser la de mínimo tiempo de recorrido: es *isócrona*, vale decir que la partícula tarda *el mismo tiempo* en llegar al punto B, sin importar desde dónde la dejemos caer entre A y B. Esto permite construir péndulos perfectamente isócronos, en los que el período es independiente de la amplitud, a diferencia de los péndulos simples en los cuales la isocronía vale sólo para amplitudes pequeñas. Huygens,[17] el inventor del reloj de péndulo, usó originalmente esta propiedad para construir relojes, pero finalmente se decidió por el mecanismo de escape que regula el movimiento de un péndulo de amplitud pequeña.

Las ecuaciones de la Mecánica

Hamilton demostró que las ecuaciones de la Mecánica son las ecuaciones de Euler-Lagrange que se derivan del principio variacional que ya mencionamos: la integral $S = \int \mathcal{L}\, dt$ tiene un valor estacionario sobre la trayectoria real del sistema, respecto de variaciones de trayectoria.

---

[17]Christiaan Huygens (1629–1695), astrónomo y matemático holandés, fue uno de los científicos más prominentes de su época. Descubrió los anillos de Saturno e inventó el reloj de péndulo, que fue el instrumento más preciso para medir el tiempo hasta el siglo XX. También descubrió y analizó el fenómeno de sincronización de osciladores: youtu.be/r8Qcqh2Vln0.

Vamos a ver una demostración simplificada de esto, que de todos modos contiene las ideas fundamentales de la demostración más general. Supongamos que tenemos una sola partícula, restringida a moverse sobre una superficie debido a un vínculo holónomo, y sometida a fuerzas conservativas además de las de vínculo. Además de ser generalizable a sistemas de más grados de libertad, el razonamiento puede generalizarse a ciertas fuerzas no conservativas, de las cuales veremos algunos casos más adelante. Es decir, la fuerza total sobre la partícula es:

$$\mathbf{F} = \mathbf{F}_v - \nabla U(\mathbf{r}). \tag{2.7}$$

Hagamos el cálculo de variaciones.

Sean $\mathbf{r}_1$ y $\mathbf{r}_2$ dos puntos de la superficie, por donde pasa la partícula a tiempo t_1 y t_2. Sea $\mathbf{r}(t)$ el camino "correcto" (el que dan las ecuaciones de Newton) y $\mathbf{R}(t)$ una variación cercana sobre la superficie:

$$\mathbf{R}(t) = \mathbf{r}(t) + \boldsymbol{\epsilon}(t).$$

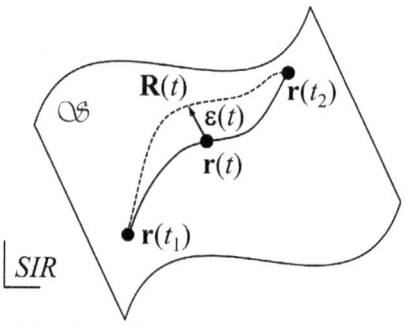

Como $\mathbf{R}$ y $\mathbf{r}$ están sobre la superficie, $\boldsymbol{\epsilon}$ también lo está, a todo tiempo. Y además

$$\boldsymbol{\epsilon}(t_1) = \boldsymbol{\epsilon}(t_2) = 0.$$

La acción es:

$$S = \int_{t_1}^{t_2} \mathcal{L}(\mathbf{R}, \dot{\mathbf{R}}, t)\, dt \quad \text{sobre } \mathbf{R},$$

$$S_0 = \int_{t_1}^{t_2} \mathcal{L}(\mathbf{r}, \dot{\mathbf{r}}, t)\, dt \quad \text{sobre } \mathbf{r}.$$

Queremos ver que $\delta S = S - S_0 = \int (\mathcal{L}(\mathbf{R}, \dot{\mathbf{R}}, t) - \mathcal{L}(\mathbf{r}, \dot{\mathbf{r}}, t))\, dt = \int \delta \mathcal{L}\, dt$ sea cero a orden ϵ. No hay más remedio que calcularlo:

$$\mathcal{L}(\mathbf{r}, \dot{\mathbf{r}}, t) = T - U = \tfrac{1}{2} m \dot{\mathbf{r}}^2 - U(\mathbf{r}),$$

2.2. PRINCIPIO DE HAMILTON

$$\mathcal{L}(\mathbf{R}, \dot{\mathbf{R}}, t) = \tfrac{1}{2}m\dot{\mathbf{R}}^2 - U(\mathbf{R}) = \tfrac{1}{2}m(\dot{\mathbf{r}} + \dot{\boldsymbol{\epsilon}})^2 - U(\mathbf{r} + \boldsymbol{\epsilon}),$$

$$\begin{aligned}
\Rightarrow \delta\mathcal{L} &= \tfrac{1}{2}m[(\dot{\mathbf{r}} + \dot{\boldsymbol{\epsilon}})^2 - \dot{\mathbf{r}}^2] - [U(\mathbf{r} + \boldsymbol{\epsilon}) - U(\mathbf{r})], \\
&= \tfrac{1}{2}m(\cancel{\dot{\mathbf{r}}^2} + 2\dot{\mathbf{r}}\cdot\dot{\boldsymbol{\epsilon}} + \dot{\boldsymbol{\epsilon}}^2 - \cancel{\dot{\mathbf{r}}^2}), \\
&\quad - [\cancel{U(\mathbf{r})} + \boldsymbol{\epsilon}\cdot\nabla U - \cancel{U(\mathbf{r})} + o(\epsilon^2)], \quad \text{(Taylor)} \\
&= m\dot{\mathbf{r}}\cdot\dot{\boldsymbol{\epsilon}} - \boldsymbol{\epsilon}\cdot\nabla U + O(\epsilon^2),
\end{aligned} \quad (2.8)$$

donde $O(\epsilon^2)$ son los términos en potencias superiores de $\boldsymbol{\epsilon}$ y $\dot{\boldsymbol{\epsilon}}$, que vamos a ignorar. Entonces, a primer orden en $\boldsymbol{\epsilon}$:

$$\delta S = \int_{t_1}^{t_2} \delta\mathcal{L}\, dt = \int_{t_1}^{t_2} (m\dot{\mathbf{r}}\cdot\dot{\boldsymbol{\epsilon}} - \boldsymbol{\epsilon}\cdot\nabla U)\, dt.$$

La integral del primer término puede hacerse por partes ($\dot{\mathbf{r}} = u$, $d\boldsymbol{\epsilon} = dv$, $\Rightarrow \boldsymbol{\epsilon} = v$, $\ddot{\mathbf{r}}\, dt = du$):

$$\int m\dot{\mathbf{r}}\cdot\dot{\boldsymbol{\epsilon}}\, dt = \int m\dot{\mathbf{r}}\cdot d\boldsymbol{\epsilon} = m\dot{\mathbf{r}}\cdot\boldsymbol{\epsilon}\Big|_{t_1}^{t_2} - \int m\ddot{\mathbf{r}}\cdot\boldsymbol{\epsilon}\, dt,$$

y el primer término se anula porque $\boldsymbol{\epsilon}(t_1) = \boldsymbol{\epsilon}(t_2) = 0$.

Así que tenemos:

$$\begin{aligned}
\delta S &= -\int_{t_1}^{t_2} (m\ddot{\mathbf{r}}\cdot\boldsymbol{\epsilon} + \boldsymbol{\epsilon}\cdot\nabla U)\, dt, \\
&= -\int_{t_1}^{t_2} \boldsymbol{\epsilon}\cdot(m\ddot{\mathbf{r}} + \nabla U)\, dt.
\end{aligned}$$

Acá está la papa, porque $\mathbf{r}(t)$ es el camino "correcto", donde valen las leyes de Newton. Así que $m\ddot{\mathbf{r}} = \mathbf{F} = \mathbf{F}_v - \nabla U$:

$$\Rightarrow \delta S = -\int_{t_1}^{t_2} \boldsymbol{\epsilon}\cdot(\mathbf{F}_v - \cancel{\nabla U} + \cancel{\nabla U})\, dt.$$

Pero la fuerza de vínculo es normal a la superficie, $\mathbf{F}_v \perp \boldsymbol{\epsilon}$, así que $\boldsymbol{\epsilon}\cdot\mathbf{F}_v = 0$ y queda que $\delta S = 0$ sobre el camino $\mathbf{r}(t)$.

Tenemos entonces que la acción es extrema para variaciones que están sobre la superficie. Pero eso es todo lo que necesitamos. Porque se trata de una partícula sometida a un vínculo holónomo que la obliga a mantenerse sobre la superficie. Es decir, tenemos dos grados de libertad y dos coordenadas generalizadas q_1 y q_2 independientes. *Cualquier* variación de q_1 y q_2 deja la partícula sobre la superficie. Así que la transformación entre coordenadas cartesianas y generalizadas nos permite reescribir el lagrangiano, que nos da la misma acción, en términos de q_1 y q_2:

$$S = \int \mathcal{L}(q_1, q_2, \dot{q}_1, \dot{q}_2, t)\, dt,$$

y esta acción es extrema para cualquier variación del camino correcto sobre la superficie, es decir para cualquier variación de q_1 y q_2. Por lo tanto el camino "correcto" (la trayectoria mecánica de la partícula) satisface las ecuaciones de Euler-Lagrange:[18]

$$\frac{\partial \mathcal{L}}{\partial q_1} = \frac{d}{dt}\frac{\partial \mathcal{L}}{\partial \dot{q}_1}; \quad \frac{\partial \mathcal{L}}{\partial q_2} = \frac{d}{dt}\frac{\partial \mathcal{L}}{\partial \dot{q}_2}.$$

QED. Como dijimos, esta es una demostración simplificada, pero que contiene todas las ideas principales del caso general: un sistema de N partículas, con m vínculos holónomos y n grados de libertad, en cuyo caso se obtiene que las ecuaciones de Lagrange

$$\boxed{\frac{\partial \mathcal{L}}{\partial q_i} = \frac{d}{dt}\frac{\partial \mathcal{L}}{\partial \dot{q}_i}; \quad i = 1, \ldots n,}$$

son equivalentes a las ecuaciones de Newton.

---

[18] En el caso mecánico (es decir cuando las variables son coordenadas generalizadas), se les dice apenas *ecuaciones de Lagrange*, pobre Euler.

2.3 Fuerzas que dependen de la velocidad

Todos los ejemplos que hemos visto tienen fuerzas o potenciales que *dependen de la posición* de la partícula. Pero hay dos casos importantes en los que la fuerza *depende de la velocidad*, para los cuales la formulación lagrangiana puede generalizarse provechosamente. Son los casos de una partícula cargada moviéndose en un campo magnético, y el de las fuerzas de fricción proporcionales a la velocidad. Vamos a ver brevemente estos dos casos no conservativos.

Carga eléctrica en un campo magnético

Sea una partícula de masa m y carga q moviéndose en presencia de campos $\mathbf{E}$ y $\mathbf{B}$. La fuerza sobre la partícula es la fuerza de Lorentz:[19]

$$\mathbf{F} = \underbrace{q\,\mathbf{E}}_{\text{electrostática}} + \underbrace{q\,\mathbf{v} \times \mathbf{B}}_{\text{magnética}}.$$

Así que la Segunda Ley dice que:

$$m\ddot{\mathbf{r}} = q(\mathbf{E} + \mathbf{v} \times \mathbf{B}).$$

¿Podemos obtenerla de un lagrangiano? Sí, podemos. Hay que recurrir a un *potencial generalizado*, que depende de la posición y de la velocidad. En general puede hacerse siempre que las fuerzas generalizadas puedan escribirse de la forma:

$$Q_i = -\frac{\partial U}{\partial q_i} + \frac{d}{dt}\left(\frac{\partial U}{\partial \dot{q}_i}\right),$$

con un término gradiente y un término separado dependiente de la velocidad.

---

[19]Hendrik Antoon Lorentz (1853–1928), físico holandés, recordado especialmente por descubrir las transformaciones de coordenadas que forman la base de la Relatividad Especial.

Para la partícula cargada hay que usar los potenciales escalar y vector:
$$\phi(\mathbf{r},t), \quad \mathbf{A}(\mathbf{r},t),$$
que dan los campos eléctrico y magnético:[20]
$$\mathbf{E} = -\nabla\phi - \frac{\partial \mathbf{A}}{\partial t}, \quad \mathbf{B} = \nabla \times \mathbf{A}.$$

Observación: El rotor $\nabla \times \mathbf{E} \neq 0$, así que es no conservativo; pero $\nabla \cdot \mathbf{B} = 0$, lo cual permite definir $\mathbf{A}$ tal que $\nabla \times \mathbf{A} = \mathbf{B}$.

El potencial generalizado en este caso es:
$$\boxed{U = q\,\phi - q\,\dot{\mathbf{r}} \cdot \mathbf{A},}$$

$$\Rightarrow \mathcal{L} = \tfrac{1}{2}m\dot{\mathbf{r}}^2 - q(\phi - \dot{\mathbf{r}} \cdot \mathbf{A}),$$
$$= \tfrac{1}{2}m(\dot{x}^2 + \dot{y}^2 + \dot{z}^2) - q(\phi - \dot{x}A_x - \dot{y}A_y - \dot{z}A_z).$$

Calculemos la primera de las ecuaciones de Lagrange:
$$\frac{\partial \mathcal{L}}{\partial x} = \frac{d}{dt}\frac{\partial \mathcal{L}}{\partial \dot{x}}.$$

Los potenciales dependen de la posición, así que:
$$\frac{\partial \mathcal{L}}{\partial x} = -q\left(\frac{\partial \phi}{\partial x} - \dot{x}\frac{\partial A_x}{\partial x} - \dot{y}\frac{\partial A_y}{\partial x} - \dot{z}\frac{\partial A_z}{\partial x}\right),$$
$$\frac{\partial \mathcal{L}}{\partial \dot{x}} = m\dot{x} + qA_x$$
$$\Rightarrow \frac{d}{dt}\frac{\partial \mathcal{L}}{\partial \dot{x}} = m\ddot{x} + q\left(\dot{x}\frac{\partial A_x}{\partial x} + \dot{y}\frac{\partial A_x}{\partial y} + \dot{z}\frac{\partial A_x}{\partial z} + \frac{\partial A_x}{\partial t}\right),$$

---

[20]Los campos eléctrico y magnético satisfacen las Ecuaciones de Maxwell: $\nabla \cdot \mathbf{E} = \rho/\epsilon_0$, $\nabla \cdot \mathbf{B} = 0$, $\nabla \times \mathbf{E} = -\partial \mathbf{B}/\partial t$, $\nabla \times \mathbf{B} = \mu_0(\mathbf{J} + \epsilon_0 \partial \mathbf{E}/\partial t)$. James Clerk Maxwell (1831–1879), físico escocés cuyo logro más notable fue el descubrimiento de la teoría clásica del electromagnetismo, abarcando la unificación de las interacciones eléctrica y magnética y el descubrimiento de que la luz es radiación electromagnética.

2.3. FUERZAS QUE DEPENDEN DE LA VELOCIDAD 51

donde calculamos dA_x/dt mediante la Regla de la Cadena. Luego:

$$m\ddot{x} = -q\frac{\partial \phi}{\partial x} + q\left(\dot{x}\frac{\partial A_x}{\partial x} + \dot{y}\frac{\partial A_y}{\partial x} + \dot{z}\frac{\partial A_z}{\partial x}\right)$$

$$- q\left(\dot{x}\frac{\partial A_x}{\partial x} + \dot{y}\frac{\partial A_x}{\partial y} + \dot{z}\frac{\partial A_x}{\partial z}\right)$$

$$- q\frac{\partial A_x}{\partial t},$$

$$= -q\left(\frac{\partial \phi}{\partial x} + \frac{\partial A_x}{\partial t}\right) + q\dot{y}\left(\frac{\partial A_y}{\partial x} - \frac{\partial A_x}{\partial y}\right) + q\dot{z}\left(\frac{\partial A_z}{\partial x} - \frac{\partial A_x}{\partial z}\right),$$

$$\Rightarrow m\ddot{x} = q(E_x + \dot{y}B_z - \dot{z}B_y),$$

que es la componente x de la ecuación de movimiento dada por la fuerza de Lorentz. (Que es no conservativa, pero que por ser perpendicular a la velocidad no hace trabajo, por lo cual se conserva la energía.)

Ésto sirve para resolver problemas de partículas cargadas por el método de Lagrange, lo cual está muy bien. Pero para mí la principal conclusión es teórica. Cuando calculamos el momento generalizado:

$$\boxed{p_x = \frac{\partial \mathcal{L}}{\partial \dot{x}} = m\dot{x} + q\,A_x,} \tag{2.9}$$

vemos que hay *dos términos*: $m\dot{x}$ es la conocida parte cinética del momento lineal. Pero hay un término adicional, que depende del campo magnético. ¡Parte del momento está, no dentro de la partícula, sino *en el campo*! Esto es responsable de que, en la colisión de dos partículas cargadas, haya que tener en cuenta el momento de las partículas y el momento del campo electromagnético. Es como si cada partícula, en lugar de interactuar directamente con la otra, interactuara con el campo, que hace de intermediario. Éste es un concepto crucial de la Teoría de Campos. Pero no sólo eso: la expresión (2.9) es fundamental en la teoría cuántica de una partícula cargada en un campo magnético, que está en la núcleo de la ciencia que soporta toda nuestra civilización tecnológica, y que les dará de comer a muchos de ustedes hasta que se jubilen.

Fricción

Cuando existen fuerzas *no conservativas* que sí hacen trabajo las ecuaciones de Euler-Lagrange pueden escribirse de la forma:

$$\frac{d}{dt}\left(\frac{\partial \mathcal{L}}{\partial \dot{q}_i}\right) - \frac{\partial \mathcal{L}}{\partial q_i} = Q_i, \qquad (2.10)$$

donde $\mathcal{L}$ es el lagrangiano conteniendo el potencial debido a las fuerzas conservativas, como de costumbre, y Q_i representa a las fuerzas que *no* se derivan de un potencial. Un caso frecuente de este tipo es el de la fuerza de fricción viscosa, proporcional a la *velocidad*:

$$\mathbf{F} = -\mu \mathbf{v}.$$

Las fuerzas de este tipo pueden derivarse de una *función de disipación* (de Rayleigh[21]) de la forma:

$$\mathcal{F} = \frac{1}{2}\mu |\mathbf{v}|^2.$$

Supongamos una partícula suspendida del techo por un resorte, que puede moverse sólo verticalmente, y sometida a una fuerza viscosa. Escribamos el lagrangiano y la función de disipación:

$$\mathcal{L} = \tfrac{1}{2}m\dot{x}^2 + mgx - \tfrac{1}{2}kx^2,$$

---

[21]John William Strutt, Lord Rayleigh (1842–1919), físico inglés recordado por numerosas contribuciones: descubridor del argón, de la dispersión de la luz que explica el color azul del cielo, de la radiación de cuerpo negro a longitudes de onda largas, de la inestabilidad de dos fluidos de diferentes densidades que explica desde la forma de hongo de las grandes explosiones hasta las supernovas, la teoría de perturbaciones, la teoría del sonido... Un capo, Rayleigh.

2.3. FUERZAS QUE DEPENDEN DE LA VELOCIDAD

$$\mathcal{F} = \tfrac{1}{2}\mu\dot{x}^2.$$

La fuerza generalizada en la dirección $\hat{x}$ puede derivarse de esta $\mathcal{F}$:

$$Q = \mathbf{F} \cdot \frac{\partial \mathbf{r}}{\partial x} = F = -\frac{\partial \mathcal{F}}{\partial \dot{x}} = -\mu\dot{x}.$$

Obtengamos la ecuación de movimiento dada por la ecuación generalizada (2.10):

$$\frac{\partial \mathcal{L}}{\partial x} = mg - kx,$$

$$\frac{d}{dt}\frac{\partial \mathcal{L}}{\partial \dot{x}} = \frac{d}{dt}(m\dot{x}) = m\ddot{x},$$

$$\Rightarrow m\ddot{x} - mg + kx = -\mu\dot{x}$$

$$\Rightarrow \boxed{m\ddot{x} + \mu\dot{x} + kx - mg = 0,}$$

que es la ecuación de un oscilador amortiguado (con un término dependiente de la primera derivada $\dot{x}$.

La función de disipación tiene una conveniente interpretación física. Calculemos el trabajo realizado por el sistema en contra de la fricción en un desplazamiento infinitesimal dx:

$$dW = -\mathbf{F} \cdot d\mathbf{r} = -F\,dx = -F\dot{x}\,dt = \mu\dot{x}^2 dt = 2\mathcal{F}dt,$$

es decir, $2\mathcal{F}$ es la *tasa de disipación* producida por la fricción. (Notar el signo menos en la primera igualdad: es el trabajo *contra* la fuerza de fricción.)

La conocida ley de Stokes,[22] "seis pájaros nunca remontan vuelo", se deriva de esta manera.

---

[22] George Gabriel Stokes (1819–1903), físico y matemático irlandés, recordado principalmente por el Teorema de Stokes y por la ecuación de movimiento de los fluidos. La Ley de Stokes dice que la fuerza de fricción (de *drag* en inglés, "arrastre") que experimenta un objeto esférico de radio R moviéndose a velocidad v en un fluido de viscosidad η es $F = 6\pi\eta Rv$.

2.4 Teoremas de conservación

Sabemos entonces que un sistema de n grados de libertad está descripto por n ecuaciones (de movimiento) de Lagrange. Son n ecuaciones diferenciales de segundo orden en el tiempo para las variables (coordenadas generalizadas) q_i. A menudo una de las ecuaciones puede reemplazarse por una ecuación de *primer orden*, lo cual facilita la integración del problema diferencial. Estas *primeras integrales* o *integrales de movimiento* no sólo facilitan el trabajo matemático sino que encierran siempre un importante significado físico, al tratarse de *cantidades conservadas*.

Vamos a estudiar algunas de ellas en el contexto del formalismo lagrangiano. Vamos a ver la conservación del momento lineal, del momento angular, de la energía, y finalmente la formulación general que explota las transformaciones de simetría del lagrangiano para encontrarlas.

Coordenadas cíclicas

El caso más sencillo de conservación es el que involucra *coordenadas cíclicas*[23]: coordenadas que no aparecen en el lagrangiano de manera explícita:

$$\frac{\partial \mathcal{L}}{\partial q_k} = 0, \quad q_k : \text{coordenada cíclica.}$$

En la ecuación de Lagrange correspondiente:

$$\frac{d}{dt}\frac{\partial \mathcal{L}}{\partial \dot{q}_k} - \underbrace{\frac{\partial \mathcal{L}}{\partial q_k}}_{0} = 0 \Rightarrow \frac{d}{dt}\frac{\partial \mathcal{L}}{\partial \dot{q}_k} = 0$$

---

[23]El nombre, que no necesariamente significa que el valor de la variable sea periódico, no es universal pero es bastante usual. Viene de la teoría de los sistemas hamiltonianos completamente integrables, en los cuales se puede encontrar un conjunto de variables llamadas de *ángulo* y *acción*, donde todas las variables angulares son cíclicas. Otro nombre usual para las variables que no aparecen en el lagrangiano es *ignorables*.

2.4. TEOREMAS DE CONSERVACIÓN

$$\Rightarrow \boxed{\frac{\partial \mathcal{L}}{\partial \dot{q}_k} = \text{cte,}}$$

independiente del tiempo. Ésta es la ecuación de primer orden de la que hablábamos. Veámoslo en un ejemplo.

Ejemplo: Un proyectil con gravedad. Tenemos:

$$\mathcal{L}(x,y,z,\dot{x},\dot{y},\dot{z}) = \tfrac{1}{2}m(\dot{x}^2 + \dot{y}^2 + \dot{z}^2) - mgz = \mathcal{L}(z,\dot{x},\dot{y},\dot{z}),$$

así que x e y son cíclicas. Entonces:

$$\frac{\partial \mathcal{L}}{\partial \dot{x}} = m\dot{x} = \text{cte} = p_x, \text{ el momento lineal en } x,$$
$$\frac{\partial \mathcal{L}}{\partial \dot{y}} = m\dot{y} = \text{cte} = p_y, \text{ el momento lineal en } y,$$

son las dos ecuaciones de primer orden que mencionamos.

Por analogía con el caso cartesiano, la cantidad de movimiento conservada se llama *momento generalizado*:

$$p_i = \frac{\partial \mathcal{L}}{\partial \dot{q}_i},$$

(notar que no tiene necesariamente unidades de momento lineal). Así que tenemos:

$$\boxed{\text{Si } q_i \text{ es cíclica, } p_i \text{ se conserva.}}$$

Cuando uno elige coordenadas generalizadas, es buena idea tratar de hacerlo de modo que ¡la mayor cantidad posible sean cíclicas!

Otro ejemplo: Un potencial con simetría cilíndrica. Sea un potencial que depende sólo de la distancia al eje z. ¿Qué coordenadas usaremos? Cilíndricas, obviamente:

$$\mathcal{L} = \tfrac{1}{2}m(\dot{r}^2 + r^2\dot{\phi}^2 + \dot{z}^2) - U(r), \text{ con } \phi \text{ y } z \text{ cíclicas.}$$

Entonces:

$$\frac{\partial \mathcal{L}}{\partial \dot{z}} = m\dot{z} = p_z = \text{cte},$$ se conserva el momento lineal a lo largo del eje vertical,

$$\frac{\partial \mathcal{L}}{\partial \dot{\phi}} = mr^2\dot{\phi} = p_\phi = mr \underbrace{r\dot{\phi}}_{\text{vel. tangencial}} = L_z:$$ se conserva el momento angular en dirección z (ya hablaremos más).

Simetría. En toda esta discusión, donde decimos "$\mathcal{L}$ no depende de la coordenada q_k" podríamos decir "$\mathcal{L}$ no cambia (es *invariante*) cuando cambia q_k manteniendo las demás q_i fijas". Es decir, tenemos una relación entre cantidades conservadas y operaciones de transformación de coordenadas que dejan invariante el lagrangiano. ¿Cómo se llaman matemáticamente las operaciones que dejan algo invariante? Son las *simetrías*.

En el segundo ejemplo se percibe claramente: ¿cuáles son las simetrías del lagrangiano? Tiene "simetría" cilíndrica, así que son las operaciones que dejan invariante un cilindro: rotarlo alrededor del eje y trasladarlo a lo largo del eje. Asociada a cada una de éstas encontramos una cantidad conservada.

Vamos a explotar esto un poco más.

Conservación del momento lineal

Pensemos en un sistema aislado. De la mecánica newtoniana ya sabemos que en tal caso se conserva el momento lineal total. Olvidemos que lo sabemos, y pensemos en el contexto lagrangiano. Si el sistema está aislado, ¿cómo sabemos dónde está? Si trasladamos toda las partículas una misma cantidad ϵ, no habría manera de darse cuenta. Nada físicamente relevante debería cambiar.

2.4. TEOREMAS DE CONSERVACIÓN

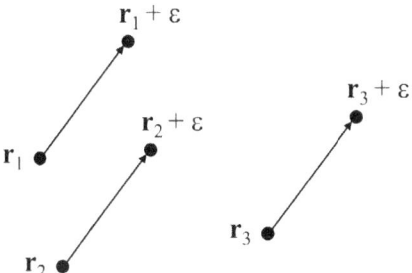

Decimos que el sistema es invariante ante traslaciones, o que *el espacio es homogéneo*: en todos lados ocurre lo mismo.

La transformación es: $\mathbf{r}_i \to \mathbf{r}_i + \boldsymbol{\epsilon}$, $\forall i = 1 \ldots N$, con $\boldsymbol{\epsilon}$ independiente de i. En particular, la energía potencial no cambia:

$$U(\mathbf{r}_1 + \boldsymbol{\epsilon}, \mathbf{r}_2 + \boldsymbol{\epsilon}, \ldots, \mathbf{r}_N + \boldsymbol{\epsilon}) = U(\mathbf{r}_1, \mathbf{r}_2, \ldots, \mathbf{r}_N) \Rightarrow \delta U = 0.$$

Obviamente, la traslación no afecta las velocidades (derivando la transformación se ve que $\mathbf{v}_i \to \mathbf{v}_i$), así que la energía cinética tampoco cambia: $\delta T = 0$.

En definitiva, $\delta T = 0, \delta U = 0 \Rightarrow \delta \mathcal{L} = 0 \; \forall \boldsymbol{\epsilon}$. Digamos que $\boldsymbol{\epsilon}$ es un *desplazamiento infinitesimal*, así podremos calcular $\delta \mathcal{L}$ de manera diferencial. Supongamos, sin perder generalidad, que es en la dirección x. Desarrollamos por Taylor:[24]

$$\delta \mathcal{L} = \epsilon \frac{\partial \mathcal{L}}{\partial x_1} + \cdots + \epsilon \frac{\partial \mathcal{L}}{\partial x_N} = \epsilon \sum_{i=1}^{N} \frac{\partial \mathcal{L}}{\partial x_i} = 0.$$

De las ecuaciones de Lagrange tenemos que

$$\frac{\partial \mathcal{L}}{\partial x_i} = \frac{d}{dt} \frac{\partial \mathcal{L}}{\partial \dot{x}_i} = \frac{d}{dt} p_{ix},$$

---

[24] Brook Taylor (1685–1731), matemático inglés. El teorema de la validez de este desarrollo, y en particular la forma del resto, en realidad fueron demostrados por Agustin-Louis Cauchy (1789–1857), genial matemático y físico francés que, prácticamente solo, fundó el Análisis Matemático moderno.

así que, reemplazando:

$$0 = \cancel{\epsilon} \sum_{i=1}^{N} \frac{d}{dt} p_{ix} = \boxed{\frac{d}{dt} P_x = 0},$$

donde P_x es la componente $\hat{x}$ de $\mathbf{P} = \sum_i \mathbf{p}_i$ (el momento lineal total). Repitiendo el argumento en y y z, concluimos que la invariancia del lagrangiano ante traslaciones (la *simetría de traslación del lagrangiano*) produce la conservación del momento lineal total del sistema.

Hemos pensado en un sistema aislado para fijar ideas. Pero notemos que *lo importante es la invariancia*, no que el sistema esté aislado. Si tenemos un sistema abierto, o si no sabemos si está aislado o no, no importa. Si el lagrangiano tiene simetría de traslación el momento lineal total se conserva.

Conservación del momento angular

Volvamos a pensar en el sistema aislado. Si está realmente aislado, no sólo no importa dónde está, sino para dónde apunta, o cómo está orientado. Decimos que el espacio es *isótropo*, además de homogéneo. ¿Qué consecuencias tendrá esto? Evidentemente hay otra operación, otra transformación de coordenadas, que deja invariante el lagrangiano. Tenemos que hacer una *rotación*.

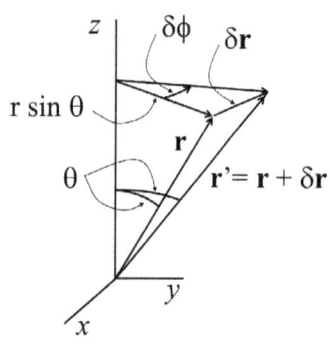

Para fijar ideas, digamos que hacemos una rotación de todas las coordenadas alrededor del eje $\hat{z}$, en un ángulo infinitesimal $\delta\phi$. Tenemos $\mathbf{r} \to \mathbf{r} + \delta\mathbf{r}$. ¿Cuánto vale $\delta\mathbf{r}$?

$$\delta r = \delta\phi \underbrace{r\sin\theta}_{\text{dist. al } \hat{z}} \Rightarrow \delta\mathbf{r} = \underbrace{\delta\boldsymbol{\phi}}_{\delta\phi\hat{z}} \times \mathbf{r}.$$

2.4. TEOREMAS DE CONSERVACIÓN

O sea:

$$\mathbf{r}' = \mathbf{r} + \delta\boldsymbol{\phi} \times \mathbf{r} \Rightarrow \mathbf{v}' \neq \mathbf{v}, \text{ a diferencia de la traslación,}$$

$$\Rightarrow \delta\dot{\mathbf{r}} = \delta\boldsymbol{\phi} \times \dot{\mathbf{r}} \text{ es lo que tenemos que usar en el } \delta\mathcal{L}.$$

El lagrangiano, dijimos, es invariante (sepan disculpar, viene una cuenta medio engorrosa):

$$0 = \delta\mathcal{L} = \sum_{i=1}^{N} \frac{\partial \mathcal{L}}{\partial \mathbf{r}_i} \cdot \delta\mathbf{r}_i + \frac{\partial \mathcal{L}}{\partial \dot{\mathbf{r}}_i} \cdot \delta\dot{\mathbf{r}}_i,$$

donde el · indica sumar en las 3 coordenadas (producto escalar). En el primer término podemos usar las ecuaciones de Euler-Lagrange, y usar las transformaciones recién calculadas:

$$0 = \sum_{i=1}^{N} \dot{\mathbf{p}}_i \cdot (\delta\boldsymbol{\phi} \times \mathbf{r}_i) + \mathbf{p}_i \cdot (\delta\boldsymbol{\phi} \times \dot{\mathbf{r}}_i).$$

¡Qué lío! Pero podemos usar $a \cdot (b \times c) = c \cdot (a \times b) = b \cdot (c \times a)$ para mandar la rotación $\delta\boldsymbol{\phi}$ afuera como factor común:

$$0 = \sum_{i=1}^{N} \delta\boldsymbol{\phi} \cdot (\mathbf{r}_i \times \dot{\mathbf{p}}_i) + \delta\boldsymbol{\phi} \cdot (\dot{\mathbf{r}}_i \times \mathbf{p}_i),$$

$$= \delta\boldsymbol{\phi} \cdot \sum_{i=1}^{N} (\mathbf{r}_i \times \dot{\mathbf{p}}_i + \dot{\mathbf{r}}_i \times \mathbf{p}_i), \text{ que es la derivada de un producto,}$$

$$= \delta\boldsymbol{\phi} \cdot \frac{d}{dt} \sum_{i=1}^{N} \mathbf{r}_i \times \mathbf{p}_i = 0 \quad \forall \delta\boldsymbol{\phi},$$

$$\Rightarrow \sum_{i=1}^{N} \mathbf{l}_i = \boxed{\mathbf{L} = \text{cte}}: \text{ el momento angular total es constante.}$$

Notemos nuevamente: si el sistema está aislado, esto pasa en cualquier eje. Pero lo importante no es el aislamiento, sino la invariancia del lagrangiano. Si el sistema no está aislado, sino que está metido en un campo de fuerzas externo, *pero* este campo tiene un eje de simetría de rotación, entonces la componente del momento angular a lo largo de ese eje se conserva. Es precisamente el caso de z y ϕ cíclicas que vimos más arriba.

La relación entre simetrías y conservación, espero, debería estar calando hondo en sus cabezas. Es algo importantísimo, que trasciende la Mecánica Clásica, abarcando la Mecánica Cuántica, la Teoría de Campos, la Teoría de Partículas Elementales, la Física toda. Ya insistiremos un poco más.

La energía y el hamiltoniano

¿Qué otra conservación podríamos visitar? La conservación de la energía, obviamente. Pero, en el camino, encontraremos otra... Empecemos con un ejemplo.

Ejemplo: Conservación del hamiltoniano y la energía mecánica. Volvamos al problema de la bolita en el aro. Habíamos calculado el lagrangiano:

$$\mathcal{L}(\theta, \dot{\theta}) = \tfrac{1}{2}mR^2(\dot{\theta}^2 + \omega^2 \sin^2 \theta) + mgR\cos\theta.$$

De aquí podríamos inmediatamente encontrar la ecuación de movimiento, que aprendimos a analizar sin resolverla. Vamos a tratar de encontrar alguna cantidad conservada.

¿Hay alguna coordenada cíclica? No, $\mathcal{L} = \mathcal{L}(\theta)$. Así que el momento angular *no* se conserva.

¿Será la energía la que se conserva? No, porque hay una acción externa imponiendo $\omega = $ cte. Eso cuesta energía. Escribámosla de todos modos:

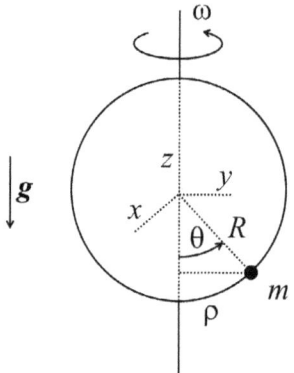

$$E = T + U = \tfrac{1}{2}mR^2(\dot{\theta}^2 + \omega^2 \sin^2 \theta) - mgR\cos\theta. \qquad (2.11)$$

2.4. TEOREMAS DE CONSERVACIÓN

Qué lástima, no se conserva.

¿Nada se conserva? ¿El lagrangiano, se conservará? Bueno, calculemos su derivada temporal:

$$\begin{aligned}
\frac{d}{dt}\mathcal{L} &= \frac{\partial \mathcal{L}}{\partial \theta}\dot\theta + \frac{\partial \mathcal{L}}{\partial \dot\theta}\ddot\theta + \cancelto{0}{\frac{\partial \mathcal{L}}{\partial t}}, &&\text{por Regla de la Cadena,} \\
&= \frac{d}{dt}\frac{\partial \mathcal{L}}{\partial \dot\theta}\dot\theta + \frac{\partial \mathcal{L}}{\partial \dot\theta}\frac{d}{dt}\dot\theta, &&\text{usando Ec. Euler-Lagrange,} \\
&= \frac{d}{dt}\left[\frac{\partial \mathcal{L}}{\partial \dot\theta}\dot\theta\right], &&\text{haciendo } d/dt \text{ "factor común", o sea Regla del Producto.}
\end{aligned}$$

¡No dio cero! Pero dio *otra* derivada temporal. Si la paso de miembro y las junto, tengo algo que *sí* se conserva:

$$\Rightarrow \underbrace{\frac{d}{dt}\left[\frac{\partial \mathcal{L}}{\partial \dot\theta}\dot\theta - \mathcal{L}\right]}_{\text{¡esto se conserva!}} = 0.$$

Calculémoslo:

$$\frac{\partial \mathcal{L}}{\partial \dot\theta} = mR^2\dot\theta \xrightarrow{\times \dot\theta} mR^2\dot\theta^2$$

$$\begin{aligned}
\Rightarrow\; & \underbrace{mR^2\dot\theta^2 - \tfrac{1}{2}mR^2\dot\theta^2} - \tfrac{1}{2}mR^2\omega^2\sin^2\theta - mgR\cos\theta, \\
&= \tfrac{1}{2}mR^2\dot\theta^2 - \tfrac{1}{2}mR^2\omega^2\sin^2\theta - mgR\cos\theta, \\
&= \tfrac{1}{2}mR^2\left(\dot\theta^2 - \omega^2\sin^2\theta\right) - mgR\cos\theta, \text{ (comparar con (2.11)),} \\
&= \mathcal{H}.
\end{aligned}$$

$\mathcal{H}$, definido en la última igualdad, se llama *hamiltoniano*, y se conserva cuando $\mathcal{L}$ no depende explícitamente del tiempo. Notemos que *puede no ser igual a la energía*: en este caso, vemos un signo menos en lugar de un signo más con respecto a la expresión que calculamos en (2.11). Pero *si los vínculos no dependen del tiempo* (que es lo que falla en este caso) y si U no depende de las velocidades, $\mathcal{H}$ es igual a la energía. En breve lo veremos en general.

Así que, como $\mathcal{H}$ se conserva, podemos imaginar otro sistema, un sistema conservativo efectivo, que tenga el mismo $\mathcal{H}$, que sea su energía:

$$E_{ef} = \underbrace{\tfrac{1}{2}mR^2\dot\theta^2}_{T_{ef}} \underbrace{-\tfrac{1}{2}mR^2\omega^2\sin^2\theta - mgR\cos\theta}_{\boxed{U_{ef}}}.$$

Moraleja: el potencial efectivo lo identificamos en la ecuación de movimiento o en el hamiltoniano, *no en el lagrangiano*.

Simetría de traslación temporal

Hagamos ahora el cálculo en general para n grados de libertad, para un sistema cuyo lagrangiano es independiente del tiempo, es decir que el sistema es invariante ante la traslación temporal, tiene *simetría de traslación temporal*:

$$\frac{d}{dt}\mathcal{L} = \sum_{i=1}^{n}\left(\frac{\partial \mathcal{L}}{\partial q_i}\dot q_i + \frac{\partial \mathcal{L}}{\partial \dot q_i}\ddot q_i\right) + \cancelto{0}{\frac{\partial \mathcal{L}}{\partial t}},$$

$$= \sum_{i=1}^{n}\left(\frac{d}{dt}\frac{\partial \mathcal{L}}{\partial \dot q_i}\dot q_i + \frac{\partial \mathcal{L}}{\partial \dot q_i}\frac{d}{dt}\dot q_i\right), \quad \text{(usando Euler-Lagrange)},$$

$$= \frac{d}{dt}\sum_{i=1}^{n}\frac{\partial \mathcal{L}}{\partial \dot q_i}\dot q_i, \quad \text{(sacando } d/dt \text{ factor común)}.$$

Es lo mismo que vimos en el ejemplo: la derivada total temporal[25] del lagrangiano no da cero, pero da otra derivada temporal. Así que

---

[25]Tal vez no todos tengan clara la diferencia entre una derivada parcial y una derivada total. Si $f(x_1, x_2)$ es una función de dos variables *independientes*, entonces lo único que puedo calcular son las derivadas parciales $\partial f/\partial x_1$ y $\partial f/\partial x_2$, que dicen cuánto cambia f cuando cambian x_1 o x_2 por separado. Pero si una de ellas es función de la otra, por ejemplo $x_1 = x_1(x_2)$, entonces, en el fondo, f es función de una sola variable, x_2. Cuando cambia x_2 cambia f, vía su dependencia explícita en x_2, y además porque el cambio de x_2 produce un cambio de x_1. Entonces podemos calcular la derivada total de f, respecto de la única variable independiente x_2, que usando la Regla de la Cadena es: $df/dt = \partial f/\partial x_2 + (\partial f/\partial x_1)(dx_1/dx_2)$.

2.4. TEOREMAS DE CONSERVACIÓN

la paso restando para obtener una derivada temporal igual a cero:

$$\frac{d}{dt}\left(\sum_{i=1}^{n}\frac{\partial \mathcal{L}}{\partial \dot{q}_i}\dot{q}_i - \mathcal{L}\right) = \frac{d}{dt}\left(\sum_{i=1}^{n} p_i \dot{q}_i - \mathcal{L}\right) = 0.$$

Tenemos así una cantidad conservada asociada a la simetría de traslación temporal. La llamamos $\mathcal{H}$, en homenaje a William Rowan Hamilton.

$$\boxed{\mathcal{H}(q,p) = \sum_{i=1}^{n} p_i \dot{q}_i - \mathcal{L}.}$$

Entonces: si $\mathcal{L}$ no depende explícitamente del tiempo, el hamiltoniano es una constante de movimiento. (Notar: el hamiltoniano es función de q y p, no de q y $\dot{q}$. Las razones quedarán claras más adelante.)

No nos quedemos con esto. El hamiltoniano es genial, y acabó convirtiéndose en el objeto central de toda la Física, pero estábamos hablando de la conservación de la energía. Resulta que, *bajo ciertas condiciones*, el hamiltoniano es igual a la energía mecánica. Pero tenemos que estudiar esas condiciones.

El hamiltoniano vs la energía

Por un lado, necesitamos vínculos esclerónomos, que no dependan ni de las velocidades ni del tiempo. En tal caso[26] la energía cinética es una función cuadrática homogénea[27] de las $\dot{q}$. Si además el potencial no depende de las velocidades, $U = U(\mathbf{r}_i) = U(q_i)$, con $\partial U/\partial \dot{q}_i = 0$. En tal caso:

$$\mathcal{H} = \sum_{i=1}^{n} p_i \dot{q}_i - \mathcal{L} = \sum_{i=1}^{n} \frac{\partial \mathcal{L}}{\partial \dot{q}_i}\dot{q}_i - \mathcal{L},$$

---

[26]Veremos la demostración un poco más adelante, en la Sección 2.6.

[27]Una función homogénea es una que satisface un escaleo multiplicativo de su variable. Es decir, $f(\alpha x) = \alpha^k f(x)$, donde el factor de escala α sale del argumento elevado a una potencia que se llama *grado* de la homogeneidad. Otro ejemplo: una función de dos variables, homogénea de grado 3, satisface $f(\alpha x, \alpha y) = \alpha^3 f(x,y)$.

$$= \sum_{i=1}^{n} \frac{\partial T - \cancel{U}}{\partial \dot{q}_i} \dot{q}_i - \mathcal{L} = \sum_{i=1}^{n} \frac{\partial T}{\partial \dot{q}_i} \dot{q}_i - (T - U),$$
$$= 2T - T + U = \boxed{T + U = E,} \tag{2.12}$$

donde la última línea explota el hecho de que T es cuadrática homogénea en las velocidades, lo cual permite usar un teorema de Euler sobre funciones homogéneas: Si f es homogénea de grado k, entonces $\sum x_i \partial f / \partial x_i = k f$.

O sea, la constancia de $\mathcal{H}$ en el caso de vínculos esclerónomos (holónomos + independientes del tiempo) da la conservación de E. Sólo en el caso de los vínculos esclerónomos el hamiltoniano es igual a la energía mecánica: el potencial U no genera las fuerzas de vínculo, y el trabajo que hacen éstas es nulo.

Notar: si llegara a ocurrir que $\partial \mathcal{L}/\partial t = 0$ y los vínculos son holónomos *pero dependientes del tiempo*, entonces se conserva $\mathcal{H}$, pero $\mathcal{H} \neq T + U$.

Resumiendo:

- Si las fuerzas (aplicadas y de vínculo) son conservativas (no hay disipación en calor u otra forma de energía), entonces la energía mecánica se conserva.

- Si el sistema es invariante ante traslaciones temporales, el hamiltoniano se conserva.

- Si los vínculos son esclerónomos y el potencial no depende de las velocidades, el hamiltoniano es igual a la energía mecánica.

La pregunta ¿es $\mathcal{H} = E$? y ¿se conserva E? *son aspectos diferentes del sistema*, que deben ser analizados *por se-pa-ra-do*.

¿Podríamos tener que $\mathcal{H} \neq E$, pero que la energía se conserve? ¡Sí! Por ejemplo, un sistema conservativo, descripto en coordenadas en movimiento: un proyectil visto desde un auto en movimiento. Las ecuaciones de transformación de **r** a **q** dependen del tiempo, y la energía cinética *no es* una función cuadrática homogénea de las

2.4. TEOREMAS DE CONSERVACIÓN

$\dot{q}$. La elección del sistema de coordenadas generalizadas, claramente no puede cambiar el *hecho físico* de que la energía se conserve. Lo que pasa es que en el sistema en movimiento $\mathcal{H}$ no es igual a la energía mecánica.

Teorema de Noether

¿Qué pasa cuando no hay coordenadas cíclicas? Tal como decíamos con respecto a la conservación de la energía, la elección de las coordenadas no puede cambiar el hecho de que exista una constante de movimiento. Aunque esté oculta, tenemos que poder sacarla de su escondite. El Teorema de Noether[28] nos da explícitamente una conexión entre simetría y conservación para sacar a la luz estas magnitudes conservadas. Específicamente, el Teorema de Noether nos dice que si $\mathcal{L}$ tiene una simetría continua, entonces el sistema tiene una constante de movimiento, cuyo valor puede encontrarse a partir de $\mathcal{L}$ y de la transformación de simetría.

Vamos a ver lo que significa esto en una forma simplificada, sin entrar en detalles y sin pretender encontrar la forma más general del teorema. Los interesados pueden explorar al final del libro de Goldstein, donde el Teorema de Noether está demostrado y desmenuzado no sólo para lagrangianos de variables discretas como los nuestros, sino también para una densidad lagrangiana en una teoría de campos continuos.

En primer lugar, ¿qué significa una simetría continua del lagrangiano? Significa que tenemos una familia de transformaciones que

---

[28]Emmy Noether (1882–1935), matemática alemana, una de los matemáticos más destacados de su época. Noether descubrió todo esto poco después de que, tras un seminario de Einstein en Götingen, David Hilbert descubriera el principio variacional que daba las ecuaciones de campo de la Relatividad General, y resolvió un problema de conservación de la energía que tenía preocupados a Hilbert, Einstein y otros. La correspondencia muestra que Hilbert le pidió ayuda para resolver este problema, y que el resultado fueron estos teoremas, publicados en 1918 (N Byers, *E. Noether's Discovery of the Deep Connection Between Symmetries and Conservation Laws*, arxiv.org/abs/physics/9807044.).

dependen continuamente[29] de un parámetro ϵ, de manera que $\phi(\epsilon)$ nos da cada transformación de la familia, siendo $\phi(0)$ la identidad:

$$q \xrightarrow{\phi} \phi(q, \epsilon) \equiv q(\epsilon),$$
$$q(0) = q \quad \leftarrow \text{la identidad.}$$

El valor de ϵ nos dice cuánto nos apartamos de la identidad: es una medida del "tamaño" de la transformación.

Las trayectorias se transforman punto a punto:

$$q(t) \xrightarrow{\phi} \phi(q(t), \epsilon) \equiv q(t, \epsilon),$$

y las velocidades se transforman dejando ϵ fijo en $q(t, \epsilon)$:

$$\dot{q}(t, \epsilon) = \frac{\partial}{\partial t} q(t, \epsilon).$$

Lo de simetrías *continuas* del lagrangiano se refiere a transformaciones infinitesimales de este tipo, de manera que podemos expresarlas a primer orden en el parámetro ϵ:[30]

$$\phi(q, \epsilon) = \phi(q, 0) + \epsilon \left.\frac{\partial \phi}{\partial \epsilon}\right|_{\epsilon=0}.$$

A veces escribimos esto de otra manera, usando un "generador" R, de la transformación:

$$q(t) \xrightarrow{\phi} q(t) + \epsilon R(t),$$
$$\dot{q}(t) \to \dot{q}(t) + \epsilon \dot{R}(t),$$
$$t \to t,$$

donde la tercera línea parece una obviedad: t no cambia, aunque el tratamiento general se hace en el espacio-tiempo, tal como lo hizo Noether.

---

[29]Notar: No todas las transformaciones de simetría son continuas. Por ejemplo, las simetrías de un cristal son discretas.

[30]O sea: queremos que sean diferenciables en una abierto alrededor de $\epsilon = 0$.

2.4. TEOREMAS DE CONSERVACIÓN

Por ejemplo, en el caso de la coordenada cíclica que ya vimos, tenemos:

$$q \to q + \epsilon,$$
$$\dot{q} \to \dot{q},$$
$$t \to t,$$

Vemos que $R = 1$ es el generador del desplazamiento en la coordenada q.

Queremos que ϕ sea una simetría del lagrangiano, es decir que el lagrangiano quede invariante ante la transformación. Calculemos su variación, que deberá anularse a orden ϵ:

$$\begin{aligned}
0 &= \mathcal{L}(\phi(q,\epsilon), \partial_t \phi(q,\epsilon), t) - \mathcal{L}(q, \dot{q}, t), \\
&= \mathcal{L}(q + \epsilon R, \dot{q} + \epsilon \dot{R}, t) - \mathcal{L}(q, \dot{q}, t), \\
&= \mathcal{L}(q, \dot{q}, t) + \frac{\partial \mathcal{L}}{\partial q} \epsilon R + \frac{\partial \mathcal{L}}{\partial \dot{q}} \epsilon \dot{R} - \mathcal{L}(q, \dot{q}, t), \quad \text{(por Taylor)} \\
&= \frac{\partial \mathcal{L}}{\partial q} \epsilon R + \frac{\partial \mathcal{L}}{\partial \dot{q}} \epsilon \dot{R}, \quad \text{(el orden } \epsilon^0 \text{ se cancela)} \\
&= \left(\frac{d}{dt} \frac{\partial \mathcal{L}}{\partial \dot{q}} \right) \epsilon R + \frac{\partial \mathcal{L}}{\partial \dot{q}} \epsilon \dot{R}, \quad \text{(usando Ec. Euler-Lagrange)} \\
&= \epsilon \frac{d}{dt} \left(\frac{\partial \mathcal{L}}{\partial \dot{q}} R \right),
\end{aligned}$$

donde reescribimos la última expresión como derivada total con respecto al tiempo. Como ϵ es arbitrario, tenemos que se anula la derivada temporal y por lo tanto hay una cantidad conservada:

$$\boxed{Q = \frac{\partial \mathcal{L}}{\partial \dot{q}} R,}$$

llamada, en general, *carga de Noether*. QED. [31]

---

[31]Cálculo alternativo de $\delta \mathcal{L}$ en la demostración del Teorema de Noether:

$$d\mathcal{L} = \frac{\partial \mathcal{L}}{\partial q} dq + \frac{\partial \mathcal{L}}{\partial \dot{q}} d\dot{q},$$

¡Pero esto no es todo! Estrictamente, no es *necesario* que $\mathcal{L}$ sea invariante. Porque si el $\mathcal{L}_\epsilon$ difiere del $\mathcal{L}_0$ en una derivada temporal total, sabemos que las ecuaciones de Euler-Lagrange dan las mismas trayectorias (problema 3.5. en el capítulo de Problemas). Así que es *suficiente* que

$$\mathcal{L}_\epsilon = \mathcal{L}_{\epsilon=0} + \epsilon \dot{\Phi}(q,t),$$

o sea: $\delta\mathcal{L} = \epsilon\dot{\Phi}$,

que se llama *simetría de gauge* (se pronuncia aproximadamente "gueish"). Combinando las dos cosas, el teorema dice que

$$\frac{d}{dt}\left(\frac{\partial \mathcal{L}}{\partial \dot{q}}R - \Phi\right) = 0,$$

y la cantidad conservada es

$$Q = \frac{\partial \mathcal{L}}{\partial \dot{q}}R - \Phi.$$

Todo esto es interesante pero no tremendamente importante en la mecánica de partículas. Pero se vuelve extremadamente importante en las teorías de campos y en la Teoría de Partículas Elementales.

$$\begin{aligned}
&= \frac{\partial \mathcal{L}}{\partial q}dq + \frac{d}{dt}\left(\frac{\partial \mathcal{L}}{\partial \dot{q}}dq\right) - \left(\frac{d}{dt}\frac{\partial \mathcal{L}}{\partial \dot{q}}\right)dq, \text{ (por Regla del Producto)}\\
&= \underbrace{\left(\frac{\partial \mathcal{L}}{\partial q} - \frac{d}{dt}\frac{\partial \mathcal{L}}{\partial \dot{q}}\right)}_{=0 \text{ por Ec. E-L}}dq + \frac{d}{dt}\left(\frac{\partial \mathcal{L}}{\partial \dot{q}}dq\right), \text{ (factor común 1o y 3er térm.)}\\
&= \frac{d}{dt}\left(\frac{\partial \mathcal{L}}{\partial \dot{q}}dq\right).
\end{aligned}$$

¿Y dq? Sale de:

$$q \to \phi(q,\epsilon) \to q(\epsilon) = q(0) + dq \;\Rightarrow\; q(\epsilon) = q(0) + \epsilon \underbrace{\left.\frac{\partial \phi(q,\epsilon)}{\partial \epsilon}\right|_{\epsilon=0}}_{dq=\epsilon R}.$$

2.4. TEOREMAS DE CONSERVACIÓN

De hecho, en general uno no tiene acceso al lagrangiano directamente analizando el sistema, sino que conoce cantidades conservadas y propone lagrangianos en base a las simetrías asociadas.

Ejemplo: Una partícula en caída libre. Tenemos el lagrangiano:

$$\mathcal{L} = \tfrac{1}{2}m\dot{x}^2 - mgx.$$

Vemos que no tenemos coordenada cíclica. Pero aun así existe una simetría del lagrangiano:

$$x' = x + \epsilon, \quad \Rightarrow \dot{x}' = \dot{x},$$

$$\Rightarrow R = 1.$$

¿Es una simetría? Veamos:

$$\delta\mathcal{L} = \left(\tfrac{1}{2}m\dot{x}'^2 - mg(x+\epsilon)\right) - \left(\tfrac{1}{2}m\dot{x}^2 - mgx\right) = -mg\epsilon.$$

Es decir, $\delta\mathcal{L} \neq 0$, pero $\delta\mathcal{L} = \epsilon(-mg) = \epsilon\frac{d}{dt}(-mg\,t)$ y $\mathcal{L}$ es *invariante de gauge* con el gauge:

$$\boxed{\Phi = -mg\,t.}$$

La constante de movimiento (carga de Noether) es, recordando que $R = 1$:

$$\boxed{Q = m\dot{x} + mg\,t.}$$

Ésta es la ecuación de movimiento de orden 1, que mencionábamos cuando empezamos a hablar de cantidades conservadas. Integrando obtendremos la trayectoria (integramos una sola vez porque la ecuación es de orden 1, en lugar de integrar dos veces $F = ma$):

$$\dot{x}(t) = \frac{Q}{m} - g\,t \Rightarrow x(t) = x(0) + \frac{Q}{m}t - \tfrac{1}{2}g\,t^2.$$

Resolvimos la caída libre haciendo una sola integral y usando la simetría de gauge del lagrangiano. ¿Qué tal?

Vemos, además, que Q es el momento inicial: las condiciones iniciales son cantidades conservadas. Parece una perogrullada, pero es así, y es algo que volverá a aparecer más adelante.

Por claridad hice el cálculo usando una sola coordenada q. Por supuesto, todo puede hacerse en general para n grados de libertad. La expresión general es la siguiente:

> Si la transformación $q_i'(t) = q_i(t) + \epsilon R_i(t)$ es una simetría de $\mathcal{L}$:
> $$\delta\mathcal{L} = \epsilon \frac{d\Phi}{dt},$$
> entonces existe una cantidad conservada
> $$Q = \sum_{i=1}^{n} \frac{\partial \mathcal{L}}{\partial \dot{q}_i} R_i - \Phi,$$
> donde $R_i = \frac{\partial q_i'}{\partial \epsilon}\big|_{\epsilon=0}$.

Simetrías del potencial

Como la energía cinética siempre es invariante ante traslaciones y rotaciones (ejercicio: demostrarlo), y como $\mathcal{L} = T - U$, para estudiar la conservación de **p** y de **L** basta estudiar las simetrías del potencial.

Por ejemplo, consideremos el problema 4.1. ¿Qué componentes de **p** y de **L** se conservan para el movimiento de una partícula en un potencial cuyas superficies equipotenciales son elipsoides? Hagamos aquí uno de los casos.

La idea es combinar las coordenadas (x, y, z) en una única variable que se mueva sobre las equipotenciales:

$$U(x, y, z) = U(\xi)$$

de manera que, sobre el equipotencial, ξ no cambia, y sólo al variar ξ, U cambia (al cambiar de un equipotencial a otro). Si los equipotenciales son elipsoides, hago:

$$\xi(x, y, z) = \frac{x^2}{a^2} + \frac{y^2}{b^2} + \frac{z^2}{c^2}.$$

2.4. TEOREMAS DE CONSERVACIÓN

(en una esfera, sería el radio). Si x, y y z se mueven sobre el elipsoide, ξ no cambia, y U como es función de ξ tampoco cambia. Entonces calculo δU usando la Regla de la Cadena:

$$\begin{aligned}\delta U &= \frac{\partial U}{\partial x}\delta x + \frac{\partial U}{\partial y}\delta y + \frac{\partial U}{\partial z}\delta z, \\ &= U'(\xi)\left(\frac{\partial \xi}{\partial x}\delta x + \frac{\partial \xi}{\partial y}\delta y + \frac{\partial \xi}{\partial z}\delta z\right), \\ &= U'(\xi)\underbrace{\left(\frac{2x}{a^2}\delta x + \frac{2y}{b^2}\delta y + \frac{2z}{c^2}\delta z\right)}_{\delta \xi}.\end{aligned}$$

$U'(\xi)$ tiene algún valor, posiblemente uno distinto en cada superficie equipotencial, pero no nos interesa. Pero lo que vemos es que, para que $\delta U = 0$ independientemente del valor que tenga U', necesitamos que $\delta \xi = 0$.

Inmediatamente vemos que no existen traslaciones que dejen invariante U. Necesitaríamos que $\delta x = \delta y = \delta z = 0$, pero eso no es una traslación, es la identidad.

¿Qué pasa con las rotaciones? No es tan obvio. Pensemos por ejemplo en una rotación infinitesimal alrededor del eje z. La transformación es así:

$$\begin{aligned}\delta x &= \epsilon y, \\ \delta y &= -\epsilon x, \\ \delta z &= 0.\end{aligned}$$

Al que no le resulte obvia esta forma de escribir una rotación infinitesimal, puede pensarlo empezando con una rotación finita y aproximarla para un ángulo infinitesimal de ángulo ϵ:

$$\begin{pmatrix} x' \\ y' \\ z' \end{pmatrix} = \begin{bmatrix} \cos\epsilon & \sin\epsilon & 0 \\ -\sin\epsilon & \cos\epsilon & 0 \\ 0 & 0 & 1 \end{bmatrix} \begin{pmatrix} x \\ y \\ z \end{pmatrix},$$

$$\approx \begin{bmatrix} 1 & \epsilon & 0 \\ -\epsilon & 1 & 0 \\ 0 & 0 & 1 \end{bmatrix} \begin{pmatrix} x \\ y \\ z \end{pmatrix},$$

$$\Rightarrow x' = x + \epsilon y,$$
$$y' = -\epsilon x + y,$$
$$z' = z,$$

de donde se obtiene la transformación $(\delta x, \delta y, \delta z)$ que decíamos. Poniéndola en el δU:

$$\Rightarrow \delta U = U'(\xi)\left(\frac{2xy\epsilon}{a^2} - \frac{2yx\epsilon}{b^2}\right),$$
$$= U'(\xi)2xy\epsilon\left(\frac{1}{a^2} - \frac{1}{b^2}\right),$$

que, en general, *no es una simetría*. Pero, si $a = b$, entonces $\delta U = 0$ y tenemos que L_z es constante.

2.5 Multiplicadores de Lagrange

Una de las ventajas de la mecánica lagrangiana con respecto a $F = ma$ es que uno puede encontrar las ecuaciones de movimiento aun sin conocer las fuerzas de vínculo. Pero en ocasiones uno puede estar interesado en *conocer* las fuerzas de vínculo, por cuestiones de diseño de un aparato, o tal vez porque le resulta incómodo usar coordenadas generalizadas independientes. Para estos casos vamos a discutir un método poderoso: el *método de los multiplicadores de Lagrange*. Hay que decir que tiene aplicaciones en varias áreas de

2.5. MULTIPLICADORES DE LAGRANGE

la Física, además de la Mecánica, e inclusive en problemas generales de *optimización* en Economía, en Teoría de Control, etc. Se puede sospechar esto a raíz de la existencia del principio de Hamilton: maximizar una función con vínculos dados, que parece algo de aplicación muy general. Pero aquí vamos a restringirnos a su formulación básica y sus aplicaciones mecánicas.

El método apunta a encontrar una forma modificada de las ecuaciones de Lagrange, mediante un cálculo algo distinto que el que hemos usado, en casos en que las coordenadas están vinculadas. Manos a la obra.

Para no perdernos en una formulación completamente general, empecemos por pensar en un sistema con dos coordenadas cartesianas, x e y, entre las cuales existe un *vínculo* (digamos, holónomo):

$$f(x,y) = 0. \tag{2.13}$$

Son ejemplos de esta situación:
1. Un péndulo plano, con x e y sus coordenadas cartesianas. El vínculo es:

$$f(x,y) = \sqrt{x^2 + y^2} - l = 0.$$

2. Una máquina de Atwood (¡un ascensor!) donde el vínculo es:

$$f(x,y) = x + y - l = 0.$$

En ambos casos el método nos permitirá encontrar las funciones $x(t)$ e $y(t)$, y las fuerzas de vínculo T.

3. Un plano inclinado, una partícula deslizándose sobre una esfera, etc.

Empecemos con el lagrangiano: $\mathcal{L}(x, \dot{x}, y, \dot{y})$. Ignoremos una eventual dependencia en el tiempo, aunque podría estar. ¿Podemos usar el Principio de Hamilton aun con coordenadas vinculadas? Veamos.

La integral de acción:

$$S = \int_{t_1}^{t_2} \mathcal{L}(x, \dot{x}, y, \dot{y}) dt$$

tiene un extremo cuando la evaluamos a lo largo de la trayectoria del sistema. Es decir, si nos corremos de esa trayectoria "correcta":

$$x(t) \to x(t) + \delta x(t),$$
$$y(t) \to y(t) + \delta y(t).$$

Por supuesto, hacemos este desplazamiento sin "romper" el sistema, es decir: un desplazamiento *compatible con el vínculo*. Si hacemos esto, entonces la acción no cambia:

$$\delta S = \delta \int_{t_1}^{t_2} \mathcal{L}(x, \dot{x}, y, \dot{y}) \, dt = 0,$$
$$= \int_{t_1}^{t_2} \left(\frac{\partial \mathcal{L}}{\partial x} \delta x + \underbrace{\frac{\partial \mathcal{L}}{\partial \dot{x}} \delta \dot{x}}_{A} + \frac{\partial \mathcal{L}}{\partial y} \delta y + \underbrace{\frac{\partial \mathcal{L}}{\partial \dot{y}} \delta \dot{y}}_{B} \right) dt, \qquad (2.14)$$

donde desarrollamos el integrando por la Regla de la Cadena, y ahora A y B pueden integrarse por partes:

$$\int_{t_1}^{t_2} \underbrace{\frac{\partial \mathcal{L}}{\partial \dot{x}}}_{u} \underbrace{\delta \dot{x} \, dt}_{dv} = \underbrace{\frac{\partial \mathcal{L}}{\partial \dot{x}} \delta x \Big|_{t_1}^{t_2}}_{0 \text{ pues } \delta x \,=\, 0 \text{ en } t_1 \text{ y } t_2} - \int_{t_1}^{t_2} \underbrace{\frac{d}{dt} \frac{\partial \mathcal{L}}{\partial \dot{x}}}_{du/dt} \underbrace{\delta x}_{v} \, dt,$$

y de manera similar el término B. Entonces:

$$(2.14) = \int_{t_1}^{t_2} \left(\frac{\partial \mathcal{L}}{\partial x} \delta x - \frac{d}{dt} \frac{\partial \mathcal{L}}{\partial \dot{x}} \delta x + \frac{\partial \mathcal{L}}{\partial y} \delta y - \frac{d}{dt} \frac{\partial \mathcal{L}}{\partial \dot{y}} \delta y \right) dt$$
$$= \boxed{\int_{t_1}^{t_2} \left(\frac{\partial \mathcal{L}}{\partial x} - \frac{d}{dt} \frac{\partial \mathcal{L}}{\partial \dot{x}} \right) \delta x \, dt + \left(\frac{\partial \mathcal{L}}{\partial y} - \frac{d}{dt} \frac{\partial \mathcal{L}}{\partial \dot{y}} \right) \delta y \, dt = 0,}$$
$$(2.15)$$

$\forall \delta x, \delta y$ compatibles con el vínculo.

Notar: para todo δx y δy *compatibles con el vínculo*. Si fuera *para todo* δx y δy obtendríamos dos ecuaciones de Lagrange, ya que

2.5. MULTIPLICADORES DE LAGRANGE

podríamos tomar los desplazamientos independientemente uno del otro: hago primero $\delta x = 0$, con lo cual desaparece el primer término, luego el factor multiplicando δy debe ser cero para que la integral valga $\forall \delta y$; y después hago $\delta y = 0$ y concluyo que el factor multiplicando a δx debe ser cero. Pero *no podemos hacer esto* ¡porque δx y δy *no son* independientes!

Los desplazamientos δx y δy *deben* satisfacer el vínculo. ¿Y esto qué quiere decir? Nos lo dice la ecuación de vínculo (2.13): cuando hago el desplazamiento $(\delta x, \delta y)$ el vínculo sigue valiendo, es decir no cambia:

$$(2.13) \Rightarrow \delta f = \boxed{\frac{\partial f}{\partial x}\delta x + \frac{\partial f}{\partial y}\delta y = 0.} \qquad (2.16)$$

Aquí viene la genialidad de Lagrange: (2.16) es una expresión con un término en δx y uno en δy. Como vale cero, puedo insertarla (sumarla) dentro de la integral (2.15) sin cambiar el resultado (que, a su vez, es cero). Pero si uno es *realmente* un genio dice: "Mmm, si (2.16) vale cero, voy a aprovechar y la multiplico por cualquier verdura, total sigue valiendo cero...":

$$(2.16) \Rightarrow \lambda(t)\left[\frac{\partial f}{\partial x}\delta x + \frac{\partial f}{\partial y}\delta y\right] = 0. \qquad (2.17)$$

Ahora sumo (2.17) en el integrando de (2.15), agrupando los términos que acompañan a δx y δy:

$$\delta S = \int \left(\frac{\partial \mathcal{L}}{\partial x} + \lambda(t)\frac{\partial f}{\partial x} - \frac{d}{dt}\frac{\partial \mathcal{L}}{\partial \dot{x}}\right)\delta x\, dt,$$
$$+ \int \left(\frac{\partial \mathcal{L}}{\partial y} + \lambda(t)\frac{\partial f}{\partial y} - \frac{d}{dt}\frac{\partial \mathcal{L}}{\partial \dot{y}}\right)\delta y\, dt = 0, \qquad (2.18)$$

para todo $(\delta x, \delta y)$ compatible con el vínculo.

Uno puede desesperarse y decir: "Pucha, cómo se le ocurren estas cosas". Tranquilos, ya se les ocurrirán a Uds. también.

¿Qué hacemos con (2.18)? Parece que no ganamos nada, porque δx y δy no son independientes, como ya dijimos. Pero ahora *tenemos la libertad que nos da* $\lambda(t)$ que, dijimos, puede ser cualquier verdura. Elijamos la verdura con un toque final de genialidad: elijamos $\lambda(t)$ de modo que anule el primer paréntesis de (2.18):

$$\boxed{\frac{\partial \mathcal{L}}{\partial x} + \lambda(t)\frac{\partial f}{\partial x} - \frac{d}{dt}\frac{\partial \mathcal{L}}{\partial \dot{x}} = 0.} \quad (2.19)$$

La Ec. (2.19) es una ecuación de Lagrange modificada, con un término adicional que contiene a λ. Con este λ para que valga (2.19), toda la primera integral de (2.18) se anula. Por lo tanto la *segunda* integral de (2.18) queda igual a cero, y debe valer $\forall \delta y$. Luego, el coeficiente de δy debe ser nulo, y obtenemos una segunda ecuación de Lagrange modificada:

$$\boxed{\frac{\partial \mathcal{L}}{\partial y} + \lambda(t)\frac{\partial f}{\partial y} - \frac{d}{dt}\frac{\partial \mathcal{L}}{\partial \dot{y}} = 0.} \quad (2.20)$$

Las ecuaciones (2.19) y (2.20) son dos ecuaciones para *tres* incógnitas: $x(t)$, $y(t)$ y $\lambda(t)$. Todo bien, Lagrange, pero necesitamos una tercera ecuación si queremos resolver todo. ¿Cuál es? Ya la tenemos: es la ecuación de vínculo

$$\boxed{f(x,y) = 0.} \quad (2.21)$$

Todo muy bien, $\lambda(t)$ es el *multiplicador de Lagrange*, y es un artificio matemático ingenioso para resolver el problema con coordenadas no independientes. ¿Cuál es la relación con la fuerza de vínculo, que es un concepto físico?

Esto lo podemos ver si ponemos el contenido físico en el lagrangiano, a través de las energías cinética y potencial:

$$\mathcal{L} = \tfrac{1}{2}m_1\dot{x}^2 + \tfrac{1}{2}m_2\dot{y}^2 - U(x,y)$$

(para el ejemplo del péndulo, $m_1 = m_2 = m$, para la máquina de Atwood son m_1 y m_2, etc.). Poniendo $\mathcal{L}$ en (2.19):

$$(2.19) \Rightarrow \frac{d}{dt}\frac{\partial \mathcal{L}}{\partial \dot{x}} = \frac{\partial \mathcal{L}}{\partial x} + \lambda\frac{\partial f}{\partial x},$$

$$\Rightarrow m_1\ddot{x} = -\frac{\partial U}{\partial x} + \lambda\frac{\partial f}{\partial x}.$$

2.5. MULTIPLICADORES DE LAGRANGE

Aquí, el miembro de la izquierda es la componente x de la fuerza total, mientras que el primer término de la derecha es la componente x de la fuerza que *no* es de vínculo (la que viene del potencial). Por lo tanto, $\lambda \partial f/\partial x$ es la componente x de la fuerza de vínculo. Es decir:

$$\lambda \frac{\partial f}{\partial x} = F_x^{vin},$$
$$\lambda \frac{\partial f}{\partial y} = F_y^{vin}.$$

Vale la pena notar que, como f depende sólo de x e y, las ecuaciones de Lagrange modificadas pueden obtenerse como ecuaciones de Euler-Lagrange de un *lagrangiano modificado*:

$$\mathcal{L}_{ef} = \mathcal{L} + \lambda f(x,y) = T - U + \lambda f(x,y),$$
$$= T - (U + U_{ef}),$$

donde hay un $U_{ef} = -\lambda f$ del cual la fuerza de vínculo resulta como $-\partial U_{ef}/\partial x$, etc.

¿Puede el vínculo depender del tiempo? Sí. Lo que no puede es depender de las velocidades, porque eso requeriría conocer "condiciones iniciales" para $\lambda(t)$, lo cual carece de sentido físico.

Ejemplo: Máquina de Atwood

Uso como coordenadas las posiciones de las masas desde el eje de la polea. El lagrangiano es:

$$T = \tfrac{1}{2}m_1\dot{x}^2 + \tfrac{1}{2}m_2\dot{y}^2,$$
$$U = -m_1 gx - m_2 gy,$$
$$(F_1^g = -\frac{\partial U}{\partial x} = -(-m_1 g) = +m_1 g \text{ hacia abajo OK})$$
$$\Rightarrow \mathcal{L} = T - U = \tfrac{1}{2}m_1\dot{x}^2 + \tfrac{1}{2}m_2\dot{y}^2 + m_1 gx + m_2 gy.$$

(2.22)

Vínculo:

$$f(x,y) = \boxed{x + y = \text{cte}} \Rightarrow \frac{\partial f}{\partial x} = \frac{\partial f}{\partial y} = 1, \qquad (2.23)$$

Ec. (2.19): $\dfrac{\partial \mathcal{L}}{\partial x} + \lambda \dfrac{\partial f}{\partial x} = \dfrac{d}{dt}\dfrac{\partial \mathcal{L}}{\partial \dot{x}} \Rightarrow \boxed{m_1 g + \lambda = m_1 \ddot{x},}$ (2.24)

Ec. (2.20): $\dfrac{\partial \mathcal{L}}{\partial y} + \lambda \dfrac{\partial f}{\partial y} = \dfrac{d}{dt}\dfrac{\partial \mathcal{L}}{\partial \dot{y}} \Rightarrow \boxed{m_2 g + \lambda = m_2 \ddot{y}.}$ (2.25)

Hay que resolver (2.23), (2.24) y (2.25), que es fácil.
De (2.23) $\Rightarrow \ddot{x} = -\ddot{y}$. Restando (2.24) − (2.25):

$$m_1 g + \cancel{\lambda} - m_2 g - \cancel{\lambda} = m_1 \ddot{x} - m_2 \ddot{y},$$
$$\Rightarrow (m_1 - m_2)g = m_1 \ddot{x} + m_2 \ddot{x} = (m_1 + m_2)\ddot{x},$$
$$\Rightarrow \boxed{\ddot{x} = \frac{m_1 - m_2}{m_1 + m_2} g,}$$

de donde se obtiene trivialmente $x(t)$. Luego, usando la última en (2.24), se obtiene:

$$\lambda = -\frac{2m_1 m_2}{m_1 + m_2} g.$$

2.5. MULTIPLICADORES DE LAGRANGE

Y la fuerza de vínculo es:

$$\mathbf{F}_1^{vin} = \lambda \frac{\partial f}{\partial x} \hat{x} = \lambda \hat{x} = -\frac{2m_1 m_2}{m_1 + m_2} g \hat{x}.$$

¿Cómo sería la ecuación de Newton? $m_1 \ddot{x} = m_1 g - T$ (con la tensión hacia arriba), que es la ecuación (2.24) con $\lambda = -T$ (signo − porque x crece hacia abajo), $\Rightarrow T = -\frac{2m_1 m_2}{m_1 + m_2} g$.

Ejemplo: Partícula que cae por un domo

Este problema está en el libro de Goldstein, p. 47, sin mostrar un solo cálculo. Hay una partícula que cae deslizándose sobre la superficie de un domo hemisférico. Se trata de encontrar la ecuación de movimiento y el ángulo donde se despega de la superficie. Tenemos:

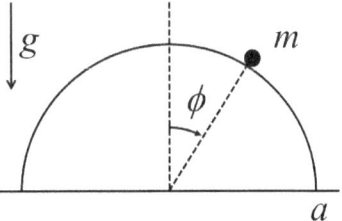

- Despegue: pérdida de contacto ⇒ fuerza de vínculo se anula, usar multiplicador de Lagrange.

- Movimiento (durante el contacto) circular ⇒ usar coordenadas polares (r, ϕ).

- Coordenadas generalizadas.

Si a uno *no* le interesa la fuerza de vínculo, dice: un grado de libertad, coordenada generalizada ϕ: $\mathcal{L} = \frac{1}{2} m a^2 \dot{\phi}^2 - m g a \cos \phi$, de donde sale *una* ecuación de movimiento para $(\phi, \dot{\phi})$, y punto. Pero si queremos usar explícitamente la ecuación de vínculo

$$f(r, \phi) = r - a = 0, \qquad (2.26)$$

entonces necesitamos mantener las dos coordenadas en el lagrangiano:

$$T = \tfrac{1}{2}m(\dot{r}^2 + r^2\dot{\phi}^2),$$
$$U = mgr\cos\phi \quad \text{(crece con } r\text{, disminuye con } \phi\text{, OK)},$$
$$\Rightarrow \mathcal{L} = \tfrac{1}{2}m(\dot{r}^2 + r^2\dot{\phi}^2) - mgr\cos\phi.$$

Ec. (2.19): $\quad \dfrac{\partial \mathcal{L}}{\partial r} - \dfrac{d}{dt}\dfrac{\partial \mathcal{L}}{\partial \dot{r}} + \lambda\dfrac{\partial f}{\partial r} = 0,$

Ec. (2.20): $\quad \dfrac{\partial \mathcal{L}}{\partial \phi} - \dfrac{d}{dt}\dfrac{\partial \mathcal{L}}{\partial \dot{\phi}} + \lambda\dfrac{\partial f}{\partial \phi} = 0.$

Hacemos el cálculo y queda:

$$\overbrace{mr\dot{\phi}^2 - mg\cos\phi}^{\partial_r} - m\ddot{r} + \lambda \overbrace{1}^{\frac{\partial f}{\partial r}} = 0,$$

$$mgr\sin\phi \underbrace{-mr^2\ddot{\phi} - 2mr\dot{r}\dot{\phi}}_{\frac{d}{dt}\partial_{\dot{\phi}}} + \underbrace{0}_{\frac{\partial f}{\partial \phi}} = 0.$$

Ahora hacemos $r = a$ (es decir, uso la ecuación (2.26)): $\dot{r} = \ddot{r} = 0$:

$$ma\dot{\phi}^2 - mg\cos\phi + \lambda = 0, \qquad (2.27)$$
$$mga\sin\phi - ma^2\ddot{\phi} = 0. \qquad (2.28)$$

La ecuación (2.28)[32] es fácilmente integrable una vez, con un truco que vale la pena aprender:

$$\ddot{\phi} = \frac{d}{dt}\dot{\phi} = \frac{d\dot{\phi}}{d\phi}\frac{d\phi}{dt} = \frac{d\dot{\phi}}{d\phi}\dot{\phi}, \quad \text{(Regla de la Cadena)},$$

que en (2.28) da:

$$\ddot{\phi} = \frac{g}{a}\sin\phi \Rightarrow \dot{\phi}\frac{d\dot{\phi}}{d\phi} = \frac{g}{a}\sin\phi,$$

---

[32]Es la ecuación de un péndulo, obviamente, ya que hasta el momento del despegue el sistema es equivalente a un péndulo invertido.

2.5. MULTIPLICADORES DE LAGRANGE

$$\Rightarrow \int_0^{\dot\phi} \dot\phi\, d\dot\phi = \frac{g}{a}\int_0^\phi \sin\phi\, d\phi,$$

$$\boxed{\Rightarrow \frac{\dot\phi^2}{2} = -\frac{g}{a}\cos\phi + \frac{g}{a},} \tag{2.29}$$

(donde usamos que $\int \sin = -\cos$ y que $\cos 0 = 1$).

Tenemos entonces que (2.29) es la ecuación de movimiento mientras se mantiene el vínculo. No hay ninguna garantía de que sea fácilmente resoluble. La usamos en (2.27) para obtener λ:

$$\lambda = mg\cos\phi - ma\dot\phi^2 = mg\cos\phi + 2m\not{a}\frac{g}{\not{a}}\cos\phi - m\not{a}\frac{2g}{\not{a}},$$

$$\Rightarrow \lambda = mg(3\cos\phi - 2).$$

Si $\lambda = 0 \Rightarrow \boxed{\phi_c = \arccos(2/3).}$

$\lambda_{max} = \lambda(0) = mg$

¿Qué hacemos con (2.29)? Por ejemplo:

$$\tfrac{1}{2}\left(\frac{d\phi}{dt}\right)^2 = \frac{g}{a}(1 - \cos\phi),$$

$$\Rightarrow \tfrac{1}{2}\frac{d\phi}{dt} = \sqrt{\frac{g}{a}(1-\cos\phi)},$$

$$\Rightarrow \int_0^\phi \frac{d\phi}{2\sqrt{\frac{g}{a}(1-\cos\phi)}} = t,$$

que parece complicada, pero se puede hacer y da una $F(\phi) = t$ (un $\log(\cos)\ldots$), de donde, invirtiendo si se puede la F, se obtiene $\phi(t) = F^{-1}(t)$.

Expresión general con m vínculos

Para no perdernos en notaciones hemos hecho todo el cálculo con un solo grado de libertad y un vínculo. La expresión general con n grados de libertad y m vínculos holónomos es:

$$f_j(q_1, q_2, \ldots q_n) = 0, \quad j = 1 \ldots m,$$

$$\frac{d}{dt}\frac{\partial \mathcal{L}}{\partial \dot{q}_i} - \frac{\partial \mathcal{L}}{\partial q_i} + \sum_{j=1}^{m} \lambda_j \frac{\partial f_j}{\partial q_i} = 0, \quad i = 1 \ldots n.$$

Y las fuerzas de vínculo son:

$$Q_i = -\sum_{j=1}^{m} \lambda_j \frac{\partial f_j}{\partial q_i},$$

(el signo es arbitrario, hay que entender la física para saber hacia dónde apuntan estas "fuerzas generalizadas").

2.6 Algunas propiedades del lagrangiano

Como vimos al hablar de la conservación de la energía, si la energía cinética es una función cuadrática homogénea de las velocidades generalizadas (y si $U = U(\mathbf{q})$), entonces $E = \mathcal{H}$. Esta forma funcional cuadrática ocurre si los vínculos son esclerónomos, y es muy fácil ver por qué.

Supongamos que tenemos N partículas, con n grados de libertad, y que la relación entre las coordenadas cartesianas y las generalizadas es:

$$\mathbf{r}_i = \mathbf{r}_i(q_j, t), \quad i = 1 \ldots N, \quad j = 1 \ldots n.$$

2.6. PROPIEDADES DEL LAGRANGIANO

Derivo para encontrar las velocidades:

$$\mathbf{v}_i = \frac{d\mathbf{r}_i}{dt} = \sum_j \frac{\partial \mathbf{r}_i}{\partial q_j}\dot{q}_j + \frac{\partial \mathbf{r}_i}{\partial t},$$

$$\Rightarrow \tfrac{1}{2}\sum_i m_i v_i^2 = \tfrac{1}{2}\sum_i m_i \left(\sum_j \frac{\partial \mathbf{r}_i}{\partial q_j}\dot{q}_j + \frac{\partial \mathbf{r}_i}{\partial t}\right)^2,$$

$$\Rightarrow \boxed{T = a + \sum_j a_j \dot{q}_j + \tfrac{1}{2}\sum_{j,k} a_{jk}\dot{q}_j\dot{q}_k.}$$

donde hemos definido:

$$a = \sum_i \tfrac{1}{2} m_i \left(\frac{\partial \mathbf{r}_i}{\partial t}\right)^2,$$

$$a_j = \sum_i m_i \frac{\partial \mathbf{r}_i}{\partial t} \cdot \frac{\partial \mathbf{r}_i}{\partial q_j},$$

$$a_{jk} = \sum_i m_i \frac{\partial \mathbf{r}_i}{\partial q_j} \cdot \frac{\partial \mathbf{r}_i}{\partial q_k}.$$

Si los vínculos son esclerónomos, entonces $\partial \mathbf{r}_i/\partial t = 0 \Rightarrow a = a_j = 0 \;\forall j$, y resulta que T es cuadrática homogénea en las velocidades $\dot{q}_i$.

Scaling

Las funciones homogéneas (de grado k) tienen la siguiente propiedad cuando uno hace una *transformación de escala* de sus variables:

$$f(\alpha x_1, \alpha x_2, \ldots \alpha x_n) = \alpha^k f(x_1, x_2, \ldots x_n).$$

Esta propiedad es tan fuerte que se puede inclusive usar como *definición* de la homogeneidad de grado k.

Existe un Teorema de Euler que dice que, para estas funciones, vale:

$$\sum_i x_i \frac{\partial f}{\partial x_i} = k\, f.$$

Siendo $k=2$ para la T: $2T = \sum_i \dot{q}_i \frac{\partial T}{\partial \dot{q}_i}$, que usamos para demostrar que $E = \mathcal{H}$.

Esto permite encontrar unas propiedades interesantes del lagrangiano. Por un lado, sabemos que dos lagrangianos que difieren en una constante multiplicativa dan las mismas ecuaciones de movimiento (problema 3.5.), y por lo tanto las mismas trayectorias. Si pudiéramos hacer una transformación de escala en las coordenadas de un lagrangiano $\mathcal{L}$ y obtener $\mathcal{L}' = \alpha^k \mathcal{L}$, tendríamos un caso así. La propiedad de la energía cinética nos asegura la mitad de esto. Pero, para que funcione para el lagrangiano, también U tiene que ser homogénea. Supongamos que lo es:

$$U(q) \to U(\alpha q) = \alpha^k U(q).$$

En la energía cinética, si hacemos el mismo escaleo $q \to \alpha q$, nos queda[33]:

$$T(\dot{q}) = \tfrac{1}{2}m\dot{q}^2 = \tfrac{1}{2}m \left(\frac{dq}{dt}\right)^2 \xrightarrow{\alpha q} \alpha^2 T(\dot{q}).$$

¡No nos sirve, a menos que justo sea $k=2$! Pero si $k \neq 2$ lo podemos arreglar reescaleando a la vez el tiempo, $t \to \beta t$:

$$T(\dot{q}) = \tfrac{1}{2}m\dot{q}^2 = \tfrac{1}{2}m \left(\frac{dq}{dt}\right)^2 \xrightarrow[\beta t]{\alpha q} \left(\frac{\alpha}{\beta}\right)^2 T(\dot{q}).$$

Ahora sí podemos sacar el factor de escala como factor común y tener el escaleo del lagrangiano:

$$\mathcal{L} \to \alpha^k \mathcal{L} = \alpha^k (T - U)$$

si nos aseguramos que:

$$\alpha^k = \frac{\alpha^2}{\beta^2} \Rightarrow \beta^2 = \alpha^{2-k} \Rightarrow \boxed{\beta = \alpha^{1-k/2}}.$$

---

[33]Estrictamente, necesitamos que los coeficientes de las $\dot{q}_i \dot{q}_j$ no dependan de las coordenadas generalizadas. En fin, a veces se podrá hacer y a veces no, como todo en la vida.

2.6. PROPIEDADES DEL LAGRANGIANO

Es decir, el escaleo del tiempo tiene que estar ligado al de las coordenadas espaciales.

¿Qué consecuencias podría tener todo esto?

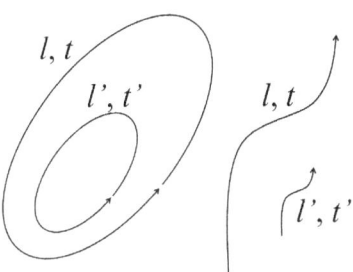

Imaginemos tener dos trayectorias del mismo sistema, *escaleadas*, o sea "iguales" pero de distinta longitud, l y l' (como mirar una trayectoria con una lupa). Entonces los tiempos en que se las recorre, t y t', están relacionados:

$$\underbrace{\frac{t'}{t}}_{\beta} = \underbrace{\left(\frac{l'}{l}\right)^{1-k/2}}_{\alpha}.$$

¿Suena muy abstracto? Pero no lo es. Veamos unos ejemplos, porque esto es Física muy barata.

1. Un potencial armónico. $U = \frac{1}{2}Kq^2$; $k = 2 \Rightarrow 1 - k/2 = 0$, $\Rightarrow t'/t = $ cte. O sea: el período es independiente de la amplitud (descubrimiento de Galileo en la catedral de Pisa).

2. Un campo de fuerzas homogéneo. $U \propto q$ (como la gravedad cerca de la superficie del planeta, un capacitor, etc.); $k = 1 \Rightarrow 1 - k/2 = 1 - 1/2 = 1/2$,

$$\Rightarrow \frac{t'}{t} = \left(\frac{l'}{l}\right)^{1/2} \Rightarrow \frac{l'}{l} = \left(\frac{t'}{t}\right)^2,$$

¡la distancia recorrida en caída libre es proporcional al cuadrado del tiempo! (otro descubrimiento de Galileo).

3. El potencial gravitatorio. $U = -GM/r$; $k = -1 \Rightarrow 1 - k/2 = 1 + 1/2 = 3/2$,

$$\Rightarrow \frac{t'}{t} = \left(\frac{l'}{l}\right)^{3/2},$$

¡la Tercera Ley de Kepler! (Notar que, en una elipse, $l = \pi ab$, donde a y b son los semiejes.)

2.7 ¿Por qué T *menos* U?

¿Por qué el lagrangiano es T *menos* U, una cantidad que parece sacada de la galera de Lagrange (o de su peluca)? La razón está en el principio de Hamilton, y podemos argumentarla e imaginar las razones de los pioneros en usar $T - U$.

Imaginemos un tiro oblicuo de un proyectil. El objeto parte a un tiempo t_1 de algún lugar, y llega a otro lugar a tiempo t_2. En el medio describe una trayectoria con alguna forma dada por las leyes del movimiento. (Sabemos que es una parábola, pero ignorémoslo.) El principio de Hamilton dice que la trayectoria que sigue es la que hace que el promedio temporal de $T - U$ sea mínimo.

Pensemos en un tiro vertical, en una sola dimensión x. A tiempo t_1 la partícula está a cierta altura, y a tiempo t_2 está a otra altura. En el gráfico de x vs. t también tenemos una parábola. Cualquier desviación de esta trayectoria da un promedio mayor de $T - U$.

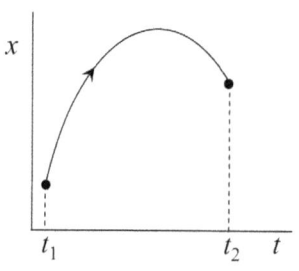

Consideremos primero lo que pasa sin gravedad. Es decir una partícula libre, que a cierto tiempo está en un punto, y a otro tiempo en otro punto. En este caso, sabemos que la trayectoria correcta es la de velocidad constante. Como no hay potencial, el principio de Hamilton dice

2.7. ¿POR QUÉ T MENOS U?

que la trayectoria debe ser la que tiene la menor T media. Por lo tanto, la velocidad debe ser constante. ¿Por qué? Uno podría imaginar que primero va súper rápido hasta casi llegar al destino, y al final se frena y llega súper despacio. O al revés, que empieza muy despacito, parece que no va a llegar, y en el último pedacito de tiempo antes de t_2 acelera un montón y llega a tiempo.

Pero no puede hacer ninguna de esas cosas. Porque si la velocidad es constante, entonces es igual a la velocidad media: la distancia total dividida por el tiempo total. Si no fuera así, la velocidad sería a veces mayor que la media, y a veces menor que la media. Pero la energía cinética es la velocidad *al cuadrado*. Y cuando calculamos el promedio, sabemos que el promedio de los cuadrados de algo que se desvía de una media es siempre mayor que el cuadrado de la media del algo:

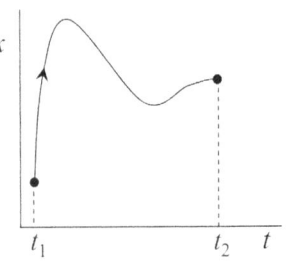

$$\langle v^2 \rangle \geqslant \langle v \rangle^2.$$

Así que si v se desviase de la velocidad media, aunque sea por poquito, entonces $\langle T \rangle$ sería mayor.

¿Qué pasa con el potencial gravitatorio? Como el potencial crece con la altura y U está restando en $\mathcal{L}$, para minimizar el promedio conviene llegar rápido a donde el potencial es mayor, o sea arriba. Así que la trayectoria se desvía de la línea recta y sube más rápido. Pero tampoco puede ir muy alto, porque se tarda tiempo en subir y en bajar, y tiene que llegar al destino a tiempo. Así que la trayectoria real es la que logra un balance entre las dos cosas. ¿Cuál es ese balance? El que dan las ecuaciones de Lagrange.

Este argumento está expuesto en el capítulo 19, tomo II, de las *Lectures in Physics* de Richard Feynman. La explicación sigue mucho más allá, incluyendo la obtención de la ecuación de Lagrange para una partícula (como hicimos en la Sección 2.2), el caso electromagnético y relativista, y el caso cuántico, que lleva a la formulación

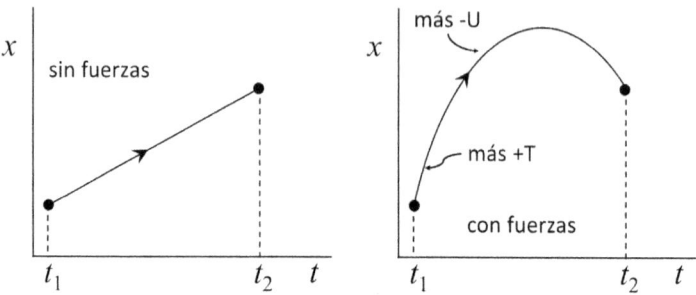

de Feynman de la Mecánica Cuántica en términos de la superposición de todos los caminos que la partícula puede seguir.

CAPÍTULO 3

PROBLEMAS DE DOS CUERPOS Y UNA FUERZA CENTRAL

VAMOS A ANALIZAR el movimiento de dos cuerpos, cada uno de los cuales ejerce en el otro una fuerza central y conservativa, y en ausencia de toda otra fuerza "externa".[1] Es un modelo simplificado de muchas situaciones de interés real, para los que constituye una primera aproximación válida, ilustrativa y poderosa.

$$m_1 \xrightarrow{F_{12}} \qquad \xleftarrow{F_{21}} m_2$$

Es fácil imaginar muchos de los sistemas a los que se aplica este modelo: un planeta o un cometa alrededor del Sol,[2] la Luna o un satélite artificial alrededor de la Tierra, una nave espacial en viaje interplanetario (con sus motores apagados), un electrón alrededor de un protón en un átomo de hidrógeno, dos átomos en una molécula diatómica (como el CO, por ejemplo), etc. Aun en los problemas que no son estrictamente de mecánica clásica (como el átomo de hidrógeno) muchas de las ideas y técnicas que vamos a desarrollar juegan un rol importante en la descripción cuántica, y vale la pena tenerlos en cuenta.

---

[1] Suena más compacto en inglés: *two-body central force problem*.
[2] El problema de dos cuerpos en interacción gravitatoria se llama Problema de Kepler

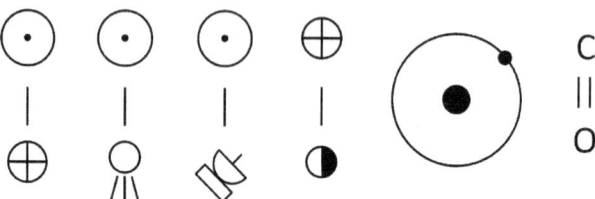

Pero además de ser un problema científicamente interesante, vamos a abordarlo de una manera que es instructiva desde un punto de vista metodológico: vamos a *reducirlo* drásticamente.

3.1 Planteo del problema

Consideremos entonces dos objetos, de masas m_1 y m_2, y supongamos que son puntuales. Las únicas fuerzas que actúan sobre ellos son las fuerzas $\mathbf{F}_{12}$ y $\mathbf{F}_{21}$ que ejercen uno sobre el otro (ver Fig. 3.1). Les recuerdo que, por la Tercera Ley de Newton:

$$\mathbf{F}_{12} = -\mathbf{F}_{21}.$$

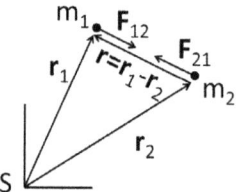

Figura 3.1: Notación básica del problema. Notar que las masas y las fuerzas están desplazadas en el dibujo por claridad.

¿Cómo es la fuerza gravitatoria, por ejemplo? La Ley de Gravedad (también de Newton) dice que:

$$\mathbf{F}_{12}(\mathbf{r}_1, \mathbf{r}_2) = -\frac{Gm_1m_2}{r^2}\hat{r} = -Gm_1m_2\frac{\mathbf{r}}{r^3},$$

3.1. PLANTEO DEL PROBLEMA

donde hemos llamado $\mathbf{r} = \mathbf{r}_1 - \mathbf{r}_2$ y $\hat{r} = \mathbf{r}/r$ (ver Fig. 3.1). Así que tenemos:

$$\mathbf{F}_{12}(\mathbf{r}_1, \mathbf{r}_2) = -Gm_1m_2 \frac{\mathbf{r}_1 - \mathbf{r}_2}{|\mathbf{r}_1 - \mathbf{r}_2|^3} = \mathbf{F}_{12}(\mathbf{r}_1 - \mathbf{r}_2) = -\mathbf{F}_{21}.$$

Vemos que *la fuerza depende sólo de la diferencia entre las dos posiciones*, es decir, de la *posición relativa*. Esto no es ni casualidad, ni una peculiaridad de la interacción gravitatoria. Es una consecuencia de que el sistema está aislado, sin fuerzas externas. Para un sistema aislado, el espacio es homogéneo, y da lo mismo el sistema de referencia que se elija: sólo importa la posición relativa de las partículas.

Como suponemos además que la interacción es conservativa, las fuerzas se derivan de un potencial de interacción. Y cuando una fuerza central es conservativa, entonces el potencial, además de depender solamente de $\mathbf{r}_1 - \mathbf{r}_2$, es independiente de la *dirección* de $\mathbf{r}_1 - \mathbf{r}_2$, y depende sólo del módulo $|\mathbf{r}_1 - \mathbf{r}_2| = r$.

Ejercicio: Demuestre que si una fuerza central es conservativa, entonces el potencial depende sólo del módulo de $\mathbf{r}$. (Es muy sencillo: la fuerza es central, así que $\mathbf{F}(\mathbf{r}) = F(r)\hat{r}$. Por otro lado, $\mathbf{F} = -\nabla U(\mathbf{r})$. Escribiendo el gradiente en coordenadas esféricas se obtiene que las derivadas angulares tienen que anularse: $\nabla U(\mathbf{r}) = \partial U/\partial r \hat{r} + 1/r \partial U/\partial \theta \hat{\theta} + 1/(r\sin\theta) \partial U/\partial \phi \hat{\phi}$.)

Claramente, esto es lo que ocurre con el potencial gravitatorio:

$$U(\mathbf{r}_1, \mathbf{r}_2) = U(|\mathbf{r}_1 - \mathbf{r}_2|) = U(r) = -\frac{Gm_1m_2}{r},$$

del cual se derivan F_{12} y F_{21}. En el caso del electrón y el protón tendremos el potencial eléctrico (coulombiano), etc.

Tenemos ya todos los elementos para plantear el problema mecánico: encontrar el movimiento de dos cuerpos cuyo lagrangiano es:

$$\boxed{\mathcal{L} = \tfrac{1}{2}m_1\dot{\mathbf{r}}_1^2 + \tfrac{1}{2}m_2\dot{\mathbf{r}}_2^2 - U(|\mathbf{r}_1 - \mathbf{r}_2|).}$$

3.2 Coordenadas relativas y masa reducida

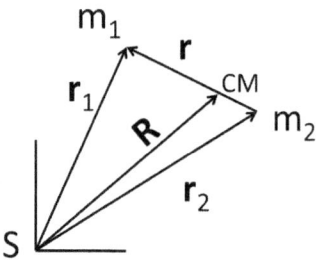

Figura 3.2: Coordenadas del centro de masa y de la posición relativa.

El problema tiene 6 variables independientes, 6 grados de libertad, 6 coordenadas generalizadas. Procuremos elegirlas de manera astuta antes de resolver el problema. Como la energía potencial depende de la coordenada relativa **r** de manera natural, ésta parece una buena elección. Necesitamos otro vector. Como **r** representa la posición relativa, una buena elección de un segundo vector es uno que represente a las partículas en su conjunto. Y la mejor opción resulta el *centro de masa*:

$$\mathbf{R} = \frac{m_1\mathbf{r}_1 + m_2\mathbf{r}_2}{m_1 + m_2} := \frac{m_1}{M}\mathbf{r}_1 + \frac{m_2}{M}\mathbf{r}_2.$$

El centro de masa (CM) está en la línea que une las posiciones de las dos masas (Fig. 3.2). Si una de ellas es mucho mayor que la otra (el Sol y la Tierra, por ejemplo), el CM casi coincide con la posición de la mayor.

Las coordenadas $\mathbf{r}_1$ y $\mathbf{r}_2$ (en términos de las cuales tenemos escrito el lagrangiano) se convierten sencillamente a las nuevas:

$$\mathbf{r}_1 = \mathbf{R} + \frac{m_2}{M}\mathbf{r}, \quad \mathbf{r}_2 = \mathbf{R} - \frac{m_1}{M}\mathbf{r}.$$

3.2. COORDENADAS RELATIVAS

Entonces, la energía cinética es:

$$T = \tfrac{1}{2}\left[m_1\dot{\mathbf{r}}_1^2 + m_1\dot{\mathbf{r}}_2^2\right]$$

$$= \tfrac{1}{2}\left[m_1\left(\dot{\mathbf{R}} + \frac{m_2}{M}\dot{\mathbf{r}}\right)^2 + m_2\left(\dot{\mathbf{R}} - \frac{m_1}{M}\dot{\mathbf{r}}\right)^2\right] \quad \text{(desarrollando los cuadrados)},$$

$$= \tfrac{1}{2}\left[(m_1+m_2)\dot{\mathbf{R}}^2 + \frac{m_1 m_2^2}{M^2}\dot{\mathbf{r}}^2 + \frac{m_1^2 m_2}{M^2}\dot{\mathbf{r}}^2\right]$$

$$= \tfrac{1}{2}\left[(m_1+m_2)\dot{\mathbf{R}}^2 + \frac{m_1 m_2}{M}\dot{\mathbf{r}}^2\right] \quad \text{(los términos cruzados se cancelan)}.$$

Si definimos una *masa reducida*:

$$\mu = \frac{m_1 m_2}{M} \quad \text{(notar las unidades de masa)}$$

tenemos

$$\boxed{T = \tfrac{1}{2}M\dot{\mathbf{R}}^2 + \tfrac{1}{2}\mu\dot{\mathbf{r}}^2} \quad (!)$$

Este notable resultado dice que la energía cinética del sistema es la misma que la de otro sistema, uno con dos partículas "ficticias", una de masa M moviéndose con la velocidad del CM, y otra de masa reducida, moviéndose con la velocidad relativa.

El nombre "masa reducida" se debe a que μ es siempre menor que m_1 y que m_2. Y si una de ellas es mucho menor que la otra, μ es casi igual a la más liviana (la Tierra en el sistema Tierra-Sol, etc.). En tal caso, además, M es casi igual a la de la más pesada.

Pero además de reducir la masa, logramos una reducción más importante. El lagrangiano resulta ser:

$$\mathcal{L} = T - U = \tfrac{1}{2}M\dot{\mathbf{R}}^2 + \left[\tfrac{1}{2}\mu\dot{\mathbf{r}}^2 - U(r)\right],$$
$$= \mathcal{L}_{CM} + \mathcal{L}_{rel},$$

así que tenemos el problema separado en dos partes, cada una con sus propias coordenadas, y el análisis se simplificará considerablemente. En particular, ¿cómo se moverá el CM? El *momento total es constante* (ya que no hay fuerzas exteriores), y es igual a $\mathbf{P} = M\dot{\mathbf{R}}$, así que $\dot{\mathbf{R}}$ es constante, y podremos elegir un sistema de referencia donde el CM esté en reposo. Esto ayuda un montón, como veremos de inmediato.

3.3 Ecuaciones de movimiento: reducción del problema a 1 cuerpo

(3 variables)

Como el lagrangiano no depende de $\mathbf{R}$ (es decir: $\partial \mathcal{L}/\partial \mathbf{R} = \partial \mathcal{L}_{CM}/\partial \mathbf{R} = 0$), la ecuación de $\mathbf{R}$ (3 ecuaciones) es trivial:

$$\frac{d}{dt}\frac{\partial \mathcal{L}_{CM}}{\dot{\mathbf{R}}} = M\ddot{\mathbf{R}} = 0 \Rightarrow \dot{\mathbf{R}} = \text{cte.}$$

Es decir, el CM se mueve a velocidad constante. Esto es lo que dijimos más arriba: es una consecuencia de la conservación del momento lineal total. También es una manifestación de que $\mathcal{L}$ no depende de $\mathbf{R}$, o sea que $\mathbf{R}$ es *ignorable* (lo cual explica el nombre). Dicho de otro modo, $\mathcal{L}_{CM}$ es el lagrangiano de una partícula libre, y por la Primera Ley de Newton, $\mathbf{R}$ se mueve a velocidad constante.

Ya que el CM se mueve a velocidad constante, podemos elegir como sistema de referencia inercial, uno en el cual el CM esté en reposo. Así que $\mathcal{L}_{CM} = 0$ y el problema se reduce a:

$$\boxed{\mathcal{L} = \mathcal{L}_{rel} = \tfrac{1}{2}\mu \dot{\mathbf{r}}^2 - U(r)}$$

¡que es un problema de un solo cuerpo! (Estrictamente, tendríamos que poner $\mathcal{L}'$, pero dejamos la prima de lado para no dificultar la notación.)

En el sistema del CM la vida es más fácil, así que vale la pena reflexionar sobre cómo se ve el movimiento desde allí. La Fig. 3.3 muestra los dos puntos de vista.

El *sistema reducido*, consistente en un cuerpo de masa μ ubicado en $\mathbf{r}$, que es útil para *visualizar* el sistema, se vuelve indistinguible del de dos cuerpos cuando una de las masas es mucho mayor que la otra. Por ejemplo, si $m_1 \ll m_2$ (Tierra-Sol), el CM coincide con la posición de m_2, $\mathbf{r}$ es $\mathbf{r}_1$ y μ es m_1.

La ecuación de $\mathbf{r}$ es menos sencilla, pero es fácil de encontrar. Como dijimos, $\mathcal{L}_{rel}$ (que es la parte del lagrangiano que depende

3.4. REDUCCIÓN A UN PLANO 95

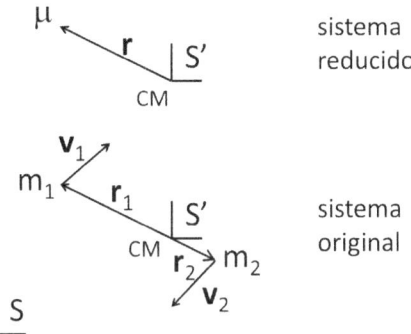

Figura 3.3: El sistema de dos partículas en interacción, y su reducción a una partícula de masa reducida en el sistema de referencia del centro de masa.

de **r**, así que cuando derivo con respecto a **r** y **ṙ**, $\mathcal{L}_{CM}$ desaparece), es indistinguible del lagrangiano de una partícula de masa μ moviéndose en un potencial $U(r)$. Así que la ecuación de movimiento debería ser:
$$\mu\ddot{\mathbf{r}} = -\nabla U(r).$$
(¿Es así? Ejercicio.) Pero antes de tratar de resolver ésta, podemos hacer una reducción adicional.

3.4 Conservación del movimiento angular: reducción a un plano (2 variables)

Al no haber torques (las fuerzas son centrales), sabemos que el momento angular[3] se conserva. Es decir:
$$\mathbf{L} = \mathbf{r} \times \mathbf{p} = \mu \mathbf{r} \times \dot{\mathbf{r}}$$

---

[3]El momento angular con respecto al centro de fuerza, o sea el origen de la coordenada **r**, o sea el CM.

es una constante de movimiento. En particular, la *dirección* de **L** es constante. Esto significa que tanto **r** como **ṙ** permanecen restringidos a un plano (el plano perpendicular a **L**). En el sistema del CM *todo el movimiento ocurre en un plano*, que podemos tomar como plano xy.

Al ser plano el problema se reduce a sólo dos variables, y es natural usar coordenadas polares para **r**. El lagrangiano resulta:

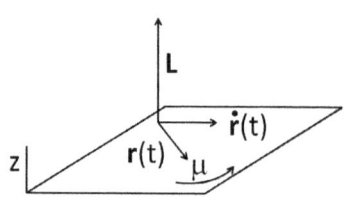

$$\mathcal{L} = \tfrac{1}{2}\mu(\dot{r}^2 + r^2\dot{\phi}^2) - U(r).$$

Vemos que $\mathcal{L}$ es independiente de ϕ, de manera que ϕ es cíclica y su ecuación es sencilla:

$$\frac{\partial \mathcal{L}}{\partial \dot{\phi}} = \mu r^2 \dot{\phi} = \text{cte} = |\mathbf{L}| \equiv L_z.$$

Esto no es más que la manifestación de la conservación de (la magnitud) del momento angular **L**.

Antes de avanzar con la ecuación de r, notemos que el radio vector de la partícula, al moverse en su trayectoria, barre un área que, en forma diferencial es (ver Fig. 3.4):

$$dA = \tfrac{1}{2}rrd\phi = \tfrac{1}{2}r^2 d\phi.$$

Así que el momento angular (dejemos de escribir el subíndice z) es:

$$\boxed{L = \mu r^2 \dot{\phi} = 2\mu \dot{A} = \text{cte.}} \qquad (3.1)$$

Y como L es constante, $\dot{A}$ es constante. Dicho en palabras del siglo XVII: el radio vector barre áreas iguales en tiempos iguales. ¡Esta es la **Segunda Ley de Kepler**![4] (Fig. 3.5.) Vemos que es una

---

[4]Johannes Kepler, matemático y astrónomo alemán (1571–1630). Sus dos primeras leyes del movimiento planetario fueron publicadas en *Astronomia Nova* (1609), un análisis basado en décadas de observaciones astronómicas del aristócrata y astrónomo danés Tycho Brahe (1546–1601).

3.5. POTENCIAL EFECTIVO

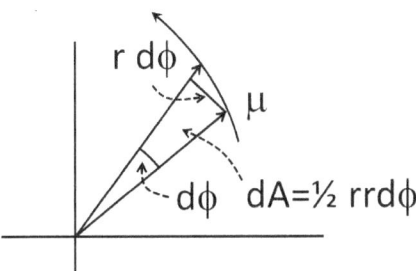

Figura 3.4: Movimiento infinitesimal del radiovector de la partícula reducida. Notar que el otro triangulito tiene un área doblemente diferencial, $1/2\, rd\phi dr$.

consecuencia de la conservación del momento angular, y por lo tanto es válida aunque el potencial no sea el gravitatorio.

Moraleja: además de plano, el movimiento es muy sencillo en la variable ϕ.

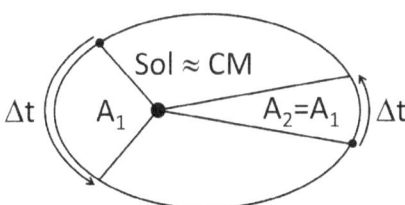

Figura 3.5: Segunda Ley de Kepler del movimiento de los planetas.

3.5 La ecuación radial: potencial efectivo (1 variable)

La segunda ecuación de movimiento, la *ecuación radial*, es:

$$\frac{d}{dt}\frac{\partial \mathcal{L}}{\partial \dot{r}} = \frac{\partial \mathcal{L}}{\partial r} \Rightarrow \boxed{\mu\ddot{r} = \mu r\dot{\phi}^2 - \frac{\partial U}{\partial r}.}$$

Pongamos las dos juntas:

$$\boxed{\dot{\phi} = \frac{L}{\mu r^2},} \tag{3.2}$$

$$\boxed{\mu \ddot{r} = \mu r \dot{\phi}^2 - \frac{\partial U}{\partial r}.} \tag{3.3}$$

El término con $\dot{\phi}^2$ es engañosamente complicado. Porque como L queda determinado por las condiciones iniciales podemos reemplazar $\dot{\phi}$ de (3.2) en (3.3):

$$\mu \ddot{r} = -\frac{\partial U}{\partial r} + \mu r \frac{L^2}{\mu^2 r^4} = -\frac{\partial U}{\partial r} + \frac{L^2}{\mu r^3}.$$

Es decir:

$$\boxed{\mu \ddot{r} = -\frac{\partial U}{\partial r} + \frac{L^2}{\mu r^3},} \tag{3.4}$$

que es la reducción final del problema. Empezamos con dos masas en interacción (6 variables) y terminamos con una sola variable: la distancia entre las masas.

Notemos que la Ec. (3.4) tiene forma de Segunda Ley de Newton (en la dirección radial), con la fuerza de interacción gravitatoria y una *fuerza centrífuga* (notar el signo):

$$F_{cf} = \frac{L^2}{\mu r^3}.$$

Esta F_{cf} también se deriva de un potencial (U_{cf}, el *potencial centrífugo*, a veces llamado "barrera centrífuga"), lo cual nos permite escribir un *potencial efectivo*:

$$\boxed{U_{ef} = U + U_{cf} = U(r) + \frac{L^2}{2\mu r^2}.}$$

¿Cómo es el movimiento en este potencial efectivo? Tomemos la ecuación de movimiento radial, y usemos el practiquísimo truco de

3.5. POTENCIAL EFECTIVO

multiplicar por $\dot{r}$:

$$\mu\ddot{r} = -\frac{\partial U_{ef}}{\partial r}$$

$$\times \dot{r}: \quad \mu\dot{r}\ddot{r} = -\dot{r}\frac{\partial U_{ef}}{\partial r}$$

$$\Rightarrow \frac{d}{dt}\left(\tfrac{1}{2}\mu\dot{r}^2\right) = -\frac{d}{dt}U_{ef}(r(t)) \Rightarrow \frac{d}{dt}\left(\tfrac{1}{2}\mu\dot{r}^2 + U_{ef}\right) = 0$$

$$\Rightarrow \tfrac{1}{2}\mu\dot{r}^2 + U_{ef} = \text{cte},$$

que no es más que la conservación de la energía mecánica total:

$$\boxed{E = \tfrac{1}{2}\mu\dot{r}^2 + U_{ef} = \tfrac{1}{2}\mu\dot{r}^2 + \frac{L^2}{2\mu r^2} + U(r),} \qquad (3.5)$$

o, en coordenadas polares:

$$E = \tfrac{1}{2}\mu\dot{r}^2 + \tfrac{1}{2}\mu r^2\dot{\phi}^2 + U(r).$$

Para concretar, veamos un ejemplo.

Ejemplo: potencial gravitatorio

Podemos usar el potencial efectivo para describir el movimiento de un planeta o un cometa alrededor del Sol (llamado *problema de Kepler*). Tenemos que:

$$U_{ef} = -\frac{Gm_1 m_2}{r} + \frac{L^2}{2\mu r^2}.$$

Este potencial está representado en la Fig. 3.6. Vemos que, lejos del Sol, la aceleración (que es menos la derivada de U) es hacia adentro, y cerca del Sol es hacia afuera. En medio existe una situación de equilibrio. La única excepción es cuando $L = 0$: en ese caso, el cometa se zambulle de cabeza hacia el Sol, parecido a lo que hacen los cometas *sungrazer* (rasantes del Sol, que a veces sobreviven a su encuentro con la estrella y a veces no).

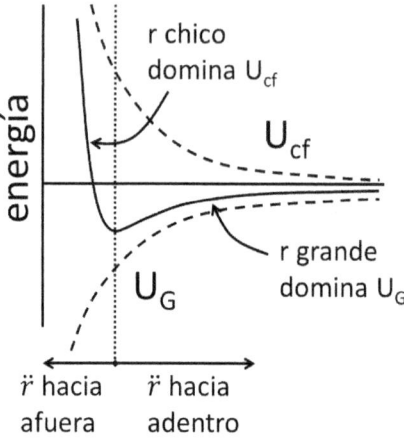

Figura 3.6: Potencial efectivo para una fuerza central similar a la gravitatoria, mostrando la barrera centrífuga.

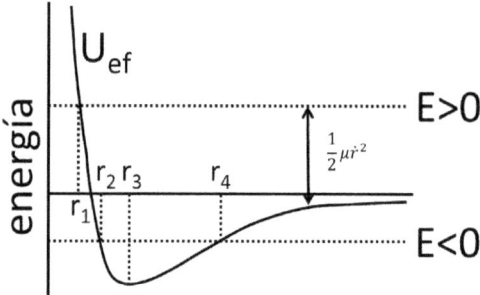

Figura 3.7: Puntos de retorno y de equilibrio en el potencial efectivo.

En la ecuación de la energía (3.5), el término de energía cinética es $\frac{1}{2}\mu\dot{r}^2 \geq 0$. Así que la órbita del planeta está restringida a la región donde $E \geq U_{ef}$, es decir, arriba de la curva de la Fig. 3.7. Veamos los diversos casos posibles.

Si la energía es $E \geq 0$ el movimiento es no acotado (como el de un cometa no periódico). La partícula se mueve hacia el centro de fuerzas hasta que "choca" con la *barrera centrífuga* en el punto de retorno r_1. En ese punto el exceso de energía sobre el potencial se

3.5. POTENCIAL EFECTIVO

anula, es decir $\dot{r} = 0$: el movimiento radial se detiene y la partícula "rebota" ya que $\ddot{r} > 0$.

Si la energía total es $E < 0$ (notar que esto depende de haber tomado $U(\infty) = 0$, nada más), hay dos puntos de retorno, r_2 y r_4, donde se detiene el movimiento radial. El movimiento de la partícula está confinado a la región $r_2 \leqslant r \leqslant r_4$. En el caso del movimiento planetario, el punto más cercano se llama *perihelio* y el más lejano se llama *afelio*[5]. En órbita de la Tierra se los llama *perigeo* y *apogeo*, y en general *periapsis* y *apoapsis*.

Si $E = \min U_{ef}(r)$, el movimiento está más limitado aún: $r = r_3$, es decir que la órbita es circular.

Notemos que todavía no sabemos cómo es la órbita. El movimiento podría ser periódico, si la órbita se cierra después de un número finito de excursiones entre r_2 y r_4. Pero también podría no cerrarse, y el planeta volvería a r_4 con el ángulo corrido en $\Delta\phi$. Se puede calcular el $\Delta\phi$ correspondiente a sucesivos tránsitos $r_4 \to r_2 \to r_4$. La órbita es cerrada solamente si $\Delta\phi = 2\pi p/q$ con p y q enteros. Se puede mostrar que si $U(r)$ es una potencia $U \sim r^{n+1}$, las órbitas cerradas existen sólo cuando $n = -2$ (potencial gravitatorio) o $n = 1$ (potencial elástico), y además en estos casos *todas* las órbitas acotadas son cerradas (teorema de Bertrand[6]). Afortunadamente son dos potenciales muy relevantes en toda la Física.

El avance del ángulo ϕ entre dos perihelios sucesivos se llama *precesión del perihelio* (o del periapsis en general), y se observa en los cuerpos celestes y en otros cuerpos en órbita. ¡No confundirla con la *precesión del equinoccio*, que es un fenómeno distinto! Ahora bien, si la interacción entre los cuerpos celestes es gravitatoria, ¿por qué razón las órbitas preceden? La respuesta completa es muy complicada. Para empezar, se trata de un problema con más de dos cuerpos. En el caso de los planetas del sistema solar, por ejemplo, cada planeta sigue una órbita dada no sólo por su interacción con

---

[5] El perihelio de la Tierra ocurre alrededor del 3 de enero, y el afelio alrededor del 4 de julio, aproximadamente un 3% más lejos que el perihelio.

[6] Joseph Louis François Bertrand (1822–1900), matemático francés.

el Sol, sino también con el resto de los planetas. Afortunadamente esta última es mucho menor, de modo que se la puede tratar como una perturbación. Aún así, la órbita de Mercurio y la de la Luna siempre mostraron una precesión residual, anómala, inexplicable como una perturbación de otros cuerpos. La solución de este problema llevó siglos, a lo largo de los cuales se desarrollaron poderosas herramientas de la física matemática. La solución llegó recién en el siglo XX gracias a la Teoría de la Relatividad, en particular a la Relatividad General, que modifica la interacción gravitatoria. La verificación del cálculo de la precesión de la órbita de Mercurio fue uno de los primeros éxitos de la teoría (Einstein,[7] 1915). Curiosamente, una modificación del potencial gravitatorio, propuesto por Newton para explicar el fenómeno, coincide con la primera aproximación relativista. Un hecho que salió a la luz recién tres siglos después cuando lo señaló Subrahmanyan Chandrasekhar[8] en su comentario de los *Principia Mathematica*, llamado *Newton's Principia for the common reader* (1995).

Nota filológica: ¿Preceder o precesar? En castellano, *precesión* es un sustantivo que carece de verbo. Proviene del latín *præcessio,-onis*, que es una figura del lenguaje en la que se interrumpe una frase para que se la sobreentienda. *Cessio*, por otro lado, es cesión en el mismo sentido que en castellano: la acción de ceder, de entregar algo. El verbo correspondiente es *cedere*, es decir ceder, de donde viene el verbo castellano preceder. Visto que precesión viene de *præcessio*, y que *cessio* es el participio pasado de *cedere*, yo creo que habría que decir preceder, y no precesar. (El verbo *cessare* existe en latín, y significa cesar o cejar.)

Por otro lado, hemos revisado la traducción latina del *Almagesto* de Ptolomeo, donde se usa el verbo *præcedere*, preceder, para referirse a la precesión de los equinoccios. Teniendo en cuenta que las

---

[7]Albert Einstein (1879–1955), no necesita presentación.

[8]Subrahmanyan Chandrasekhar, astrofísico indio (1910–1995). Recordado especialmente por sus trabajos sobre la evolución de las estrellas y en particular por el fenómeno de formación de agujeros negros como etapa final de la vida de las estrellas masivas.

coordenadas de los astros se medían mediante el tiempo de su tránsito por el meridiano, un corrimiento del equinoccio vernal hacia el Oeste (de Tauro a Aries, luego a Piscis, a Acuario, etc.) corresponde precisamente a un adelantamiento, un preceder: el equinoccio llega antes cada año. Según Ptolomeo, el descubridor de este fenómeno fue Hiparco, siglos antes que él. En griego antiguo precesión se dice μεταπτωσις (*metáptosis*), "caer más allá", pero mi griego no da para más.

Dicho esto, cabe notar que en inglés el verbo asociado a la precesión es *precess* (y no *precede*, que sólo significa "ocurrir antes"). Según los diccionarios es un verbo inventado hacia 1890, no sé si en un contexto físico/astronómico u otro.

3.6 La ecuación de la órbita

La ecuación de $\ddot{r}$, Ec. (3.4), permite encontrar $r(t)$, que a su vez en (3.2) permite hallar $\phi(t)$, lo cual resuelve el problema. De hecho, la conservación de la energía permite reducir la ecuación radial a una de orden 1:
$$\dot{r} = \sqrt{\frac{2}{\mu}(E - U_{ef}(r))},$$
de donde podríamos separar variables en integrar, encontrando $t(r)$, invertir y obtener $r(t)$. No hagamos esto por ahora, ya que es engorroso y no lo necesitamos. A veces uno quiere obtener solamente $r(\phi)$, que describe *la forma* de la órbita (sin indicarnos cómo se la recorre). Hagamos esto. Comencemos con las dos ecuaciones de las cantidades conservadas que hemos encontrado:
$$L = \mu r^2 \dot{\phi}, \tag{3.6}$$
$$E = \frac{\mu}{2}\dot{r}^2 + \frac{\mu}{2}r^2\dot{\phi}^2 + U(r). \tag{3.7}$$
Para eliminar el tiempo y tratar de obtener la forma de la órbita, escribamos así:
$$(3.6) \Rightarrow r\dot{\phi} = \frac{L}{r\mu}, \text{ al cuadrado } \Rightarrow r^2\dot{\phi}^2 = \frac{L^2}{r^2\mu^2}, \tag{3.8}$$

y podemos usar ésta en (3.7) y despejar $\dot{r}^2$:

$$\Rightarrow \dot{r}^2 = \frac{2E}{\mu} - \frac{L^2}{\mu^2 r^2} - \frac{2U(r)}{\mu}. \tag{3.9}$$

Ahora dividimos (3.9)/(3.8):

$$\frac{1}{r^2}\left(\frac{dr}{d\phi}\right)^2 = \frac{2E}{\mu}\frac{r^2\mu^2}{L^2} - \frac{L^2}{\mu^2 r^2}\frac{r^2\mu^2}{L^2} - \frac{2U(r)}{\mu}\frac{r^2\mu^2}{L^2}$$

$$\Rightarrow \boxed{\left(\frac{1}{r^2}\frac{dr}{d\phi}\right)^2 = \frac{2\mu E}{L^2} - \frac{1}{r^2} - \frac{2\mu U(r)}{L^2}.} \tag{3.10}$$

Acá, nuevamente, uno podría tomar la raíz cuadrada, separar variables e integrar, obteniendo $\phi(r)$ y $r(\phi)$. De hecho, en el camino sale una fórmula súper importante, así que vale la pena hacerlo alguna vez. Pero no por ahora. Pongamos el potencial gravitatorio:

$$\left(\frac{1}{r^2}\frac{dr}{d\phi}\right)^2 = \frac{2\mu E}{L^2} - \frac{1}{r^2} + \frac{2\mu k}{L^2 r}, \tag{3.11}$$

donde $k := Gm_1 m_2 > 0$ es la intensidad de la interacción. Vamos a usar un truquito. Con tantos factores $1/r$ que aparecen en esta ecuación, ¿qué tal si en lugar de resolverla en r, la resolvemos en $s = 1/r$? Tenemos:

$$\frac{ds}{d\phi} = \frac{d(1/r)}{d\phi} = -\frac{1}{r^2}\frac{dr}{d\phi}, \quad \text{¡que es el lado izquierdo de la Ec. (3.11)!} \tag{3.12}$$

Entonces, reordenando el lado derecho para que nos quede un polinomio de grado 2 bien acomodado:

$$(3.11) \Rightarrow \left(\frac{ds}{d\phi}\right)^2 = -s^2 + \frac{2\mu k}{L^2}s + \frac{2\mu E}{L^2}.$$

¿Separamos variables ahora? ¡Todavía no! En el lado derecho, donde tenemos un polinomio de grado 2 en s, podemos completar un

3.6. LA ECUACIÓN DE LA ÓRBITA

cuadrado:[9]

$$\left(\frac{ds}{d\phi}\right)^2 = -\left(s^2 - 2\frac{\mu k}{L^2}s\right) + \frac{2\mu E}{L^2},$$

$$= -\underbrace{\left(s - \frac{k\mu}{L^2}\right)^2}_{=z} + \left(\frac{k\mu}{L^2}\right)^2 + \frac{2\mu E}{L^2},$$

(ojo al signo del cuadrado del segundo término), donde hemos definido z, es decir:

$$\Rightarrow \left(\frac{dz}{d\phi}\right)^2 = -z^2 + \left(\frac{k\mu}{L^2}\right)^2\left(1 + \frac{2\mu E}{L^2}\frac{L^4}{k^2\mu^2}\right)$$

$$\underbrace{\left(\frac{k\mu}{L^2}\right)^2\left(1 + \frac{2EL^2}{\mu k^2}\right)}_{=B^2 > 0 \text{ (todas constantes)}},$$

donde hemos definido B. (El factor común que sacamos aparecerá más tarde, a tenerlo en cuenta.) Es decir, tenemos apenas:

$$\left(\frac{dz}{d\phi}\right)^2 = -z^2 + B^2, \tag{3.13}$$

que parece una pavada. ¡Pero no integremos todavía, que no es necesario! Notemos que si paso z^2 a la izquierda tengo:

$$(3.13) \Rightarrow z^2 + \left(\frac{dz}{d\phi}\right)^2 = B^2 \Rightarrow \left(\frac{z}{B}\right)^2 + \left(\frac{d(z/B)}{d\phi}\right)^2 = 1.$$

¿Qué nos dice esto? Es algo al cuadrado, más su derivada al cuadrado, igual a 1. ¿Coseno al cuadrado más seno al cuadrado igual a 1? Obtenemos la solución sin necesidad de integrar:

$$\frac{z(\phi)}{B} = \cos\phi.$$

---

[9]Dicen que los físicos teóricos sólo sabemos hacer tres cosas: completar cuadrados, integrar por partes, y el oscilador armónico.

Podría haber una fase inicial y tendríamos $\phi - \phi_0$, pero podemos elegir los ejes de las coordenadas polares de manera que la fase inicial se anule, así que:

$$z(\phi) = B \cos \phi.$$

Volvamos a la variable r:

$$z = s - \frac{k\mu}{L^2} = B \cos \phi,$$

$$\Rightarrow s = \frac{1}{r} = \frac{k\mu}{L^2} + \frac{k\mu}{L^2}\sqrt{1 + \frac{2EL^2}{\mu k^2}} \cos \phi,$$

$$\Rightarrow \boxed{s = \frac{1}{r} = \frac{k\mu}{L^2}\left(1 + \epsilon \cos \phi\right),} \quad (3.14)$$

donde hemos definido $\epsilon = \sqrt{1 + \frac{2EL^2}{\mu k^2}}$. En definitiva:

$$\boxed{r(\phi) = \frac{L^2}{\mu k} \frac{1}{1 + \epsilon \cos \phi}.} \quad (3.15)$$

¡No fue muy complicado! Pero es un enorme logro: *es el movimiento básico de los objetos bajo la acción de la gravedad, es decir de prácticamente todo en el universo.*

Aunque no resulte obvio estas órbitas son elipses, o mejor dicho: en general son secciones cónicas. Ahora lo veremos en detalle. Pero antes, analicemos un poco cualitativamente lo que nos dicen estas fórmulas.

3.7 Las órbitas

Notemos que la solución en la variable s (Ec. (3.14)) es una oscilación armónica con respecto a la fase ϕ. Es decir, a lo largo de una órbita s se comporta como se muestra en la Fig. 3.9.

3.7. LAS ÓRBITAS

Figura 3.8: Hacé como Kevin Costner: aprendete la ecuación de la órbita. (Imagen © 2016 Twentieth Century Fox / Hidden Figures.)

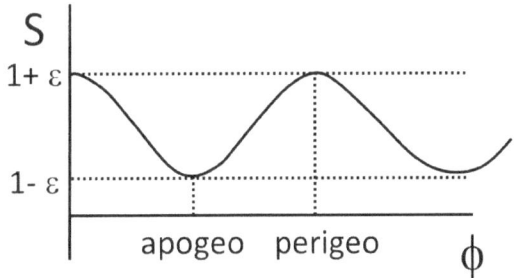

Figura 3.9: Apogeo y perigeo.

Los valores máximos de s corresponden a los mínimos de $r = 1/s$:

$$r_{min} = \frac{L^2}{\mu k}\frac{1}{1+\epsilon}, \quad \text{(cuando } \cos\phi = 1\text{)}.$$

Este punto se llama *periapsis* (*perihelio* para referirse al movimiento alrededor del Sol, o *perigeo* para una órbita alrededor de la Tierra). Hay también un mínimo de s. Pero la existencia del r_{max} correspondiente depende de si $\epsilon < 1$ o $\epsilon \geqslant 1$, ya que si $\epsilon \geqslant 1$ se anula el denominador. Si $\epsilon < 1$ el radio máximo:

$$r_{max} = \frac{L^2}{\mu k}\frac{1}{1-\epsilon},$$

se llama *apoapsis* (o *afelio*, o *apogeo*). El periapsis y el apoapsis son los puntos de retorno que habíamos identificado en el potencial efectivo $U_{ef}(r)$. Si $\epsilon \geqslant 1$, entonces $r_{max} \to \infty$ y el movimiento es no acotado.

De la definición de ϵ nos conviene despejar la energía mecánica:

$$\epsilon = \sqrt{1 + \frac{2EL^2}{\mu k^2}} \Rightarrow \epsilon^2 = 1 + \frac{2EL^2}{\mu k^2} \Rightarrow$$

$$\Rightarrow \epsilon^2 - 1 = \frac{2EL^2}{\mu k^2} \Rightarrow \boxed{E = (\epsilon^2 - 1)\frac{\mu k^2}{2L^2}.}$$

Analizando los valores de la energía y de los ápsides correspondientes a cada valor de ϵ podemos ver con más detalle que tenemos distintas órbitas posibles.

Casos de ϵ

1. $\epsilon = 0$

    Si $\epsilon = 0$ entonces:

    $$r(\phi) = \frac{L^2}{\mu k} = \text{cte},$$

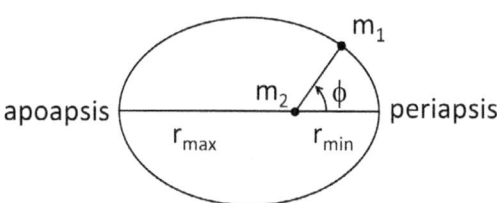

Figura 3.10: Una órbita, con su apoapsis y su periapsis.

3.7. LAS ÓRBITAS

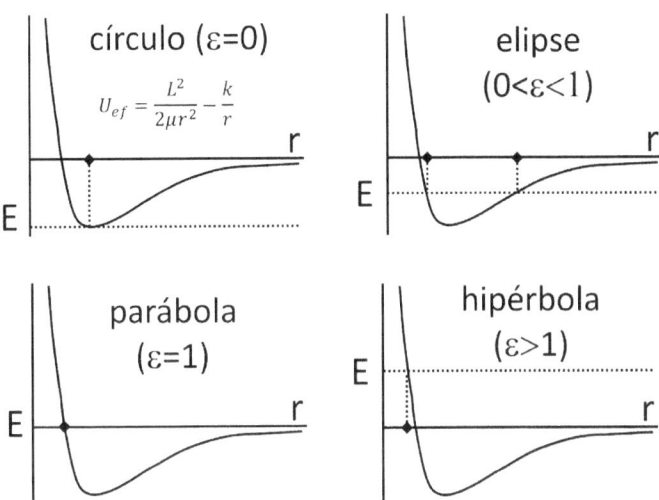

Figura 3.11: Los cuatro tipos de órbita del potencial gravitatorio, según el valor de ϵ.

es decir que la órbita es circular. En la definición de ϵ:

$$\epsilon = \sqrt{1 + \frac{2EL^2}{\mu k^2}} = 0 \Rightarrow E = -\frac{\mu k^2}{2L^2}.$$

Esta energía es el mínimo de U_{ef}, así que ya sabíamos que la órbita era un círculo.

2. $0 < \epsilon < 1$

Si $0 < \epsilon < 1$ entonces $-\frac{\mu k^2}{2L^2} < E < 0$, y tenemos tanto r_{min} como r_{max}. La partícula tiene energía total negativa y está "atrapada" en el pozo del potencial U_{ef}. En breve demostraremos que se trata efectivamente de una elipse.

3. $\epsilon = 1$

Si $\epsilon = 1$, entonces $E = 0$. La partícula tiene la energía *justa* para escapar al infinito. La velocidad correspondiente se llama *velocidad de escape*.

4. $\epsilon > 1$

Si $\epsilon > 1$, entonces $E > 0$. La partícula también escapa al infinito (pero le sobra energía cinética o velocidad).

Las cónicas

Las órbitas definidas por la Ec. (3.15) son secciones cónicas, de las cuales el círculo es un caso particular. De hecho, alguien puede reconocer en (3.15) la *forma polar* de una cónica. Pero por las dudas que no recordemos la geometría analítica podemos verificarlo en coordenadas cartesianas, e identificar los parámetros que las definen.

Conviene usar la ecuación que encontramos para la inversa del radio, es decir:

$$\frac{1}{r} = \underbrace{\frac{k\mu}{L^2}}_{=1/c}(1 + \epsilon \underbrace{\cos\phi}_{=x/r}),$$

donde hemos definido el parámetro c (una longitud), e identificado al $\cos\phi$ como x/r. Entonces:

$$\frac{1}{r} = \frac{1}{c}(1 + \epsilon\frac{x}{r}),$$
$$c = r(1 + \epsilon\frac{x}{r}), \quad \text{(pasando } c \text{ y } r \text{ al otro lado)}$$
$$c = r + \epsilon x, \quad \text{(distribuyendo } r\text{)}$$
$$r = c - \epsilon x,$$
$$r^2 = (c - \epsilon x)^2, \quad \text{(al cuadrado)}$$
$$\Rightarrow x^2 + y^2 = c^2 - 2c\epsilon x + \epsilon^2 x^2. \tag{3.16}$$

Veamos una vez más los cuatro casos.

1) $\epsilon = 0$ en (3.16): $x^2 + y^2 = c^2$, que es un círculo de radio c.

3.7. LAS ÓRBITAS

2) $0 < \epsilon < 1$. Ya que tenemos términos con x^2 y con x, completamos el cuadrado en x:

$$x^2 + y^2 = c^2 - 2c\epsilon x + \epsilon^2 x^2,$$

dejo c^2 a la derecha: $x^2 - \epsilon^2 x^2 + 2c\epsilon x + y^2 = c^2,$

saco x^2 factor común: $(1-\epsilon^2)x^2 + 2c\epsilon x + y^2 = c^2,$

$(1-\epsilon^2)$ factor común: $(1-\epsilon^2)\left[x^2 + 2\dfrac{c\epsilon}{1-\epsilon^2}x\right] + y^2 = c^2.$

Completo el cuadrado:

$$(1-\epsilon^2)\left[\left(x + \dfrac{c\epsilon}{1-\epsilon^2}\right)^2 - \dfrac{c^2\epsilon^2}{(1-\epsilon^2)^2}\right] + y^2 = c^2.$$

Distribuyo y simplifico:

$$(1-\epsilon^2)\left(x + \dfrac{c\epsilon}{1-\epsilon^2}\right)^2 - \dfrac{c^2\epsilon^2}{1-\epsilon^2} + y^2 = c^2,$$

Paso las constantes a la derecha:

$$(1-\epsilon^2)\left(x + \dfrac{c\epsilon}{1-\epsilon^2}\right)^2 + y^2 = c^2 + \dfrac{c^2\epsilon^2}{1-\epsilon^2},$$

$$= \dfrac{c^2(1-\epsilon^2) + c^2\epsilon^2}{1-\epsilon^2},$$

$$= \dfrac{c^2}{1-\epsilon^2}.$$

Y finalmente:

$$\boxed{\dfrac{\left(x + \frac{c\epsilon}{1-\epsilon^2}\right)^2}{\frac{c^2}{(1-\epsilon^2)^2}} + \dfrac{y^2}{\frac{c^2}{1-\epsilon^2}} = 1,}$$

que reconocemos como la ecuación de una elipse centrada en:

$$\left(-\dfrac{c\epsilon}{1-\epsilon^2}, 0\right) \tag{3.17}$$

y con semiejes:
$$a = \frac{c}{1-\epsilon^2}, \quad b = \frac{c}{\sqrt{1-\epsilon^2}},$$

(notar que los semiejes son distintos, $a > b$ por el efecto de la raíz cuadrada de $1-\epsilon^2$, que es menor que 1).

La distancia focal de la elipse es fácil de calcular (ver la Fig. 3.12), y resulta:
$$a^2 = b^2 + f^2 \Rightarrow f = \sqrt{a^2 - b^2}.$$

Y como:
$$a^2 - b^2 = \frac{c^2}{(1-\epsilon^2)^2} - \frac{c^2}{1-\epsilon^2} = \frac{c^2 - c^2(1-\epsilon^2)}{(1-\epsilon^2)^2},$$

$$= \frac{c^2(1-1+\epsilon^2)}{(1-\epsilon^2)^2} = \frac{c^2\epsilon^2}{(1-\epsilon^2)^2} = f^2$$

$$\Rightarrow f = \frac{c\epsilon}{1-\epsilon^2}, \quad \text{(comparar con (3.17))},$$

es decir que uno de los focos de la elipse está en el origen, que es el centro de la fuerza. Ésta es la **Primera Ley de Kepler**: las órbitas de los planetas son elipses, y el Sol está en uno de los focos (estrictamente, el CM está en el foco, pero casi coincide con la posición de la masa mayor si una de ellas es mucho mayor que la otra). El parámetro ϵ es la *excentricidad* de la elipse, y c se llama *latus rectum* (ver Fig. 3.12).

3) $\epsilon = 1$ en (3.16), podemos simplificar x^2 a izquierda y derecha, quedando:
$$y^2 = c^2 - 2cx = -2c\left(x - \frac{c}{2}\right),$$

que es una parábola mirando hacia la izquierda, con el vértice en $c/2$ y el foco en el origen ($y^2 = 4fx$, con f la distancia focal).

4) $\epsilon > 1$. De nuevo, completando el cuadrado de x, ahora nos queda:
$$\frac{\left(x - \frac{c\epsilon}{\epsilon^2-1}\right)^2}{a^2} - \frac{y^2}{b^2} = 1,$$

3.7. LAS ÓRBITAS

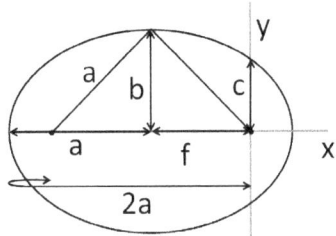

Figura 3.12: Elipse. La distancia del foco al punto más alto es a porque la distancia de un foco al otro, pasando por este punto, es $2a$ (el eje mayor), ya que es igual (por la propiedad de la elipse) a la distancia entre los focos pasando por el apoapsis (el punto más a la izquierda).

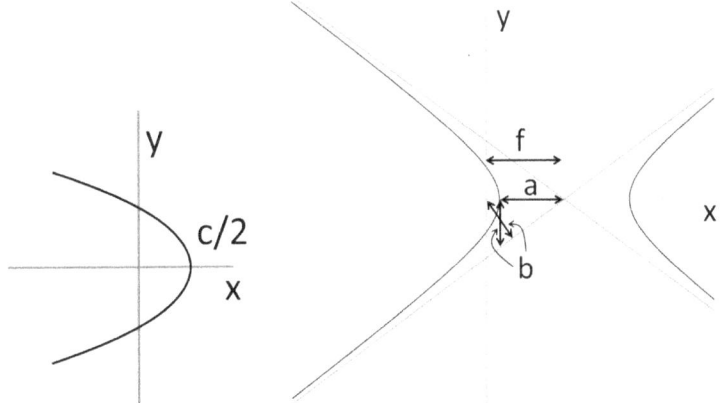

Figura 3.13: Parábola: el centro del potencial está en el origen de los ejes. Hipérbola: el centro del potencial está en el origen de los ejes. El parámetro b es también el parámetro de impacto (la distancia de la asíntota al origen). La rama de la derecha corresponde a un potencial repulsivo.

con
$$a = \frac{c}{\epsilon^2 - 1}, \quad b = \frac{c}{\sqrt{\epsilon^2 - 1}},$$
que es una hipérbola. En este caso, b es el *parámetro de impacto*, es decir la distancia más cercana al centro de la fuerza si la partícula

Tabla 3.1: Excentricidades de algunos cuerpos en órbita solar.

Mercurio	0.206
Venus	0.0068
Tierra	0.017
Marte	0.093 (un valor relativamente grande, que le dio dolores de cabeza a Kepler, pero fue finalmente la clave para su Primera Ley)
Júpiter	0.048
Saturno	0.054
Ceres	0.08 (los asteroides suelen ser más excéntricos)
Plutón	0.25 (los KBO más todavía)
Luna	0.0549
Tritón	1.6×10^{-5} (la menor del sistema solar)
Cometa Halley	0.967 (los cometas periódicos son muy, muy excéntricos)
Cometa Hale-Bopp	0.995 (los cometas de período largo están muy cerca de la órbita parabólica)
Gran cometa de 1680	0.999986 (el famoso cometa de Newton, cuya órbita muestra en *Principia*)
Cometa McNaught	1.000019 (los cometas no periódicos están apenas más allá de la parábola)
Cometa C/1980E1	1.057 (unos pocos cometas tienen órbitas tan hiperbólicas)
Sedna	0.855 (los cuerpos raros entre el cinturón de Kuiper y la nube de Oort son un misterio)
'Oumuamua	1.2 (primer objeto de origen interestelar, con una órbita claramente hiperbólica, detectado en el sistema solar)
Cometa 2I/Borisov	3.34 (segundo objeto de origen interestelar, con una excentricidad enorme)

se moviera por la línea gris (ver figura), que es una de la asíntotas de la hipérbola. Existe una rama de la hipérbola hacia la derecha (que apareció al elevar al cuadrado r). Es la rama relevante si el potencial es $1/r$ repulsivo en lugar de atractivo (miren la figura). Las dos asíntotas forman con el eje x los ángulos donde se anula el denominador de la fórmula de la órbita (3.15).

Período de las órbitas elípticas

Vamos a calcular el período de las órbitas elípticas. ¿Qué hacemos, calculamos $t(r)$? No. Teníamos la ecuación angular (3.1) (la 2a Ley de Kepler):

$$L = \mu r^2 \dot{\phi} = 2\mu \dot{A},$$

$$\Rightarrow \dot{A} = \frac{L}{2\mu}.$$

El área de la elipse es $A = \pi ab$, así que el período es:

$$\tau = \frac{A}{\dot{A}} = \frac{2\pi ab\mu}{L},$$

$$\Rightarrow \tau^2 = 4\pi^2 \frac{a^2 b^2 \mu^2}{L^2}.$$

Sabemos que en la elipse[10] $b^2 = a^2(1-\epsilon^2)$, y que $a = c/(1-\epsilon^2)$, así que:

$$\tau^2 = 4\pi^2 \frac{a^2 a^2 (1-\epsilon^2)\mu^2}{L^2} = 4\pi^2 a^3 \frac{\overbrace{a(1-\epsilon^2)}^{c} \mu^2}{L^2} = 4\pi^2 a^3 \frac{c\mu^2}{L^2}, \quad (3.18)$$

y como $c = L^2/k\mu$ (uno de los parámetros definidos en la ecuación de s) queda:

$$\tau^2 = 4\pi^2 a^3 \frac{\mu}{k} = 4\pi^2 \frac{a^3 \mu}{Gm_1 m_2} = 4\pi^2 \frac{a^3 \mu}{G\mu M} = 4\pi^2 \frac{a^3}{GM} \approx 4\pi^2 \frac{a^3}{GM_\odot},$$

(recordando que $k = Gm_1 m_2 = G\mu M \approx G\mu M_\odot$)

$$\boxed{\tau^2 \approx \frac{4\pi^2}{GM_\odot} a^3,}$$

que es la **Tercera Ley de Kepler**, formulada en su *Armonía de los Mundos* (1619). Notar que la masa del planeta, cometa o satélite no

---

[10]Las expresiones que conviene tener a mano son: $a = c/(1-\epsilon^2)$, $b = c/\sqrt{1-\epsilon^2}$.

aparece en la fórmula. Así que para todos los cuerpos en órbita solar vale que el cuadrado del período es proporcional al cubo del semieje mayor, y todos tienen la misma constante de proporcionalidad. Lo mismo vale para todos los satélites de un mismo planeta.

Notemos también que hemos aproximado la masa del sistema por la masa del Sol. En el caso de Júpiter, con $\mu/M_\odot \approx 10^{-3}$, el efecto de la aproximación es detectable en observaciones cuidadosas.

Aplicación elemental

Podemos usar esta ley para calcular el período de un satélite artificial orbitando a una altura h:

$$\tau^2 \approx \frac{4\pi^2}{GM_\oplus} a^3 = \frac{4\pi^2}{GM_\oplus}(R_\oplus + h)^3 \approx \frac{4\pi^2}{GM_\oplus} R_\oplus^3,$$

donde $R_\oplus + h \approx R_\oplus$ vale para un satélite en órbita baja (LOE). Recordando que $g = GM_\oplus/R_\oplus^2$:

$$\tau = 2\pi\sqrt{\frac{R_\oplus}{g}} = 2\pi\sqrt{\frac{6.38 \times 10^6 \text{ m}}{9.8 \text{ m/s}^2}} = 5070 \text{ s} \approx 85 \text{ min}.$$

¡La vuelta al mundo en una hora y media! Por eso a veces podemos ver pasar la Estación Espacial Internacional dos veces seguidas, en órbitas consecutivas, separadas por 90 minutos aproximadamente.

The Fall

En la película *Total Recall* (El vengador del futuro, 2012) se muestra un medio de transporte interesantísimo, que conecta Inglaterra con Australia, no a lo largo de la superficie de la Tierra sino *atravesando el planeta*. Se llama "the Fall", y es una especie de ascensor en caída libre (de ahí el nombre). Acelera mientras baja hasta alcanzar una distancia mínima al centro de la Tierra, y a partir de ahí desacelera mientras sube del otro lado, llegando a destino con velocidad cero. ¿A alguien se le ocurren problemas de ingeniería asociados?

3.7. LAS ÓRBITAS

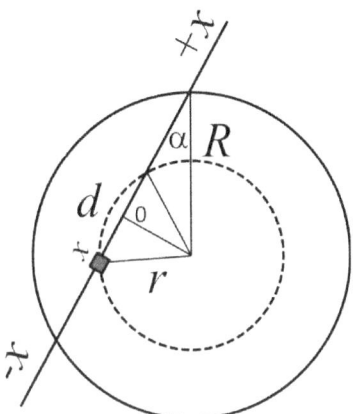

Figura 3.14: The Fall. La línea punteada señala la esfera interior al vehículo, cuya acción gravitatoria apunta hacia el centro de la Tierra.

En la película el viaje tarda 17 minutos, lo cual parece muy poco. Podemos calcularlo. Si el vehículo tiene una trayectoria como se muestra en la figura la distancia a recorrer es $d = 2R\cos\alpha$, donde R es el radio de la Tierra y α el ángulo de la caída respecto de la vertical. La fuerza que experimenta el coche a medida que cae es:

$$F = -\frac{GmM_i}{r^2}\hat{\mathbf{r}},$$

donde M_i es la masa de la esfera interior a la altura del coche respecto del centro de la Tierra (es un sencillo problema de Física 1). Si suponemos una densidad constante: $M_i = \frac{4}{3}\pi\rho r^3$. Luego:

$$F = -\frac{4}{3}\pi Gm\rho\frac{r^3}{r^2}\hat{\mathbf{r}} = -\frac{4}{3}\pi Gm\rho r\hat{\mathbf{r}},$$

¡que es una fuerza que *crece* con r! Proyectando en la dirección de la trayectoria escribimos la ecuación de movimiento:

$$m\ddot{x} = F_x = F\cos\alpha,$$

$$m\ddot{x} = -\underbrace{\frac{4\pi}{3}Gm\rho}_{=\omega^2}\underbrace{r\cos\alpha}_{=x},$$

$$\ddot{x} = -\omega^2 x,$$

¡que es la ecuación de un oscilador! (claro: va a Australia, y si no lo agarran, vuelve). Podemos calcular la duración del viaje de ida a partir de la frecuencia del oscilador:

$$\omega = \frac{2\pi}{\tau} \Rightarrow \frac{\tau}{2} = \frac{\pi}{\omega} = \frac{\pi}{\sqrt{\frac{4\pi}{3}G\rho}},$$

que, curiosamente, es independiente de d (y también de α). Así que se tarda lo mismo en ir a cualquier destino. Genial. Usando que la densidad es $\rho = M/\frac{4}{3}\pi R^3$ reemplazamos y obtenemos para el período:

$$\tau = \frac{2\pi}{\sqrt{GM/R^3}} = 2\pi\sqrt{\frac{R^3}{GM}} = 2\pi\sqrt{\frac{R}{g}},$$

que es ¡exactamente el período que obtuvimos para un satélite en órbita baja! Es decir, el viaje de ida dura $\tau/2 = 42$ minutos. Es más que 17 minutos, pero es un viaje increíblemente rápido. Así que la velocidad en la parte central es muy grande, es una velocidad "astronómica". Puede calcularse fácilmente que

$$v_{max} = \sqrt{gR - \frac{gr_{min}}{R}}.$$

Para un viaje a las antípodas, pasando por el centro de la Tierra ($r_0 = 0$), la velocidad máxima es de 28000 km/h. Claro que no se puede pasar por el centro de la Tierra, ni por ninguna parte del

3.7. LAS ÓRBITAS

núcleo. De todos modos, es muy rápido y habría que mantener el enorme pozo vacío para evitar que el coche se incinere.

Por el núcleo obviamente no se puede viajar. Probablemente tampoco se podría atravesar el manto, que es muy caliente. Pero ¿por qué no un túnel mucho más superficial, con un α cercano a 90°? Por ejemplo, para hacer un viaje de 1600 km (de Bariloche a Buenos Aires, o de Roma a París), la profundidad máxima sería de unos 50 km, y la velocidad, si bien es supersónica, es de 3500 km/h. ¡Parece mucho más realizable!

En la película el viaje en *the Fall* está muy mal representado desde un punto de vista físico. No sólo por el error de la duración, sino porque en un vehículo en caída libre se experimenta falta de peso: el coche, los pasajeros y todos sus objetos personales viajan con la misma aceleración (lo que habitualmente se llama "ingravidez"). En la película esto no se muestra. Sólo muestran un período de ingravidez al pasar cerca del núcleo, momento en el cual todo flota, y rotan la cabina para que en la segunda mitad del viaje los pasajeros vuelvan a estar cabeza arriba. En realidad, los pasajeros volverían a sentir peso cuando el coche frenase al llegar a destino, así que dar vuelta la cabina no es mala idea.

Por otro lado, si el viaje fuera a durar 17 minutos el vehículo tendría que acelerar durante la caída. Esto no está explicado, pero el nombre pierde un poco de gracia, así que imagino que no es la idea. La aceleración sería inmensa, muy incómoda y probablemente mortal para los seres humanos (calcúlela si quiere). Además, al acelerar *hacia abajo* los pasajeros sentirían peso hacia el techo del vehículo, habría que darlo vuelta antes de partir, cosa que tampoco se ve.

Órbitas no acotadas

En la ecuación de la órbita kepleriana:

$$r(\phi) = \frac{c}{1 + \epsilon \cos \phi},$$

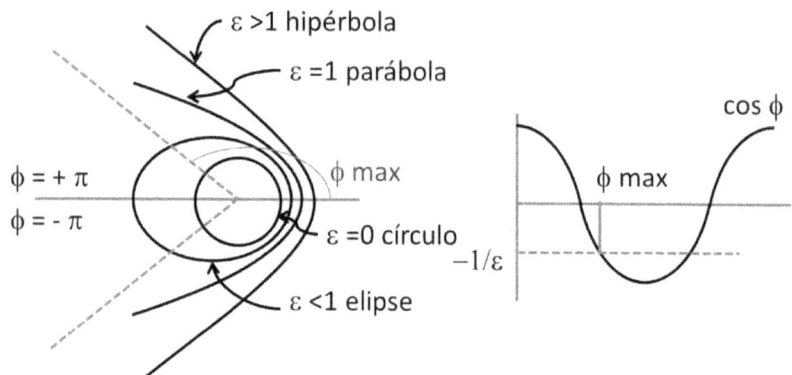

Figura 3.15: Órbitas acotadas y no acotadas.

tenemos que restringirnos a valores de $\epsilon < 1$ para tener elipses. Pero ϵ puede ser $\geqslant 1$, y este caso corresponde a las *órbitas abiertas*. El caso de transición, cuando $\epsilon = 1$, se produce cuando se anula el denominador en $\phi = \pm\pi$ (Fig. 3.15). Luego

$$r \xrightarrow[\phi \to \pm\pi]{} \infty.$$

En este caso, no es difícil mostrar que en coordenadas cartesianas:

$$y^2 = c^2 - 2x,$$

que es una *parábola*.

Si $\epsilon > 1$, el denominador se anula en un valor ϕ_{max}, así que las soluciones están confinadas a un rango $-\phi_{max} < \phi < \phi_{max}$. En coordenadas cartesianas:

$$\frac{(x-\delta)^2}{\alpha^2} - \frac{y^2}{\beta^2} = 1,$$

que es una *hipérbola*.

Viajes interplanetarios

Si se quiere cambiar la órbita de un cuerpo es necesario cambiar su energía, y con ella la excentricidad de la órbita. Una nave espa-

3.7. LAS ÓRBITAS

cial hace esto disparando sus cohetes, en general de manera intensa durante un intervalo corto. Si lo hace en la dirección de la órbita este impulso produce un cambio en la velocidad tangencial Δv, que cambia la excentricidad y la órbita. Un impulso prógrado (con el cohete hacia "atrás") hace que la órbita "suba", mientras que uno retrógrado (con el cohete hacia adelante) hace que la órbita "baje".

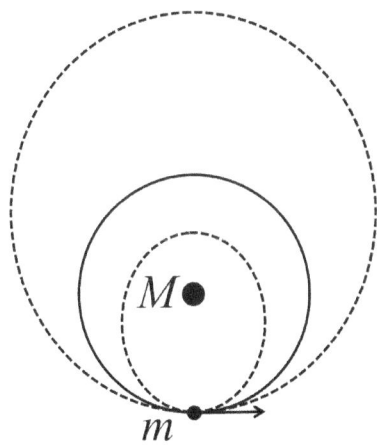

Figura 3.16: Cambio de órbita mediante un impulso prógrado o retrógrado en un punto de la órbita.

Un disparo único del empuje en general no produce el cambio deseado, ya que la nueva órbita regresa al punto del disparo (sólo subió el apoapsis, o bajó el periapsis). Así que para subir *toda* la órbita hacen falta más encendidos del cohete. Por ejemplo, para ir a Marte habría que hacer lo siguiente:

1. Un encendido prógrado en P, en la proximidad de la Tierra, para elevar el apoapsis hasta la órbita de Marte.

2. Un segundo encendido, retrógrado, en P' para elevar el periapsis, y dejar a la nave en una órbita similar a la de Marte.

Cuando llega a P' la nave está lista para entrar en órbita de Marte. Así que debe calcularse su llegada para que coincida con la posición de Marte en P'. Por eso existen ventanas de oportunidad para realizar estos viajes. La media elipse excéntrica que recorre la nave (en su viaje de ida) se llama *órbita de transferencia*.

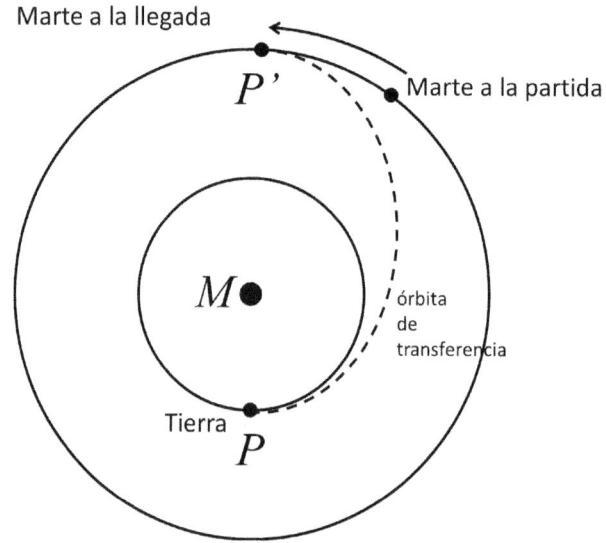

Figura 3.17: Órbita de transferencia de Hohmann entre dos planetas en órbitas circulares.

Este método es el más eficiente desde un punto de vista energético (o del Δv necesario), y fue propuesto por Walter Hohmann, un ingeniero alemán pionero de los viajes espaciales de principios del siglo XX. Por tal razón se las llama *órbitas de Hohmann*.

Por ejemplo, para viajar entre la Tierra y Marte (suponiendo órbitas circulares) el tiempo de viaje es la mitad del período de la órbita de transferencia:

$$\frac{\tau}{2} = \frac{1}{2}\sqrt{\frac{4\pi^2}{GM_\odot}a^3} = \frac{2\pi}{2\sqrt{GM_\odot}}a^{3/2},$$

donde:

$$a = \frac{1}{2}(r_\oplus + r_{\mars}) = \frac{1}{2}(1.5 \times 10^{11} \text{ m} + 2.3 \times 10^{11} \text{ m}) = 1.9 \times 10^{11} \text{ m},$$

$$GM_\odot = 6.67 \times 10^{-11} \frac{\text{m}^3}{\text{kg s}^2} \times 2 \times 10^{30} \text{ kg} = 13.34 \times 10^{19} \frac{\text{m}^3}{\text{s}^2},$$

$$\Rightarrow \frac{1}{GM_\odot} = 7.5 \times 10^{-21} \frac{\text{s}^2}{\text{m}^3},$$

$$\Rightarrow \frac{\pi a^{3/2}}{\sqrt{GM_\odot}} = 2.25 \times 10^7 \text{ s} \approx 260 \text{ días}.$$

Por ejemplo el robot Curiosity, lanzado el 26 de octubre de 2011, aterrizó en Marte el 6 de agosto de 2012, 269 días más tarde, casi exactamente el valor calculado.

Hay que notar que la transferencia de Hohmann es la más barata, pero no la más corta. Cosa que puede resultar relevante si tiene que viajar gente en la nave.

Para visitar más de un planeta, o para ahorrar combustible en los cambios Δv, se puede usar la interacción con otros cuerpos a manera de honda gravitacional o *slingshot*. Vistas desde el planeta que provee la asistencia la órbita es casi hiperbólica (la nave está en órbita solar, con una energía muy grande como para quedar ligada al planeta). La Fig. 3.18 muestra la geometría de una órbita diseñada para aumentar la velocidad de la nave. La velocidad final con respecto al Sol es mayor que la velocidad de aproximación. La energía ganada por la nave, por supuesto, la pierde el planeta.

En los hechos, esta asistencia gravitatoria es un fenómeno de *scattering* de la nave contra el planeta. Es decir, es un "choque blando", en el que los cuerpos no entran en contacto pero intercambian momento por la interacción gravitatoria. Desde este punto de vista, el fenómeno es completamente análogo a lanzar una pelota de tenis contra un camión que se acerca a gran velocidad: la pelota rebota contra el parabrisas mucho más rápido que lo que la lanzamos, y el camión apenas se entera (Fig. 3.19).

A veces esta asistencia gravitatoria se usa al revés, para *frenar* una nave. El observatorio solar Ulysses, para lograr una órbita solar

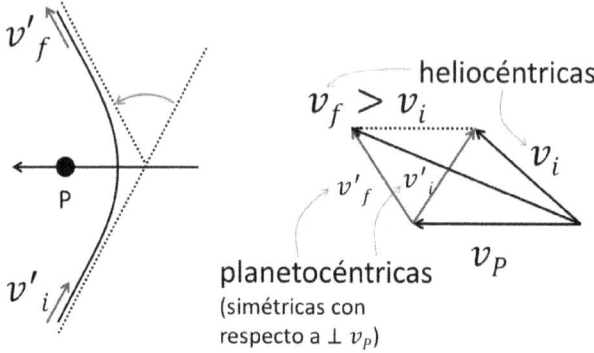

Figura 3.18: Asistencia gravitacional, o *slingshot*, para aumentar la velocidad heliocéntrica de una nave interplanetaria.

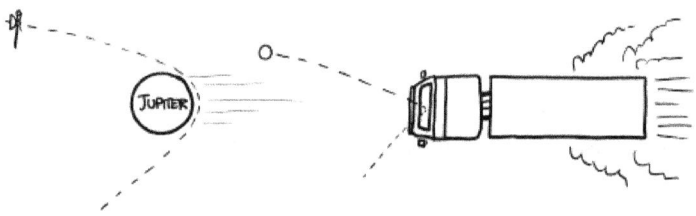

Figura 3.19: Caricatura de un slingshot gravitacional: lanzar a Voyager alrededor de Júpiter es como lanzar una pelota contra el parabrisas de un camión. (De What if? (what-if.xkcd.com/38), por Randall Munroe, xkcd.com)

que lo llevara sobre las regiones polares del Sol, necesitaba perder 30 km/s de velocidad orbital de la Tierra (además de cambiar substancialmente el plano de la órbita). Esto se logró mediante una honda gravitatoria pasando *delante* de Júpiter. Algo similar hizo Messenger para entrar en órbita de Mercurio, y la Parker Solar Probe usa repetidos encuentros con Venus para conseguir sus extraordinarios perihelios a menos de 10 radios solares.

3.8 El movimiento orbital

La forma de las órbitas no nos dice nada sobre la manera en que las partículas se mueven en ellas. Para analizar este aspecto del movimiento necesitamos usar las ecuaciones diferenciales que involucran explícitamente el tiempo, Ecs. (3.2-3.3). Regresemos a ellas:

$$\mu \ddot{r} = \mu r \dot{\phi}^2 - \frac{\partial U}{\partial r}, \qquad (3.19)$$

$$\dot{\phi} = \frac{L}{\mu r^2}. \qquad (3.20)$$

De ellas, una primera integral usando la conservación de la energía, nos permitió escribir (3.5):

$$E = \frac{1}{2}\mu \dot{r}^2 + U_{ef} = \frac{1}{2}\mu \dot{r}^2 + \frac{L^2}{2\mu r^2} + U(r).$$

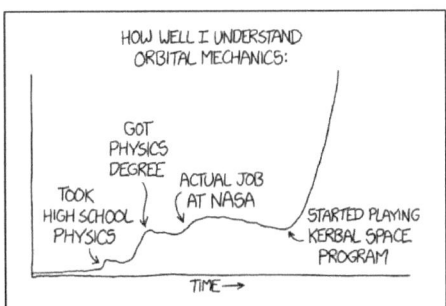

Figura 3.20: *To be fair, my job at NASA was working on robots and didn't actually involve any orbital mechanics. The small positive slope over that period is because it turns out that if you hang around at NASA, you get in a lot of conversations about space.* (xkcd: Orbital mechanics (xkcd.com/1356)).

De aquí podemos despejar $\dot{r}$:

$$\dot{r} = \frac{dr}{dt} = \sqrt{\frac{2}{\mu}\left(E - U(r) - \frac{L^2}{2\mu r^2}\right)}.$$

En ésta podemos separar variables, encontrando la relación diferencial:

$$dt = \frac{dr}{\sqrt{\frac{2}{\mu}\left(E - U(r) - \frac{L^2}{2\mu r^2}\right)}}, \qquad (3.21)$$

donde podemos integrar desde $t = 0$, con condición inicial $r = r_0$:

$$t = \int_{r_0}^{r} \frac{dr'}{\sqrt{\frac{2}{\mu}\left(E - U(r') - \frac{L^2}{2\mu r'^2}\right)}},$$

es decir, obtenemos $t(r) = t(r; E, L, r_0)$ dependiendo de tres constantes de integración: E, L y r_0. Invirtiendo esta relación obtenemos $r(t)$, que podemos usar en la Ec. (3.20):

$$(3.20) \Rightarrow d\phi = \frac{L\,dt}{\mu\,r(t)^2}. \qquad (3.22)$$

Finalmente, integro (3.22) desde $t = 0$ con una fase inicial $\phi = \phi_0$:

$$\phi(t) = \phi_0 + \int_0^t \frac{L\,dt'}{\mu\,r(t')^2}.$$

Hay que decir que este plan, que en principio es posible, inclusive para el problema de Kepler lleva a relaciones funcionales muy complicadas y la inversión de $t(r)$ y $t(\phi)$ plantea lo que Goldstein llama "problemas formidables", especialmente cuando se requiere gran precisión de cálculo como en los problemas astronómicos.

En definitiva, uno obtendría $\{r(t), \phi(t)\}$ con cuatro constantes de integración: $\{E, L, r_0, \phi_0\}$. Por supuesto, uno podría haber tomado otras cuatro constantes de integración, por ejemplo $\{r_0, \phi_0, \dot{r}_0, \dot{\phi}_0\}$,

3.8. EL MOVIMIENTO ORBITAL

pudiendo escribir E y L en términos de éstas. O incluso otras, como veremos en el problema de scattering. En muchos problemas, sin embargo, el conjunto que contiene a E y a L es más natural. En la Mecánica Cuántica, por ejemplo, los valores iniciales de las posiciones y las velocidades carecen de sentido, pero la energía y el momento angular del sistema siguen siendo relevantes, con nuevas propiedades que están en el corazón de la diferencia entre ambas teorías: están *cuantizados*. Y todo el formalismo que venimos desarrollando se mantiene.

Notemos que de (3.21) y (3.22) podemos eliminar el tiempo, obteniendo la ecuación de la órbita en forma completamente general como una integral:

$$\phi(t) = \phi_0 + \int_{r_0}^{r} \frac{L}{\mu r'^2} \frac{dr'}{\sqrt{\frac{2}{\mu}\left(E - U(r') - \frac{L^2}{2\mu r'^2}\right)}},$$

$$= \phi_0 + \int_{r_0}^{r} \frac{dr'}{r'^2 \sqrt{\frac{2\mu E}{L^2} - \frac{2\mu U(r')}{L^2} - \frac{1}{r'^2}}}. \tag{3.23}$$

Resolver esta integral da $\phi(r)$, de donde eventualmente podemos obtener $r(\phi)$, la órbita. Pero esto no siempre es posible. Con el potencial kepleriano, r^{-1}, vimos que sí. Pero ni siquiera todas las potencias pueden integrarse en términos de funciones sencillas de propiedades conocidas. Por ejemplo, si la potencia es entera ($U \sim r^{n+1}$), la integral puede hacerse en términos de funciones trigonométricas o elípticas si:

$$n = 5, 3, 1, 0, -2, -3, -4 \text{ y} - 7.$$

Algunas potencias fraccionarias también pueden resolverse, en términos de funciones hipergeométricas. Buena parte de todo el estudio de las "funciones especiales" viene del intento de resolver estas integrales a lo largo de los siglos. Cuando no existen expresiones analíticas, y el potencial no es especialmente patológico, debe recurrirse a métodos computacionales.

El doble signo de la integral en (3.23) (de la raíz cuadrada) muestra, de paso, otra importante propiedad geométrica: la simetría de la órbita con respecto a un punto de retorno. Si tomamos la dirección de un punto de retorno como origen de las coordenadas polares a tiempo 0, $\phi_0 = 0$ y la integral hasta r da la misma integral pero cambiada de signo hasta el mismo r del otro lado del punto de retorno. Es decir: $r(\phi) = r(-\phi)$. Como esto vale para cualquier punto de retorno, tanto apoapsis como periapsis, tenemos que *todas* las direcciones del centro de fuerzas a los ápsides son ejes de simetría. (Ver la tapa del Goldstein, 3a edición.)

¿Se cierran las órbitas?

Un tema estrechamente relacionado con las integrales que estamos viendo es la cuestión de si se cierran las órbitas o no. Recordemos que tenemos dos movimientos simultáneos: en r y en ϕ. Cuando estamos en un mínimo de $U_{ef} = E_0$ la órbita es circular (digamos de radio r_0), y es obviamente cerrada.[11] Cuando $E < 0$ la órbita es acotada en el espacio (el movimiento es *ligado*), y la coordenada r oscila entre los puntos de retorno r_2 y r_4 (Fig. 3.7). Pero al mismo tiempo la partícula μ gira alrededor del centro de fuerzas (manteniendo L constante, por supuesto). ¿Se cerrará la órbita después de un giro? ¿Después de n giros? Es ilustrativo ver que, aunque el problema completo no se pueda resolver para cualquier valor de E, para $E \gtrsim E_0$, el análisis es sencillo.

---

[11] Otro caso de órbita obviamente cerrada es el de $L = 0$ en un potencial atractivo, con la órbita simplemente radial.

3.8. EL MOVIMIENTO ORBITAL

El potencial efectivo cerca de un mínimo regular es aproximadamente cuadrático:

$$U_{ef}(r) = E_0 + \frac{U''_{ef}(r_0)}{2}(r - r_0)^2 + o(r^3).$$

Por lo tanto, en la ecuación radial (3.4) podemos hacer lo siguiente:

$$\mu \ddot{r} = -\frac{\partial U}{\partial r} + \frac{L^2}{\mu r^3} := -\frac{\partial U_{ef}}{\partial r},$$

$$\approx -\frac{\partial}{\partial r}\left[E_0 + \frac{U''_{ef}(r_0)}{2}(r - r_0)^2\right],$$

$$\approx -U''_{ef}(r_0)\, r = -\left[U''(r_0) - \frac{3L^2}{\mu r_0^4}\right]r = -K\,r.$$

Es decir, el movimiento radial es aproximadamente armónico y podemos calcular sencillamente la frecuencia ω_r de la oscilación radial entre los puntos de retorno:

$$\mu \ddot{r} + Kr = 0 \Rightarrow \omega_r = \sqrt{K/\mu}.$$

La frecuencia del giro alrededor del origen es, al orden más bajo, nada más que la ecuación radial (3.20):

$$\omega_0 \approx \dot{\phi}(r_0) = \frac{L}{\mu r_0^2}.$$

De la comparación de ω_r y ω_0 uno puede encontrar condiciones sobre U para que se cierren las órbitas: el cociente entre ambas tiene que ser un número racional. Por este lado se encara la demostración del teorema de Bertrand, ya mencionado. Los interesados pueden encontrarlo en los libros de Ponce o de Goldstein.

Precesión del perihelio de Mercurio

Como acabamos de ver, las órbitas keplerianas de 2 cuerpos son elipses cerradas. Pero en el sistema solar las perturbaciones producidas por los otros cuerpos hacen que las órbitas sean abiertas y sus perihelios precedan lentamente. La precesión de la órbita de la Luna se conocía desde tiempos de Newton. La anomalía de la órbita de Urano llevó a Urbain Le Verrier a predecir y calcular con éxito la existencia y la posición del planeta Neptuno. Entre los planetas, Mercurio es el que más precede (575"/siglo), pero los métodos del siglo XIX nunca fueron capaces de explicarlo: el propio Le Verrier conjeturó la existencia de otro planeta entre Mercurio y el Sol (a diferencia de Neptuno, jamás observado porque no existe). Como la precesión es lenta, la técnica usual de perturbación consiste en reemplazar a los otros planetas (especialmente Júpiter) por discos de masa uniforme. Aún así, los mejores cálculos siempre quedaron cortos para Mercurio, explicando solamente 532"/siglo. Quedaban 43"/siglo de precesión *anómala*. La explicación la descubrió Einstein en el contexto de la Teoría General de la Relatividad, tal como expuso en la tercera de sus conferencias en la Academia Prusiana de Ciencias en noviembre de 1915. El cálculo relativista está fuera del alcance de este curso, pero vale la pena comentar que la primera corrección relativista corresponde a un potencial efectivo con un término de la forma r^{-3}, además del r^{-1} newtoniano y del r^{-2} del centrífugo. La precesión anómala de Venus ($\approx 8''$ por siglo) y de la Tierra ($3''$ por siglo) también han sido medidas y coinciden con el cálculo relativista.

El propio Newton había descubierto[12] que una modificación de la ley de inversa del cuadrado para la interacción gravitatoria daba órbitas que preceden. De hecho, basta con una perturbación r^{-3} en la fuerza, es decir r^{-2} en el potencial. Ajustando el parámetro de la perturbación se puede explicar la precesión de manera "clásica", como mostramos a continuación.

Con el potencial newtoniano (sin perturbación) tenemos las si-

---

[12]Un hecho que pasó desapercibido hasta que Subrahmanyan Chandrasekar lo sacó a la luz en sus *Newton's Principia for the common reader* (1995).

3.8. EL MOVIMIENTO ORBITAL

guientes expresiones para la energía y el momento angular:

$$E = \frac{\mu \dot{r}^2}{2} + \frac{L^2}{2\mu r^2} - \frac{k}{r},$$

$$\dot{\phi} = \frac{L}{\mu r^2}.$$

De aquí obtuvimos la órbita con forma de sección cónica:

$$r(\phi) = \frac{a(1-\epsilon^2)}{1+\epsilon \cos \phi},$$

con

$$\epsilon = \sqrt{1 + \frac{2L^2 E}{\mu k^2}} \text{ y } a = \frac{c}{1-\epsilon^2} = \frac{L^2}{\mu k \left(-\frac{2L^2 E}{\mu k^2}\right)} = -\frac{k}{2E}.$$

Consideremos una perturbación de intensidad δ en la fuerza gravitatoria:

$$F(r) = -\frac{k}{r^2} + \frac{\delta}{r^3} \Rightarrow U(r) = -\frac{k}{r} + \frac{\delta}{2r^2}.$$

Es decir, en la energía tenemos un término más con la misma forma funcional que el potencial centrífugo, y podemos juntar los dos términos de la siguiente manera:

$$E = \frac{\mu \dot{r}^2}{2} + \frac{L^2}{2\mu r^2} + \frac{\delta}{2r^2} - \frac{k}{r} = \frac{\mu \dot{r}^2}{2} + \frac{L^2 + \mu\delta}{2\mu r^2} - \frac{k}{r} \equiv \frac{\mu \dot{r}^2}{2} + \frac{L'^2}{2\mu r^2} - \frac{k}{r},$$

donde hemos definido un "momento angular efectivo" $L'^2 = L^2 + \mu\delta$. Ahora podemos usarlo en la velocidad angular para definir un ángulo phi prima:

$$\dot{\phi} = \frac{L}{\mu r^2} = \frac{L}{L'}\frac{L'}{\mu r^2} \Rightarrow \frac{L'}{L}\dot{\phi} = \dot{\phi}' = \frac{L'}{\mu r^2}.$$

En definitiva, tenemos:

$$E = \frac{\mu \dot{r}^2}{2} + \frac{L'^2}{2\mu r^2} - \frac{k}{r},$$
$$\dot{\phi}' = \frac{L'}{\mu r^2}.$$

Es decir, es *exactamente* el problema de Kepler, pero con otros nombres en algunos parámetros. Podemos escribir directamente la solución, que es la sección cónica pero con primas:

$$\Rightarrow r(\phi') = \frac{a'(1 - \epsilon'^2)}{1 + \epsilon' \cos \phi'},$$

donde sólo tenemos que identificar quiénes son a' y ϵ'. El semieje a es independiente de L y ϵ, así que resulta:

$$a' = -\frac{k}{2E} = a. \qquad (3.24)$$

Para la relación entre ϵ' y ϵ y entre ϕ y ϕ' vamos a usar un parámetro pequeño que mide la intensidad relativa de la perturbación:

$$\eta = \frac{\delta}{ka} \quad (\eta \approx 1.4 \times 10^{-7} \text{ para Mercurio}),$$

con lo que tenemos:

$$\epsilon' = \sqrt{1 + \frac{2L'^2 E}{\mu k^2}} = \sqrt{1 + \frac{2(L^2 + \mu\delta)E}{\mu k^2}} = \sqrt{1 + \frac{2L^2 E}{\mu k^2} + \frac{2\delta E}{k^2}}$$
$$= \sqrt{\epsilon^2 - \frac{\delta}{ak}} = \sqrt{\epsilon^2 - \eta} \approx \epsilon.$$

3.8. EL MOVIMIENTO ORBITAL

Y para ϕ':

$$\left(\frac{L'}{L}\right)^2 = \frac{L^2 + \mu\delta}{L^2} = 1 + \frac{\mu\delta}{L^2},$$

$$= 1 + \frac{\mu k a \eta}{L^2},$$

$$= 1 - \frac{\mu k^2 \eta}{2EL^2}, \quad \text{(usando (3.24))}$$

$$= 1 - \frac{\mu k^2 \eta}{\mu k^2 (\epsilon^2 - 1)}, \quad \text{(usando la definición de } \epsilon\text{)}$$

$$= 1 - \frac{\eta}{\epsilon^2 - 1} = 1 + \frac{\eta}{1 - \epsilon^2}, \quad \begin{array}{l}\text{(dando vuelta el de-}\\\text{nominador)}\end{array}$$

con lo cual la órbita es:

$$r(\phi) = \frac{a(1 - \epsilon^2 + \eta)}{1 + \sqrt{\epsilon^2 - \eta}\cos\alpha\phi},$$

con $\alpha = \sqrt{1 + \eta/(1 - \epsilon^2)}$. Esta expresión no da una elipse sino una "florcita", que si η es muy chico es aproximadamente una elipse de excentricidad $\approx \epsilon$, que precede debido al α en el argumento del coseno. Podemos calcular la velocidad de la precesión. Los perihelios ocurren cuando $\alpha\phi$ es un múltiplo de 2π: $\alpha\phi_p = 2\pi \Rightarrow \phi_p = 2\pi/\alpha$. Entre un perihelio y el siguiente (un período τ después) habrá un ángulo Ω_p (ver Fig. 3.21):

$$\Omega_p = 2\pi - \phi_p = 2\pi\frac{\alpha - 1}{\alpha},$$

lo cual da una velocidad de precesión:

$$v_p = \frac{2\pi}{\tau}\frac{\alpha - 1}{\alpha}.$$

Como η es pequeño podemos desarrollar α:

$$\alpha = \sqrt{1 + \frac{\eta}{1 - \epsilon^2}} \approx 1 + \frac{1}{2}\frac{\eta}{1 - \epsilon^2},$$

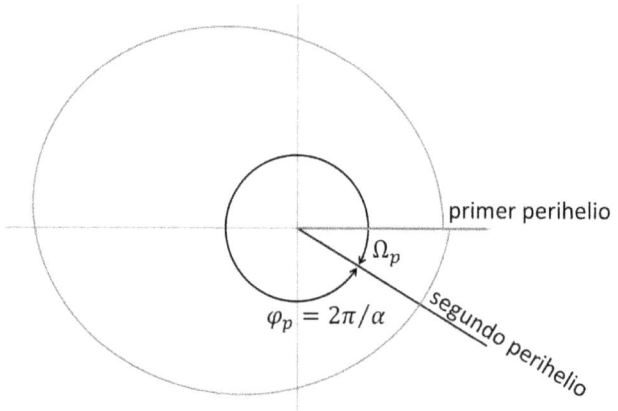

Figura 3.21: Precesión del perihelio, mostrando el ángulo de precesión Ω_p y su relación con ϕ_p.

y usando ésta en la velocidad de precesión:

$$v_p \approx \frac{2\pi}{\tau}\frac{1}{2}\frac{\eta}{1-\epsilon^2} = \boxed{\frac{\pi}{\tau}\frac{\eta}{1-\epsilon^2}}.$$

Poniendo números para Mercurio:

$$v_p \approx \frac{\pi \times 1.4 \times 10^{-7}}{0.24\,\text{año}\,(1-0.206^2)} \approx 1.9 \times 10^{-6}\,\frac{\text{rad}}{\text{año}},$$

que son $40''$ por siglo.[13]

3.9 Puntos de Lagrange

El problema gravitatorio que hemos resuelto involucra sólo dos cuerpos en interacción. Claramente, es interesante y relevante analizar sistemas formados por más cuerpos, ya que son los que existen en el mundo natural. Desde la época de Newton resultó claro que

---

[13]$40''$/siglo = 0.011 grados/siglo = 10^{-4} grados/año = 1.9×10^{-6} radianes/año.

3.9. PUNTOS DE LAGRANGE

tan sólo 3 cuerpos eran notoriamente difíciles de analizar. No se podía, no se puede, lograr algo parecido a la resolución completa que se hace con sólo dos cuerpos. Se hizo lo que se pudo. A lo largo de los siglos se han desarrollado tanto aproximaciones como análisis de problemas restringidos. Uno de ellos, estudiado por Euler y por Lagrange, es el *problema restringido circular*. Tiene el enorme mérito de que se lo puede resolver exactamente de manera analítica. Se trata de analizar el movimiento de un cuerpo relativamente liviano en presencia de otros dos, mucho más pesados (por ejemplo, un satélite o un asteroide por un lado, y el Sol y un planeta por el otro). No lo vamos a analizar completamente, pero hay un resultado súper interesante al que se puede llegar con pocas cuentas: la existencia de puntos de equilibrio, donde el cuerpo más liviano puede permanecer en órbita sin cambiar de posición con respecto a los otros dos. Son los *puntos de Lagrange*.[14]

Supongamos, para simplificar un poco más, que los cuerpos pesados realizan un movimiento circular alrededor de su CM, que es una de las soluciones del problema de Kepler de dos cuerpos. Para concretar, podemos imaginar que m_1 (ver figura 3.22) es mucho más pesado que m_2 (como si m_1 fuera el Sol, pero no es necesario más que para concretar la visualización del problema). Lo que tenemos entonces es:

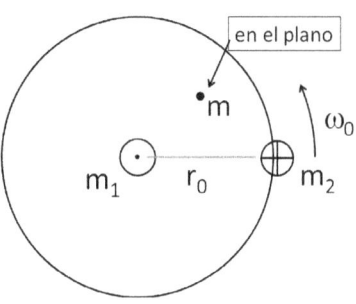

Figura 3.22: Problema restringido de tres cuerpos.

$$m \ll m_2 \leqslant m_1.$$

---

[14]Cuando cursé Mecánica me enteré de la existencia de los puntos de Lagrange, y me pasé largas horas tratando de calcularlos. Sin éxito, porque en los libros no había detalles y no teníamos computadoras. Cuando me hice cargo de estas clases me volvió la curiosidad, me decidí, e hice estos cálculos con la ayuda de Mathematica. Sólo una vez lo expliqué en el pizarrón, pero es un poco largo para una clase y no lo hice más. Aquí quedan, para quien quiera entretenerse.

La órbita circular de este movimiento corresponde al mínimo del potencial efectivo, y depende del momento angular:

$$r_0 = \frac{L^2}{\mu k},$$

con $k = Gm_1m_2 = G\mu M$. Así que la frecuencia es:

$$L = \mu r^2 \dot\phi, \quad \text{(por definición de momento angular)},$$
$$= \mu r_0^2 \omega_0, \quad \text{(por definición de } \omega\text{)},$$

$$\Rightarrow \omega_0 = \frac{L}{\mu r_0^2},$$
$$\Rightarrow \omega_0^2 = \frac{L^2}{\mu^2 r_0^4} = \frac{r_0 \mu k}{\mu^2 r_0^4} = \frac{k}{\mu r_0^3} = \frac{G\mu M}{\mu r_0^3} = \frac{GM}{r_0^3},$$
$$\Rightarrow \boxed{\omega_0^2 = \frac{GM}{r_0^3}.}$$

que no es más que la Tercera Ley de Kepler, escrita de otra manera.

El tercer cuerpo, de masa mucho más pequeña, *no afecta este movimiento*. Así que podemos agregarlo al sistema suponiendo que m_1 y m_2 siguen entretenidos con su movimiento circular de frecuencia ω_0. De manera que resulta conveniente, para estudiar el movimiento del tercer cuerpo, usar coordenadas en un sistema referido al CM de m_1 y m_2, rotando con velocidad angular ω_0. En este sistema de referencia m_1 y m_2 están quietos, y las únicas coordenadas que necesitamos para analizar la dinámica son las de la posición de m.

Llamemos (x_0, y_0) a las coordenadas de m en el sistema inercial y (x, y) a sus nuevas coordenadas en el sistema que rota. La geometría involucrada es la siguiente (Fig. 3.23):

$$\begin{cases} x = \cos\omega_0 t \, x_0 + \sin\omega_0 t \, y_0, \\ y = -\sin\omega_0 t \, x_0 + \cos\omega_0 t \, y_0. \end{cases}$$

3.9. PUNTOS DE LAGRANGE

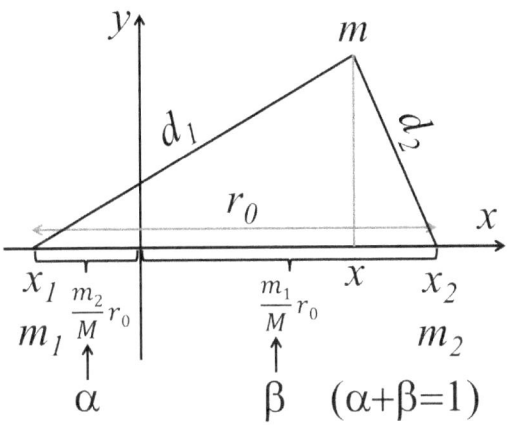

Figura 3.23: Notación para el problema restringido de tres cuerpos.

¿Cuál es la energía cinética de m en estas coordenadas? En el sistema inercial es $T = m/2(\dot{x}_0^2 + \dot{y}_0^2)$. Derivamos:

$$\dot{x} = \cos\omega_0 t\, \dot{x}_0 - \omega_0 \sin\omega_0 t\, x_0 + \sin\omega_0 t\, \dot{y}_0 + \omega_0 \cos\omega_0 t\, y_0,$$
$$= \cos\omega_0 t\, \dot{x}_0 + \sin\omega_0 t\, \dot{y}_0 + \omega_0 \underbrace{(\cos\omega_0 t\, y_0 - \sin\omega_0 t\, x_0)}_{y}.$$

Y del mismo modo:

$$\dot{y} = -\sin\omega_0 t\, \dot{x}_0 + \cos\omega_0 t\, \dot{y}_0 - \omega_0 x.$$

Paso restando, elevo al cuadrado y sumo (c y s son cosenos y senos):

$$\Rightarrow (\dot{x} - \omega_0 y)^2 + (\dot{y} + \omega_0 x)^2 =$$
$$= c^2 \dot{x}_0^2 + s^2 \dot{y}_0^2 + 2cs\dot{x}_0\dot{y}_0 + s^2 \dot{x}_0^2 + c^2 \dot{y}_0^2 - 2cs\dot{x}_0\dot{y}_0 =$$
$$= \dot{x}_0^2 + \dot{y}_0^2,$$

$$\Rightarrow T = \frac{m}{2}(\dot{x}_0^2 + \dot{y}_0^2),$$
$$= \frac{m}{2}\left[(\dot{x} - \omega_0 y)^2 + (\dot{y} + \omega_0 x)^2\right].$$

Vemos que este sistema rotante mezcla posiciones y velocidades.

Por otro lado, para la energía potencial necesitamos las distancias entre m y m_1 (m_2):

$$d_1 = \sqrt{(x + \alpha r_0)^2 + y^2},$$
$$d_2 = \sqrt{(x - \beta r_0)^2 + y^2}.$$

Y ya podemos escribir el lagrangiano. Tenemos $\mathcal{L}(x_0, y_0, \dot{x}_0, \dot{y}_0) = T(\dot{x}_0, \dot{y}_0) - U(x_0, y_0)$ en el sistema inercial, y lo escribimos en las nuevas coordenadas:

$$\mathcal{L} = \frac{m}{2}(\dot{x} - \omega_0 y)^2 + \frac{m}{2}(\dot{y} + \omega_0 x)^2$$
$$+ \frac{Gm_1 m}{\sqrt{(x + \alpha r_0)^2 + y^2}} + \frac{Gm_2 m}{\sqrt{(x - \beta r_0)^2 + y^2}}.$$

Simplifiquemos un poco la notación. Conviene medir todas las distancias en unidades de r_0 y los tiempos en unidades de ω_0^{-1}. Así que definamos:

$$x = r_0 \xi, \quad y = r_0 \eta,$$
$$t = \frac{\tau}{\omega_0} \quad \Rightarrow \quad \dot{x} = \omega_0 r_0 \dot{\xi}, \quad \dot{y} = \omega_0 r_0 \dot{\eta}.$$

Con esto:

$$T = \frac{m}{2}(\omega_0 r_0 \dot{\xi} - \omega_0 r_0 \eta)^2 + \frac{m}{2}(\omega_0 r_0 \dot{\eta} + \omega_0 r_0 \xi)^2,$$
$$= m\omega_0^2 r_0^2 \left[\frac{1}{2}(\dot{\xi} - \eta)^2 + \frac{1}{2}(\dot{\eta} + \xi)^2\right],$$

3.9. PUNTOS DE LAGRANGE

$$U = -\frac{Gm_1 m}{\sqrt{(r_0\xi + \alpha r_0)^2 + r_0^2\eta^2}} - \frac{Gm_2 m}{\sqrt{(r_0\xi - \beta r_0)^2 + r_0^2\eta^2}},$$

$$= -\frac{GmM}{r_0}\underbrace{\frac{m_1/M}{\sqrt{\cdots}}}_{=\delta_1} - \frac{GmM}{r_0}\underbrace{\frac{m_2/M}{\sqrt{\cdots}}}_{=\delta_2},$$

$$= -\frac{GmM}{r_0}\left(\frac{\beta}{\delta_1} + \frac{\alpha}{\delta_2}\right),$$

$$= -m\omega_0^2 r_0^2\left(\frac{\beta}{\delta_1} + \frac{\alpha}{\delta_2}\right), \quad \text{(ya que } GM/r_0^3 = \omega_0^2\text{).}$$

(Notar que δ_1 y δ_2 son d_1 y d_2 en unidades de r_0.) Tanto T como U tienen el mismo prefactor (que tiene las unidades de la energía). Así que podemos definir un lagrangiano adimensional:

$$\boxed{\tilde{\mathcal{L}} = \frac{\mathcal{L}}{m\omega_0^2 r_0^2} = \frac{1}{2}\left[(\dot{\xi} - \eta)^2 + (\dot{\eta} + \xi)^2\right] + \frac{\beta}{\delta_1} + \frac{\alpha}{\delta_2}.}$$

Ahora podemos calcular las ecuaciones de movimiento:

$$\frac{d}{d\tau}\frac{\partial \tilde{\mathcal{L}}}{\partial \dot{\xi}} = \ddot{\xi} - \dot{\eta}, \quad \text{(usando: } \tilde{T} = \frac{1}{2}\dot{\xi}^2 - \dot{\xi}\eta + \frac{1}{2}\eta^2 + \frac{1}{2}\dot{\eta}^2 + \dot{\eta}\xi + \frac{1}{2}\xi^2\text{)}$$

$$\frac{\partial \tilde{\mathcal{L}}}{\partial \xi} = \xi + \dot{\eta} - \frac{1}{2}\frac{2\beta(\xi + \alpha)}{\delta_1^3} - \frac{1}{2}\frac{2\alpha(\xi - \beta)}{\delta_2^3}.$$

Y similares derivadas con respecto a η y $\dot{\eta}$. Quedan las ecuaciones:

$$\ddot{\xi} - 2\dot{\eta} = \xi - \frac{\beta(\xi + \alpha)}{\delta_1^3} - \frac{\alpha(\xi - \beta)}{\delta_2^3},$$

$$\ddot{\eta} - 2\dot{\xi} = \eta - \frac{\beta\eta}{\delta_1^3} - \frac{\alpha\eta}{\delta_2^3}.$$

¡Tranquilos, que no las vamos a resolver! Pero sí es interesante observar que *existen puntos de equilibrio*. Son puntos donde el cuerpo liviano *no se mueve* con respecto a m_1 y m_2 mientras estos hacen su baile kepleriano. Este fenómeno fue descubierto por Lagrange,

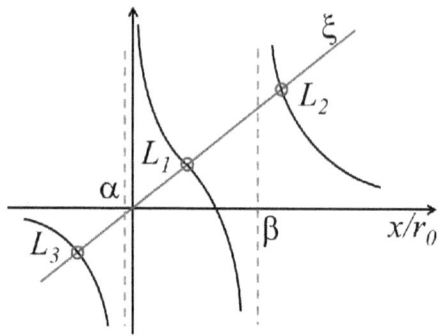

Figura 3.24: Los puntos de Lagrange L_1, L_2 y L_3. α y β son las posiciones de m_1 y m_2.

así que estos puntos de equilibrio se llaman *puntos de Lagrange*.[15] ¿Dónde están? Veamos.

Si hacemos $\ddot{\xi} = \dot{\xi} = \ddot{\eta} = \dot{\eta} = 0$ tenemos:

$$\xi = \frac{\beta(\xi + \alpha)}{\delta_1^3} + \frac{\alpha(\xi - \beta)}{\delta_2^3}, \qquad (3.25)$$

$$\eta = \frac{\beta \eta}{\delta_1^3} + \frac{\alpha \eta}{\delta_2^3}. \qquad (3.26)$$

Por un lado tenemos que si $\eta = 0$ la ecuación (3.26) se satisface. Haciendo $\eta = 0$ en (3.25):

$$\boxed{\xi = \frac{\beta(\xi + \alpha)}{|\xi + \alpha|^3} + \frac{\alpha(\xi - \beta)}{|\xi - \beta|^3},}$$

donde hemos reemplazado $\eta = 0$ en los valores de δ_1 y δ_2 para escribir los denominadores (revisar la Fig. 3.23, con m sobre el eje x).

---

[15] Vale la pena señalar que, como las órbitas de los planetas alrededor del Sol (y de los satélites alrededor de sus planetas) son elípticas y no circulares, los puntos de Lagrange no son estrictamente puntos, sino unas zonas extendidas.

3.9. PUNTOS DE LAGRANGE

Podemos analizar esta ecuación gráficamente (Fig. 3.24). El miembro de la derecha tiene tres ramas con dos asíntotas verticales, y hay siempre tres soluciones de $\xi = x/r_0$. Estas tres soluciones son los puntos de Lagrange llamados L_1, L_2 y L_3. Están en la línea que une a m_1 con m_2, con L_1 en medio de las masas, mientras que L_2 y L_3 están por fuera. L_1 es fácil de entender, ya que existe aun si m_1 y m_2 están quietos: es el punto donde se equilibran sus atracciones respectivas. L_2 y L_3 no son tan obvios, pero hay que recordar que el sistema está en rotación. Consideremos L_2 en el sistema Sol-Tierra. Poniendo a m por fuera de la órbita de la Tierra, su período orbital alrededor del Sol sería mayor que el de la Tierra. Pero la presencia de la Tierra *aumenta* el potencial gravitatorio sobre m, *reduciendo* su período. Exactamente en L_2 el período orbital de m es igual al de la Tierra, y la masa m se mueve acompañando a ésta.

El punto L_3 se encuentra del otro lado del Sol, pero un poquito fuera de la órbita de la Tierra (pero más cerca del Sol que la Tierra).

Existen dos soluciones más de las ecuaciones (3.25,3.26). Si $\eta \neq 0$:

$$\frac{(3.26)}{\eta} \Rightarrow 1 = \frac{\beta}{\delta_1^3} + \frac{\alpha}{\delta_2^3}. \qquad (3.27)$$

Mientras que:

$$(3.25) \Rightarrow \xi = \left(\frac{\beta}{\delta_1^3} + \frac{\alpha}{\delta_2^3}\right)\xi + \frac{\beta\alpha}{\delta_1^3} - \frac{\beta\alpha}{\delta_2^3}, \quad \text{(distribuyendo)},$$

$$\Rightarrow \xi = \xi + \underbrace{\alpha\beta}_{\neq 0}\left(\frac{1}{\delta_1^3} - \frac{1}{\delta_2^3}\right) \Rightarrow \boxed{\delta_1 = \delta_2} \quad \text{(despejando)}.$$

Luego, en (3.27):

$$1 = \frac{\beta}{\delta_1^3} + \frac{\alpha}{\delta_2^3} = \frac{1}{\delta_1^3}\underbrace{(\alpha + \beta)}_{=1} \Rightarrow \boxed{\delta_1 = \delta_2 = 1.}$$

Es decir, hay otros dos puntos de equilibrio, donde la distancia (adimensional) a m_1 y m_2 se iguala a 1. Se llaman L_4 y L_5, y están

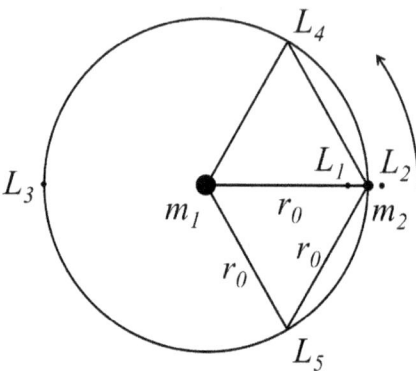

Figura 3.25: Puntos de Lagrange en un sistema de dos cuerpos.

en los vértices de dos triángulos equiláteros (porque $\delta_1 = \delta_2 = 1$), con m_1 y m_2 en los otros vértices (ver Fig. 3.25).

¿Cuál es la estabilidad de estos equilibrios? L_1, L_2 y L_3 son inestables, pero L_4 y L_5 son estables. Para demostrarlo hay que hacer $\xi = \xi_{L_4} + \delta$ y $\eta = \eta_{L_4} + \epsilon$ y calcular las ecuaciones linealizadas para δ y ϵ. No es muy complicado, pero no lo vamos a hacer. Se obtiene una condición sobre las masas, necesaria para que L_4 y L_5 sean estables:

$$\gamma = \frac{m_1}{m_2} > \frac{\sqrt{27}+\sqrt{23}}{\sqrt{27}-\sqrt{23}} \approx 24.96,$$

que se satisface para el sistema Sol-Júpiter ($\gamma \sim 10^3$), así que se satisface para el Sol y cualquier planeta, y también para el sistema Tierra-Luna ($\gamma \sim 80$).

Los puntos de Lagrange son ideales para estacionar cosas. Para quedarse cerca de L_1 o L_2 hay que hacer un mínimo gasto de combustible, ya que son inestables. Se usan para esto ciertas órbitas llamadas *halo*, y otras *de Lissajous*, donde hay, hubo o habrá numerosos satélites estacionados: SOHO, WMAP, DSCOVR, los telescopios Herschel, Planck y James Webb, Gaia, etc.

3.9. PUNTOS DE LAGRANGE

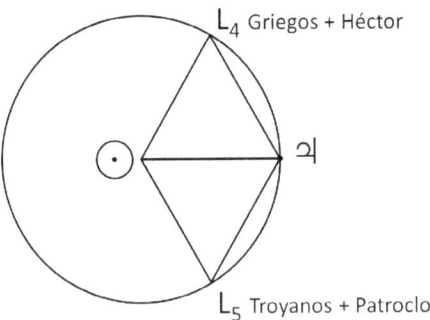

Figura 3.26: Cerca de los puntos de Lagrange L_4 y L_5 de Júpiter orbitan los *asteroides troyanos*.

Los puntos L_4 y L_5, al ser estables, se llenan solitos de cosas, aunque uno no haga ningún esfuerzo... Es así como, en los puntos L_4 y L_5 de Júpiter hay miles de asteroides, tal vez millones.[16] El primero en ser descubierto recibió el nombre de Aquiles, en L_4. Se inició así una tradición de usar nombres de personajes de la Guerra de Troya, con los griegos en L_4 y los troyanos en L_5 corriéndolos detrás. ¡Pero hay espías! Héctor se esconde en el campo griego y nada menos que Patroclo en el troyano. A todos estos asteroides se los llama de manera genérica *troyanos*. Así que un astrónomo puede decir, para horror de un clasicista pero sin temor a equivocarse, que Aquiles fue el primer troyano.

Hoy se conocen *troyanos* de muchos cuerpos. La Tabla 3.2 contiene algunos de los más relevantes conocidos al día de hoy.

---

[16]Como dijimos, L_4 y L_5 no son puntos matemáticos, de manera que la masa m no permanece estacionaria con respecto a las otras, sino que se mueve en unas órbitas raras llamadas renacuajo, o herradura.

Tabla 3.2: Cuerpos en los puntos de Lagrange del sistema solar (más unos colados)

Objeto m_2	Troyano	
Venus	2013 ND15	Troyano transitorio en L_4.
Tierra	2010 TK7	Primer troyano descubierto de la Tierra, en L_4.
	2020 XL5	Troyano conocido de la Tierra, también en L_4.
	Cruithne	No estrictamente troyano, sino en otro tipo de órbita sincrónica con la Tierra llamada *horseshoe*.
Marte	5261 Eureka	Descubierto tras intensa búsqueda.
	1998 VF31	
	2001 DH47	
	2007 NS2	
	2011 SC191	
	2011 UN63	
	1999 UJ7	Único en L_4.
Ceres, Vesta		Varias docenas de asteroides troyanos transitorios (por entre miles y millones de años).
Júpiter	troyanos	Miles, en L_5. Un millón conjeturado.
	griegos	Miles, en L_4. Un millón conjeturado.
	hildas	Miles, en órbitas resonantes que visitan L_4 y L_5, formando un enjambre triangular equilátero.
Tethys	Telesto	Satélites de Saturno.
	Calypso	
Dione	Helene	Satélites de Saturno (¡Helena en L_4!).
	Polydeuces	
Urano	2011 QF99	Posible transitorio (70000 años) en L_4, coorbital por 10^6 años, futuro Centauro.
	2014 XY49	En L_4, coorbital en órbita *tadpole*, en resonancia 7:20 con Saturno.
Neptuno	2001 QR322	Primero de los 17 conocidos. Se estima que existe un orden de magnitud más que en Júpiter.
Tierra/Luna	¿polvo?	Se conjetura que podría haber, pero nunca se lo ha observado.

3.10 Scattering (dispersión) de partículas

En el sistema solar no vemos muchas órbitas hiperbólicas, pero juegan un papel importante en una de las herramientas más poderosas de la física atómica y subatómica: el experimento de colisión de partículas. En estos experimentos se bombardea con un *haz de proyectiles* (electrones, protones, iones) un *blanco* de átomos o núcleos atómicos. A veces, en lugar de usar un blanco estacionario, se hacen chocar dos haces de proyectiles móviles, como en el famoso Large Hadron Collider. Observando la distribución de las partículas dispersadas pueden reconstruirse las propiedades del blanco y de la interacción entre las partículas.

El más famoso de estos experimentos no es el descubrimiento del bosón de Higgs en el LHC del CERN en 2012, sino el descubrimiento de la estructura de los átomos 100 años antes. Rutherford,[17] Geiger[18] y Marsden[19] bombardearon con un haz de partículas α una lámina delgada de oro y descubrieron que casi toda la masa del oro estaba concentrada en un pequeño núcleo cargado positivamente.

La Teoría de Colisiones es un mundo, y va mucho más allá de este curso. Vamos a ver a continuación apenas la punta del iceberg.

Ángulo de scattering

Para describir completamente el resultado del choque de dos partículas que interactúan mediante una fuerza central hay que resolver sus ecuaciones de movimiento según la teoría que venimos viendo. No entremos en todos los detalles. Digamos, para empezar, que ya hemos reducido el problema a uno equivalente, unidimensional. Es decir, queremos analizar la desviación de una partícula de masa μ en un potencial central $U(r)$.

Vamos a tratar de encontrar el ángulo de scattering para una partícula que incide desde el infinito con cierta energía. Para una partícula con suficiente energía la trayectoria es una hipérbola (una

---

[17]Ernest Rutherford (1871–1937), físico británico nacido en Nueva Zelanda, fue uno de los más grandes físicos experimentales de la Historia. Hay una breve nota sobre él al final de este capítulo.

[18]Hans Geiger (1882–1945), físico alemán, inventor del "contador Geiger" de radiaciones ionizantes. Fue postdoc de Rutherford.

[19]Ernest Marsden (1889–1970), físico inglés/neocelandés. Fue estudiante de Rutherford en Manchester, donde siendo aún alumno de grado colaboró con Geiger en la realización del famoso experimento.

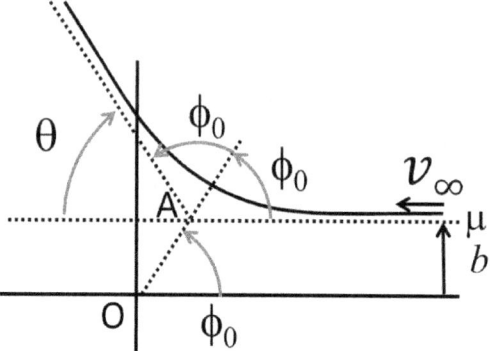

Figura 3.27: Geometría del scattering de una partícula en un centro de fuerzas.

cónica tipo Kepler si el potencial es $1/r$). Como señalamos en la Sec. 3.8, es simétrica con respecto al punto de máximo acercamiento, el *periapsis* A, con dos asíntotas simétricas con respecto a la línea OA. El ángulo que usamos en la teoría es el ángulo ϕ (ver Fig. 3.27[20]). Digamos que ϕ_0 es el ángulo correspondiente al ápside. El *ángulo de scattering*, que se mide en los experimentos, es el ángulo θ, relacionado con ϕ de la siguiente manera:

$$\theta = \pi - 2\phi_0.$$

Recordemos que teníamos una relación entre ϕ y r (válida para cualquier potencial central) que obtuvimos separando variables en $dr/d\phi$, la Ec. (3.10):

$$\left(\frac{1}{r^2}\frac{dr}{d\phi}\right)^2 = \frac{2\mu}{L^2}(E-U) - \frac{1}{r^2},$$

$$\Rightarrow \frac{1}{r^2}\frac{dr}{d\phi} = \frac{1}{L}\sqrt{2\mu(E-U) - \frac{L^2}{r^2}},$$

---

[20]En realidad está rotado, pero la ecuación de la órbita que vamos a usar resulta la misma.

3.10. SCATTERING

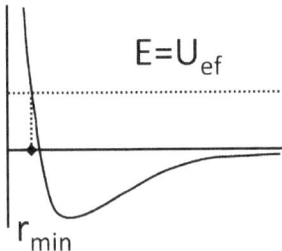

Figura 3.28: Una órbita abierta sólo tiene un punto de retorno, r_{min}.

$$\Rightarrow \frac{dr}{d\phi} = \frac{r^2}{L}\sqrt{2\mu(E-U) - \frac{L^2}{r^2}},$$

$$\Rightarrow \int d\phi = \int \frac{L/r^2\, dr}{\sqrt{2\mu(E-U(r)) - L^2/r^2}}. \quad (3.28)$$

Para encontrar ϕ_0 podemos integrar entre r_{min} y r_{max}, es decir entre el ápside e ∞:

$$\int_{\phi_0}^{2\phi_0} d\phi = \int_{r_{min}}^{\infty} \frac{L/r^2\, dr}{\sqrt{2\mu(E-U(r)) - L^2/r^2}},$$

$$\Rightarrow \phi_0 = \int_{r_{min}}^{\infty} \frac{L/r^2\, dr}{\sqrt{2\mu(E-U(r)) - L^2/r^2}}, \quad (3.29)$$

donde r_{min} se encuentra como la raíz del radicando (Fig. 3.28). Cuando se trata de una órbita abierta, en lugar de las constantes E y L conviene usar otras: la velocidad v_∞ y el *parámetro de impacto* b. La relación entre los dos pares es sencilla (recordar que ponemos el cero de energía potencial efectiva en el infinito, de manera que en infinito la energía es toda cinética):

$$E = \frac{1}{2}\mu v_\infty^2,$$
$$L = \mu b v_\infty.$$

Substituyendo en (3.29):

$$\phi_0 = \int_{r_{min}}^{\infty} \frac{\frac{\mu b v_\infty}{r^2} dr}{\sqrt{2\mu \frac{\mu v_\infty^2}{2} - \frac{\mu^2 b^2 v_\infty^2}{r^2} - 2\mu U}},$$

$$= \int_{r_{min}}^{\infty} \frac{\mu b v_\infty / r^2 \, dr}{\mu v_\infty \sqrt{1 - \frac{b^2}{r^2} - \frac{2U}{\mu v_\infty^2}}} \quad \text{(saqué } \mu^2 v_\infty^2 \text{ de la raíz)},$$

$$\Rightarrow \phi_0 = \int_{r_{min}}^{\infty} \frac{b/r^2 \, dr}{\sqrt{1 - \frac{b^2}{r^2} - \frac{2U}{\mu v_\infty^2}}}.$$

Si el potencial es $U(r) = k/r$ (k positivo o negativo):

$$\phi_0 = \int_{r_{min}}^{\infty} \frac{b/r^2 \, dr}{\sqrt{1 - \frac{b^2}{r^2} - \frac{2k}{\mu v_\infty^2}\frac{1}{r}}},$$

$$= \int_{r_{min}}^{\infty} \frac{b/r \, dr}{\sqrt{r^2 - b^2 - \frac{2k}{\mu v_\infty^2} r}}, \quad \text{(metí una } 1/r \text{ en la raíz)}$$

que puede integrarse (dentro de la raíz, $2/\mu v_\infty^2$ es $1/E$). Se obtiene:

$$\phi_0 = \text{acos} \frac{\frac{k}{\mu v_\infty^2 b}}{\sqrt{1 + \left(\frac{k}{\mu v_\infty^2 b}\right)^2}}.$$

Simplificamos un poco esta fórmula invirtiendo el coseno:

$$\cos \phi_0 = \frac{\kappa/b}{\sqrt{1 + (\kappa/b)^2}}, \tag{3.30}$$

con $\kappa := k/(\mu v_\infty^2) = k/(2T_\infty)$ (T_∞ es la energía cinética del proyectil en el infinito).

3.10. SCATTERING

Podemos reescribir (3.30) como una tangente para sacarnos de encima la raíz cuadrada. Notar que el $\cos\phi_0 = x/\sqrt{y^2 + x^2}$, así que $x = \kappa/b$ mientras $y = 1$. Es decir:

$$\tan\phi_0 = \frac{y}{x} = \frac{1}{\kappa/b} = \frac{b}{\kappa},$$

$$\Rightarrow b = \kappa \tan\phi_0.$$

Pero $\theta = \pi - 2\phi_0 \Rightarrow \phi_0 = \pi/2 - \theta/2$

$$\Rightarrow b = \kappa \tan\left(\frac{\pi}{2} - \frac{\theta}{2}\right) = \kappa \cot\frac{\theta}{2},$$

$$\boxed{\Rightarrow b = \kappa \cot\frac{\theta}{2},} \qquad (3.31)$$

que relaciona el parámetro de impacto con la energía del proyectil y el ángulo de scattering. (Ver la Fig. 3.29.)

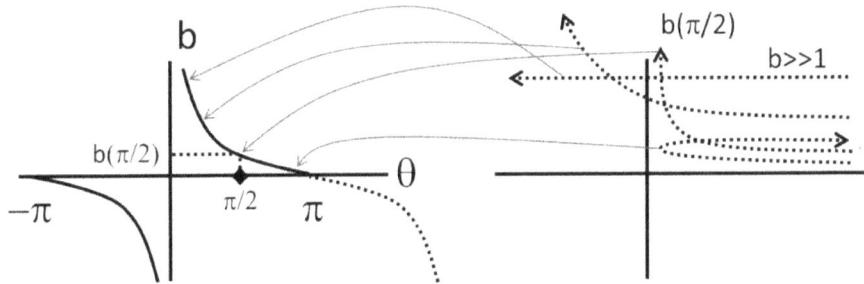

Figura 3.29: Relación entre el parámetro de impacto y el ángulo de scattering, y representación de las trayectorias para distintos valores de b y una misma energía del proyectil. Notar que hay rebotes hacia atrás cuando el parámetro de impacto es muy pequeño.

Sección eficaz

En experimentos de scattering, a diferencia de lo que ocurren en la Mecánica Celeste, uno no tiene un único proyectil sino un haz compuesto por muchos proyectiles, cada uno con un parámetro de impacto diferente. Por otro lado, desde un punto de vista experimental, el ángulo de scattering y el parámetro de impacto son dos cosas muy diferentes. Mientras el ángulo de scattering se mide fácilmente, el parámetro de impacto no se puede medir directamente, al menos en experimentos subatómicos. Así que la fórmula que recién encontramos, con todo su valor conceptual, no es del todo útil. Necesitamos hacerla encajar en una descripción de *cómo se deflecta un haz*. Esto se hace mediante uno de los conceptos fundamentales de la Teoría de Colisiones, la *sección eficaz*.

Supongamos que lanzamos un proyectil de tamaño despreciable hacia un blanco compuesto por esferas duras de radio R. Imaginemos el blanco visto de frente (como si fuéramos el proyectil). Vemos una parte del blanco ocupada por los blancos individuales. Si la densidad de blancos es uniforme, podemos imaginar a cada blanco ocupando un área $\sigma = \pi R^2$ en medio de un área A por donde el proyectil puede pasar libremente.

Si cuando lanzamos el proyectil no estamos seguros de por dónde va a ir, podemos escribir la probabilidad de que ocurra un evento de scattering (por cada blanco):

$$\text{prob. scattering} = \frac{\text{área ocupada}}{\text{área total}} = \frac{\sigma}{A}.$$

Si enviamos un haz de N_p proyectiles puntuales contra el área A, el número de eventos de scattering será el producto de esta cantidad,

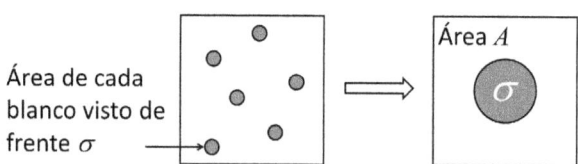

Figura 3.30: El blanco, compuesto por N_t esferas duras, visto de frente.

3.10. SCATTERING

por la probabilidad de scattering:

$$\# \text{ eventos de scattering} = N_{sc} = \frac{N_p \sigma}{A}. \qquad (3.32)$$

En general los proyectiles del haz no inciden todos a la vez, es decir que el proceso lleva un tiempo. Entonces mejor que contar eventos es usar un caudal (proyectiles por unidad de tiempo), o directamente un flujo (por unidad de área). Es decir, la sección eficaz queda definida como:

$$(3.32) \Rightarrow \boxed{\sigma = \frac{N_{sc}}{N_p/A} = \frac{N_{sc}/\Delta t}{N_p/(A\Delta t)} \equiv \frac{\# \text{ eventos por u.d.t.}}{\text{flujo de proyectiles}}}.$$

En un experimento, los eventos de scattering se miden (se *cuentan*), y de allí se deduce σ, la *sección eficaz de colisión*, que como vemos es el área efectiva de interacción del blanco con el proyectil.

Ésta es la piedra fundamental de la Teoría de Colisiones. Los físicos teóricos calculan σ usando un modelo del blanco y de la interacción, los físicos experimentales miden σ, y comparan los resultados. En general la interacción es más complicada, y es importante tener en cuenta el ángulo de scattering del proyectil.

Puesto que la sección eficaz es un área, tiene unidades de área, o sea metros cuadrados. Pero las secciones eficaces atómicas y subatómicas son demasiado chiquitas para expresarlas en metros cuadrados, de manera que se las mide en un submúltiplo que tiene más o menos la sección transversal de un núcleo atómico, llamado *barn*:

$$1 \text{ barn} = 10^{-28} \text{ m}^2.$$

Ejemplo: Camino libre medio

Usemos la sección eficaz para estudiar un problema físico interesante: el *camino libre medio* de una molécula en el aire. Las moléculas de N_2 y de O_2 son aproximadamente esferas de radio medio $R \approx 0.15$ nm. Queremos calcular la distancia promedio que una molécula viaja entre colisiones con otras moléculas. Es una cantidad importante en muchas propiedades físicas del aire: conductividad, viscosidad, coeficiente de difusión, etc.

La colisión de dos esferas es apenas más complicada que la de una partícula contra una esfera:

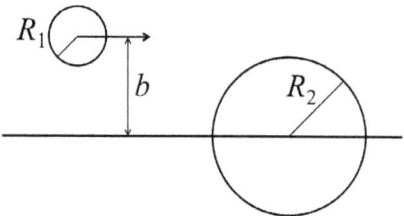

Las esferas chocan sólo si el parámetro de impacto $b \leq R_1 + R_2$, es decir, si el centro del proyectil pasa dentro de una esfera de radio $R_1 + R_2$ ubicada en el centro del blanco. Así que la sección eficaz es:

$$\sigma = \pi(R_1 + R_2)^2$$

que, si las dos esferas son iguales como las moléculas del aire, es $\sigma = 4\pi R^2$ (¡es la superficie de la esfera! lo cual nunca deja de asombrarme).

Supongamos, para simplificar, que todas las moléculas están quietas salvo una, que imaginamos como un proyectil impactando sobre las demás. En una rodaja de espesor dx perpendicular a la trayectoria de esta molécula hay una densidad de blancos (Fig. 3.31)

$$n_t = \frac{N_t}{V} dx.$$

Así que la probabilidad de colisión en esa rodaja es:

$$p_c = n_t \sigma = \frac{N_t \sigma}{V} dx.$$

Como no me interesa lo que le pasa a una molécula individual, sino en promedio, puedo repetir muchas veces esta observación y fijarme cuántos proyectiles llegan a x *sin chocar*. Después, entre x y $x + dx$ tienen una probabilidad de chocar que acabamos de calcular.

3.10. SCATTERING

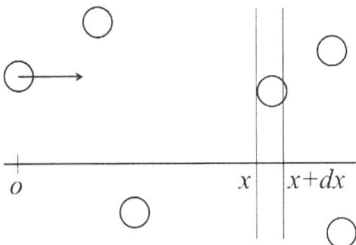

Figura 3.31: Scattering contra una densidad de blancos.

Entonces, la cantidad de moléculas que llegan a $x + dx$ sin chocar es la cantidad que llegaron a x menos las que chocaron en la rodaja de espesor dx:

$$N(x+dx) = N(x) - N(x)\frac{N_t \sigma}{V}dx.$$

Si divido por la cantidad de moléculas proyectiles que usé, tengo una ecuación para la *probabilidad de llegar a x sin chocar*, y luego chocar entre x y $x + dx$:

$$p(x+dx) = p(x) - p(x)\frac{N_t \sigma}{V}dx.$$

Si la rodaja es diferencial, ésta es una ecuación diferencial, que podemos acomodar convenientemente:

$$\frac{p(x+dx) - p(x)}{dx} = -p(x)\frac{N_t \sigma}{V},$$

$$\Rightarrow \frac{dp(x)}{dx} = -\frac{N_t \sigma}{V}p(x),$$

$$\Rightarrow p(x) = c\, e^{-\frac{N_t \sigma}{V}x},$$

donde c debe ser $\frac{N_t \sigma}{V}$ para que $p(x)$ esté normalizada en $(0, \infty)$ por ser una probabilidad.

El camino libre medio, ahora, no es más que el valor medio de x:

$$\lambda = \langle x \rangle = \int_0^\infty x\, p(x) = \int_0^\infty x \frac{N_t \sigma}{V} e^{-\frac{N_t \sigma}{V} x} dx = \frac{V}{N_t \sigma},$$

$$\Rightarrow \boxed{\lambda = \frac{V}{N_t 4\pi R^2}}.$$

Si queremos poner valores en esta expresión, sabemos que en 22.4 litros de aire hay un número de Avogadro de moléculas:

$$\lambda = \frac{22.4\, l}{N_{Av} 4\pi R^2} = \frac{22.4 \times 10^{-3} \mathrm{m}^3}{6.02 \times 10^{23}\, 4\pi(0.15 \times 10^{-9} \mathrm{m})^2},$$

$$= \frac{22.4 \times 10^{-3} \mathrm{m}^3}{6.02 \times 10^{23}\, 4\pi(1.5 \times 10^{-10} \mathrm{m})^2},$$

$$= \frac{22.4 \times 10^{-3} \mathrm{m}^3}{6.02 \times 4\pi 1.5^2 \times 10^{23}\, 10^{-20} \mathrm{m}^2},$$

$$= \frac{22.4 \times 10^{-3} \mathrm{m}}{6.02 \times 4\pi 1.5^2 \times 10^3} \approx 0.132 \times 10^{-6} \mathrm{m} \approx 130\ \mathrm{nm}.$$

Comparen si quieren este valor con la distancia intermolecular y con el tamaño de las moléculas (es más grande que ambas, lo cual es característico de un gas).

Otros procesos

En la física subatómica, además de resultar deflectado y salir en otra dirección, al proyectil le pueden ocurrir otras cosas. Por ejemplo, puede ser *capturado* por el blanco, como un neutrón en un núcleo o un electrón en un halógeno. Está claro que en la descripción que hicimos podemos poner "captura" en lugar de "scattering" y tendremos una "sección eficaz de captura" (pongamos n_p, con minúscula, para representar el número de proyectiles por unidad de área transversal a la dirección incidente, lo que llamábamos N_p/A):

$$\sigma_{cap} = N_{cap}/n_p.$$

3.10. SCATTERING

Y, por supuesto, las dos cosas pueden ocurrir juntas: parte del blanco puede ser absorbente y parte dispersor. Habrá entonces una sección eficaz total experimentada por el proyectil:

$$\sigma_{tot} = \sigma_{cap} + \sigma_{sc}.$$

También, un electrón al chocar contra un átomo podría arrancarle otro electrón y ionizarlo, y tendríamos:

$$\sigma_{ion} = N_{ion}/n_p.$$

o un neutrón podría chocar contra un núcleo de ^{235}U y fisionarlo, con lo cual tendríamos una σ_{fis}.

El scattering, por otro lado, podría ser elástico o inelástico, transfiriéndose parte de la energía cinética del proyectil a grados de libertad internos del blanco (vibraciones moleculares, por ejemplo), pudiéndose escribir $\sigma_{sc} = \sigma_{el} + \sigma_{inel}$.

Teniendo en cuenta que puedan ocurrir todos estos procesos, la sección eficaz total representa el área efectiva de interacción del proyectil contra el blanco de algún modo posible: $\sigma_{tot} = N_{tot}/n_p$.

Sección eficaz diferencial

Cuando definimos la sección eficaz contamos los eventos de dispersión independientemente de la dirección en la que salen dispersados los proyectiles:

$$N_{sc} = n_p \sigma.$$

Tendría mucho más sentido monitorear esas direcciones, ya que son accesibles en los experimentos. Para hacerlo se usa la *sección eficaz diferencial*.

Se acostumbra medir estos ángulos usando un sistema de coordenadas esféricas (Fig. 3.32), poniendo el eje z en la dirección de las partículas incidentes, usando los ángulos (θ, ϕ) para especificar la dirección.

Como estos ángulos forman un continuo, no tiene sentido contar proyectiles dispersados *exactamente* en la dirección (θ, ϕ). Además, los propios detectores tienen un tamaño finito. Así que lo que tiene

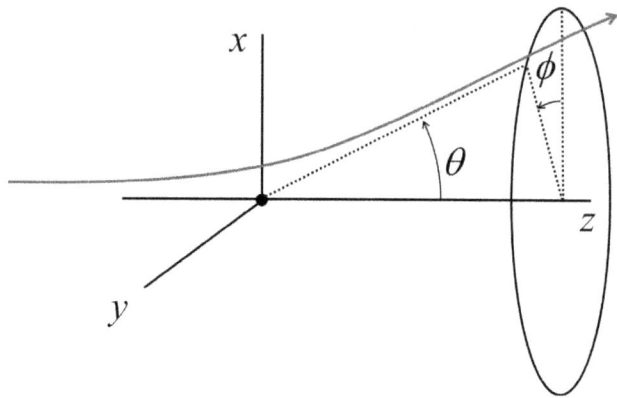

Figura 3.32: Sistema de coordenadas para el análisis de la sección eficaz diferencial.

sentido es contar los proyectiles dispersados en un conito más o menos estrecho alrededor de la dirección (θ, ϕ). Para caracterizar el tamaño de este cono se usan *ángulos sólidos*, que tal vez no todos Uds. conozcan, pero que no tienen ningún misterio.

Ángulos sólidos

Así como un ángulo plano ϕ (en radianes) es:

$$\phi = \frac{s}{r}$$

(notar que es independiente de r), el ángulo sólido Ω se define usando una esfera (ilustrada en la Fig. 3.33):

$$\Omega = \frac{A}{r^2}.$$

La unidad de ángulo sólido se llama *estereorradián* (sr). El ángulo sólido que abarca todas las direcciones tiene A cubriendo toda la esfera, así que:

$$\Omega = \frac{4\pi\, r^2}{r^2} \text{sr} = 4\pi\, \text{sr},$$

3.10. SCATTERING

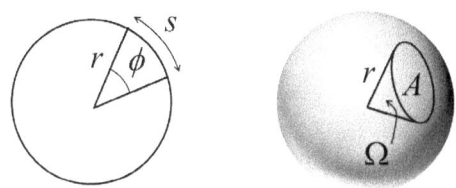

Figura 3.33: Ángulos planos y sólidos.

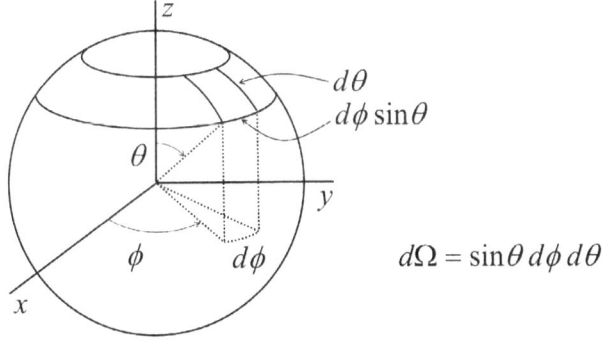

Figura 3.34: Ángulo sólido diferencial.

que es equivalente a los 2π radianes del círculo plano.

En la Fig. 3.33 dibujé un cono, pero el ángulo puede tener cualquier forma (algo que en los ángulos planos no puede ocurrir). Cuando uno necesita un diferencial de ángulo sólido (para integrar, por ejemplo) conviene que A sea un rectangulito esférico de lados $d\theta$ y $d\phi$ (a $r = 1$) (Fig. 3.34):

Ahora podemos contar los proyectiles dispersados dentro de un conito $d\Omega$ en alguna dirección:

$$dN_{sc} = n_p d\sigma,$$

donde $d\sigma$ es la sección eficaz del pedacito $d\Omega$. En general, esta sección diferencial dependerá de la dirección, así que podemos escribir:

$$dN_{sc} = n_p \frac{d\sigma}{d\Omega}(\theta, \phi)\, d\Omega.$$

La *sección eficaz diferencial* $d\sigma/d\Omega$ en general también depende de la dirección (θ, ϕ).

Como la totalidad de los proyectiles dispersados es la suma de los dispersados en cada dirección, la *sección eficaz total* se obtiene de la diferencial integrando en todas las direcciones:

$$\sigma = \int \frac{d\sigma}{d\Omega} d\Omega = \int_0^\pi \sin\theta\, d\theta \int_0^{2\pi} \frac{d\sigma}{d\Omega}(\theta, \phi)\, d\phi.$$

Sección eficaz de scattering

Veamos un ejemplo manejable donde podamos calcular la sección eficaz diferencial de un fenómeno de scattering de partículas, usando una interacción central entre el proyectil y el blanco.

Supongamos un haz de N_p partículas iguales, todas incidiendo sobre el centro de scattering con la misma velocidad v_∞, pero con distintos parámetros de impacto. Cada una se deflecta un ángulo θ ligeramente distinto (según la fórmula (3.31)).

Sea dN el número de proyectiles dispersados entre θ y $\theta + d\theta$ por unidad de tiempo. Este número depende de la *intensidad* del haz, así que lo dividimos por n_p, el número de proyectiles que tenemos por unidad de área transversal a la dirección del haz (que es una medida de la intensidad), por unidad de tiempo. El cociente es la sección eficaz:

$$sd\sigma = \frac{dN}{n_p}.$$

Vamos a tratar de encontrar cómo depende esta sección eficaz, del ángulo de scattering.

Supongamos que la relación entre b y θ es biunívoca, del tipo de la se muestra en la Fig. 3.35 (es decir, los proyectiles no hacen piruetas alrededor del blanco, cosa que podría ocurrir...). En este caso, el número de partículas dispersadas, dN, en el anillo de la

3.10. SCATTERING

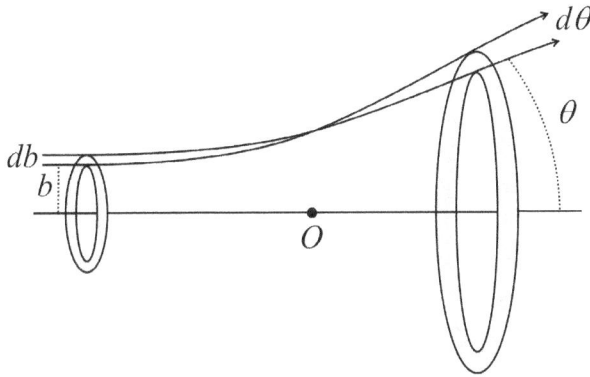

Figura 3.35: Geometría del scattering de un haz de partículas en un centro de fuerzas.

derecha (ver de nuevo la Fig. 3.35) es el mismo que en el anillo incidente:

$$dN = 2\pi \, b \, db \, n_p,$$
$$\Rightarrow d\sigma = 2\pi \, b \, db.$$

Y para hacer explícita la dependencia angular hacemos $b = b(\theta)$:

$$d\sigma = 2\pi \, b(\theta) \left| \frac{db}{d\theta} \right| d\theta,$$

donde pusimos valor absoluto porque la derivada puede ser negativa.

En lugar de usar ángulos planos θ, como los detectores ocupan un ángulo sólido, tenemos que usar elementos de ángulo sólido en esta fórmula. El ángulo sólido comprendido entre los conos con aberturas θ y $\theta + d\theta$ es:

$$d\Omega = 2\pi \sin\theta d\theta,$$

(el 2π viene de integrar en ϕ). Así que, finalmente:

$$d\sigma = \frac{b(\theta)}{\sin\theta} \left| \frac{db}{d\theta} \right| d\Omega$$

$$\Rightarrow \boxed{\frac{d\sigma}{d\Omega} = \frac{b(\theta)}{\sin\theta}\left|\frac{db}{d\theta}\right|}$$

que es la *sección eficaz diferencial*.

La fórmula de Rutherford

Ahora podemos juntar las dos cosas, y calcular la sección diferencial de scattering en un potencial coulombiano. Teníamos (3.31):

$$b(\theta) = \kappa \cot(\theta/2),$$

$$\Rightarrow \frac{db}{d\theta} = -\frac{\kappa}{2}\frac{1}{\sin^2(\theta/2)},$$

$$\Rightarrow \frac{d\sigma}{d\Omega} = +\frac{\kappa\cot(\theta/2)}{\sin\theta}\frac{\kappa}{2}\frac{1}{\sin^2(\theta/2)},$$

$$= \frac{\kappa^2}{2}\frac{\cos(\theta/2)}{\sin\theta\sin^3(\theta/2)},$$

donde usamos que $\cot = \cos/\sin$. Y ahora usamos la fórmula $\sin\theta = 2\sin(\theta/2)\cos(\theta/2)$:

$$\boxed{\frac{d\sigma}{d\Omega} = \frac{\kappa^2}{4}\frac{1}{\sin^4(\theta/2)},}$$

la famosa *fórmula de Rutherford*. Notar que es independiente del signo de κ. Rutherford, "el más grande físico experimental desde Faraday", llegó a este resultado en 1911, cuando tenía 40 años y ya había ganado el Premio Nobel.

En el experimento de Geiger (alemán) y Marsden (neocelandés como Rutherford), realizado en Manchester en 1909, el detector era una pantallita de sulfuro de zinc de 1 mm^2 que miraban por un microscopio. Podían moverla entre $5°$ y $105°$ en θ.[21] Los senos a la cuarta dan como se ve en la Fig. 3.36.

---

[21]Compárese aquel dispositivo con el detector del experimento ATLAS del LHC: 46 m de largo, 25 de diámetro, 7000 toneladas y 3000 km de cables, involucrando 3000 físicos de 175 instituciones en 38 países.

3.10. SCATTERING   161

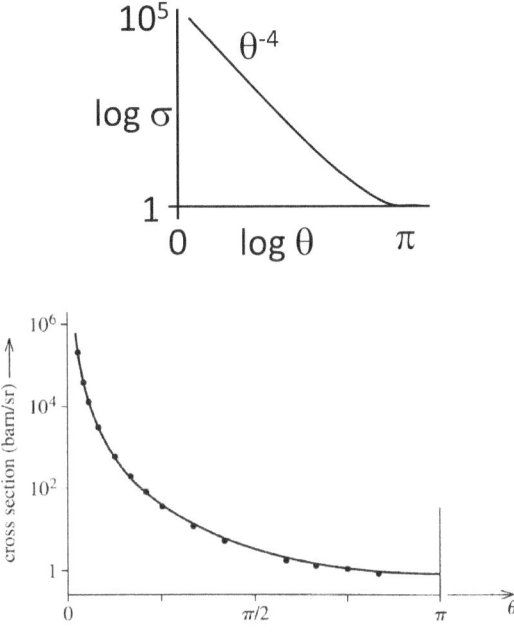

Figura 3.36: Sección eficaz observada en el experimento de Geiger y Marsden.

Así que si medían del orden de 1 por segundo, a 5° tenían que contar aproximadamente 200 mil destellos por minuto: imposible. Así que lo que hacían era cambiar la intensidad del haz. Rutherford fue quien les dijo a sus estudiantes que buscaran deflexiones de ángulo grande, que no eran esperadas por los modelos de átomo existentes (que no tenían centros de fuerza dispersores sino un continuo tipo "budín inglés con pasas"). A pesar de haber sugerido la observación, Rutherford quedó sorprendidísimo cuando sus alumnos vinieron a contarle que habían observado deflexiones de más de 90°. Dijo que era como tirar cañonazos contra papel higiénico y que algunas balas rebotaran. Le llevó un par de años hacer el cálculo, durante los cuales Geiger y Marsden mejoraron el experimento. Lo publicó en 1911, con la forma funcional de la dependencia angular tal como lo hemos visto. En 1913 Geiger y Marsden usaron un nuevo aparato para medir con mucha precisión hasta ángulos de 150°, y les dio perfecto lo que precedía el modelo.

En la fórmula de Rutherford la constante del potencial aparece al cuadrado, así que la fórmula funciona exactamente igual tanto para potenciales repulsivos como atractivos. Da lo mismo tirar partículas α contra una lámina de oro como corchos de sidra a la Luna en Año Nuevo. De hecho, el propio Rutherford contempló la posibilidad de que la carga central del átomo fuera negativa, una idea que hoy en día suena rarísima.

La sección eficaz en distintos sistemas de referencia

En toda esta discusión hemos imaginado el scattering en el sistema del CM (la fórmula (3.28), por ejemplo, que usamos para obtener la relación entre el ángulo de scattering y el parámetro de impacto (3.31)). Es decir, la sección eficaz que calculamos vale para la partícula de masa reducida μ impactando sobre el centro de fuerzas. Si la partícula blanco es mucho más pesada que el proyectil, y si está quieta en el laboratorio, entonces el CM coincide con el blanco y el SCM coincide con el SL. Pero en general no es así, y es necesario plantearse cómo transformar los resultados del SCM al SL. En particular, queremos encontrar una relación entre $(d\sigma/d\Omega)_{cm}$ y $(d\sigma/d\Omega)_l$.

Empecemos con la sección eficaz total. Teníamos la definición:

$$N_{sc} = n_p\,\sigma.$$

La misma definición puede usarse en cualquier sistema, así que tenemos:

$$N_{sc}^{cm} = n_p^{cm}\,\sigma_{cm},$$
$$N_{sc}^{l} = n_p^{l}\,\sigma_{l}.$$

Ahora bien, aunque cada evento de scattering individual puede verse distinto en uno u otro sistema, el número total de eventos es el

3.10. SCATTERING

mismo, es decir:
$$N_{sc}^{cm} = N_{sc}^{l}.$$

El número de proyectiles también es el mismo en los dos sistemas:
$$n_p^{cm} = n_p^{l}.$$

En tal caso, las secciones eficaces totales también deben ser iguales:
$$\Rightarrow \sigma_{cm} = \sigma_l.$$

Con la sección eficaz diferencial el análisis es más sutil, porque en general el ángulo de scattering será distinto en los dos sistemas, $\theta_{cm} \neq \theta_l$, y también el $d\Omega$, como veremos de inmediato. Pero la definición sí puede usarse en los dos sistemas:
$$N_{sc}(\in d\Omega) = n_p \frac{d\sigma}{d\Omega} d\Omega.$$

Igual que antes, n_p es igual en los dos sistemas. Pero además el número de eventos de scattering dentro de cierto ángulo sólido visto en el SL es el mismo que el visto en el correspondiente ángulo sólido del otro sistema (lo que es distinto es el ángulo sólido y el ángulo de scattering). En definitiva, como antes, tenemos:
$$\left(\frac{d\sigma}{d\Omega}\right)_{cm} d\Omega_{cm} = \left(\frac{d\sigma}{d\Omega}\right)_{l} d\Omega_{l},$$
$$\Rightarrow \left(\frac{d\sigma}{d\Omega}\right)_{l} = \left(\frac{d\sigma}{d\Omega}\right)_{cm} \frac{d\Omega_{cm}}{d\Omega_{l}}.$$

O sea: para encontrar la relación entre las secciones eficaces diferenciales en el SL y el SCM tenemos que encontrar la transformación de los ángulos sólidos correspondientes a los mismos eventos de scattering.

Podemos avanzar un poquito más aprovechando la simetría de las fuerzas centrales, ya que en:
$$d\Omega = \sin\theta\, d\theta\, d\phi = -d(\cos\theta)\, d\phi,$$

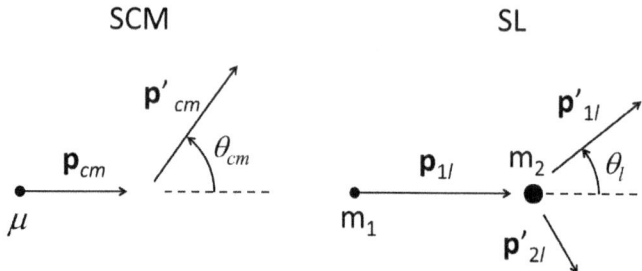

Figura 3.37: Momentos lineales en un problema de scattering, en los sistemas del CM y del laboratorio.

el ángulo azimutal ϕ (alrededor del eje de incidencia) es el mismo en los dos sistemas. Nos queda sólo la dependencia en θ:

$$\left(\frac{d\sigma}{d\Omega}\right)_l = \left(\frac{d\sigma}{d\Omega}\right)_{cm} \left|\frac{d(\cos\theta_{cm})}{d(\cos\theta_l)}\right|,$$

(el módulo es para evitar algún signo negativo en esa derivada, ya que la sección diferencial se define positiva). Ahora tenemos que encontrar cómo se relacionan θ_{cm} y θ_l. Y para encontrar esta relación podemos recurrir a los momentos lineales en los dos sistemas, que son fáciles de calcular (Fig. 3.37).

En el sistema del centro de masa tenemos que la partícula de masa reducida se acerca al centro de masa con momento $\mathbf{p}_{cm}$ y se aleja con momento $\mathbf{p}'_{cm}$ desviado un ángulo θ_{cm}. Los módulos de éstos son iguales porque el problema es conservativo: $|\mathbf{p}_{cm}| = |\mathbf{p}'_{cm}| = p$.

Supongamos que en el laboratorio la partícula 2 está quieta. Usamos las expresiones que ya conocemos para las coordenadas en los dos sistemas. Empiezo por la partícula 2 que voy a escribir menos:

$$\mathbf{r}_2 = \mathbf{R} - \frac{m_1}{M}\mathbf{r} \Rightarrow \dot{\mathbf{R}} = \frac{m_1}{M}\dot{\mathbf{r}} = \frac{m_1 m_2}{M m_2}\dot{\mathbf{r}} = \frac{\mu}{m_2}\dot{\mathbf{r}} = \frac{p}{m_2}. \quad (3.33)$$

3.10. SCATTERING

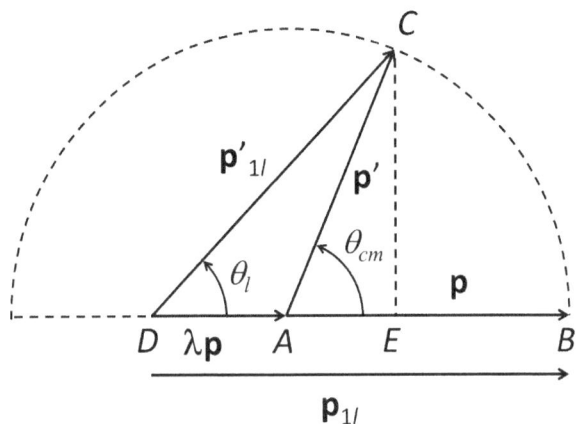

Figura 3.38: Relación entre el sistema del CM y el del laboratorio en un problema de scattering.

Para la partícula 1:

$$\mathbf{r}_1 = \mathbf{R} + \frac{m_2}{M}\mathbf{r} \Rightarrow \mathbf{p}_{1l} = m_1\dot{\mathbf{r}}_1 = m_1\dot{\mathbf{R}} + \frac{m_1 m_2}{M}\dot{\mathbf{r}} = m_1\dot{\mathbf{R}} + \mu\dot{\mathbf{r}},$$
$$= \frac{m_1}{m_2}\mathbf{p} + \mathbf{p} \quad \text{(usando (3.33))},$$
$$= \boxed{\lambda\mathbf{p} + \mathbf{p} = \mathbf{p}_{1l},} \tag{3.34}$$

donde hemos definido $\lambda = m_1/m_2$, el cociente entre las masas.

De modo similar, después del scattering:

$$\mathbf{p}'_{1l} = m_1\dot{\mathbf{R}}' + \mu\dot{\mathbf{r}}',$$
$$= m_1\dot{\mathbf{R}} + \mathbf{p}' \quad \text{(ya que } \dot{\mathbf{R}} \text{ no cambia en el choque)},$$
$$= \boxed{\lambda\mathbf{p} + \mathbf{p}' = \mathbf{p}'_{1l},} \tag{3.35}$$

que es muuuy parecida a (3.34) pero no igual.

Todo esto puede interpretarse más fácil en el diagrama de la fig. 3.38. Interpretemos un poco este gráfico. En primer lugar, ponemos **p** y **p**′ como radios de un círculo, separados por el ángulo θ_{cm}.

En segundo lugar, acomodamos λ**p** que es un vector proporcional a **p** (puede ser más corto o más largo, pero siempre alineado con **p**). Sumado a **p** nos da **p**$_{1l}$ (Ec. (3.34)). Y sumado a **p**′ nos da **p**′$_{1l}$ (Ec. (3.35)). Así que el ángulo de scattering en el SL es el que queda formado entre **p**$_{1l}$ y **p**′$_{1l}$.

Trazando una vertical desde el punto C podemos escribir:

$$\boxed{\tan\theta_l = \frac{\sin\theta_{cm}}{\lambda + \cos\theta_{cm}}.}$$

Demostración:

$$\tan\theta_l = \frac{CE}{DE}, \quad \sin\theta_{cm} = \frac{CE}{p},$$

$$\Rightarrow \tan\theta_l = \frac{p\sin\theta_{cm}}{DE} = \frac{p\sin\theta_{cm}}{\lambda p + p\cos\theta_{cm}} = \frac{\sin\theta_{cm}}{\lambda + \cos\theta_{cm}}.$$

Podemos ver que si los blancos son mucho más pesados que los proyectiles, estos dos ángulos son casi iguales:

$$m_1 \ll m_2 \Rightarrow \lambda \approx 0 \Rightarrow \tan\theta_l \approx \tan\theta_{cm} \Rightarrow \theta_l \approx \theta_{cm}.$$

Si las masas son iguales la relación también es sencilla:

$$\lambda = 1 \Rightarrow \tan\theta_l = \frac{\sin\theta_{cm}}{1 + \cos\theta_{cm}} = \tan\frac{\theta_{cm}}{2} \Rightarrow \theta_l = \tfrac{1}{2}\theta_{cm}.$$

En particular, como el máximo valor de $\theta_{cm} = 180°$, vemos que si las masas son iguales, en el sistema del laboratorio no puede haber scattering "hacia atrás" ($\theta_l \ngtr 90°$). Pero para otros valores de λ la relación es menos trivial (ver Fig. 3.39, hecha con $\lambda = 1/2$).

Ahora podemos usar esta relación para volver a la relación entre las secciones eficaces. Derivo (¡en Mathematica!):

$$\frac{d(\cos\theta_l)}{d(\cos\theta_{cm})} = \frac{1 + \lambda\cos\theta_{cm}}{(1 + 2\lambda\cos\theta_{cm} + \lambda^2)^{3/2}},$$

3.10. SCATTERING

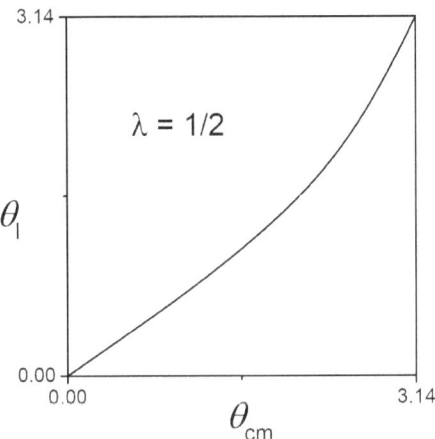

Figura 3.39: Relación entre los ángulos de scattering en los dos sistemas de refecencia.

$$\Rightarrow \left(\frac{d\sigma}{d\Omega}\right)_l = \left(\frac{d\sigma}{d\Omega}\right)_{cm} \frac{(1 + 2\lambda \cos\theta_{cm} + \lambda^2)^{3/2}}{|1 + \lambda \cos\theta_{cm}|}.$$

Los detalles dependen de un montón de cosas. Por ejemplo, para una colisión entre esferas duras de radio a y $\lambda = 1/2$, tendríamos:

$$\left(\frac{d\sigma}{d\Omega}\right)_{cm} = \frac{a^2}{4} \Rightarrow \left(\frac{d\sigma}{d\Omega}\right)_l,$$

que es como se ve en la Fig. 3.40.

Vemos que, si bien en el sistema del centro de masa la sección eficaz es isótropa, en el sistema del laboratorio el scattering está muy "amontonado hacia adelante".

Sobre Rutherford

Rutherford, curiosamente, no figura como autor de los trabajos de Geiger y Marsden. Es increíble que no les hayan dado un premio Nobel a los tres por el descubrimiento nada menos que de la estructura del átomo, que desencadenó finalmente la revolución cuántica.

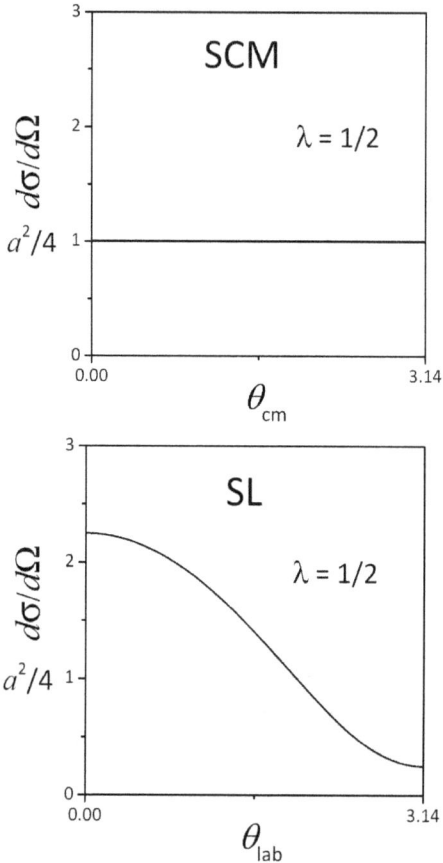

Figura 3.40: La sección eficaz en el sistema del CM y en el laboratorio.

Rutherford era una persona extremadamente generosa, si bien manejaba su laboratorio un poco despóticamente. Ya había ganado el Premio Nobel de Química en 1908, por la química de las substancias radiactivas: fue la primera persona en transmutar un elemento químico en otro (N en O), el sueño de los alquimistas. En estos trabajos descubrió y le puso nombre al protón (por William Prout). Es el único científico que hizo sus mayores contribuciones *después* de ganar el premio.

3.10. SCATTERING

Durante 1912 los visitó en Manchester Niels Bohr, quien inspirado por el descubrimiento desarrolló y publicó al año siguiente (1913) los tres famosos trabajos con su modelo atómico con las órbitas electrónicas cuantificadas, que le valieron el premio Nobel de 1922. En 1919 Rutherford se mudó a Cambridge, donde en su laboratorio se obtuvieron varios premios Nobel más, incluyendo el de Chadwick (1935) por el descubrimiento del neutrón en 1932, también una idea de Rutherford que quedó en el anonimato. Y lo mismo en el trabajo de John Cockcroft (1951), descubridor de la fisión nuclear en 1932. Alentó también a Patrick Blackett en el desarrollo de la cámara de niebla, que lo llevaría a ganar el premio Nobel en 1948 y a descubrir el positrón y la antimateria junto con Beppo Occhialini, también en 1932, el "año milagroso" del Laboratorio Cavendish.

Su estudiante favorito fue Pyotr Kapitza (premio Nobel 1978), de quien al principio sospechaba porque venía de Rusia. Le dijo que no toleraría propaganda comunista en su Laboratorio. Kapitza fundó un club muy exitoso, el Club Kapitza, con el propósito de romper el hielo entre los estudiantes y los profesores británicos. También fue él quien le puso de sobrenombre *Cocodrilo*, un nombre que se hizo famoso. No sé si en NZ hay cocodrilos, pero para el ruso un cocodrilo y un neocelandés eran igualmente exóticos. Terminaron siendo grandes amigos.

Rutherford murió en 1937 a los 66 años de edad, a consecuencia de una hernia abdominal que se demoró en ser operada, porque Rutherford era Lord y no podía ser operado por un cirujano cualquiera de Cambridge. Cuando llegó un Lord Cirujano de Londres, ya era tarde. Increíble.[22]

Rutherford solía decir: "La ciencia es, o Física, o coleccionar estampillas". Eran tiempos más simples, y menos políticamente correctos.

---

[22]James Posckett, Sept. 2011, Physics World.

CAPÍTULO 4

OSCILACIONES

MUCHOS SISTEMAS NATURALES y construcciones artificiales tienden a alcanzar posiciones de equilibrio estable. Al perturbar estos sistemas (ya sea por interacción con el medio en que se encuentran, o como parte de su mecanismo), su evolución realiza pequeñas oscilaciones alrededor del equilibrio. La existencia de fuerzas disipativas puede hacer que se vuelva a alcanzar la posición de equilibrio, y la de permanentes perturbaciones que se mantenga viva la oscilación. Del juego mutuo entre los tres ingredientes: un mínimo local del potencial, la disipación, y la excitación, pueden surgir dinámicas extremadamente complicadas que veremos hacia el final del curso.

Esta situación que hemos descripto de manera abstracta es tan general y tan común en la ciencia y en la ingeniería que es importante estudiar la herramienta fundamental de su análisis.

En primer lugar repasaremos la dinámica de los sistemas oscilatorios de 1 grado de libertad, y luego desarrollaremos la poderosa *teoría de pequeñas oscilaciones* en la proximidad de un equilibrio para sistemas con un número arbitrario de grados de libertad.

4.1 El oscilador armónico

Hace 300 años Robert Hooke[1] descubrió que una masa sujeta al extremo de un resorte experimentaba una fuerza:

$$F(x) = -k\,x$$

en la dirección del resorte, donde x es el desplazamiento desde la posición de equilibrio y k es una constante positiva. De manera equivalente, podemos decir que el potencial del cual se deriva esta fuerza es:

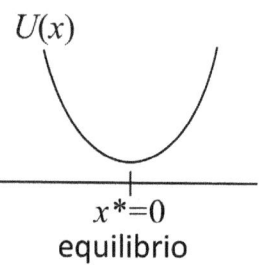

$$U(x) = \tfrac{1}{2} k\, x^2,$$

que es una parábola con un mínimo en la posición de equilibrio $x^* = 0$.

Imaginemos un sistema arbitrario, conservativo y unidimensional, caracterizado por un potencial $U(q)$ de cualquier forma. Supongamos que $U(q)$ tiene un equilibrio q_0.

En la proximidad de q_0, si $U(q)$ se comporta de manera no patológica, podemos desarrollar el potencial en serie de Taylor:

$$U(q) = U(q_0) + U'(q_0)\, x + \tfrac{1}{2} U''(q_0)\, x^2 + \cdots$$

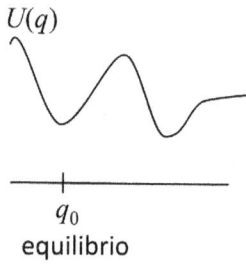

donde $x = q - q_0$. Mientras x no sea muy grande nos podemos quedar con estos tres términos. ¿Por qué tres? ¿Por qué no uno o dos?

---

[1] Robert Hooke (1635–1703), científico y arquitecto inglés, con una extraordinaria destreza experimental. Además de la ley del resorte, que le permitió inventar la balanza que tenemos en el baño, inventó el microscopio y la palabra *célula*, el diafragma de iris de las cámaras fotográficas, el mecanismo de escape de los relojes de péndulo y mucho más, peleándose además con todos los científicos ingleses acusándolos de que le robaban las ideas. Especialmente con Newton, con quien tuvo una gran enemistad toda la vida.

4.1. EL OSCILADOR ARMÓNICO

Porque el primero, $U(q_0)$, es una constante. Y una constante en el potencial no nos dice nada; de hecho, podemos ignorarla. El segundo término es lineal en x: $U'(q_0)\,x$. Pero si q_0 es un mínimo, $U'(q_0) = 0$, así que el segundo término se anula para cualquier desplazamiento, a todo tiempo. Sólo nos queda:

$$\boxed{U(x) \approx \tfrac{1}{2} U''(q_0)\,x^2,}$$

que tiene precisamente la forma del potencial elástico de la Ley de Hooke. Así que el potencial cuadrático y la dinámica asociada no es apenas una curiosidad que tiene que ver con los resortes, sino que es la dinámica más general en la proximidad de un equilibrio estable de (casi) cualquier sistema. Es difícil exagerar la importancia que tiene en la Física este sistema, llamado *oscilador armónico*, así que empecemos de una buena vez.

El lagrangiano correspondiente es:

$$\mathcal{L}(x, \dot{x}) = \tfrac{1}{2} m\,\dot{x}^2 - \tfrac{1}{2} k\,x^2,$$

donde $k = \left.\frac{d^2 U}{dx^2}\right|_{x=x_0=0} > 0$ por ser un mínimo.

La ecuación de movimiento es:

$$\left.\begin{array}{l} \dfrac{\partial \mathcal{L}}{\partial x} = -kx \\[6pt] \dfrac{\partial \mathcal{L}}{\partial \dot{x}} = m\dot{x} \xrightarrow{d/dt} m\ddot{x} \end{array}\right\} \boxed{m\ddot{x} + k\,x = 0.} \qquad (4.1)$$

Ésta es una ecuación diferencial de segundo orden, lineal, homogénea y con coeficientes constantes. Así que tiene ¿cuántas soluciones independientes? Dos. Las soluciones pueden encontrarse de distintas maneras. Una de las más fáciles es hacer una *propuesta de una solución exponencial*:

$$\boxed{x(t) = C\,e^{\lambda t},}$$

con λ y C a determinar (notar que λ tiene unidades de frecuencia). La metemos en la ecuación (4.1) fácilmente:

$$m\lambda^2 \cancel{C e^{\lambda t}} + k \cancel{C e^{\lambda t}} = 0,$$

$$\Rightarrow m\lambda^2 + k = 0 \Rightarrow \lambda^2 = -\frac{k}{m},$$

$$\Rightarrow \lambda = \pm i \sqrt{\frac{k}{m}} := \pm i \, \omega_0,$$

donde hemos definido la *frecuencia natural* del oscilador, $\omega_0 = \sqrt{k/m}$.

Hay dos soluciones, entonces: las dos exponenciales imaginarias: $e^{+i\omega_0 t}$ y $e^{-i\omega_0 t}$, ambas con la misma frecuencia. La solución general de la ecuación (4.1) es una combinación lineal de ellas (a veces llamada "superposición"):

$$\boxed{x(t) = C_1 e^{+i\omega_0 t} + C_2 e^{-i\omega_0 t}.} \qquad (4.2)$$

Como $x(t)$ es real, y las soluciones que encontramos son complejas, las constantes C_1 y C_2 hay que elegirlas para que la combinación sea real.[2]

Si uno quiere una solución que sea explícitamente real puede usar la relación:[3] $e^{\pm i\omega_0 t} = \cos \omega_0 t \pm i \sin \omega_0 t$:

$$\Rightarrow x(t) = (C_1 + C_2) \cos \omega_0 t + i(C_1 - C_2) \sin \omega_0 t,$$

$$\Rightarrow \boxed{x(t) = B_1 \cos \omega_0 t + B_2 \sin \omega_0 t.} \qquad (4.3)$$

Aquí las funciones seno y coseno son reales, así que B_1 y B_2 seguro que también. De hecho, es fácil ver que B_1 es la posición inicial y que $\omega_0 B_2$ es la velocidad inicial. Cada una de las soluciones es periódica, de período $2\pi/\omega_0$, así que la superposición también lo es.

---

[2]Las obtenemos de las condiciones iniciales: $C_1 = \frac{x_0}{2} - i\frac{v_0}{2\omega_0}$, $C_2 = \frac{x_0}{2} + i\frac{v_0}{2\omega_0}$.

[3]De Euler, cuándo no.

4.1. EL OSCILADOR ARMÓNICO

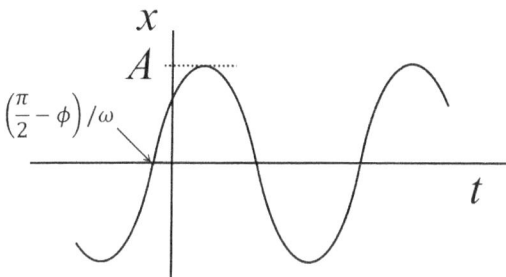

Figura 4.1: Oscilación armónica con una fase inicial.

Podemos reescribir (4.3) con una "fase inicial" definiendo: $A = \sqrt{B_1^2 + B_2^2}$

$$x(t) = A\left(\frac{B_1}{A}\cos\omega_0 t + \frac{B_2}{A}\sin\omega_0 t\right),$$
$$\Rightarrow\quad = A(\cos\phi\cos\omega_0 t + \sin\phi\sin\omega_0 t),$$
$$\boxed{x(t) = A\cos(\omega_0 t - \phi).} \tag{4.4}$$

Las formas (4.2), (4.3) y (4.4) son formas alternativas de la solución general del oscilador armónico. Cada una de ellas tiene dos constantes de integración, que quedan determinadas en cada caso particular por las condiciones iniciales $x(0)$ y $\dot{x}(0)$. La forma exponencial (4.2) es tal vez la más cómoda para manipular algebraicamente, por las bondades de la exponencial. Y la forma (4.4), con una *amplitud* y una *fase inicial* es la más fácil de visualizar (Fig. 4.1).

El rol de las funciones armónicas en la solución es la razón del nombre: es el oscilador cuyo movimiento es armónico.

Hay una forma adicional, también muy útil, de escribir la solución. Cuando escribimos (4.3) relacionamos los coeficientes con los de (4.2) así:

$$\begin{cases} B_1 = C_1 + C_2 \\ B_2 = i(C_1 - C_2) \end{cases} \Rightarrow \begin{cases} B_1 = C_1 + C_2 \\ i B_2 = i^2(C_1 - C_2) = -(C_1 - C_2) \end{cases}$$

176   CAPÍTULO 4. OSCILACIONES

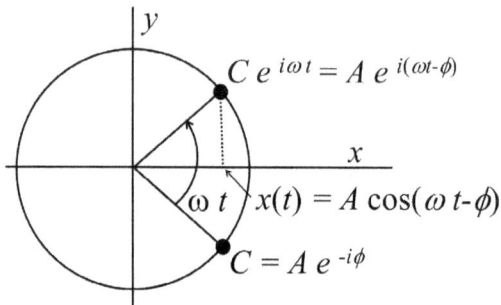

Figura 4.2: Representación de la oscilación armónica en el plano complejo.

$$\Rightarrow \begin{cases} B_1 = C_1 + C_2 \\ i\,B_2 = -C_1 + C_2 \end{cases} \Rightarrow \begin{cases} C_1 = \frac{1}{2}(B_1 - i\,B_2) \\ C_2 = \frac{1}{2}(B_1 + i\,B_2) \end{cases}$$

donde vemos que $C_2 = C_1^*$, son complejos conjugados. Así que:

$$(4.2) \Rightarrow x(t) = C_1 e^{i\omega_0 t} + C_1^* e^{-i\omega_0 t}$$
$$\Rightarrow x(t) = 2\,\mathrm{Re}\, C_1 e^{i\omega_0 t}$$
$$:= \mathrm{Re}\, \underbrace{C}_{2C_1 = B_1 - iB_2 = Ae^{-i\phi}} e^{i\omega_0 t}$$

$$\Rightarrow \boxed{x(t) = \mathrm{Re}\, A\, e^{i(\omega_0 t - \phi)}}, \qquad (4.5)$$

que es una forma exponencial también fácil de visualizar como un número complejo girando con velocidad angular ω_0 (Fig. 4.2).

4.2 Oscilador armónico amortiguado

Supongamos que además de la fuerza conservativa dada por $U(x)$ existe una fuerza disipativa proporcional a la velocidad: $-\gamma \dot{x}$. La ecuación de movimiento tiene un término más:

$$(4.1) \Rightarrow \boxed{m\ddot{x} + \gamma\dot{x} + kx = 0.}$$

(¡La misma ecuación aparece en el estudio de un circuito eléctrico LRC!) También es lineal y de segundo orden, homogénea y con coeficientes constantes. Así que las soluciones independientes pueden encontrarse de la misma manera que antes: haciendo una propuesta de solución exponencial: $x(t) = e^{\lambda t}$.

Ejercicio: ¡hacerlo! (o revisarlo en los libros, es instructivo).

Existen muchos más detalles interesantes, algunos de los cuales son familiares de los cursos de Física I: oscilaciones forzadas, resonancia, solución en serie de Fourier, oscilaciones no lineales... Aquí pasaremos a ocuparnos de los sistemas de osciladores armónicos acoplados.

4.3 Osciladores acoplados

Pasemos entonces a considerar las oscilaciones simultáneas de varios cuerpos en interacción. Si existe una configuración de equilibrio, con los mismos argumentos que antes podemos decir que, si el movimiento se mantiene acotado en la proximidad del equilibrio, la situación puede aproximarse por un sistema de cuerpos conectados por resortes. Se trata de un modelo extremadamente poderoso: ¿moléculas? átomos conectados por resortes; ¿materia sólida? átomos conectados por resortes; etcétera...). Las soluciones que vamos a encontrar, naturalmente, serán oscilaciones: varias oscilaciones superpuestas y simultáneas, cada una caracterizada por su propia frecuencia. ¿Cuáles serán esas frecuencias? ¿Serán las frecuencias naturales de cada resorte? Eso ocurriría si los resortes no estuvieran acoplados:

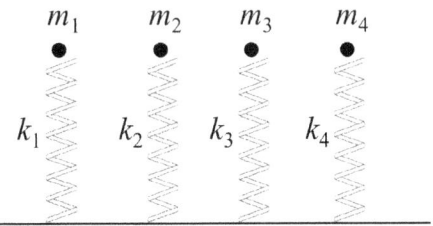

¿Pero si están acoplados? ¡Ah...!

Antes de ver una fórmula general con n grados de libertad y cualquier potencial, empecemos con un ejemplo de este tipo.

Cadena lineal de dos masas

Consideremos dos masas conectadas por resortes, entre sí y a dos puntos fijos, formando una *cadena lineal*. Supongamos que los desplazamientos son sólo longitudinales.

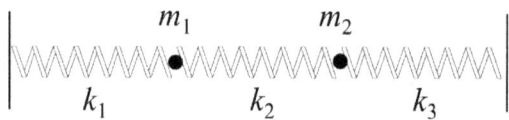

Elijamos como coordenadas generalizadas los desplazamientos a partir de la posición de equilibrio. (No hay diferencia si la distancia entre las paredes es igual a la suma de las longitudes naturales, o si los resortes están comprimidos o estirados. El equilibrio está en algún lugar en el medio, y las ecuaciones son las mismas. ¡Ejercicio!)

La energía cinética es:

$$T = \tfrac{1}{2}m_1\dot{x}_1^2 + \tfrac{1}{2}m_2\dot{x}_2^2.$$

La energía potencial tiene tres términos: uno correspondiente a cada resorte, ya que son los únicos que producen fuerzas netas sobre las masas.

$$U = \tfrac{1}{2}k_1 x_1^2 + \tfrac{1}{2}k_3 x_2^2 + \tfrac{1}{2}k_2(x_2 - x_1)^2. \tag{4.6}$$

Así que el lagrangiano es:

$$\mathcal{L} = \tfrac{1}{2}m_1\dot{x}_1^2 + \tfrac{1}{2}m_2\dot{x}_2^2 - \tfrac{1}{2}k_1 x_1^2 - \tfrac{1}{2}k_3 x_2^2 - \tfrac{1}{2}k_2(x_2 - x_1)^2.$$

Desarrollo el cuadrado $(x_2 - x_1)^2$ y reacomodo los términos:

$$\begin{aligned}\mathcal{L} &= \tfrac{1}{2}m_1\dot{x}_1^2 + \tfrac{1}{2}m_2\dot{x}_2^2 - \tfrac{1}{2}k_1 x_1^2 - \tfrac{1}{2}k_3 x_2^2 - \tfrac{1}{2}k_2(x_1^2 + x_2^2 - 2x_1 x_2), \\ &= \tfrac{1}{2}m_1\dot{x}_1^2 + \tfrac{1}{2}m_2\dot{x}_2^2 - \tfrac{1}{2}(k_1 + k_2)x_1^2 + \tfrac{1}{2}2k_2 x_1 x_2 - \tfrac{1}{2}(k_2 + k_3)x_2^2.\end{aligned}$$

4.3. OSCILADORES ACOPLADOS

¡Lindo! Hay tres términos, pero bien distintos de los que tendríamos con tres resortes aislados. Busquemos las ecuaciones de movimiento:

$$\left.\begin{array}{l} \dfrac{\partial \mathcal{L}}{\partial \dot{x}_1} = m_1 \dot{x}_1 \xrightarrow{d/dt} m_1 \ddot{x}_1 \\ \dfrac{\partial \mathcal{L}}{\partial x_1} = -(k_1+k_2)x_1 + k_2 x_2 \\ \cdots \text{ídem } x_2 \cdots \end{array}\right\} \Rightarrow \boxed{\begin{array}{l} m_1 \ddot{x}_1 = -(k_1+k_2)x_1 + k_2 x_2, \\ m_2 \ddot{x}_2 = k_2 x_1 - (k_2+k_3)x_2. \end{array}}$$

(4.7)

Antes de resolverlas, notemos que tienen una linda forma para escribirlas de manera matricial. Una técnica que, como sabemos de los sistemas algebraicos, se vuelve útil cuando tenemos más dimensiones. Si llamamos:

$$\mathbf{x} = \begin{bmatrix} x_1 \\ x_2 \end{bmatrix}, \quad \mathbf{M} = \begin{bmatrix} m_1 & 0 \\ 0 & m_2 \end{bmatrix}, \quad \mathbf{K} = \begin{bmatrix} k_1+k_2 & -k_2 \\ -k_2 & k_2+k_3 \end{bmatrix},$$

tenemos:

$$\boxed{\mathbf{M}\ddot{\mathbf{x}} = -\mathbf{K}\mathbf{x}} \qquad (4.8)$$

¡que es una versión matricial de la ecuación del oscilador armónico!

¿Cómo resolvemos (4.7)? Podemos imaginarnos que las dos masas oscilan armónicamente con alguna frecuencia (que no conocemos), y escribir (usando la forma compleja de la solución, con $x_i = \operatorname{Re} z_i$):

$$z_1(t) = a_1 e^{i\omega t},$$
$$z_2(t) = a_2 e^{i\omega t}.$$

Alguien podrá preguntarse: ¿por qué las dos coordenadas se moverían con la misma frecuencia? Bueno, es una propuesta de solución, nada impide probar. Para los sistemas lineales como (4.8) siempre funciona, pero por supuesto para otros sistemas más complicados, no lineales, tal vez no funcione.

Las combinamos en un vectorcito:

$$\mathbf{z}(t) = \begin{bmatrix} z_1(t) \\ z_2(t) \end{bmatrix} = \mathbf{a} e^{i\omega t}, \quad \mathbf{x}(t) = \operatorname{Re} \mathbf{z}(t),$$

que será solución de la ecuación matricial (4.8). Substituyéndola tenemos:
$$-\omega^2 \mathbf{M}\,\mathbf{a}\,e^{i\omega t} = -\mathbf{K}\,\mathbf{a}\,e^{i\omega t},$$
es decir:
$$\Rightarrow -\omega^2 \mathbf{M}\,\mathbf{a} = -\mathbf{K}\,\mathbf{a}$$
$$\Rightarrow \boxed{(\mathbf{K} - \omega^2 \mathbf{M})\mathbf{a} = 0,} \qquad (4.9)$$

que es un sistema algebraico para las amplitudes **a**. Podemos ver que es una generalización de un problema de autovalores de una matriz, donde ω^2 es el autovalor y **a** es el autovector, y donde la matriz **M** aparece donde en el problema habitual de autovalores aparece la matriz identidad. Esa matriz se llama *métrica*, y se dice que (4.9) es un problema de autovalores *en la métrica de la masa*. Se lo resuelve como el problema habitual de autovalores: para tener amplitudes **a** no nulas, la matriz $\mathbf{K} - \omega^2 \mathbf{M}$ debe ser singular, es decir:

$$\boxed{\det(\mathbf{K} - \omega^2 \mathbf{M}) = 0,} \qquad (4.10)$$

que se llama *ecuación característica*, y es un polinomio (cuadrático en este caso) en ω^2. Así que su solución nos da las frecuencias que buscábamos para la solución $\mathbf{x}(t)$, y vemos que puede haber más de una. Estas frecuencias se llaman *frecuencias normales* o *autofrecuencias*. Los autovectores correspondientes (los **a**) se llaman *modos normales*. Una vez encontrados las frecuencias y los modos normales el trabajo ya está casi terminado, y sólo resta escribir la solución de alguna manera conveniente.

Masas y resortes iguales. Para no marearnos con las cuentas avancemos con el caso de masas y resortes iguales:

$$\mathbf{M} = \begin{bmatrix} m & 0 \\ 0 & m \end{bmatrix}, \quad \mathbf{K} = \begin{bmatrix} 2k & -k \\ -k & 2k \end{bmatrix},$$

$$\Rightarrow \mathbf{K} - \omega^2 \mathbf{M} = \begin{bmatrix} 2k - m\omega^2 & -k \\ -k & 2k - m\omega^2 \end{bmatrix}.$$

4.3. OSCILADORES ACOPLADOS

Y el determinante es:

$$\det(\mathbf{K} - \omega^2 \mathbf{M}) = (2k - m\omega^2)^2 - k^2.$$

Sea $\lambda = \omega^2$ para no confundirse con tantos cuadrados:

$$4k^2 + m^2\lambda^2 - 4km\lambda - k^2 = 0,$$
$$\Rightarrow m^2\lambda^2 - 4km\lambda + 3k^2 = 0,$$

$$\Rightarrow \lambda_\pm = \frac{4km \pm \sqrt{16k^2m^2 - 4m^2 3k^2}}{2m^2},$$

$$= \frac{\cancel{4}^2 k}{\cancel{2}m} \pm \frac{\sqrt{\cancel{4}k^2}}{\cancel{2}m} = \frac{2k}{m} \pm \frac{k}{m} = \begin{cases} \frac{3k}{m}, \\ \frac{k}{m}. \end{cases}$$

Es decir, tenemos dos frecuencias normales:

$$\boxed{\omega_1 = \sqrt{\frac{k}{m}}, \quad \omega_2 = \sqrt{\frac{3k}{m}}.}$$

Éstas son dos frecuencias a las cuales las dos masas pueden oscilar de manera puramente armónica. Una de ellas, ω_1, es justamente la frecuencia de oscilación de una masa m sujeta a un resorte de constante elástica k. ¿Será una coincidencia? Para saberlo, encontremos los modos normales de estas oscilaciones.

Modo de $\omega_1 = \sqrt{k/m}$:

$$\mathbf{K} - \omega_1^2 \mathbf{M} = \begin{bmatrix} 2k - \cancel{m}\frac{k}{\cancel{m}} & -k \\ -k & 2k - \cancel{m}\frac{k}{\cancel{m}} \end{bmatrix} = \begin{bmatrix} k & -k \\ -k & k \end{bmatrix},$$

que tiene determinante 0, como debe ser. El sistema algebraico es:

$$\begin{bmatrix} k & -k \\ -k & k \end{bmatrix} \begin{bmatrix} a_1 \\ a_2 \end{bmatrix} = 0 \Rightarrow \begin{bmatrix} 1 & -1 \\ -1 & 1 \end{bmatrix} \begin{bmatrix} a_1 \\ a_2 \end{bmatrix} = 0,$$

$$\Rightarrow a_1 - a_2 = 0 \Rightarrow a_1 = a_2 \equiv a,$$

con lo cual: $\mathbf{z}(t) = \begin{bmatrix} a_1 \\ a_2 \end{bmatrix} e^{i\omega_1 t} = \begin{bmatrix} a \\ a \end{bmatrix} e^{i\omega_1 t}.$

Y si queremos tomar la parte real podemos hacer: $a = A\, e^{-i\phi}$ (ponele) y tenemos:
$$\mathbf{x}(t) = \begin{bmatrix} A \\ A \end{bmatrix} \cos(\omega_1 t - \phi).$$

Es decir, las dos masas oscilan con la misma frecuencia, la misma amplitud y la misma fase. El resorte del medio no se comprime ni se expande: es como si no existiera. Esto explica por qué $\omega_1 = \sqrt{k/m}$.

Veamos el otro modo de oscilación.

Modo de $\omega_2 = \sqrt{3k/m}$:

$$\mathbf{K} - \omega_2^2 \mathbf{M} = \begin{bmatrix} 2k - \not{m}\frac{3k}{\not{m}} & -k \\ -k & 2k - \not{m}\frac{3k}{\not{m}} \end{bmatrix} = \begin{bmatrix} -k & -k \\ -k & -k \end{bmatrix},$$

$$\Rightarrow \begin{bmatrix} 1 & 1 \\ 1 & 1 \end{bmatrix} \begin{bmatrix} a_1 \\ a_2 \end{bmatrix} = 0 \Rightarrow a_1 + a_2 = 0 \Rightarrow a_1 = -a_2 \equiv a.$$

Es decir: $\mathbf{z}(t) = \begin{bmatrix} a_1 \\ a_2 \end{bmatrix} e^{i\omega_2 t} = \begin{bmatrix} a \\ -a \end{bmatrix} e^{i\omega_2 t}.$

Y de nuevo, con $a = A\, e^{-i\phi}$, tenemos la solución:
$$\mathbf{x}(t) = \begin{bmatrix} A \\ -A \end{bmatrix} \cos(\omega_2 t - \phi).$$

Es decir, las masas se mueven con la misma frecuencia, amplitud y fase, pero en direcciones opuestas (también se puede decir que las fases son opuestas):

4.3. OSCILADORES ACOPLADOS

En este caso, el resorte central *sí* se comprime y se expande, y eso da una frecuencia diferente de k/m, como si hubiera un resorte de constante elástica $3k$ para cada masa por separado.

La solución general es una combinación lineal de las dos soluciones encontradas:

$$\mathbf{z}(t) = a_1 \begin{bmatrix} 1 \\ 1 \end{bmatrix} e^{i\omega_1 t} + a_2 \begin{bmatrix} 1 \\ -1 \end{bmatrix} e^{i\omega_2 t},$$

$$\mathbf{x}(t) = A_1 \begin{bmatrix} 1 \\ 1 \end{bmatrix} \cos(\omega_1 t - \phi_1) + A_2 \begin{bmatrix} 1 \\ -1 \end{bmatrix} \cos(\omega_2 t - \phi_2),$$

donde las cuatro constantes A_1, A_2, ϕ_1 y ϕ_2 están determinadas por las cuatro condiciones iniciales del sistema, $\mathbf{x}(0)$ y $\dot{\mathbf{x}}(0)$.

Acoplamiento débil

Vamos a seguir analizando el mismo problema en otro caso particular interesante: el acoplamiento débil. Es decir, el resorte del medio es mucho más blando que los otros dos:

Ya tenemos todo calculado, así que podemos usarlo. Mirando (4.8) vemos que la matriz de masas es la misma que antes, diagonal (escalar) de valor m. Y la matriz de interacción ahora es:

$$\mathbf{K} = \begin{bmatrix} k + k_2 & -k_2 \\ -k_2 & k + k_2 \end{bmatrix},$$

que es "casi" diagonal porque $k_2 \ll k$.

La matriz para calcular los modos, entonces, es:

$$\mathbf{K} - \omega^2 \mathbf{M} = \begin{bmatrix} k + k_2 - m\omega^2 & -k_2 \\ -k_2 & k + k_2 - m\omega^2 \end{bmatrix}.$$

Calculamos el determinante:

$$\det(\mathbf{K} - \omega^2 \mathbf{M}) = (k + k_2 - m\omega^2)^2 - k_2^2,$$

$$= (k_2 + (k - m\omega^2))^2 - k_2^2 = \cancel{k_2^2} + (k - m\omega^2)^2 + 2k_2(k - m\omega^2) - \cancel{k_2^2},$$

$$= (k - m\omega^2)(2k_2 + k - m\omega^2) = 0,$$

$$\Rightarrow \omega_1 = \sqrt{\frac{k}{m}}, \quad \omega_2 = \sqrt{\frac{k + 2k_2}{m}}.$$

La ω_1 es exactamente la misma que en el caso de resortes iguales. Y la razón es la misma: el movimiento del modo correspondiente no afecta el resorte del medio, que entonces es irrelevante en la dinámica. Es fácil ver que esto mismo pasa *independientemente de* k_2: no importa si es súper blando o súper duro, tenemos el mismo modo de oscilación con $\omega_1 = \sqrt{k/m}$.

La segunda frecuencia en este caso es muy parecida a ω_1, porque $k_2 \ll k$. De hecho, si el acoplamiento es nulo, las dos frecuencias son iguales: una situación llamada *degeneración*. La presencia del acoplamiento *rompe la degeneración*, separando las dos frecuencias. Se trata de una situación muy general, que encontramos en muchísimos sistemas físicos: siempre el acoplamiento rompe la degeneración.

El modo correspondiente de oscilación también es el que calculamos antes: las dos masas se mueven en oposición de fase. Ahora, entonces, el resorte del medio se comprime y se estira, y por lo tanto su presencia es relevante en la dinámica. No es lo mismo si es súper duro que si es súper blando. Y como estamos considerando que es súper blando, afecta poquito la autofrecuencia.

Aprovechemos que ω_1 y ω_2 son parecidas y definamos su promedio:

$$\omega_0 = \frac{\omega_1 + \omega_2}{2} \approx \omega_1.$$

4.3. OSCILADORES ACOPLADOS

El poquito que ω_1 y ω_2 se apartan de ω_0 lo llamamos ϵ:

$$\omega_1 = \omega_0 - \epsilon, \quad \omega_2 = \omega_0 + \epsilon.$$

Escribamos los modos normales (en forma compleja):

$$\mathbf{z}_1(t) = \begin{bmatrix} a_1 \\ a_1 \end{bmatrix} e^{i\omega_1 t} = a_1 \begin{bmatrix} 1 \\ 1 \end{bmatrix} e^{i(\omega_0 - \epsilon)t},$$

$$\mathbf{z}_2(t) = \begin{bmatrix} a_2 \\ -a_2 \end{bmatrix} e^{i\omega_2 t} = a_2 \begin{bmatrix} 1 \\ -1 \end{bmatrix} e^{i(\omega_0 + \epsilon)t}.$$

La solución general, entonces, es:

$$\mathbf{z}(t) = \mathbf{z}_1(t) + \mathbf{z}_2(t) = a_1 \begin{bmatrix} 1 \\ 1 \end{bmatrix} e^{i(\omega_0 - \epsilon)t} + a_2 \begin{bmatrix} 1 \\ -1 \end{bmatrix} e^{i(\omega_0 + \epsilon)t},$$

que tiene cuatro constantes de integración como corresponde (las partes real e imaginaria de a_1 y a_2),

$$\Rightarrow \mathbf{z}(t) = \left(a_1 \begin{bmatrix} 1 \\ 1 \end{bmatrix} e^{-i\epsilon t} + a_2 \begin{bmatrix} 1 \\ -1 \end{bmatrix} e^{i\epsilon t} \right) e^{i\omega_0 t}.$$

Los dos factores en esta expresión dependen del tiempo a través de las exponenciales complejas. Pero el primero varía mucho más lentamente que el segundo, porque $\epsilon \ll \omega_0$. Si miramos el sistema durante un tiempo corto, el primer factor es casi constante, y la oscilación es aproximadamente como la del modo desacoplado: $\mathbf{z}(t) = \mathbf{a} e^{i\omega_0 t}$. Pero si dejamos pasar más tiempo, la "constante" $\mathbf{a}$ empezará a variar.

Pongamos valores iniciales:

$$a_1 = a_2 \equiv \frac{a}{2} \in \mathbb{R},$$

$$\Rightarrow \mathbf{z}(t) = \frac{a}{2} \begin{bmatrix} e^{-i\epsilon t} + e^{i\epsilon t} \\ e^{-i\epsilon t} - e^{i\epsilon t} \end{bmatrix} e^{i\omega_0 t},$$

$$= a \begin{bmatrix} \cos \epsilon t \\ -i \sin \epsilon t \end{bmatrix} e^{i\omega_0 t}.$$

Para ver las posiciones de las masas, tomamos la parte real de ésta:

$$x_1(t) = a \cos \epsilon t \cos \omega_0 t,$$
$$x_2(t) = a \sin \epsilon t \sin \omega_0 t.$$

Podemos ver que a tiempo $t = 0$ tenemos:

$$x_1(0) = a, \quad x_2(0) = 0,$$
$$\dot{x}_1(0) = 0, \quad \dot{x}_2(0) = 0.$$

Es decir, apartamos la masa 1 de su equilibrio y la soltamos, con la masa 2 quieta. Como $\epsilon \ll \omega_0$, hay un tiempo (que podemos estimar: $0 \leqslant t \ll 1/\epsilon$) durante el cual las funciones de ϵt no cambian: $\cos \epsilon t \approx 1$ y $\sin \epsilon t \approx 0$. Así que durante ese tiempo:

$$x_1(t) \approx a \cos \omega_0 t,$$
$$x_2(t) \approx 0.$$

Vemos que la masa 1 oscila como si estuviera libre, y la masa 2 ni se entera.

Pero en realidad la masa 1 está deformando el resorte blando del medio, así que esta situación no puede durar. A la larga va a hacer oscilar a la masa 2. De hecho, a medida que pase el tiempo y el factor $\sin \epsilon t$ vaya llegando a 1, el $\cos \epsilon t$ de $x_1(t)$ se hará aproximadamente 0, y en medio período (de la frecuencia ϵ, $t \approx \pi/(2\epsilon)$) la situación se habrá invertido:

$$x_1(t) \approx 0,$$

$$x_2(t) \approx a \sin \omega_0 t.$$

Es decir, la oscilación rápida ω_0 va pasando lentamente de la masa 1 a la masa 2 y regresa, y el movimiento resulta un "batido" (Figura 4.3).

4.3. OSCILADORES ACOPLADOS

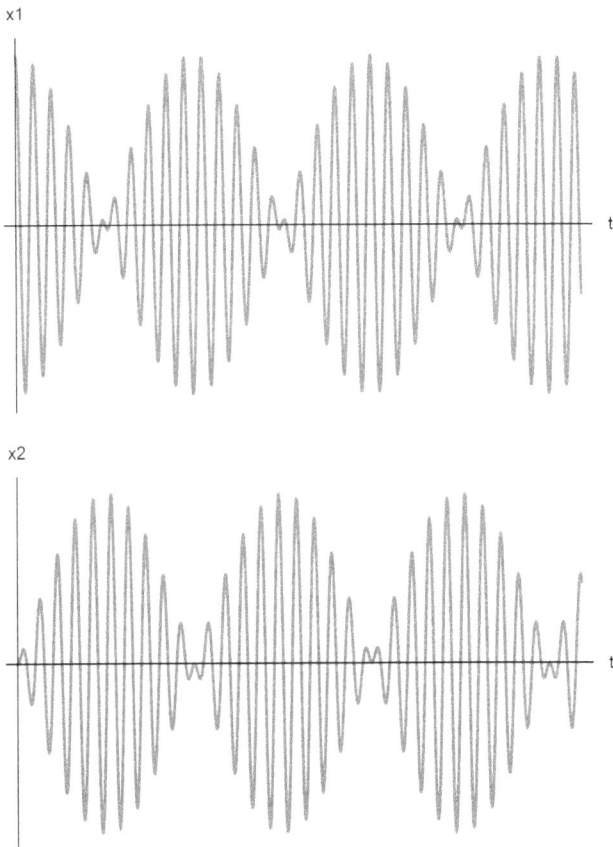

Figura 4.3: Coordenadas de dos masas acopladas elásticamente, mostrando el fenómeno de *batido*.

El fenómeno de batido, recordarán de Física I, aparece en la superposición de dos ondas con frecuencias parecidas. ¿Cuáles son esas dos ondas en este caso? Si hacemos un cambio de coordenadas:

$$\xi_1(t) = \tfrac{1}{2}(x_1 + x_2), \quad \xi_2(t) = \tfrac{1}{2}(x_1 - x_2),$$

entonces (calculen como ejercicio):

$$\xi_1(t) = \tfrac{1}{2}a\cos\omega_1 t,$$
$$\xi_2(t) = \tfrac{1}{2}a\sin\omega_2 t.$$

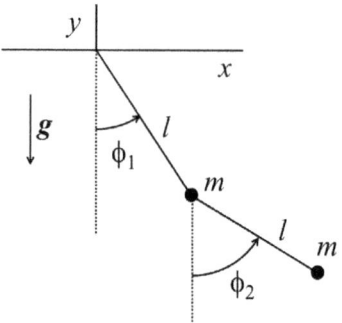

Figura 4.4: El péndulo doble plano.

Éstas son las dos ondas que oscilan con la misma amplitud y con frecuencias parecidas, y de cuya interferencia resulta el batido tanto en $x_1(t)$ como en $x_2(t)$. Estas coordenadas se llaman "normales" y volverán a aparecer.

Péndulo doble

En el problema de la cadena lineal nos encontramos con que:

$$\text{masa: } \mathbf{M} = \begin{bmatrix} m_1 & 0 \\ 0 & m_2 \end{bmatrix}, \quad \text{diagonal,}$$

$$\text{interacción: } \mathbf{K} = \begin{bmatrix} k_1 + k_2 & -k_2 \\ -k_2 & k_2 + k_3 \end{bmatrix}, \quad \text{no diagonal, acoplando la}$$

dinámica de las dos coordenadas. ¿Ocurrirá siempre esto? ¿El acoplamiento de las coordenadas viene siempre de la interacción?

No necesariamente. El acoplamiento puede estar en $\mathbf{M}$, y por lo tanto en la energía cinética en lugar de la potencial (que es la que generalmente uno llama "interacción"). Veamos un ejemplo: el péndulo doble, sin resolver todos los detalles. Digamos que las masas y las longitudes son iguales (Fig. 4.4), lo cual es suficiente para mostrar lo que queremos ver. Busquemos el lagrangiano, usando

4.3. OSCILADORES ACOPLADOS

como coordenadas generalizadas ϕ_1 y ϕ_2:

$$T = \frac{m}{2}(\dot{x}_1^2 + \dot{y}_1^2 + \dot{x}_2^2 + \dot{y}_2^2),$$
$$U = mg(y_1 + y_2).$$

Escribimos además la relación entre las coordenadas cartesianas y las generalizadas:

$$x_1 = l \sin \phi_1 \qquad \Rightarrow \dot{x}_1 = l\dot{\phi}_1 \cos \phi_1,$$
$$y_1 = -l \cos \phi_1 \qquad \Rightarrow \dot{y}_1 = l\dot{\phi}_1 \sin \phi_1,$$
$$x_2 = l(\sin \phi_1 + \sin \phi_2) \qquad \Rightarrow \dot{x}_2 = l(\dot{\phi}_1 \cos \phi_1 + \dot{\phi}_2 \cos \phi_2),$$
$$y_2 = -l(\cos \phi_1 + \cos \phi_2) \qquad \Rightarrow \dot{y}_2 = l(\dot{\phi}_1 \sin \phi_1 + \dot{\phi}_2 \sin \phi_2).$$

Empecemos por la U, que queda más fácil:

$$U = mgy_1 + mgy_2,$$
$$= -mgl(\cos \phi_1 + \cos \phi_1 + \cos \phi_2),$$
$$= \boxed{-mgl(2\cos \phi_1 + \cos \phi_2)}.$$

¿Crece con ϕ_1 y ϕ_2? Hacemos una figura y verificamos que sí. Fenómeno.

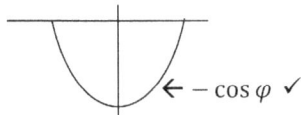
$\leftarrow -\cos \varphi$ ✓

Ahora escribamos la energía cinética:

$$T = \frac{m}{2}l^2 \left[\dot{\phi}_1^2 \underbrace{(\cos^2 \phi_1 + \sin^2 \phi_1)}_{1} + (\dot{\phi}_1 \cos \phi_1 + \dot{\phi}_2 \cos \phi_2)^2 \right.$$
$$\left. + (\dot{\phi}_1 \sin \phi_1 + \dot{\phi}_2 \sin \phi_2)^2 \right],$$
$$= \frac{m}{2}l^2 \left[\underbrace{\dot{\phi}_1^2 + \dot{\phi}_1^2}_{2\dot{\phi}_1^2} + \dot{\phi}_2^2 + 2\dot{\phi}_1 \dot{\phi}_2 (\cos \phi_1 \cos \phi_2 + \sin \phi_1 \sin \phi_2) \right].$$

(4.11)

Y por supuesto $\mathcal{L} = T - U$. ¿Cuál es el equilibrio alrededor del cual queremos estudiar las pequeñas oscilaciones? Es donde U tiene un mínimo local: $\phi_1 = \phi_2 = 0$. Entonces queremos desarrollar, en un entorno de $\phi_1 = \phi_2 = 0$, $\mathcal{L}$, o sea tanto U como T:

$$U(\phi_1, \phi_2) \approx \cancel{U(0,0)} + \cancel{\frac{\partial U}{\partial \phi_1}\bigg|_{(0,0)}}\phi_1 + \cancel{\frac{\partial U}{\partial \phi_2}\bigg|_{(0,0)}}\phi_2 +$$
$$+ \frac{1}{2}\frac{\partial^2 U}{\partial \phi_1^2}\bigg|_{(0,0)}\phi_1^2 + \frac{\partial^2 U}{\partial \phi_1 \partial \phi_2}\bigg|_{(0,0)}\phi_1 \phi_2 + \frac{1}{2}\frac{\partial^2 U}{\partial \phi_2^2}\bigg|_{(0,0)}\phi_2^2.$$

Haciendo los cálculos:

$$\Rightarrow \boxed{U \approx \frac{1}{2}(2mgl\,\phi_1^2 + mgl\,\phi_2^2).} \qquad (4.12)$$

Ahora aproximamos la energía cinética (4.11). Vemos que hay un factor que es una función de ϕ_1 y ϕ_2. Para mantenernos dentro de la misma aproximación que hicimos para U, notamos que T *ya es* cuadrática en las $\dot\phi$, así que desarrollamos en serie de Taylor, alrededor de $(0,0)$, el paréntesis que tiene las funciones trigonométricas, y nos quedamos con el orden más bajo:

$$\cos\phi_1 \cos\phi_2 + \sin\phi_1 \sin\phi_2 = \underbrace{\cos 0 \cos 0}_{1} + \underbrace{\sin 0 \sin 0}_{0} + O(\phi_1, \phi_2).$$

Vemos que el orden cero de Taylor vale 1, y no podemos ignorarlo como en U, porque acá estamos con T. Así que nos quedamos con ese orden e ignoramos todas las derivadas, ni necesitamos calcularlas. Entonces aproximamos:

$$T \approx \frac{ml^2}{2}(2\dot\phi_1^2 + \dot\phi_2^2 + 2\dot\phi_1\dot\phi_2),$$

$$\Rightarrow \boxed{T \approx \frac{1}{2}ml^2(2\dot\phi_1^2 + 2\dot\phi_1\dot\phi_2 + \dot\phi_2^2).} \qquad (4.13)$$

Con estas versiones aproximadas de T y U, Ecs. (4.12-4.13), igual que hicimos con la cadena lineal, podemos escribir las matrices **M**

4.3. OSCILADORES ACOPLADOS

y $\mathbf{K}$ que, con $\boldsymbol{\phi} = (\phi_1, \phi_2)$, den la ecuación de movimiento $\mathbf{M}\ddot{\boldsymbol{\phi}} = -\mathbf{K}\boldsymbol{\phi}$:

$$\mathbf{M} = \begin{bmatrix} 2ml^2 & ml^2 \\ ml^2 & ml^2 \end{bmatrix} = ml^2 \begin{bmatrix} 2 & 1 \\ 1 & 1 \end{bmatrix}, \quad \text{¡no diagonal!}$$

$$\mathbf{K} = \begin{bmatrix} 2mgl & 0 \\ 0 & mgl \end{bmatrix} = mgl \begin{bmatrix} 2 & 0 \\ 0 & 1 \end{bmatrix}, \quad \text{¡diagonal!}$$

Busquemos las frecuencias normales en la ecuación característica:

$$\det(\mathbf{K} - \omega^2 \mathbf{M}) = 0.$$

Para que nos quede un factor común a $\mathbf{M}$ y $\mathbf{K}$ hagamos lo siguiente (notar que multiplico por l/l para que aparezca g/l[4]):

$$\mathbf{K} = mgl \begin{bmatrix} 2 & 0 \\ 0 & 1 \end{bmatrix} = ml^2 \frac{g}{l} \begin{bmatrix} 2 & 0 \\ 0 & 1 \end{bmatrix} = ml^2 \begin{bmatrix} 2\omega_0^2 & 0 \\ 0 & \omega_0^2 \end{bmatrix},$$

donde $\omega_0 = \sqrt{g/l}$, la frecuencia natural de cada péndulo. Entonces:

$$\Rightarrow \mathbf{K} - \omega^2 \mathbf{M} = ml^2 \begin{bmatrix} 2\omega_0^2 - 2\omega^2 & -\omega^2 \\ -\omega^2 & \omega_0^2 - \omega^2 \end{bmatrix},$$

$$\Rightarrow \det(\mathbf{K} - \omega^2 \mathbf{M}) = \cancel{ml^2} \det \begin{bmatrix} 2(\omega_0^2 - \omega^2) & -\omega^2 \\ -\omega^2 & \omega_0^2 - \omega^2 \end{bmatrix} = 0,$$

$$\Rightarrow \boxed{2(\omega_0^2 - \omega^2)^2 - \omega^{2^2} = 0,} \quad \text{(ec. característica)}.$$

Usemos de nuevo $\lambda = \omega^2$:

$$2(\lambda_0 - \lambda)^2 - \lambda^2 = 2\lambda_0^2 + 2\lambda^2 - 4\lambda_0\lambda - \lambda^2,$$
$$= \lambda^2 - 4\lambda_0\lambda + 2\lambda_0^2 = 0 \quad \text{(reordeno)},$$

---

[4]Típico truco de físico, irrelevante desde el punto de vista matemático, del tipo que queremos que aprendan a hacer.

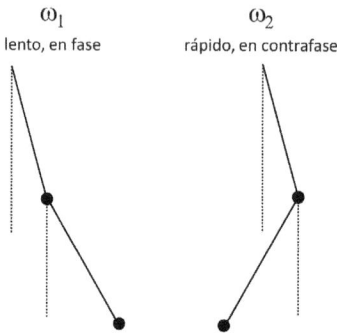

Figura 4.5: Los dos modos normales de oscilación del péndulo doble.

$$\Rightarrow \lambda_\pm = \frac{4\lambda_0 \pm \sqrt{16\lambda_0^2 - 4 \times 2\lambda_0^2}}{2},$$
$$= 2\lambda_0 \pm \sqrt{\frac{8\lambda_0^2}{4}} = 2\lambda_0 \pm \sqrt{2}\lambda_0,$$
$$= \lambda_0(2 \pm \sqrt{2}),$$

$$\Rightarrow \boxed{\omega^2 = \omega_0^2(2 \pm \sqrt{2})} \Rightarrow \boxed{\begin{cases} \omega_1 = \sqrt{2-\sqrt{2}}\,\omega_0 < \omega_0, \\ \omega_2 = \sqrt{2+\sqrt{2}}\,\omega_0 > \omega_0. \end{cases}}$$

Tenemos dos frecuencias distintas, una mayor que $\sqrt{g/l}$ y una menor. Cuando busquemos los modos normales (¡ejercicio!), encontraremos que:

$$\omega_1 \to \mathbf{a}_1 = (1, \sqrt{2}),$$

$$\omega_2 \to \mathbf{a}_2 = (1, -\sqrt{2}),$$

que podemos interpretar de la manera que se muestra en la Fig. 4.5.

4.4 Pequeñas oscilaciones: tratamiento general

Ahora que hemos visto algunos ejemplos, consideremos el caso general de un sistema con n grados de libertad, sometido a fuerzas conservativas derivables de un potencial:

$$U(\mathbf{q}) = U(q_1, q_2, \ldots q_n);$$

y con vínculos holónomos e independientes del tiempo, de manera que la energía cinética tiene forma cuadrática homogénea en las velocidades generalizadas:

$$T(\mathbf{q}, \dot{\mathbf{q}}) = \frac{1}{2} \sum_{i,j}^{n} a_{ij}(\mathbf{q})\, \dot{q}_i\, \dot{q}_j.$$

Supongamos además que existe un equilibrio $\mathbf{q}_0 = \{q_i^0\}$, estable (puede ser indiferente en alguna dirección, lo que no puede ser es inestable). Nos interesa el movimiento *cerca* de ese equilibrio.

Desarrollamos la energía potencial en serie de Taylor en el equilibrio:

$$U(\mathbf{q}) \approx \underbrace{U(\mathbf{q}_0)}_{cte} + \underbrace{\sum_{i=1}^{n} \left.\frac{\partial U}{\partial q_i}\right|_{\mathbf{q}_0} \eta_i}_{=0 \text{ por ser } \mathbf{q}_0 \text{ equilibrio}} + \frac{1}{2} \sum_{i,j}^{n} \underbrace{\left.\frac{\partial^2 U}{\partial q_i \partial q_j}\right|_{\mathbf{q}_0}}_{\equiv k_{ij},\ \text{definimos}} \eta_i\, \eta_j,$$

donde $\eta_i = q_i - q_i^0$, (y entonces $\dot{\eta}_i = \dot{q}_i$).

De manera que tenemos, a segundo orden en los apartamientos del equilibrio:

$$\boxed{U^{PO} = \frac{1}{2} \sum_{i,j}^{n} k_{ij}\, \eta_i\, \eta_j.}$$

Notar que el factor $1/2$ quedó fuera de la definición de los k_{ij}.

Por otro lado, la energía cinética la aproximamos desarrollando los $a_{ij}(\mathbf{q})$ en serie de Taylor:

$$a_{ij}(\mathbf{q}) = \underbrace{a_{ij}(\mathbf{q}_0)}_{\equiv m_{ij},\ \text{término dominante}} + \sum_{l=1}^{n} \left.\frac{\partial a_{ij}}{\partial q_l}\right|_{\mathbf{q}_0} \eta_l + \cdots$$

$$\Rightarrow \boxed{T^{PO} = \frac{1}{2} \sum_{i,j} m_{ij}\,\dot{\eta}_i\,\dot{\eta}_j,}$$

donde también dejamos el 1/2 fuera. Entonces tenemos:

$$\boxed{\mathcal{L}^{PO} = \frac{1}{2} \sum_{i,j}(m_{ij}\,\dot{\eta}_i\,\dot{\eta}_j - k_{ij}\,\eta_i\,\eta_j).}$$

Los coeficientes m_{ij} y k_{ij} permiten definir las siguientes matrices *simétricas* (los elementos fuera de la diagonal se reparten cada uno medio coeficiente):

$$\mathbf{M} = \begin{bmatrix} m_{11} & m_{12} & \cdots \\ m_{21} & m_{22} & \cdots \\ \cdots & & \end{bmatrix}, \quad \mathbf{K} = \begin{bmatrix} k_{11} & k_{12} & \cdots \\ k_{21} & k_{22} & \cdots \\ \cdots & & \end{bmatrix}.$$

Con estas definiciones, la ecuación de movimiento es:

$$\boxed{\sum_j m_{ij}\ddot{\eta}_j + \sum_j k_{ij}\eta_j = 0, \quad i = 1\ldots n,}$$

que son n ecuaciones lineales *acopladas*, o en forma matricial más compacta:

$$\boxed{\mathbf{M}\ddot{\boldsymbol{\eta}} + \mathbf{K}\boldsymbol{\eta} = 0,}$$

donde $\mathbf{M}$ y $\mathbf{K}$ son matrices reales simétricas de $n \times n$.

Hacemos una propuesta de solución: $\mathbf{z}(t) = \mathbf{a}\,e^{i\omega t}$ tal que $\boldsymbol{\eta} = \operatorname{Re} \mathbf{z}(t)$,

$$\Rightarrow -\omega^2 \mathbf{M}\,\mathbf{z} + \mathbf{K}\,\mathbf{z} = 0$$

4.4. TRATAMIENTO GENERAL

$\Rightarrow -\omega^2 \mathbf{M}\mathbf{a} + \mathbf{K}\mathbf{a} = 0$ (simplificando la exponencial, que es $\neq 0$),

$$\boxed{(\mathbf{K} - \omega^2 \mathbf{M})\mathbf{a} = 0,}$$

que es un problema algebraico a resolver, en lugar de la ecuación diferencial. (Notar: es un problema de autovalores generalizado, con $\mathbf{M}$ en lugar de $\mathbf{1}$.)

La condición para tener una solución no trivial es la ecuación característica:

$$\boxed{\det(\mathbf{K} - \omega^2 \mathbf{M}) = 0.} \qquad (4.14)$$

Para cada raíz simple de (4.14) tenemos una solución armónica de la forma $\mathbf{a}\, e^{i\omega t}$. Cuando alguna raíz sea múltiple (un caso llamado *degeneración*) habrá que hallar tantos $\mathbf{a}$ independientes como sea la multiplicidad (siempre se puede hacer). Haremos un ejemplo más adelante. ¿Y si alguna de las frecuencias es *nula*? En tal caso la solución no es oscilatoria, sino que hay que buscarla creciente en el tiempo (tipo $At + B$). Hay casos así en el capítulo de Problemas.

El caso de frecuencia nula aparece cuando hay alguna dirección (en el espacio de configuraciones) a lo largo de la cual el movimiento no está confinado localmente por una condición de equilibrio estable, sino que es indiferente. A lo largo de esa dirección, obviamente, el movimiento no es oscilatorio, sino que puede alejarse indefinidamente. Si el equilibrio es realmente estable (un mínimo local de $U(\mathbf{q})$), entonces todas las frecuencias son positivas.

La solución general es una superposición de todas las oscilaciones armónicas:

$$\mathbf{z}(t) = \sum_{j=1}^{n} c_j\, \mathbf{z}_j(t) = \sum_{j=1}^{n} c_j\, \mathbf{a}_j\, e^{i\omega_j t}.$$

Coordenadas normales

La solución general que hemos encontrado tiene una forma complicada:

$$\boldsymbol{\eta}(t) = \operatorname{Re} \sum_{j=1}^{n} c_j\, \mathbf{a}_j\, e^{i\omega_j t},$$

donde *cada componente* de $\boldsymbol{\eta}$ oscila con *todas* las frecuencias mezcladas. ¿No se podrá hacer un cambio de coordenadas, de manera que cada coordenada oscile con *una sola* de las autofrecuencias?

Sí, se puede. Hay que explotar algo que todavía no habíamos usado: cuando uno resuelve un problema de autovalores, en la base formada por los autovectores, la matriz tiene forma *diagonal*. Si podemos aplicar esto en nuestro problema *generalizado* de autovalores, como la matriz da la ecuación de movimiento, si la hacemos diagonal todas las coordenadas se desacoplan, y cada una de ellas se comportará como un oscilador armónico independiente de los otros.

¿Cómo se arma, en un problema de autovalores, la matriz de cambio de base para diagonalizar la matriz cuyos autovalores calculamos? En el curso de Álgebra Lineal aprendimos que se hace poniendo los autovectores como columnas. Los modos normales tienen una propiedad parecida. La ecuación que los define es (dejando el término de interacciones a la izquierda y pasando el de masas a la derecha, y usando lambdas en lugar de omegas cuadrados):

$$\mathbf{K}\,\mathbf{a}_j = \lambda_j\,\mathbf{M}\,\mathbf{a}_j.$$

La acción de $\mathbf{K}$ sobre $\mathbf{a}$ no da simplemente proporcional a $\mathbf{a}$ (como en los autovectores corrientes), sino que da un múltiplo de $\mathbf{Ma}$. Si tenemos dos modos distintos:

$$\mathbf{K}\,\mathbf{a}_i = \lambda_i\,\mathbf{M}\,\mathbf{a}_i, \quad (\text{¡kalma!}) \qquad (4.15)$$

$$\mathbf{K}\,\mathbf{a}_j = \lambda_j\,\mathbf{M}\,\mathbf{a}_j \overset{*}{\to} \mathbf{a}_j^\dagger\,\mathbf{K}^\dagger = \lambda_j^*\,\mathbf{a}_j^\dagger\,\mathbf{M}^\dagger,$$
$$\Rightarrow \mathbf{a}_j^T\,\mathbf{K} = \lambda_j\,\mathbf{a}_j^T\,\mathbf{M}. \qquad (4.16)$$

La conjugación en este caso fue muy sencilla, porque las matrices son reales así que no cambian. Además son simétricas, con lo cual los autovalores son reales. Los modos normales son desplazamientos de las coordenadas, así que también son reales, y la conjugación es sólo la transposición.[5] Ahora restamos $\mathbf{a}_j^T(4.15) - (4.16)\mathbf{a}_i$:

$$\mathbf{a}_j^T\,\mathbf{K}\,\mathbf{a}_i - \mathbf{a}_j^T\,\mathbf{K}\,\mathbf{a}_i = \lambda_i\,\mathbf{a}_j^T\,\mathbf{M}\,\mathbf{a}_i - \lambda_j\,\mathbf{a}_j^T\,\mathbf{M}\,\mathbf{a}_i$$

---

[5]Ver, por ejemplo en el Goldstein, la demostración completa y un poco

4.4. TRATAMIENTO GENERAL

$$\Rightarrow 0 = (\lambda_i - \lambda_j)\, \mathbf{a}_j^T\, \mathbf{M}\, \mathbf{a}_i.$$

Es decir, si $\lambda_i \neq \lambda_j$ (ignoremos por un rato la degeneración):

$$\boxed{\mathbf{a}_j^T\, \mathbf{M}\, \mathbf{a}_i = 0,} \qquad (4.17)$$

los modos normales son ortogonales *en la métrica de la matriz* $\mathbf{M}$.

Cuando calculamos los $\mathbf{a}_j$, vimos varias veces, hay una indeterminación (el sistema algebraico está subdeterminado). Esta indeterminación podemos removerla pidiendo que:

$$\boxed{\mathbf{a}_j^T\, \mathbf{M}\, \mathbf{a}_j = 1.} \qquad (4.18)$$

Las Ecs. (4.17) y (4.18) pueden escribirse en forma matricial definiendo precisamente la matriz que tiene los modos normales como columnas:

$$\mathbf{A} = \begin{bmatrix} \vdots & \vdots & & \vdots \\ \mathbf{a}_1 & \mathbf{a}_2 & \dots & \mathbf{a}_n \\ \vdots & \vdots & & \vdots \end{bmatrix},$$

llamada *matriz modal*. Así tenemos que:

$$\boxed{\mathbf{A}^T \mathbf{M} \mathbf{A} = \mathbf{1},} \quad (\text{¡atma!})$$

la matriz $\mathbf{A}$ diagonaliza a $\mathbf{M}$. Y si definimos una matriz diagonal con las autofrecuencias:

$$\boldsymbol{\lambda} = \begin{bmatrix} \lambda_1 & & \\ & \ddots & \\ & & \lambda_n \end{bmatrix} = \begin{bmatrix} \omega_1^2 & & \\ & \ddots & \\ & & \omega_n^2 \end{bmatrix},$$

---

aburrida de que si $\mathbf{K}$ y $\mathbf{M}$ son reales y simétricas, y $\mathbf{M}$ es definida positiva, entonces las autofrecuencias y los modos normales son reales. Una matriz es definida positiva si la forma cuadrática asociada $\mathbf{x} \cdot \mathbf{A}\mathbf{x} = \mathbf{x}^T \mathbf{A}\mathbf{x}$ es definida positiva.

la ecuación de autovalores es:

$$\mathbf{K\,A} = \mathbf{M\,A}\lambda \quad \text{(es fácil verificar con una de 2} \times \text{2)}$$
$$\times \mathbf{A}^T: \quad \mathbf{A}^T\mathbf{K\,A} = \underbrace{\mathbf{A}^T\mathbf{M\,A}}_{1}\lambda$$

$$\boxed{\mathbf{A}^T\mathbf{K\,A} = \lambda,}$$

¡o sea que $\mathbf{A}$ diagonaliza *simultáneamente* a $\mathbf{K}$!

Ya que $\mathbf{A}$ es tan bondadosa, usémosla para cambiar de coordenadas:

las que venimos usando $\to \boldsymbol{\eta} = \mathbf{A}\,\boldsymbol{\xi} \leftarrow$ las nuevas coordenadas

(Puede servir también recordar que $\boldsymbol{\eta}^T = (\mathbf{A}\,\boldsymbol{\xi})^T = \boldsymbol{\xi}^T\mathbf{A}^T$.)

Para invertir multiplicamos por $\mathbf{A}^T\mathbf{M}$:

$$\mathbf{A}^T\mathbf{M}\,\boldsymbol{\eta} = \underbrace{\mathbf{A}^T\mathbf{M\,A}}_{1}\,\boldsymbol{\xi} \Rightarrow \boxed{\boldsymbol{\xi} = \mathbf{A}^T\mathbf{M}\,\boldsymbol{\eta},}$$

que se llaman *coordenadas normales*.

Con las nuevas coordenadas, volvamos un poco para atrás a ver cómo queda expresado todo. La energía potencial, en notación matricial, es:

$$U^{PO} = \tfrac{1}{2}\boldsymbol{\eta}^T\mathbf{K}\,\boldsymbol{\eta},$$
$$= \tfrac{1}{2}\boldsymbol{\xi}^T\underbrace{\mathbf{A}^T\mathbf{K\,A}}_{\lambda}\,\boldsymbol{\xi} = \tfrac{1}{2}\boldsymbol{\xi}^T\lambda\,\boldsymbol{\xi} = \tfrac{1}{2}\sum_j \omega_j^2 \xi_j^2.$$

Mientras que la energía cinética es:

$$T^{PO} = \tfrac{1}{2}\dot{\boldsymbol{\eta}}^T\mathbf{M}\,\dot{\boldsymbol{\eta}},$$
$$= \tfrac{1}{2}\dot{\boldsymbol{\xi}}^T\underbrace{\mathbf{A}^T\mathbf{M\,A}}_{1}\,\dot{\boldsymbol{\xi}} = \tfrac{1}{2}\dot{\boldsymbol{\xi}}^T\dot{\boldsymbol{\xi}} = \tfrac{1}{2}\sum_j \dot{\xi}_j^2.$$

4.4. TRATAMIENTO GENERAL

Así que el lagrangiano de PO, en coordenadas normales, es *siempre* la suma de n lagrangianos armónicos de masa 1, no interactuantes:

$$\mathcal{L}^{PO}(\boldsymbol{\xi}, \dot{\boldsymbol{\xi}}) = \tfrac{1}{2} \sum_j^n \dot{\xi}_j^2 - \tfrac{1}{2} \sum_j^n \omega_j^2 \xi_j^2,$$

$$\boxed{= \sum_{j=1}^n \left(\frac{1}{2} \dot{\xi}_j^2 - \frac{\omega_j^2}{2} \xi_j^2 \right).}$$

Por lo tanto, en las coordenadas normales, el movimiento es *siempre* el de n osciladores *desacoplados*, con frecuencia ω_j en cada una de ellas. Híper-sencillo.

En las coordenadas $\boldsymbol{\eta}$ no, así que el movimiento no es periódico en general. Naturalmente muchas veces se plantea la cuestión de si la trayectoria de $\boldsymbol{\eta}(t)$ *se cierra* sobre sí misma. Para que esto ocurra los períodos, y por lo tanto las frecuencias, tienen que ser *conmensurables*:

$$\frac{\omega_1}{\omega_2} = \frac{p}{q} \in \mathbb{Q}, \text{ con } p, q \in \mathbb{Z},$$

$$\Rightarrow \frac{q}{\omega_2} = \frac{p}{\omega_1} \Rightarrow \underbrace{\frac{2\pi}{\omega_2}}_{T_2} q = \underbrace{\frac{2\pi}{\omega_1}}_{T_1} p.$$

De esta manera, después de q períodos de oscilación de la coordenada 2 y de p períodos de oscilación de la coordenada 1, las dos coordenadas vuelven a estar en la misma fase en que se encontraban al principio. Esto vale, por supuesto, dentro de la aproximación; así que estrictamente, a la larga, la órbita terminará abierta a menos que $\mathcal{L}^{PO} \equiv \mathcal{L}$ (es decir, que el sistema sea, en el fondo, un oscilador armónico).

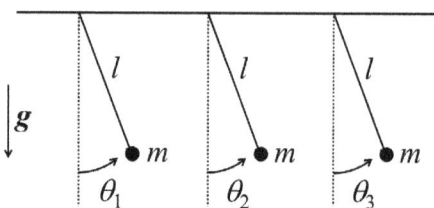

Figura 4.6: Tres péndulos acoplados.

4.5 Tres péndulos acoplados: degeneración

Vamos a analizar un ejemplo de una situación importante que no hemos visto en detalle: ¿qué pasa cuando dos autofrecuencias son iguales? Consideremos tres péndulos idénticos colgados de un soporte algo flexible, que les provea cierto acoplamiento (Fig. 4.6).

Para escribir menos parámetros, y así vemos más claramente el fenómeno que quiero mostrarles, imaginemos un "sistema natural de unidades", donde las longitudes se miden en unidades de l, las masas en unidades de m y las aceleraciones en unidades de g. Supongamos que el acoplamiento entre cada par de péndulos es el mismo, de magnitud ϵ. Tenemos una posición de equilibrio en la que los tres péndulos cuelgan con $\theta_1 = \theta_2 = \theta_3 = 0$, y para pequeños apartamientos tenemos:

$$T = \tfrac{1}{2}(\dot\theta_1^2 + \dot\theta_2^2 + \dot\theta_3^2),$$

$$U = \tfrac{1}{2}(\theta_1^2 + \theta_2^2 + \theta_3^2 - 2\epsilon\theta_1\theta_2 - 2\epsilon\theta_1\theta_3 - 2\epsilon\theta_2\theta_3).$$

Escribimos las matrices de masa y de interacción:

$$\mathbf{M} = \begin{bmatrix} 1 & 0 & 0 \\ 0 & 1 & 0 \\ 0 & 0 & 1 \end{bmatrix},$$

4.5. DEGENERACIÓN

$$\mathbf{K} = \begin{bmatrix} 1 & -\epsilon & -\epsilon \\ -\epsilon & 1 & -\epsilon \\ -\epsilon & -\epsilon & 1 \end{bmatrix}.$$

Con las cuales la ecuación característica es el determinante:

$$\det(\mathbf{K} - \omega^2 \mathbf{M}) = \begin{bmatrix} 1-\omega^2 & -\epsilon & -\epsilon \\ -\epsilon & 1-\omega^2 & -\epsilon \\ -\epsilon & -\epsilon & 1-\omega^2 \end{bmatrix} = 0.$$

Lo calculo (o lo desarrollo por una columna):

$$(1-\omega^2)^3 - \epsilon^3 - \epsilon^3 - \epsilon^2(1-\omega^2) - \epsilon^2(1-\omega^2) - \epsilon^2(1-\omega^2) =$$

$$(1-\omega^2)^3 - 2\epsilon^3 - 3\epsilon^2(1-\omega^2) = 0.$$

Lo pongo en Mathematica o lo factorizo (usemos $x \equiv (1-\omega^2)$):

$$x^3 - 2\epsilon^3 - 3\epsilon^2 x \stackrel{?}{=} (x - 2\epsilon)(x^2 + 2x\epsilon + \epsilon^2),$$

(pinta que $x - 2\epsilon$ es factor común)

$$= x^3 + 2x^2\epsilon + x\epsilon^2 - 2x^2\epsilon - 4x\epsilon^2 - 2\epsilon^3,$$

$$= x^3 - 3x\epsilon^2 - 2\epsilon^3 \quad OK,$$

$$\Rightarrow [(1-\omega^2) - 2\epsilon][(1-\omega^2) + \epsilon]^2 = 0,$$

$$\Rightarrow \begin{cases} 1-\omega^2 - 2\epsilon = 0 \Rightarrow \boxed{\omega_1 = \sqrt{1-2\epsilon},} \\ (1-\omega^2 + \epsilon)^2 = 0 \Rightarrow \boxed{\omega_2 = \sqrt{1+\epsilon},} \\ \boxed{\omega_3 = \sqrt{1+\epsilon}.} \end{cases}$$

¡Vemos que hay dos frecuencias iguales! $\omega_2 = \omega_3$. Ahora calculamos los autovectores.

Para ω_1: $(\mathbf{K} - \omega_1^2 \mathbf{M})\mathbf{a}_1 = 0$:

$$\begin{bmatrix} 1-\omega_1^2 & -\epsilon & -\epsilon \\ -\epsilon & 1-\omega_1^2 & -\epsilon \\ -\epsilon & -\epsilon & 1-\omega_1^2 \end{bmatrix} \begin{bmatrix} a_1 \\ a_2 \\ a_3 \end{bmatrix} = 0,$$

$$\begin{bmatrix} 1-1+2\epsilon & -\epsilon & -\epsilon \\ -\epsilon & 1-1+2\epsilon & -\epsilon \\ -\epsilon & -\epsilon & 1-1+2\epsilon \end{bmatrix} \begin{bmatrix} a_1 \\ a_2 \\ a_3 \end{bmatrix} = 0,$$

$$\begin{bmatrix} 2\epsilon & -\epsilon & -\epsilon \\ -\epsilon & 2\epsilon & -\epsilon \\ -\epsilon & -\epsilon & 2\epsilon \end{bmatrix} \begin{bmatrix} a_1 \\ a_2 \\ a_3 \end{bmatrix} = 0,$$

$$\begin{bmatrix} 2 & -1 & -1 \\ -1 & 2 & -1 \\ -1 & -1 & 2 \end{bmatrix} \begin{bmatrix} a_1 \\ a_2 \\ a_3 \end{bmatrix} = 0, \quad \text{independiente de } \epsilon.$$

La matriz es singular, así que no obtenemos tres ecuaciones independientes sino sólo dos:

$$2a_1 - a_2 - a_3 = 0 \Rightarrow 2a_1 = a_2 + a_3, \tag{4.19}$$

$$-a_1 + 2a_2 - a_3 = 0, \tag{4.20}$$

(4.19) en (4.20): $\Rightarrow -\dfrac{a_2}{2} - \dfrac{a_3}{2} + 2a_2 - a_3 = \dfrac{3}{2}a_2 - \dfrac{3}{2}a_3 = 0 \Rightarrow \boxed{a_2 = a_3,}$ \quad (4.21)

(4.21) en (4.19): $\boxed{a_1 = a_2 = a_3 \equiv a,}$

$\Rightarrow \mathbf{a}_1 = a(1,1,1).$

Para ω_2: $(\mathbf{K} - \omega_2^2 \mathbf{M})\mathbf{a}_2 = 0$:

$$\begin{bmatrix} -\epsilon & -\epsilon & -\epsilon \\ -\epsilon & -\epsilon & -\epsilon \\ -\epsilon & -\epsilon & -\epsilon \end{bmatrix} \begin{bmatrix} a_1 \\ a_2 \\ a_3 \end{bmatrix} = 0.$$

Ahora tengo sólo una ecuación independiente, lo cual está bien porque tengo un autovalor doble: hay un subespacio vectorial de dimensión 2, donde todos los vectores satisfacen la ecuación de autovalores. La ecuación de este plano es:

$$-a_1 - a_2 - a_3 = 0 \Rightarrow \boxed{a_3 = -a_1 - a_2.} \tag{4.22}$$

Podríamos elegir $a_1 = 0$, $a_2 \neq 0$: $\mathbf{a}_2 = (0, a, -a)$, que corresponde a una oscilación con la masa 1 quieta y las otras dos en contrafase.

4.5. DEGENERACIÓN

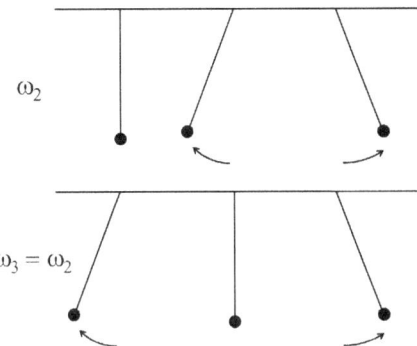

Figura 4.7: ¿Serán estos los modos normales del péndulo triple degenerado?

Y para ω_3 tengo la misma ecuación (4.22), y podríamos elegir $\mathbf{a}_3 = (a, 0, -a)$, con la masa del medio quieta. Claramente estos dos modos (Fig. 4.7) tienen la misma energía ¡pero no son ortogonales!

Elijamos modos ortogonales, siempre recordando usar la masa como métrica (que en este caso es trivial porque es la identidad):

$$\sum_{i,j} \mathbf{M}_{ij} a_{2i} a_{3j} = \sum_{i,j} \delta_{ij} a_{2i} a_{3j} = \sum_{i} a_{2i} a_{3i} = 0.$$

En total tenemos las siguientes 5 ecuaciones:

$$\text{ortogonalidad: } a_{21}a_{31} + a_{22}a_{32} + a_{23}a_{33} = 0, \quad (4.23)$$

$$\text{ec. característica 2: } a_{21} + a_{22} + a_{23} = 0, \quad (4.24)$$

$$\text{ec. característica 3: } a_{31} + a_{32} + a_{33} = 0, \quad (4.25)$$

$$\text{norma 1: } |\mathbf{a}_2|_{\mathbf{M}} = 1, \quad (4.26)$$

$$\text{norma 1: } |\mathbf{a}_3|_{\mathbf{M}} = 1. \quad (4.27)$$

Son 5 ecuaciones con 6 incógnitas. Está bien, porque puedo tomarlos ortogonales pero en cualquier orientación dentro del plano de

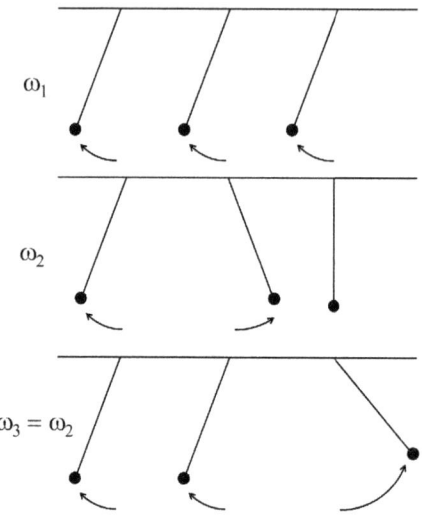

Figura 4.8: Los modos normales del oscilador triple degenerado.

degeneración. Tengo libertad para fijar un valor. Sea, por ejemplo, $a_{23} = 0$ (péndulo 3 quieto en el modo 2).

$$(4.24) \Rightarrow a_{21} = -a_{22} \Rightarrow \boxed{\mathbf{a}_2 = \frac{1}{\sqrt{2}}(1, -1, 0),}$$

$\mathbf{a}_2$ en (4.23): $a_{31} - a_{32} = 0 \Rightarrow a_{31} = a_{32}$

$\Rightarrow$ en (4.25): $a_{33} = -a_{31} - a_{32} = -2a_{31}$

$$\Rightarrow \boxed{\mathbf{a}_3 = \frac{1}{\sqrt{6}}(1, 1, -2).}$$

Encontramos entonces que el estado no degenerado corresponde a una oscilación en fase de los tres péndulos con la misma amplitud. Los estados degenerados tienen oscilaciones fuera de fase y de distintas amplitudes. Son los que esquematizamos en la Fig. 4.8.

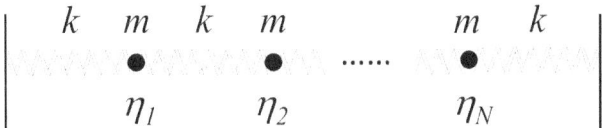

Figura 4.9: Cadena lineal de n masas acopladas armónicamente con sus vecinos.

4.6 Oscilaciones de una cadena lineal

La simplicidad conceptual de la teoría que hemos desarrollado en este capítulo puede resultar engañosa. En la práctica lo que encontramos es que, si el sistema tiene pocos grados de libertad, encontrar sus oscilaciones lineales es relativamente fácil, inclusive de manera exacta y analítica. Pero, ¿qué pasa si el sistema tiene muchos grados de libertad? Sistemas un poco más grandes son manejables sólo computacionalmente. Sin embargo, algunos sistemas de tamaño arbitrariamente grande son también resolubles gracias a la existencia de simetrías que facilitan el cálculo. Vamos a resolver uno de estos, que resulta interesante desde dos puntos de vista. Por un lado, es un *sistema de muchos cuerpos* que podemos resolver analíticamente de manera exacta. Pero, además, es un problema físico de enorme importancia. Se trata de una cadena lineal de masas conectadas por resortes. Es, por lo tanto, la aproximación de pequeñas oscilaciones de una cadena lineal homogénea, independientemente de cómo sea la interacción entre las masas vecinas. Es el caso, por ejemplo, de los átomos o iones en una substancia de estructura cristalina. Analizaremos sólo las oscilaciones longitudinales para no dispersarnos, pero es equivalente resolver las oscilaciones transversales.

Para escribir el lagrangiano tenemos que tomar una decisión de lo que pasa en los extremos de la cadena. Existen varias opciones, que se adaptan a distintos detalles del sistema físico que uno esté describiendo. Podemos usar extremos fijos, absorbentes, o directamente eliminarlos uniendo los extremos y formando un anillo periódico. También, para fijar ideas, pensemos solamente en el caso de extremos fijos (Fig. 4.9). Sean η_i, $i = 1, \ldots N$, las coordenadas de las masas a partir de sus posiciones de equilibrio. Es fácil encontrar el lagrangiano:

$$\mathcal{L} = T - U = \tfrac{1}{2}m \sum_{i=1}^{N} \dot{\eta}_i^2 - \tfrac{1}{2}g \sum_{i=0}^{N} (\eta_{i+1} - \eta_i)^2,$$

donde hemos usado la letra g para la constante de los resortes porque más adelante aparecerá una k que significa otra cosa. En la expresión del potencial, para poder escribir una fórmula sencilla, usamos las coordenadas de los extremos fijos: $\eta_0 = \eta_{N+1} = 0$. La energía cinética no tiene mayor complicación para darnos la matriz de inercia, que es diagonal (de hecho, escalar):

$$\mathbb{M} = m \begin{bmatrix} 1 & 0 & \cdots \\ 0 & 1 & 0 & \cdot \\ \cdots \cdots \cdots \\ \cdots & 0 & 1 \end{bmatrix}.$$

Para identificar los elementos de la matriz de acoplamientos desarrollamos el cuadrado en la energía elástica y notamos que las interacciones son sólo entre índices que difieren a lo sumo en 1:

$$U = \frac{g}{2} \sum_{i=0}^{N} \eta_{i+1}^2 - 2\eta_i \eta_{i+1} + \eta_i^2,$$

$$= \tfrac{1}{2} \sum_{i,j} g_{ij} \eta_i \eta_j,$$

donde hemos definido $g_{ii} = 2g$ (porque cada término diagonal aparece dos veces en la sumatoria), $g_{i\,i+1} = g_{i\,i-1} = -g$ y $g_{ij} = 0$ el resto. Es decir:

$$\mathbb{K} = g \begin{bmatrix} 2 & -1 & 0 & \cdots \\ -1 & 2 & -1 & \cdots \\ \cdots \cdots \cdots \cdots \\ \cdots \cdots & 2 & -1 \\ \cdots \cdots & -1 & 2 \end{bmatrix},$$

4.6. OSCILACIONES DE UNA CADENA LINEAL

es *tridiagonal*.

Entonces, tenemos que resolver la siguiente ecuación característica:

$$0 = \det(\mathbb{K} - \omega^2 \mathbb{M}) = \det \begin{bmatrix} 2g - \omega^2 m & -g & 0 & \ldots \\ -g & 2g - \omega^2 m & -g & \ldots \\ 0 & -g & 2g - \omega^2 m & \ldots \\ \ldots & \ldots & \ldots & \ldots \end{bmatrix}.$$

Esta matriz tiene una forma muy particular, que nos permitirá calcular el determinante de manera exacta *para cualquier valor de N*. Simplifiquémosla un poco. Sacamos factor común g, con lo cual los términos de las diagonales secundarias se convierten en -1, y los de la diagonal los llamamos:

$$a = 2 - \omega^2 \frac{m}{g} = 2 - \frac{\omega^2}{\omega_0^2}, \qquad (4.28)$$

donde aparece ω_0, la frecuencia fundamental de uno de los resortes con una de las masas. Así tenemos que calcular:

$$\det \begin{bmatrix} a & -1 & 0 & 0 & \ldots \\ -1 & a & -1 & 0 & \ldots \\ 0 & -1 & a & -1 & \ldots \\ 0 & 0 & -1 & a & \ldots \\ \ldots & \ldots & \ldots & \ldots & \ldots \end{bmatrix}. \qquad (4.29)$$

Vemos que esta matriz tiene una estructura que se repite. Llamemos D_N al determinante de la matriz entera, el que queremos calcular. Los determinantes de las matrices que aparecen anidadas (señaladas con líneas en (4.29)) son D_{N-1}, D_{N-2}, etc. Para calcular D_N lo desarrollamos por la primera columna:

$$D_N = aD_{N-1} + (-1)(-1)D' = aD_{N-1} + D',$$

donde los -1 vienen del elemento y de la posición correspondiente. El determinante D' es el de la matriz que resulta de eliminar la primera columna y la segunda fila, que es parecido (pero no igual) a los D:

$$D' = \det \begin{bmatrix} -1 & 0 & 0 & 0 & ... \\ -1 & a & -1 & 0 & ... \\ 0 & -1 & a & -1 & ... \\ ... & ... & ... & ... & ... \end{bmatrix}.$$

Éste podemos desarrollarlo por la primera fila, y los que nos queda es el determinante de la matriz indicada, que es D_{N-2}:

$$D' = -D_{N-2}.$$

En definitiva:
$$\boxed{D_N = aD_{N-1} - D_{N-2},}$$

que es una sorprendente fórmula recursiva para calcular un determinante de un tamaño arbitrariamente grande, ya que D_1 y D_2 son fácilmente calculables.

Pero todavía no terminamos. En (4.28) vemos que a es menor que 2. Como un coseno es menor que 1, podemos (nos conviene) redefinir este parámetro así:

$$a = 2\cos\alpha,$$

con lo cual la recurrencia nos queda:

$$D_N = 2\cos\alpha D_{N-1} - D_{N-2}. \tag{4.30}$$

Si pensamos en N no ya como un tamaño de matriz, sino como un parámetro que transcurre, como un "tiempo", la fórmula recursiva es parecida a una ecuación diferencial ordinaria de orden 2, con coeficientes constantes. Como en el caso de una EDO, hagamos la propuesta de que la solución es una exponencial compleja. Sólo que, en lugar de tener el tiempo en el exponente, tiene N:

propuesta de solución: $D_N = A\, e^{iBN}$.

Lo ponemos en la Ec. (4.30):

$$\cancel{A}e^{iBN} = 2\cos\alpha\,\cancel{A}e^{iB(N-1)} - \cancel{A}e^{iB(N-2)},$$

4.6. OSCILACIONES DE UNA CADENA LINEAL

$$\Rightarrow e^{iBN} + e^{iB(N-2)} = 2\cos\alpha\, e^{iB(N-1)},$$
$$\times e^{-iB(N-1)}: \quad e^{iB} + e^{-iB} = 2\cos\alpha \Rightarrow \boxed{B = \pm\alpha.}$$

Así que la solución es una combinación lineal de las dos exponenciales:
$$D_N = A_+ e^{iN\alpha} + A_- e^{-iN\alpha}.$$

Como decíamos, es fácil ver que los dos primeros términos de la recurrencia (las "condiciones iniciales") son:
$$D_1 = a, \quad D_2 = a^2 - 1,$$

con lo cual:
$$D_1 = a = A_+ e^{i\alpha} + A_- e^{-i\alpha} = 2\cos\alpha,$$
$$D_2 = a^2 - 1 = A_+ e^{2i\alpha} + A_- e^{-2i\alpha} = 4\cos^2\alpha - 1.$$

Resolviendo este sistemita se obtiene:
$$A_+ = \frac{e^{i\alpha}}{2i\sin\alpha}, \quad A_- = A_+^* = -\frac{e^{-i\alpha}}{2i\sin\alpha},$$

$$\Rightarrow D_N = \frac{e^{i\alpha}}{2i\sin\alpha} e^{i\alpha N} - \frac{e^{-i\alpha}}{2i\sin\alpha} e^{-i\alpha N},$$
$$= \boxed{\frac{\sin(N+1)\alpha}{\sin\alpha}.}$$

¡Hemos calculado exacta y explícitamente un determinante de tamaño arbitrario! Regresemos ahora a la ecuación característica:
$$\frac{\sin(N+1)\alpha}{\sin\alpha} = 0 \Rightarrow (N+1)\alpha = n\pi, \quad n = 1,\ldots N.$$

Y finalmente, volviendo a ω, obtenemos las frecuencias normales (usando una fórmula del ángulo mitad: $1 - \cos x = 2\sin^2 x/2$):

$$a = 2\cos\alpha = 2 - \frac{\omega^2}{\omega_0^2} \Rightarrow \omega^2 = 2(1 - \cos\alpha)\omega_0^2 = 4\sin^2\frac{\alpha}{2}\omega_0^2,$$

$$\Rightarrow \boxed{\omega_n^2 = 4\omega_0^2 \sin^2 \frac{n\pi}{2(N+1)},} \quad n = 1, \ldots N.$$

¿Cómo hacemos ahora para encontrar los modos de oscilación? Una posibilidad es substituir los ω_n en la ecuación secular, como hacemos siempre. Se obtiene así también una relación de recurrencia para los modos, y se puede seguir avanzando por ese lado. Pero hagámoslo de otra manera.

Escribamos la ecuación de movimiento para la coordenada j-ésima (notar que η_j aparece en sólo dos términos de U):

$$\frac{d}{dt}\frac{\partial \mathcal{L}}{\partial \dot{\eta}_j} = m\ddot{\eta}_j,$$

$$\frac{\partial \mathcal{L}}{\partial \eta_j} = +g(\eta_{j+1} - \eta_j) - g(\eta_j - \eta_{j-1}),$$

$$\Rightarrow m\ddot{\eta}_j = g(\eta_{j-1} - 2\eta_j + \eta_{j+1}),$$

$$\Rightarrow \ddot{\eta}_j = \frac{g}{m}(\eta_{j-1} - 2\eta_j + \eta_{j+1}) = \omega_0^2(\eta_{j-1} - 2\eta_j + \eta_{j+1}). \quad (4.31)$$

El miembro de la derecha de esta ecuación tiene la pinta de la forma discretizada de una derivada segunda en la coordenada espacial a lo largo de la cadena. Si pasáramos al continuo (multiplicando y dividiendo por el espaciamiento de las masas de la red) obtendríamos una ecuación con derivada segunda del tiempo igual a derivada segunda del espacio, es decir una ecuación de onda. Las soluciones, por lo tanto, serían ondas.

En la versión discreta también. Hagamos una propuesta de solución tipo onda viajera, con una coordenada espacial discreta:

$$\eta(x_j, t) = A\, e^{i(kx_j - \omega_n t)}, \quad (4.32)$$

donde $\eta(x_j) = \eta_j$ es el desplazamiento de la j-ésima masa a lo largo de la cadena, que se encuentra en $x_j = j\,a$ (j es un entero, y a es la separación de equilibrio entre las masas). La expresión (4.32) representa una onda viajera de desplazamientos en la cadena, de número de onda k, frecuencia ω_n y velocidad ω_n/k. (Por eso usamos

4.6. OSCILACIONES DE UNA CADENA LINEAL

g para la constante elástica, ya que es habitual llamar k al número de onda.) Poniendo (4.32) en la ecuación diferencial (4.31):

$$-\omega_n^2 A e^{i(kx_j-\omega_n t)} = \omega_0^2 (A e^{i(kx_{j-1}-\omega_n t)} - 2A e^{i(kx_j-\omega_n t)} + A e^{i(kx_{j+1}-\omega_n t)}),$$

que podemos simplificar, además de los factores comunes que cancelamos, usando que:

$$x_{j+1} - x_j = (j+1)a - ja = a,$$
$$x_{j-1} - x_j = (j-1)a - ja = -a,$$

y nos queda:

$$\Rightarrow -\omega_n^2 = \omega_0^2 (e^{ikx_{j-1}} - 2e^{ikx_j} + e^{ikx_{j+1}}) e^{-ikx_j},$$
$$= \omega_0^2 (e^{-ika} - 2 + e^{ika}),$$

$$\Rightarrow \omega_n^2 = \omega_0^2 \, 2\left(1 - \frac{e^{ika} + e^{-ika}}{2}\right),$$
$$= 2\omega_0^2 (1 - \cos ka) = 4\omega_0^2 \sin^2 \frac{ka}{2},$$

$$\Rightarrow \boxed{\omega_n = 2\omega_0 \sin \frac{ka}{2}.}$$

Esta expresión, que relaciona la frecuencia con el número de onda, es extremadamente importante y se llama *relación de dispersión*. ¿Qué significa lo que hemos calculado? Significa que existe una solución tipo onda viajera

$$\eta_j(k,t) = A(k) \, e^{i(kja - \omega(k)t)}, \quad (j \in \mathbb{Z}),$$

para *cada* número de onda k cuya frecuencia satisfaga la relación de dispersión. La onda viaja por la cadena con velocidad:

$$c(k) = \frac{\omega(k)}{k} = \frac{2\omega_0}{k} \sin \frac{ka}{2}$$

hacia la derecha.[6] Vemos que la velocidad depende del número de onda, es decir de la frecuencia. Cada "color" tiene una velocidad distinta, y por eso se llama "dispersión", por analogía con la dispersión de los colores de la luz en un medio. En el límite de ondas largas, $k \to 0 \Rightarrow c = c_0 = \omega_0 a$. Todo k finito tendrá asociada una velocidad menor que c_0.

Todavía no usamos las condiciones de borde: k es un parámetro continuo de 0 a ∞. Si la cadena es infinita, y no tenemos condiciones de borde, la solución general la formamos con una combinación lineal *continua*, que tiene la forma de una integral:

$$\eta_j(t) = \int_{-\infty}^{+\infty} A(k)\, e^{i(kja - \omega(k)t)} dk,$$

donde los $A(k)$ dependen de las condiciones iniciales a través de:

$$\eta_j(0) = \int_{-\infty}^{+\infty} A(k)\, e^{ikja} dk.$$

Es decir, los coeficientes A son las *transformadas de Fourier* de las condiciones iniciales.[7]

Si la cadena es finita, ya sea con extremos fijos, absorbentes o periódica, pasa otra cosa. Pensemos en extremos fijos: podemos combinar ondas iguales viajando en las dos direcciones, de manera que interfieran destructivamente en los extremos formando *ondas estacionarias*. Esto podemos hacerlo superponiendo ondas con $\pm k$, que es un número de onda degenerado, ya que la relación de dispersión muestra que tienen la misma frecuencia. Es decir, hacemos:

$$\eta(x_j, t) = A(e^{ikx_j - i\omega t} - e^{-ikx_j - i\omega t}), \qquad (4.33)$$

que satisface el extremo izquierdo fijo automáticamente:

$$\eta(x_0) = \eta(0) = 0.$$

---

[6]También vemos que hay ondas iguales pero que viajan hacia la izquierda.
[7]Vale la pena ver este video sobre la Máquina Mágica de Fourier (youtu.be/qS4H6PEcCCA).

4.6. OSCILACIONES DE UNA CADENA LINEAL

En el extremo derecho, la Ec. (4.33) da:

$$e^{ik(N+1)a} - e^{-ik(N+1)a} = 0 \Rightarrow \boxed{\sin k(N+1)a = 0,}$$

$$\Rightarrow k(N+1)a = n\pi, \quad n = 1, 2 \ldots N,$$

$$\Rightarrow \boxed{k = \frac{n\pi}{a(N+1)}.}$$

En definitiva:

$$\eta(x_j, t) = 2iA_n \sin \frac{n\pi x_j}{a(N+1)} e^{-i\omega_n t},$$

$$= 2iA_n \sin \frac{n\pi a j}{a(N+1)} e^{-i\omega_n t},$$

$$\text{o, equiv.}: = 2A_n \sin \frac{n\pi j}{N+1} \sin \omega_n t.$$

(En las primeras dos líneas hay que entender "parte real de", con A_n complejo; en la tercera, que es real, los A_n son reales.)

La relación de dispersión también nos queda "discretizada":

$$\omega_n = 2\omega_0 \sin \frac{n\pi a}{2\underbrace{(N+1)a}_{L}} = 2\omega_0 \sin \frac{n\pi}{L}\frac{a}{2} = \frac{2}{a}\omega_0 a \sin \frac{a}{2}\frac{n\pi}{L}.$$

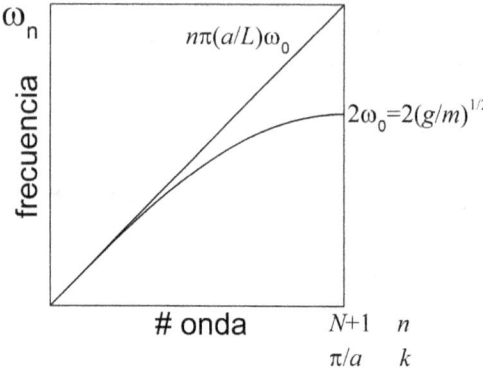

Figura 4.10: Relación de dispersión de una cadena lineal.

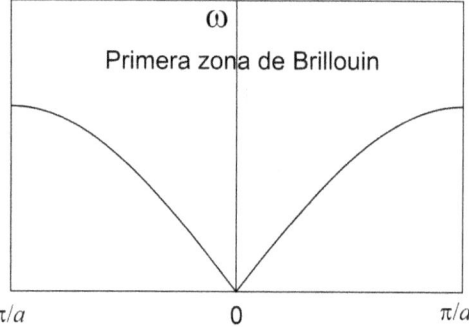

Figura 4.11: Primera zona de Brillouin de una cadena lineal.

Para "ondas cortas" tenemos el comportamiento:

$$\omega_n \xrightarrow{n \to 0} \left(\frac{n\pi a}{L}\right)\omega_0,$$

que es una recta. Estos modos de frecuencia baja tienen menor k, es decir mayor longitud de onda, y por lo tanto las masas vecinas se mueven aproximadamente en fase. Esto produce menos estiramiento relativo, y menos energía elástica en los resortes. Para n mayores, la relación de dispersión se baja de la relación lineal (Fig. 4.10), y hay

4.6. OSCILACIONES DE UNA CADENA LINEAL

una *máxima frecuencia* $2\omega_0$, correspondiente a una mínima longitud de onda $2a$: las masas vecinas se mueven en oposición de fase.

En la física de sólidos la periodicidad de la cadena de osciladores se replica en el espacio de las frecuencias, y la "celda unidad" es la región entre $-\pi/a$ y π/a, llamada *primera zona de Brillouin* (Fig. 4.11).

CAPÍTULO 5

MECÁNICA DE CUERPOS RÍGIDOS

Un cuerpo rígido es un sistema de partículas tales que las distancias entre ellas no cambian. La mayoría de los objetos macroscópicos son cuerpos rígidos dentro de algún régimen razonable de fuerzas externas, de manera que su mecánica es de interés tanto para la Física como para la Ingeniería. Con el crecimiento de otras ramas de la ciencia, más relacionadas con lo microscópico y con los campos, los cuerpos rígidos fueron perdiendo protagonismo a lo largo del siglo XX. Pero actualmente han tenido un renacimiento, de la mano principalmente de la robótica y los satélites artificiales.

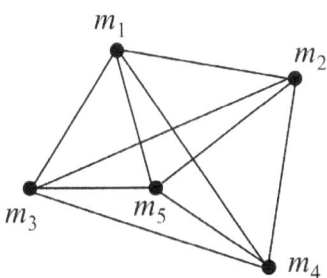

¿Cuántos grados de libertad tiene un sistema de este tipo? Aparentemente, muchísimos. Cada partícula contribuye con 3 grados de libertad. ¿En total tendremos $3N$ coordenadas? ¡No! Porque las distancias constantes son un montón de vínculos holónomos, que reducen drásticamente el número de grados de libertad. Esta reducción es la que permite un tratamiento accesible del problema del movimiento de un cuerpo rígido. Y funciona aun cuando, en lugar de un conjunto finito de partículas materiales, tengamos un continuo de infinitos puntos materiales, caracterizados por una densidad de masa:

$$m = \sum_\alpha m_\alpha \to m = \int \rho \, d\mathbf{r}.$$

Por ejemplo, para calcular la posición del CM hay que calcular:

$$\sum_\alpha m_\alpha \mathbf{r}_\alpha \to \int \rho \, \mathbf{r} \, d\mathbf{r}.$$

¿Cuántos grados de libertad "sobreviven"? La posición de un punto cualquiera del cuerpo (O) con respecto a un sistema de referencia inercial, S, requiere tres grados de libertad, $\mathbf{r}_O$. Dado $\mathbf{r}_O$, la posición de todos los demás puntos del cuerpo está determinada por la *orientación* del cuerpo en el espacio. Es decir, por 3 ángulos con respecto a los ejes de S. En definitiva, son 6 grados de libertad apenas. (Y si $N = 2$ partículas, son 5; demostrar.)

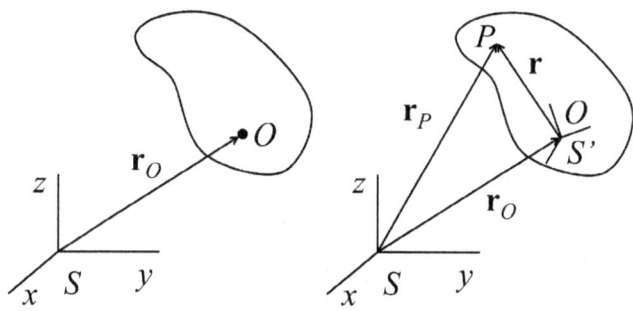

Figura 5.1: Sistemas de referencia inercial (S), y solidario al cuerpo rígido (S').

Las coordenadas de los puntos del cuerpo rígido son sencillas si las expresamos en un sistema fijo al cuerpo: ¡son constantes! Así que vamos a usar un sistema fijo al cuerpo para muchos cálculos. Pero un sistema así, en general, se mueve con respecto a un sistema inercial, así que terminaremos usando casi siempre los dos. Más aún, el sistema fijo al cuerpo estará en general *acelerado* con respecto al inercial, así que aparecerán fuerzas inerciales en los cálculos.

Al sistema inercial lo llamaremos $S = (x, y, x)$, y al sistema fijo al cuerpo $S' = (x', y', z')$ (Fig. 5.1). Si tenemos un punto P en el cuerpo, sus coordenadas en S y S' estarán relacionadas mediante:

$$\mathbf{r}_P = \mathbf{r}_O + \mathbf{r}.$$

5.1 Velocidad angular

Cuando ocurre un cambio de posición infinitesimal del cuerpo rígido, el vector $\mathbf{r}_P$ cambia. Como la posición del cuerpo está determinada por la posición de un punto cualquiera (sea O) y una orientación, el desplazamiento infinitesimal de P es un desplazamiento infinitesimal de O más una rotación infinitesimal:

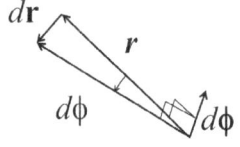

$$d\mathbf{r}_P = d\mathbf{r}_O + d\mathbf{r}, \quad \text{donde } d\mathbf{r} = d\boldsymbol{\phi} \times \mathbf{r},$$
$$\Rightarrow d\mathbf{r}_P = d\mathbf{r}_O + d\boldsymbol{\phi} \times \mathbf{r}.$$

Si este desplazamiento ocurre en un tiempo dt tenemos una relación entre las velocidades:

$$\frac{d\mathbf{r}_P}{dt} = \frac{d\mathbf{r}_O}{dt} + \frac{d\boldsymbol{\phi}}{dt} \times \mathbf{r},$$

$$\boxed{\mathbf{v}_P = \mathbf{v}_O + \boldsymbol{\omega} \times \mathbf{r}.} \tag{5.1}$$

donde $\mathbf{r} = \mathbf{r}_{OP}$ es la posición de P respecto de O (es un vector que va de O a P).

Esta fórmula se ve muy bien: relaciona la velocidad de dos puntos del cuerpo con la distancia entre ellos y el movimiento de rotación. Todavía no sabemos nada de esta rotación, caracterizada por la velocidad angular $\boldsymbol{\omega}$. En particular, no sabemos si depende de haber elegido el punto O como origen de S'. ¿Qué pasa si elegimos O' como origen?

Teníamos:

$$\mathbf{v}_P = \mathbf{v}_O + \boldsymbol{\omega} \times \mathbf{r}.$$

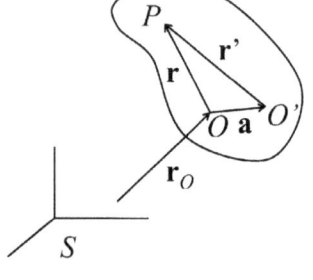

Hacemos el mismo desplazamiento, de manera que $\mathbf{v}_P$ es la misma, pero usamos O' en lugar de O. Tenemos:

$$\mathbf{v}_P = \mathbf{v}_{O'} + \boldsymbol{\omega}' \times \mathbf{r}'. \qquad (5.2)$$

Pero $\mathbf{r}$ y $\mathbf{r}'$ están relacionados: $\mathbf{r} = \mathbf{r}' + \mathbf{a}$. Entonces:

$$\begin{aligned}\mathbf{v}_P &= \mathbf{v}_O + \boldsymbol{\omega} \times (\mathbf{r}' + \mathbf{a}), \\ &= \mathbf{v}_O + \boldsymbol{\omega} \times \mathbf{r}' + \boldsymbol{\omega} \times \mathbf{a} \quad \text{(distribuyo)}, \\ &= (\mathbf{v}_O + \boldsymbol{\omega} \times \mathbf{a}) + \boldsymbol{\omega} \times \mathbf{r}' \quad \text{(reacomodo)},\end{aligned}$$

donde el término $(\mathbf{v}_O + \boldsymbol{\omega} \times \mathbf{a})$ es la fórmula (5.1) aplicada al punto O'. Entonces:

$$\mathbf{v}_P = \mathbf{v}_{O'} + \boldsymbol{\omega} \times \mathbf{r}'. \qquad (5.3)$$

Y como (5.2) es igual a (5.3), tenemos que $\boxed{\boldsymbol{\omega} = \boldsymbol{\omega}'}$ para todo par de puntos O y O'.[1]

O sea: *la velocidad angular es independiente de la elección del origen del sistema S'*. Así que la llamamos **velocidad angular del cuerpo rígido**. Obsérvese que esto *no* se puede hacer en un sistema de partículas no rígido. ¿Por qué? ¿Qué falla en un sistema líquido, o en una goma? Piénselo.

Así que la fórmula que encontramos:

$$\boxed{\mathbf{v}_P = \mathbf{v}_O + \boldsymbol{\omega} \times \mathbf{r}_{OP}} \qquad (5.4)$$

---

[1]Aunque parezca que de esta condición solamente podemos decir que $\boldsymbol{\omega}$ y $\boldsymbol{\omega}'$ están en el mismo plano, la única solución es que sean iguales. Es trivial hacerlo en componentes, por ejemplo en Mathematica.

es realmente poderosa, porque $\boldsymbol{\omega}$ es una característica del movimiento del cuerpo rígido, no depende de O ni de P. (Puede depender del tiempo, obviamente.) La fórmula (5.4) relaciona todas las velocidades de todos los puntos del cuerpo rígido: es un *campo de velocidades*. Es equivalente, de hecho, a la condición de rigidez.

Si queremos la velocidad de un punto del cuerpo rígido, tenemos libertad de elegir el origen del sistema S'. Hay dos situaciones prototípicas:

- Si el cuerpo tiene un punto quieto (aunque sea instantáneamente quieto, tipo rodadura), elijo O quieto, y $\mathbf{v}_O = 0$.

- Si el cuerpo no tiene ningún punto quieto, elijo O en el centro de masa, y $\mathbf{v}_O = \mathbf{v}_{cm}$.

- A veces... otras cosas. Conviene tener la mente abierta porque no hay recetas para los problemas de cuerpo rígido.

5.2 Eje de rotación

Visualicemos el cuerpo rígido desde "arriba", a lo largo de la dirección definida por $\boldsymbol{\omega}$. Imaginemos "rodajas" del cuerpo, paralelas a la dirección de $\boldsymbol{\omega}$. En cada una de estas rodajas puede encontrarse un punto quieto (que tal vez no sea un punto material, pero es un punto de ese plano). Basta con despejar $\mathbf{r}_{OP}$ en:

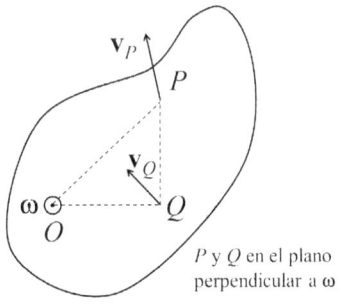

P y Q en el plano perpendicular a ω

$$0 = \mathbf{v}_P + \boldsymbol{\omega} \times \mathbf{r}_{OP}.$$

(No necesitamos despejar, nos basta con observar que ese punto quieto existe.)

Ahora bien, la velocidad de un punto cualquiera Q de cada rodaja satisface:

$$\mathbf{v}_Q = \cancel{\mathbf{v}_O} + \boldsymbol{\omega} \times \mathbf{r}_{OQ},$$
$$\Rightarrow \mathbf{v}_Q \perp \boldsymbol{\omega}.$$

Es decir, las velocidades de todos los puntos $\mathbf{v}_Q$ (también $\mathbf{v}_P$, etc.) de cada rodaja están en un mismo plano, el plano perpendicular a $\boldsymbol{\omega}$. Y lo mismo pasa para todos los planos perpendiculares a $\boldsymbol{\omega}$: son también rodajas del campo de velocidades. Obviamente, esto es así porque el cuerpo es rígido, si fuera fluido o de goma no pasaría.

Por otro lado, los puntos quietos de todas las rodajas están alineados, y forman entonces un *eje de rotación* (instantáneo, ya que puede ir cambiando). ¿Por qué están alineados? Es también sencillo de ver. Miremos el cuerpo "de costado", poniendo ahora $\boldsymbol{\omega}$ hacia arriba. Sean dos puntos P y Q, que definen un eje $\hat{e}$: $\mathbf{r}_P - \mathbf{r}_Q = d\,\hat{e}$. Calculamos la diferencia de velocidades:

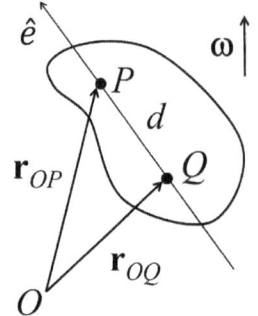

$$\mathbf{v}_P - \mathbf{v}_Q = \boldsymbol{\omega} \times (\mathbf{r}_P - \mathbf{r}_Q) = \boldsymbol{\omega} \times d\,\hat{e},$$
$$\Rightarrow \frac{\mathbf{v}_P - \mathbf{v}_Q}{d} = \boldsymbol{\omega} \times \hat{e},$$

así que si omega es paralela a $\hat{e}$ ($\boldsymbol{\omega} \times \hat{e} = 0$), entonces $\mathbf{v}_P = \mathbf{v}_Q$. Es decir: los puntos que se encuentren sobre un eje paralelo a omega se mueven con la misma velocidad. Así que si tengo un punto con $\mathbf{v}_P = 0$, todos los puntos que estén sobre una recta que pasa por P y que sea paralela a omega tienen también velocidad cero. Ése es el *eje instantáneo de rotación*.

En particular: si conozco dos puntos quietos, el eje de rotación pasa por ellos. Por ejemplo, si tengo rodadura sobre una línea de contacto (un cono apoyado sobre su generatriz, por ejemplo), esa línea es el eje instantáneo de rotación.

5.2. EJE DE ROTACIÓN

Ejemplos

Una rueda en el aire. Consideremos una rueda girando en el aire, sujeta por su eje. El eje instantáneo de rotación coincide con el eje de la rueda: $\boldsymbol{\omega} = \omega \hat{x}$. ¿Cuál es la velocidad del punto P? Por un lado, $\mathbf{v}_O = 0$ (porque está sujeta). Entonces:

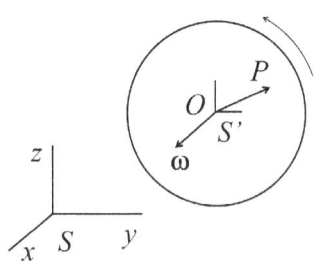

$$\mathbf{v}_P = \cancel{\mathbf{v}_O} + \boldsymbol{\omega} \times \mathbf{r}_{OP},$$

y usando, en polares: $\mathbf{r}_{OP} = r\,\hat{r} + 0\,\hat{\phi}$,

$$= \omega\,\hat{x} \times r\,\hat{r},$$
$$= \omega\,r\,\hat{\phi}, \quad \forall P.$$

Una rueda rodando. La condición de rodadura dice que $\mathbf{v}_O = 0$, de modo que el eje instantáneo de rotación pasa por O. Es decir, *no coincide* con el eje de la rueda. ¿Cuál es la velocidad del eje? Hacemos:

$$\mathbf{v}_E = \cancel{\mathbf{v}_O} + \boldsymbol{\omega} \times \mathbf{r}_{OE},$$

y tenemos: $\mathbf{r}_{OE} = a\,\hat{z}$,

$$= -\omega\,a\,\hat{y}, \quad \text{¡}\forall t!$$

ya que, aunque cambie el punto de contacto, el $\mathbf{r}_{OE}$ no cambia. Es decir, $\mathbf{v}_E$ es siempre horizontal, lo cual es muy útil si uno quiere transportar una carga sujeta al eje. ¡Hemos inventado la rueda!

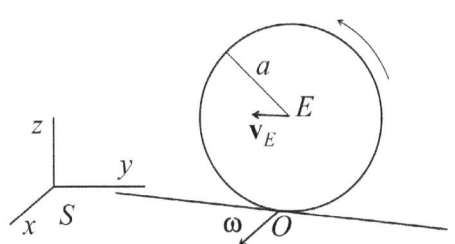

Crédito: Alejandro Tropea, de su blog Universo a la vista.

Un cono rodando. Consideremos un cono rodando apoyado sobre su generatriz. Conocemos su altura h, su apertura α y la velocidad del punto P, constante. ¿Cuál es la velocidad angular del cono? Notemos que todos los puntos de la generatriz tienen velocidad nula. Por lo tanto, el eje de rotación coincide con la generatriz apoyada,

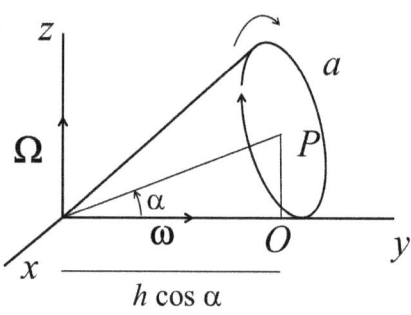

y la velocidad angular ω está en la misma dirección. Notemos además que ω gira junto con el cono alrededor del eje $\hat{z}$, a medida que éste rueda. Asociada a este movimiento alrededor de z hay una velocidad angular Ω, que *no es* la velocidad angular del cono. Sin embargo, es una característica del movimiento que nos puede interesar y podemos calcular fácilmente. El punto P está siempre a la misma altura sobre el plano de apoyo, así que se mueve horizontalmente describiendo un círculo. La velocidad angular de ese movimiento es Ω:

$$v_P = \Omega h \cos\alpha \Rightarrow \boxed{\Omega = \frac{v_P}{h\cos\alpha}} \neq \omega!!$$

Por otro lado: $\mathbf{v}_O \overset{0}{=} \mathbf{v}_P + \boldsymbol{\omega} \times \mathbf{r}_{PO}$, de donde podemos calcular $\boldsymbol{\omega}$ (¡hacer como ejercicio!).

5.3 Energía cinética

Ahora que empezamos a entender cómo viene la mano con el movimiento de los seis grados de libertad de un cuerpo rígido podemos tratar de calcular su energía cinética. En principio, la energía cinética de un cuerpo rígido no es más que la suma de las energías cinéticas de las partículas que lo componen (o la integral correspondiente). Pero en una suma de ese tipo tendríamos demasiadas coordenadas. Tenemos que usar la cinemática que acabamos de desarrollar para encontrar una expresión de la energía cinética que (esperamos) involucre apenas una velocidad lineal y una de rotación.

Sabemos entonces que (¡en S!):

$$T = \tfrac{1}{2}\sum_{\alpha=1}^{N} m_\alpha v_\alpha^2,$$

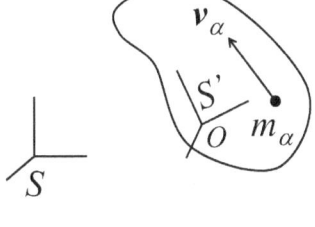

y que: $\mathbf{v}_\alpha = \mathbf{v}_o + \boldsymbol{\omega} \times \mathbf{r}_\alpha$, donde $\mathbf{r}_\alpha$ es $\mathbf{r}_{o\alpha}$ y tanto $\mathbf{v}_o$ como $\boldsymbol{\omega}$ son las mismas para todo α. (Recordemos que $v_\alpha = |\mathbf{v}_\alpha|$.) Por lo tanto:

$$T = \tfrac{1}{2}\sum_\alpha m_\alpha(\mathbf{v}_o + \boldsymbol{\omega}\times\mathbf{r}_\alpha)^2, \qquad (5.5)$$
$$= \tfrac{1}{2}\sum_\alpha m_\alpha \mathbf{v}_o^2 + \sum_\alpha m_\alpha \mathbf{v}_o \cdot (\boldsymbol{\omega}\times\mathbf{r}_\alpha) + \tfrac{1}{2}\sum_\alpha m_\alpha(\boldsymbol{\omega}\times\mathbf{r}_\alpha)^2.$$

Notemos varias cosas en esta expresión. Por un lado, en el primer término, $\mathbf{v}_o^2$ no depende de α así que se puede sacar de la suma como factor común. En el segundo término desapareció el factor un medio porque el producto cruzado aparece dos veces al desarrollar el cuadrado en (5.5). En este término hay cosas que dependen de α y cosas que no. Así como está, sin embargo, no podemos sacar un factor común de dentro de la suma con las cosas que no dependen de α. Pero podemos reacomodar los factores usando la propiedad cíclica del producto mixto: $\mathbf{a} \cdot (\mathbf{b} \times \mathbf{c}) = \mathbf{b} \cdot (\mathbf{c} \times \mathbf{a}) = \mathbf{c} \cdot (\mathbf{a} \times \mathbf{b})$:

$$T = \tfrac{1}{2}\mathbf{v}_o^2 \sum_\alpha m_\alpha + \sum_\alpha m_\alpha \mathbf{r}_\alpha \cdot \underbrace{(\mathbf{v}_o \times \boldsymbol{\omega})}_{\text{indep. de } \alpha} + \tfrac{1}{2}\sum_\alpha m_\alpha (\boldsymbol{\omega} \times \mathbf{r}_\alpha)^2,$$

$$\Rightarrow \boxed{T = \tfrac{1}{2}M\mathbf{v}_o^2 + (\mathbf{v}_o \times \boldsymbol{\omega}) \cdot \sum_\alpha m_\alpha \mathbf{r}_\alpha + \tfrac{1}{2}\sum_\alpha m_\alpha (\boldsymbol{\omega} \times \mathbf{r}_\alpha)^2,} \quad (5.6)$$

donde en el primer término tenemos M, la masa total del cuerpo. Así que este término tiene la forma de una energía cinética correspondiente a una masa puntual, con toda la masa del cuerpo concentrada en el punto O que tomamos como origen del sistema de referencia fijo al cuerpo. Y hay otros dos términos que involucran el movimiento de rotación.

Hay una simplificación importante *si el punto O es el centro de masa*: en tal caso, el factor que vemos en el segundo término, $\sum_\alpha m_\alpha \mathbf{r}_\alpha$, es la posición del centro de masa ¡*en el sistema del centro de masa!* Es decir, es cero, y quedan sólo dos términos:

$$T = \tfrac{1}{2}M\mathbf{v}_{cm}^2 + \tfrac{1}{2}\sum_\alpha m_\alpha (\boldsymbol{\omega} \times \mathbf{r}_\alpha)^2, \quad \boxed{\text{sólo si } O \equiv CM.}$$

El producto vectorial en esta expresión de la energía cinética es horrible, así que lo desarrollamos para convertirlo en un producto escalar:

$$\begin{aligned}
(\boldsymbol{\omega} \times \mathbf{r}_\alpha)^2 &= \omega^2 r_\alpha^2 \sin^2\beta \quad (\beta = \text{ang}(\boldsymbol{\omega}, \mathbf{r}_\alpha)) \\
&= \omega^2 r_\alpha^2 (1 - \cos^2\beta) \\
&= \omega^2 r_\alpha^2 - \omega^2 r_\alpha^2 \cos^2\beta \\
&= \omega^2 r_\alpha^2 - (\boldsymbol{\omega} \cdot \mathbf{r}_\alpha)^2,
\end{aligned}$$

de modo que, finalmente:

$$\boxed{T = \tfrac{1}{2}M\mathbf{v}_{cm}^2 + \tfrac{1}{2}\sum_{\alpha} m_\alpha \left[\omega^2 r_\alpha^2 - (\boldsymbol{\omega}\cdot\mathbf{r}_\alpha)^2\right]}\,, \quad \boxed{\text{sólo si } O \equiv CM.}$$
(5.7)

En este caso, está claro que la energía cinética está compuesta por la suma de una energía de traslación y una de rotación: $T = T_{tras} + T_{rot}$, correspondientes a cada uno de los términos de (5.7). De hecho, si elegimos como punto O un *punto quieto* del cuerpo rígido, también se anula el primer término de (5.6), y queda solamente la energía de rotación. (Ojo: el segundo término de (5.6) también se anula, pero por un motivo distinto que en el caso en que O es el centro de masa. ¿Cuál?) **No olvidar, sin embargo, que estas simplificaciones SÓLO tienen lugar para elecciones convenientes del punto O. En cualquier otro caso hay TRES términos en la energía cinética, Ec. (5.6).**

Vale la pena destacar también que *no es que cambia la energía cinética dependiendo del punto O elegido*: es el mismo valor que se reparte en distintos términos.

La energía cinética de traslación no tiene mayor misterio. Miremos con más detalle la de rotación.

5.4 Tensor de inercia

Tenemos la siguiente expresión para la energía cinética de rotación:

$$T_{rot} = \tfrac{1}{2}\sum_\alpha m_\alpha \left[\omega^2 r_\alpha^2 - (\boldsymbol{\omega}\cdot\mathbf{r}_\alpha)^2\right].$$

Quiero escribir los vectores en componentes, pero la notación se vuelve engorrosa, ya que tenemos un par de productos escalares que, escritos en componentes, requieren sumar sobre las tres direcciones del espacio. Así que vamos a recurrir a una notación abreviada llamada *convención de Einstein*. Consiste en sobreentender que, cuando hay índices repetidos en un término, hay que sumar sobre todos los valores de esos índices (es decir, de 1 a 3). Por ejemplo, el cuadrado de un vector **a** se escribe así:

$$\mathbf{a}^2 = \mathbf{a}\cdot\mathbf{a} = a^2 = \sum_{i=1}^{3} a_i^2 \equiv a_i a_i.$$

Usando la convención de Einstein podemos escribir la energía de rotación así:

$$T_{rot} = \tfrac{1}{2}\sum_\alpha m_\alpha \left[\omega_i\omega_i x_j^\alpha x_j^\alpha - \omega_i x_i^\alpha \omega_j x_j^\alpha\right],$$

donde hemos llamado: $\mathbf{r}_\alpha = (x_1^\alpha, x_2^\alpha, x_3^\alpha)$. (Para poder hacer ésto fácilmente hemos llamado a los ejes del cuerpo x_1, x_2 y x_3 en lugar de x, y, z.)

Vemos en esta expresión que, nuevamente, hay cosas que dependen de α y cosas que no. Sería bueno separar las ω, que no dependen de α, y sacarlas de la sumatoria. Pero así como están no son un factor común, así que recurrimos al siguiente truco (que consiste en insertar una identidad multiplicando). Primero voy a cambiar los índices del primer término, que son mudos (están dentro de la suma sobreentendida de la convención), y después insertar una identidad de 3×3 en forma de una delta de Kronecker:

$$\begin{aligned}
T_{rot} &= \tfrac{1}{2}\sum_\alpha m_\alpha \left[\omega_i\omega_i x_k^\alpha x_k^\alpha - \omega_i x_i^\alpha \omega_j x_j^\alpha\right], \\
&= \tfrac{1}{2}\sum_\alpha m_\alpha \left[\omega_i\omega_j \delta_{ij} x_k^\alpha x_k^\alpha - \omega_i x_i^\alpha \omega_j x_j^\alpha\right], \\
&= \tfrac{1}{2}\underbrace{\omega_i\omega_j}_{\substack{\text{no de-}\\\text{pende}\\\text{de }\alpha}} \underbrace{\sum_\alpha m_\alpha \left[\mathbf{r}_\alpha^2 \delta_{ij} - x_i^\alpha x_j^\alpha\right]}_{\substack{\text{distribución de las}\\\text{masas alrededor del}\\\text{CM, } \equiv I_{ij}^{cm}}}.
\end{aligned}$$

La última expresión contiene la definición del *tensor de inercia*, un objeto de rango 2, de 9 componentes, que representa la distribución

5.4. TENSOR DE INERCIA

de masas alrededor del centro de masas. Con esta definición, la energía cinética de rotación es simplemente, escrita de diversas maneras convencionales:

$$T_{rot} = \tfrac{1}{2}\omega_i\omega_j I^{cm}_{ij} = \tfrac{1}{2}\boldsymbol{\omega}\cdot\mathbf{I}\boldsymbol{\omega} = \tfrac{1}{2}\boldsymbol{\omega}\bar{\bar{I}}\boldsymbol{\omega} = \tfrac{1}{2}\boldsymbol{\omega}\mathbb{I}\boldsymbol{\omega}. \tag{5.8}$$

¿Qué es este tensor de inercia? Es una propiedad geométrica del cuerpo: no depende de su estado de movimiento, sólo de la distribución espacial de su masa alrededor del CM. Por supuesto, puede calculárselo alrededor de cualquier punto O de referencia, sea o no el centro de masa. En algún curso de Matemática van a estudiar más sobre tensores, producto tensorial, espacio tensorial, etc. Aquí podemos asimilarlo a una matriz de 3×3. Podemos escribirlo, es algo engorroso pero no tiene mayor dificultad (voy a sobreentender el índice α para no sobrecargar la notación):

$$\mathbf{I}^o = \sum m \begin{bmatrix} \overbrace{(x_2^2+x_3^2)}^{(x_1^2+x_2^2+x_3^2-x_1x_1)} & -\sum m \overbrace{x_1x_2}^{\substack{\text{la }\delta_{12}\\ \text{anula}\\ \text{el }r^2}} & -\sum m x_1 x_3 \\ -\sum m x_1 x_2 & \sum m(x_1^2+x_3^2) & -\sum m x_2 x_3 \\ -\sum m x_1 x_3 & -\sum m x_2 x_3 & \sum m(x_1^2+x_2^2) \end{bmatrix}.$$

El tensor de inercia tiene un montón de propiedades inmediatas que son bastante útiles:

- Es simétrico: $I_{ij} = I_{ji}$. De manera que sólo 6 de sus elementos son independientes.

- Es aditivo: todos los elementos son $\sum_\alpha$.

- Los elementos diagonales son los *momentos de inercia*: $I_{11} = \sum_\alpha m(x_2^2+x_3^2)$, etc.

- Los elementos fuera de la diagonal a veces se llaman *momentos centrífugos* o *productos de inercia*.

- Si la distribución de masas es continua no hay más que reemplazar las sumas por integrales de volumen de la densidad:

$$\sum_\alpha \to \int dm = \int \rho(\mathbf{r}) d\mathbf{r}.$$

- El valor de sus componentes depende de la elección del punto de referencia O y del sistema S'. Si uno cambia de S' (con el mismo O), cambia de base y cambian las componentes.

- Como es un tensor real y simétrico, *siempre existe una base donde es diagonal*:

$$I^o = \begin{bmatrix} I_1 & 0 & 0 \\ 0 & I_2 & 0 \\ 0 & 0 & I_3 \end{bmatrix}.$$

  Los ejes de esa base se llaman *ejes principales de inercia* del cuerpo rígido, y los I_1, I_2 e I_3 son los *momentos principales de inercia*.

- Si el cuerpo es homogéneo y tiene simetrías (geométricas), los ejes principales son los ejes de simetría. Pero aun si el cuerpo es una batata podrida, aunque sea heterogéneo y no tenga simetrías, *igual tiene ejes principales* (para todo O).

- En la base de los ejes principales la energía de rotación es sencillísima:

$$\begin{aligned} T_{rot} &= \tfrac{1}{2}\boldsymbol{\omega}\cdot \mathbb{I}\boldsymbol{\omega} = \tfrac{1}{2}(\omega_1,\omega_2,\omega_3)\begin{bmatrix} I_1 & 0 & 0 \\ 0 & I_2 & 0 \\ 0 & 0 & I_3 \end{bmatrix}\begin{pmatrix}\omega_1 \\ \omega_2 \\ \omega_3\end{pmatrix}, \\ &= \frac{1}{2}(I_1\omega_1^2 + I_2\omega_2^2 + I_3\omega_3^2). \end{aligned}$$

- De demostración trivial: $I_1 + I_2 \geqslant I_3$.

5.4. TENSOR DE INERCIA

- Si $I_1 = I_2 \neq I_3$ se llama peonza o trompo simétrico (un huevo, una pelota de rugby, la Tierra, un cilindro, un trompo).

- Si $I_1 \neq I_2 \neq I_3$ se llama peonza o trompo asimétrico.

- Si $I_1 = I_2 = I_3$ se llama peonza o trompo esférico (una pelota, un cubo).

- Si es plano en $(\hat{x}_1, \hat{x}_2)$: $I_3 = I_1 + I_2$.

- Si es unidimensional en $\hat{x}_3$: $I_3 = 0$, $I_1 = I_2$ (se llama rotor).

Ejemplo: una rueda en un medio caño

Queremos calcular la energía cinética de una rueda que rueda en un medio caño circular.

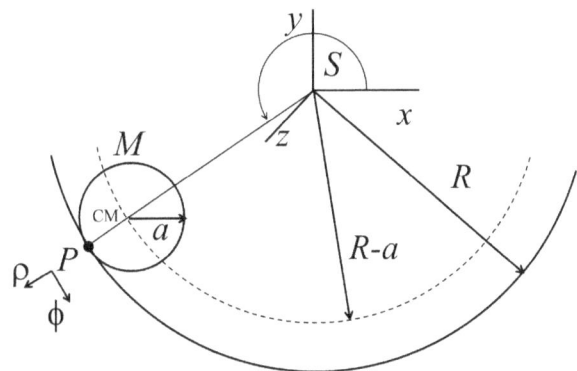

Sabemos que, si elegimos como origen del sistema fijo al cuerpo el centro de masa, podemos escribir $T = T_{cm} + T_{rot}$. ¿Qué sabemos y qué ignoramos de estos dos términos? T_{cm} depende de M (que sabemos) y de $\mathbf{v}_{cm}$ (que ignoramos y tendremos que calcular). Por su parte, T_{rot} depende de $\mathbb{I}$ y de $\boldsymbol{\omega}$, ambas a calcular. ¿Cuántos grados de libertad tiene el sistema? Debido a la rodadura, sólo uno. Así que mejor que nos quede una sola velocidad en la expresión final de T...

La geometría del problema nos dice que el movimiento del centro de masa es circular alrededor del centro del *half-pipe*. Así que nos conviene usar coordenadas polares:

$$\mathbf{r}_{cm} = r_{cm}\hat{\rho} = (R-a)\hat{\rho},$$
$$\Rightarrow \mathbf{v}_{cm} = (R-a)\dot{\phi}\,\hat{\phi}, \quad \text{(no hay } \dot{r}\text{)}.$$

Con esto liquidamos la energía de traslación:

$$T_{cm} = \frac{1}{2}Mv_{cm}^2 = \frac{M}{2}(R-a)^2\dot{\phi}^2.$$

Pasemos a la rotación. El eje instantáneo de rotación pasa por el punto de apoyo P y es perpendicular al plano del movimiento. Podemos tomar en esa dirección el eje $\hat{3}$ del sistema fijo al cuerpo, que además es un eje de simetría del cuerpo así que es uno de los ejes principales. Por lo tanto $\boldsymbol{\omega} \parallel \hat{3} \Rightarrow \boldsymbol{\omega} = \omega_3\hat{3} \equiv \omega\hat{3} \equiv \omega\hat{z}$.

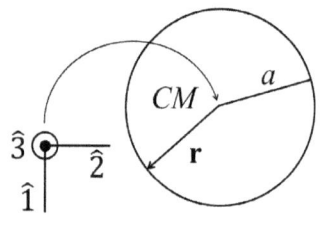

Así que (usamos ejes principales para que el tensor de inercia sea diagonal):

$$T_{rot} = \tfrac{1}{2}(I_1^{cm}\cancelto{0}{\omega_1^2} + I_2^{cm}\cancelto{0}{\omega_2^2} + I_3^{cm}\omega_3^2),$$
$$= \tfrac{1}{2}I_3^{cm}\omega^2 = \frac{1}{2}\frac{Ma^2}{2}\omega^2.$$

¿De dónde sacamos I_3^{cm}? Lo calculamos según su definición, o lo buscamos en tablas. Todavía nos falta ω, no sabemos cuánto vale en términos de los parámetros del problema. Usamos la condición de rodadura:

$$\mathbf{v}_P = 0 = \mathbf{v}_{cm} + \boldsymbol{\omega} \times \mathbf{r}_{cmP},$$
$$\Rightarrow 0 = (R-a)\dot{\phi}\,\hat{\phi} + \omega\,\hat{z} \times a\,\hat{\rho},$$
$$= (R-a)\dot{\phi}\,\hat{\phi} + \omega a\,\hat{\phi},$$
$$\Rightarrow \boldsymbol{\omega} = -\frac{R-a}{a}\dot{\phi}\,\hat{z}.$$

5.4. TENSOR DE INERCIA

Notar el signo en esta expresión: $\boldsymbol{\omega}$ es opuesta al avance de la rodadura, obviamente. Por lo tanto:

$$T_{rot} = \frac{M\cancel{a^2}}{4}\frac{(R-a)^2}{\cancel{a^2}}\dot{\phi}^2,$$
$$= \frac{M(R-a)^2}{4}\dot{\phi}^2.$$

Finalmente:

$$T = \frac{M}{2}(R-a)^2\dot{\phi}^2 + \frac{M}{4}(R-a)^2\dot{\phi}^2,$$

$$\boxed{T = \frac{3}{4}M(R-a)^2\dot{\phi}^2.}$$

Notemos que tiene la pinta de una rotación pura: si $I_3' = 3/2 M(R-a)^2$. Claro, *tiene* que ser una rotación pura con respecto al punto P, cuya velocidad es nula. Usando el teorema de Steiner, que veremos a continuación, podemos calcular I_3^P a partir de I_3^{cm} así:

$$I_3^P = I_3^{cm} + M(a^2 \overset{\delta_{33}}{\cancel{1}} - \overset{a_3 a_3}{\cancel{0}}),$$

$$= \frac{M}{2}a^2 + Ma^2 = \frac{3}{2}Ma^2,$$

$$\Rightarrow T = T_{rot} = \frac{1}{2}I_3^P \omega^2 = \frac{1}{2}\frac{3M\cancel{a^2}}{2}\frac{(R-a)^2}{\cancel{a^2}}\dot{\phi}^2 = \boxed{\frac{3}{4}M(R-a)^2\dot{\phi}^2.}$$

(Notar, en la última línea de cálculo, que ω *es la misma* ya calculada, aunque estemos usando como referencia otro punto, porque es la velocidad angular del cuerpo, que no depende de la elección del punto.)

Teorema de Steiner

Hay total libertad de elección del punto O con respecto al cual elegir el sistema de referencia solidario al cuerpo rígido. En ocasiones uno tiene que cambiar de uno a otro, y no es necesario hacer *tooodo* el cálculo de $\mathbb{I}$ de nuevo. Hay una relación entre $\mathbb{I}_{cm}$ y $\mathbb{I}_o$, cuya demostración es sencilla, llamada *Teorema de Steiner*.[2]

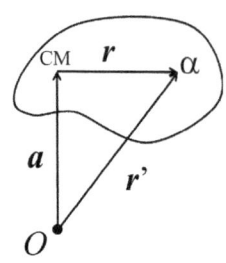

Supongamos que conocemos el tensor de inercia con respecto al centro de masa en cierta base, y queremos relacionarlo con el tensor calculado alrededor del punto O, en la misma base (por usar la misma base, a veces se llama *teorema de los ejes paralelos*). Tenemos:

$$I_{ij}^{cm} = \sum m_\alpha (r_\alpha^2 \delta_{ij} - x_i^\alpha x_j^\alpha)$$

y queremos relacionarlo con:

$$I_{ij}^{o} = \sum m_\alpha (r'^2_\alpha \delta_{ij} - x'^\alpha_i x'^\alpha_j),$$

usando la relación entre las coordenadas de los puntos del cuerpo con respecto a O y al centro de masa:

$$\mathbf{r'} = \mathbf{a} + \mathbf{r} \Rightarrow x'_1 = x_1 + a_1, \text{ etc.}$$

A mí me resulta más claro hacer el cálculo separando elementos diagonales y no diagonales. Para los diagonales tenemos:

$$I_{ii}^{o} = \sum m_\alpha (x'^{\alpha 2}_j + x'^{\alpha 2}_k),$$
$$= \sum m_\alpha [(x_j^\alpha + a_j)^2 + (x_k^\alpha + a_k)^2],$$

---

[2]Jakob Steiner, matemático suizo (1796–1863). Su trabajo fue exclusivamente en Geometría, excluyendo completamente el Análisis, que le resultaba odioso.

5.4. TENSOR DE INERCIA

$$= \sum m_\alpha [x_j^{\alpha 2} + x_k^{\alpha 2} + \underbrace{a_j^2 + a_k^2}_{\text{indep. de } \alpha} + \underbrace{2a_j x_k^\alpha + 2a_k x_j^\alpha}_{\text{dependiente de } \alpha}],$$

$$= \underbrace{\sum m_\alpha (x_j^{\alpha 2} + x_k^{\alpha 2})}_{I_{ii}^{cm}} + (\sum m_\alpha)(a_j^2 + a_k^2),$$

$$+ 2a_j \underbrace{\sum m_\alpha x_k^\alpha}_{0} + 2a_k \underbrace{\sum m_\alpha x_j^\alpha}_{0},$$

$$I_{ii}^o = I_{ii}^{cm} + M(a_j^2 + a_k^2),$$

donde vemos dos términos que se anulan con el argumento ya conocido: son la posición del centro de masa en el sistema del centro de masa.

Fuera de la diagonal, por su parte, tenemos $(i \neq j)$:

$$I_{ij}^o = -\sum m_\alpha x_i'^\alpha x_j'^\alpha,$$

$$= -\sum m_\alpha (x_i^\alpha + a_i)(x_j^\alpha + a_j),$$

$$= -\sum m_\alpha (x_i^\alpha x_j^\alpha + \underbrace{a_i a_j}_{\text{indep. de } \alpha} + \underbrace{a_i x_j^\alpha + a_j x_i^\alpha}_{\text{una sola } \alpha}),$$

$$= I_{ij}^{cm} - M a_i a_j + 0 + 0.$$

En definitiva:

$$I_{ii}^o = I_{ii}^{cm} + M(a_j^2 + a_k^2),$$
$$I_{ij}^o = I_{ij}^{cm} - M a_i a_j, \quad (i \neq j).$$

O sea, todo junto:

$$\boxed{I_{ij}^o = I_{ij}^{cm} + M(\mathbf{a}^2 \delta_{ij} - a_i a_j).} \tag{5.9}$$

En particular, vemos que si $\mathbb{I}^{cm}$ es diagonal, y O está sobre uno de los ejes principales, entonces $\mathbb{I}^o$ también es diagonal (porque $\mathbf{a}$ tiene una sola componente no nula).

Nota importante: para la fórmula que encontramos es crucial que uno de los puntos sea el centro de masa. Por esa razón se anularon esos términos que quedaron en el camino. Por supuesto, uno puede relacionar $\mathbb{I}^{o'}$ con $\mathbb{I}^o$, ya sea con una fórmula más complicada, o simplemente pasando por el centro de masa como paso intermedio, y usando estas fórmulas.

5.5 Energía potencial

¿Qué pasa con la energía potencial de un cuerpo rígido? También, es la suma de todas las energías potenciales de las partículas que forman el cuerpo. Pero puede haber de dos tipos: por un lado, puede haber potenciales externos actuando sobre cada partícula, y por otro hay energía de interacción de cada partícula con las demás del cuerpo (al menos, estarán las que son responsables de la rigidez). Es decir:

$$U = U_{ext} + U_{int},$$

donde

$$U_{int} = \sum_{\alpha} \sum_{\beta > \alpha} U_{\alpha\beta}(r_{\alpha\beta}).$$

Pero, en un cuerpo rígido, las $r_{\alpha\beta}$ están fijas, así que U_{int} es una constante y podemos ignorarla. Para la dinámica sólo nos importa la energía potencial externa.

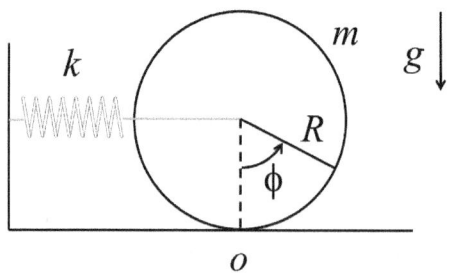

Ejemplo. El sistema de la figura es una rueda homogénea con su eje unido por un resorte a una pared. La energía cinética ya sabemos calcularla:

$$T = \frac{1}{2}mv_{cm}^2 + \frac{1}{2}I_{cm}\omega^2 = \frac{1}{2}mv_{cm}^2 + \frac{1}{2}\frac{mR^2}{2}\omega^2,$$
$$= \frac{1}{2}m\omega^2 R^2 + \frac{1}{2}\frac{mR^2}{2}\omega^2 = \frac{3}{4}mR^2\dot\phi^2.$$

La energía gravitatoria es constante si el movimiento de la rueda es horizontal: si bien las partículas de la rueda suben y bajan, al ser homogénea la rueda tiene siempre la misma energía potencial gravitatoria. Y la energía elástica está asociada a la elongación del resorte, que podemos poner en términos de la coordenada generalizada ϕ:

$$U = \frac{1}{2}kR^2\phi^2.$$

Ésto es todo lo que necesitamos para escribir la ecuación de Lagrange para la variable ϕ.

5.6 Momento angular

La idea de superposición de un movimiento de traslación y uno de rotación es también fructífera en la cantidad de movimiento de un cuerpo rígido. Por un lado, el movimiento de traslación tiene asociado un momento lineal que no tiene mayores secretos. El momento lineal de un cuerpo rígido es simplemente el de su centro de masa:

$$\mathbf{P} = \sum_\alpha \mathbf{p}_\alpha = \sum_\alpha m_\alpha \mathbf{v}_\alpha = M\frac{\sum_\alpha m_\alpha \mathbf{v}_\alpha}{M} = M\mathbf{v}_{cm} = \mathbf{p}_{cm}.$$

Y por supuesto tenemos la ecuación diferencial:

$$\frac{d}{dt}\mathbf{P} = \sum_\alpha \dot{\mathbf{p}}_\alpha = \sum_\alpha \mathbf{F}_\alpha = \mathbf{F}_{ext} = M\dot{\mathbf{v}}_{cm}.$$

Por otro lado, el momento angular es más sutil en sus propiedades, al punto de ser antiintuitivo en algunas situaciones, y es necesario tener más cuidado en su análisis. Por supuesto, se lo define sumando los momentos angulares (¡respecto de un mismo punto!) de todas las partículas:

$$\mathbf{L}_o = \sum_\alpha \mathbf{r}_\alpha \times \mathbf{p}_\alpha. \tag{5.10}$$

Podemos derivar (5.10) para relacionar el momento angular con el torque aplicado:

$$\dot{\mathbf{L}} = \sum_\alpha \underbrace{\dot{\mathbf{r}}_\alpha \times \mathbf{p}_\alpha}_{=0 \text{ por ser } \|} + \mathbf{r}_\alpha \times \dot{\mathbf{p}}_\alpha,$$

$$= \sum_\alpha \mathbf{r}_\alpha \times \dot{\mathbf{p}}_\alpha = \sum_\alpha \mathbf{r}_\alpha \times \mathbf{F}_\alpha,$$

donde $\mathbf{F}_\alpha$ es la fuerza neta actuando sobre la partícula α, así que la podemos descomponer en una parte externa y una parte de interacción con el resto de las partículas del cuerpo: $\mathbf{F}_\alpha = \mathbf{F}_\alpha^{ext} + \sum_{\beta \neq \alpha} \mathbf{F}_{\alpha\beta}$. Entonces:

$$\dot{\mathbf{L}} = \sum_\alpha \mathbf{r}_\alpha \times \mathbf{F}_\alpha^{ext} + \sum_\alpha \sum_{\beta \neq \alpha} \mathbf{r}_\alpha \times \mathbf{F}_{\alpha\beta},$$

$$= \sum_\alpha \mathbf{r}_\alpha \times \mathbf{F}_\alpha^{ext} + \sum_\alpha \sum_{\beta > \alpha} (\mathbf{r}_\alpha \times \mathbf{F}_{\alpha\beta} + \mathbf{r}_\beta \times \mathbf{F}_{\beta\alpha}) \text{ (¡verifiquen!)},$$

$$= \sum_\alpha \mathbf{r}_\alpha \times \mathbf{F}_\alpha^{ext} + \sum_\alpha \sum_{\beta > \alpha} (\mathbf{r}_\alpha \times \mathbf{F}_{\alpha\beta} - \mathbf{r}_\beta \times \mathbf{F}_{\alpha\beta}) \text{ (por 3a Ley)},$$

$$= \sum_\alpha \mathbf{r}_\alpha \times \mathbf{F}_\alpha^{ext} + \sum_\alpha \sum_{\beta > \alpha} \underbrace{(\mathbf{r}_\alpha - \mathbf{r}_\beta) \times \mathbf{F}_{\alpha\beta}}_{=0 \text{ por ser paralelos}},$$

$$= \boxed{\sum_\alpha \mathbf{r}_\alpha \times \mathbf{F}_\alpha^{ext}} \equiv \mathbf{N}_{ext}. \tag{5.11}$$

O sea, la variación del momento angular total es igual al torque total externo: $\dot{\mathbf{L}} = \mathbf{N}_{ext}$.

5.6. MOMENTO ANGULAR

Eso por un lado. Ahora usemos el campo de posiciones y velocidades del cuerpo rígido en (5.10), relacionando las velocidades v_α con la velocidad angular y la del centro de masa:

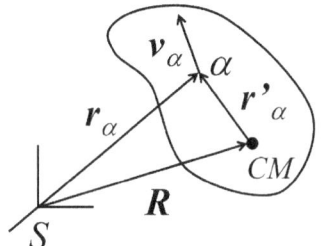

$$\mathbf{r}_\alpha = \mathbf{R} + \mathbf{r}'_\alpha,$$
$$\mathbf{v}_\alpha = \mathbf{v}_{cm} + \boldsymbol{\omega} \times \mathbf{r}'_\alpha.$$

Luego:

$$\mathbf{L}_o = \sum_\alpha (\mathbf{R} + \mathbf{r}'_\alpha) \times (m_\alpha \mathbf{v}_{cm} + m_\alpha \boldsymbol{\omega} \times \mathbf{r}'_\alpha),$$

$$= \sum_\alpha \mathbf{R} \times m_\alpha \mathbf{v}_{cm} \to \mathbf{R} \times (\sum_\alpha m_\alpha)\mathbf{v}_{cm} = \boxed{\mathbf{R} \times \mathbf{P}}$$

$$+ \sum_\alpha \mathbf{r}'_\alpha \times m_\alpha(\boldsymbol{\omega} \times \mathbf{r}'_\alpha) \to \boxed{\sum_\alpha m_\alpha [\mathbf{r}'_\alpha \times (\boldsymbol{\omega} \times \mathbf{r}'_\alpha)]}$$

$$+ \sum_\alpha \mathbf{R} \times m_\alpha(\boldsymbol{\omega} \times \mathbf{r}'_\alpha) \to \mathbf{R} \times \boldsymbol{\omega} \times \underbrace{\sum_\alpha m_\alpha \mathbf{r}'_\alpha}_{0} = 0$$

$$+ \sum_\alpha \mathbf{r}'_\alpha \times m_\alpha \mathbf{v}_{cm} \to (\underbrace{\sum_\alpha m_\alpha \mathbf{r}'_\alpha}_{0}) \times \mathbf{v}_{cm} = 0,$$

$$= \mathbf{R} \times \mathbf{P} + \sum_\alpha m_\alpha [\mathbf{r}'_\alpha \times (\boldsymbol{\omega} \times \mathbf{r}'_\alpha)].$$

O sea, por un lado vemos que nos quedaron dos términos, y que uno de ellos es el momento angular de toda la masa concentrada en el centro de masa, más otro término, que tiene que ver con el movimiento alrededor del centro de masa, que habitualmente se llama *momento angular intrínseco* o *spin*:

$$\mathbf{L}_o = \mathbf{R} \times \mathbf{P} + \sum_\alpha m_\alpha [\mathbf{r}'_\alpha \times (\boldsymbol{\omega} \times \mathbf{r}'_\alpha)] \equiv \mathbf{L}_{cm} + \mathbf{L}_{spin}. \qquad (5.12)$$

Si el centro de masa está fijo, o si no hay fuerzas externas y puedo pasar a un sistema de referencia donde el centro de masa esté fijo, el spin es el único momento angular que importa.

Por otro lado, la expresión del spin que tenemos en (5.12) es muy parecida a la que encontramos cuando calculamos la energía cinética, y podemos manipularla de manera similar, usando la identidad del producto mixto "baca menos caballo", $\mathbf{a} \times (\mathbf{b} \times \mathbf{c}) = \mathbf{b}(\mathbf{a} \cdot \mathbf{c}) - \mathbf{c}(\mathbf{a} \cdot \mathbf{b})$:

$$\mathbf{L} = \sum_{\alpha} m_\alpha [\mathbf{r}'_\alpha \times (\boldsymbol{\omega} \times \mathbf{r}'_\alpha)],$$
$$= \sum_{\alpha} m_\alpha [\boldsymbol{\omega}\, \mathbf{r}_\alpha^2 - \mathbf{r}_\alpha(\mathbf{r}_\alpha \cdot \boldsymbol{\omega})],$$

donde dejé de usar la prima para escribir menos, pero r_α sigue siendo la posición de α con respecto al centro de masa, igual que en la figura. Escribiendo lo mismo en componentes y usando el truco de la identidad con la delta de Kronecker:

$$\mathbf{L}_i = \sum_{\alpha} m_\alpha [\omega_i x_k^\alpha x_k^\alpha - x_i^\alpha x_j^\alpha \omega_j],$$
$$= \sum_{\alpha} m_\alpha [\omega_j \delta_{ij} x_k^\alpha x_k^\alpha - x_i^\alpha x_j^\alpha \omega_j],$$
$$= \omega_j \sum_{\alpha} m_\alpha [\delta_{ij} x_k^\alpha x_k^\alpha - x_i^\alpha x_j^\alpha],$$
$$= I_{ij}^{cm} \omega_j,$$

O sea:

$$\boxed{\mathbf{L} = \mathbb{I}_{cm}\, \boldsymbol{\omega}.} \qquad (5.13)$$

En la base de los ejes principales de inercia $\mathbb{I}$ es diagonal, así que el momento angular intrínseco es simplemente:

$$\boxed{\mathbf{L} = (I_1 \omega_1, I_2 \omega_2, I_3 \omega_3).} \qquad (5.14)$$

Notar las siguientes cuestiones importantes:

- $\mathbf{L}$ y $\boldsymbol{\omega}$ *no* son paralelos (en general).

5.6. MOMENTO ANGULAR

- Si $\mathbb{I}$ es *escalar* ($I_1 = I_2 = I_3$), entonces sí son paralelos.
- Si $\boldsymbol{\omega} \parallel \hat{1}, \hat{2}$ o $\hat{3}$, entonces sí son paralelos.
- Si $I_3 = 0$ e $I_1 = I_2$ (un palito, un rotor), y $\omega_3 = 0$, entonces sí son paralelos.
- En un trompo esférico sin fuerzas externas, $\mathbf{L}$ = cte, entonces $\boldsymbol{\omega}$ = cte y paralela a $\mathbf{L}$.

Ejemplo: Péndulo plano, simétrico

Suspendemos un cuerpo plano y simétrico de un punto P en su eje de simetría. Supongamos que P no es el centro de masa, que también está en el eje de simetría. Tomemos el eje $\hat{1}$ en ese eje, y el eje $\hat{3}$ saliendo del plano del cuerpo como se ve en la figura. El tensor de inercia $\mathbb{I}_P$ es diagonal en los ejes principales. ¿Cuántos grados de libertad tiene este péndulo plano? Uno, y usamos el ángulo ϕ de inclinación del eje de simetría con respecto a la vertical como coordenada generalizada: $\boldsymbol{\omega} = \dot{\phi}\hat{3}$.

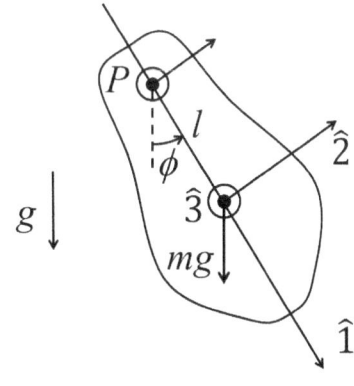

Calculamos el momento angular (¿cuál?[3]) con respecto a P. Como $\mathbb{I}_P$ es diagonal:

$$\mathbf{L}_P = \mathbb{I}_P\, \boldsymbol{\omega} = I_1^P \cancelto{0}{\omega_1}\hat{1} + I_2^P \cancelto{0}{\omega_2}\hat{2} + I_3^P \omega_3 \hat{3},$$
$$= I_3^P \dot{\phi}\hat{3}.$$

En la próxima sección estudiaremos más en detalle la dinámica de los cuerpos rígidos, pero en este caso, con un solo grado de libertad, es fácil. Es como en Física I: el momento angular cambia

---

[3]El intrínseco, porque $\mathbf{L}_P = \sum m_\alpha \mathbf{r}_{P\alpha} \times \mathbf{v}_\alpha = \sum m_\alpha \mathbf{r}_{P\alpha} \times (\cancelto{0}{\mathbf{v}_P} + \boldsymbol{\omega}_\alpha \times \mathbf{r}_{P\alpha}) = \sum m_\alpha \mathbf{r}_{P\alpha} \times \boldsymbol{\omega}_\alpha \times \mathbf{r}_{P\alpha} = \mathbf{L}_{spin}^P = \mathbb{I}^P \boldsymbol{\omega}$. Así que es puro spin alrededor del punto quieto.

porque hay un torque aplicado. El torque es el que produce el peso con respecto al punto de suspensión: $\mathbf{N}_P = -Mgl\sin\phi\,\hat{3}$. Así podemos obtener una ecuación de movimiento:

$$\frac{d\mathbf{L}_P}{dt} = \mathbf{N}_P \Rightarrow \boxed{I_3^P \ddot{\phi} = -Mgl\sin\phi.} \qquad (5.15)$$

Si definimos:
$$\Omega^2 = \frac{Mgl}{I_3^P},$$

podemos escribir la ecuación para pequeñas oscilaciones: $\ddot{\phi}+\Omega^2\phi = 0$. ¿Cuánto vale el momento de inercia? Por Steiner: $I_3^P = I_3^{cm} + Ml^2 \equiv Md^2 + Ml^2 = M(d^2+l^2)$, donde d es una longitud efectiva que depende de la forma del cuerpo. Por lo tanto:

$$\Omega^2 = \frac{\cancel{M}gl}{\cancel{M}(d^2+l^2)} = \frac{g}{\frac{d^2}{l}+l} \equiv \frac{g}{l_1},$$

donde $l_1 = l + d^2/l$ es otra longitud efectiva. El péndulo se mueve como un péndulo simple de longitud l_1.

Durante el siglo XIX este aparato se utilizó para medir la aceleración de la gravedad g en toda la Tierra, determinar la forma del planeta, hacer mapas, etc. Hasta la década de 1930 fue el dispositivo más exacto para medir g. Lo inventó el Capitán Henry Kater del ejército británico, pero la teoría que lo convirtió en un instrumento de precisión la desarrolló el astrónomo alemán Friedrich Bessel.[4] El procedimiento es el que usan aún hoy en las clases de Física Experimental: darlo vuelta y colgarlo de otro punto, etc.

---

[4]Friedrich Bessel, astrónomo alemán (1784–1846). Genial autodidacta, fue el primer astrónomo en calcular la distancia a una estrella midiendo su paralaje (la estrella 61 Cygni). Desarrolló novedosos métodos matemáticos para la reducción de mediciones astronómicas, y también gran cantidad de métodos fundamentales de la física matemática, principalmente en sus aplicaciones a la geodesia y la astronomía. Buena parte de su historia está contada en mi libro *Viaje a las estrellas: de cómo y con qué los hombres midieron el universo* (Colección Ciencia que ladra, Siglo XXI, 2010).

5.6. MOMENTO ANGULAR

Ejemplo más complicado: Rotación libre de un trompo simétrico

"To those who study the progress of exact science, the common spinning-top is a symbol of the labours and the perplexities of men."

James Clerk Maxwell

Este ejemplo lo volveremos a ver en la próxima sección cuando encontremos las ecuaciones de movimiento de un cuerpo rígido. Pero sirve en este punto para ilustrar los fenómenos sorprendentes que pueden aparecer en los cuerpos rígidos aun puramente cinemáticos (en ausencia de fuerzas). Y también para ir familiarizándonos con las herramientas que hemos desarrollado.

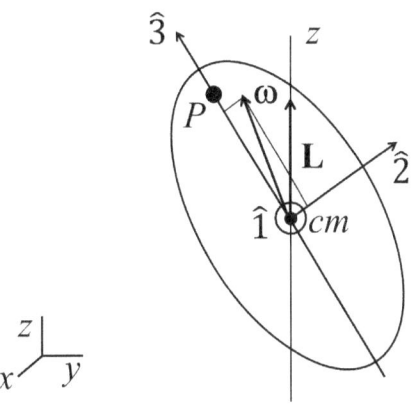

Tenemos un cuerpo rígido con un eje de simetría de revolución, a lo largo del cual acomodamos el eje $\hat{3}$. No hay fuerzas, por lo tanto no hay torques, y por lo tanto el momento angular **L** es constante en módulo y dirección. Digamos que está en la dirección $\hat{z}$, y allí se queda fijo. El **L**, no el cuerpo. El cuerpo puede moverse. Pero **L** está fijo, es un dato del problema, un parámetro. Otro parámetro es $\mathbb{I}$ (con respecto al CM por ejemplo), que es una propiedad del cuerpo dado.

Notemos que $\hat{3}$ y **L** definen un plano. Lo definen a cada instante, porque si bien **L** está fijo, el eje del cuerpo puede moverse al moverse el cuerpo. Pero, sin importar cómo se mueva, instante a instante las dos direcciones definen un plano. Aprovechando la simetría del cuerpo alrededor del eje $\hat{3}$, acomodemos el eje $\hat{1}$ perpendicularmente a este plano: $\hat{1} \perp (\hat{3}, \hat{z})$.

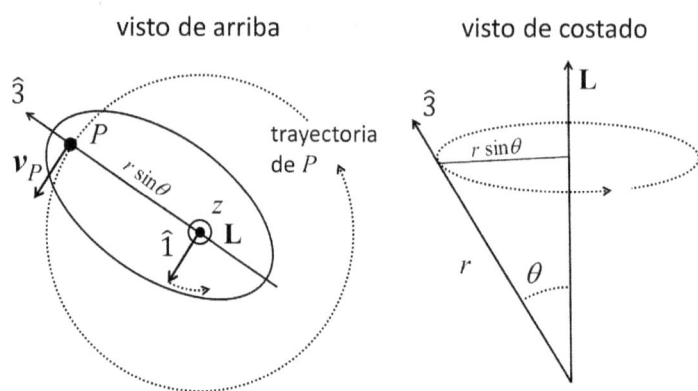

Figura 5.2: Precesión libre de un cuerpo rígido.

Con esta elección del sistema $(\hat{1}, \hat{2}, \hat{3})$, tenemos que $L_1 = 0$. Y como $L_1 = I_1 \omega_1 \Rightarrow \boxed{\omega_1 = 0}$ siempre.

Como $\omega_1 = 0$, resulta que el vector $\boldsymbol{\omega}$ está en el plano $(\hat{3}, \mathbf{L})$, es decir $\boldsymbol{\omega} = (0, \omega_2, \omega_3)$.

En general, como ya dijimos, $\mathbf{L} \nparallel \boldsymbol{\omega}$. ¿Cómo se mueve el cuerpo? Tomemos un punto característico y que sea fácil de analizar. Sea un punto P en el eje $\hat{3}$. Sabemos:

$$\mathbf{v}_P = \boldsymbol{\omega} \times \mathbf{r} = \boldsymbol{\omega} \times r\hat{3}, \text{ porque } \mathbf{v}_{cm} = 0.$$

Con $\boldsymbol{\omega} = \omega_2 \hat{2} + \omega_3 \hat{3} \Rightarrow \mathbf{v}_P = \omega_2 r \hat{1} \parallel \hat{1}$: la velocidad de P es en la dirección de $\hat{1}$, saliendo de la hoja en el instante dibujado en la figura. Esto ocurre *a cada instante*, es decir que mientras $\mathbf{L}$ queda fijo apuntando para arriba, el punto P describe círculos alrededor del eje $\hat{z}$. Es decir, *el eje $\hat{3}$ precede (rota) alrededor del eje $\hat{z}$*. La Fig. 5.2 lo muestra visto desde arriba y de costado.

La velocidad angular de esta precesión es:

$$\boldsymbol{\Omega} = \Omega \hat{z} = \frac{v_P}{r \sin \theta} \hat{z} = \frac{\omega_2 \not{r}}{\not{r} \sin \theta},$$

que es independiente de P. Por otro lado, ω_2 y ω_3 son fáciles de calcular:

$$\omega_2 = \frac{L_2}{I_2} = \frac{L\sin\theta}{I_2} = \text{cte (son todas constantes)},$$

$$\omega_3 = \frac{L_3}{I_3} = \frac{L\cos\theta}{I_3} = \text{cte (no la usaremos)},$$

$$\Rightarrow \frac{\omega_2}{\sin\theta} = \frac{L}{I_2} \Rightarrow \boxed{\Omega = \frac{L}{I_2}}, \text{ constante, con } L \text{ e } I_2 \text{ datos.}$$

¡Notar que esta precesión *no se debe* a la existencia de fuerzas! Es un fenómenos puramente cinemático. Volveremos sobre este tema más adelante.

5.7 Dinámica de un cuerpo rígido

Hasta ahora hemos analizado el movimiento de cuerpos rígidos libres de fuerzas externas. Es decir, la *cinemática* de los cuerpos rígidos. Pero ya tenemos todos los ingredientes para analizar la *dinámica*.

Hay dos situaciones principales a las cuales podemos aplicar las herramientas que venimos desarrollando, y vamos a ver en detalle un caso de cada una:

1. Un cuerpo rígido *apoyado en un punto fijo* (un trompo, por ejemplo). En este caso elegiremos como punto de referencia el punto de apoyo.

2. Un cuerpo rígido *sin punto fijo alguno* (un objeto lanzado al aire, por ejemplo). En este caso elegiremos como punto de referencia el centro de masa.

Hay un tercer caso importante, que corresponde a los vínculos no holónomos (como la rodadura), del cual hay varios ejemplos en el capítulo de Problemas. En estos casos también la estrategia es buscar un punto de referencia que sirva para descomponer el movimiento.

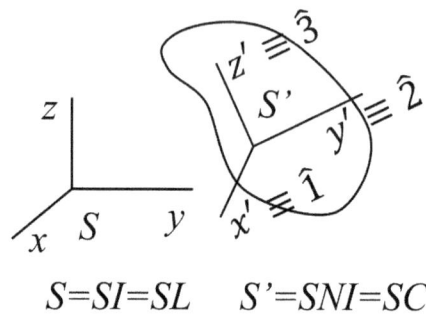

Figura 5.3: Sistemas del laboratorio (inercial) y solidario al cuerpo rígido (no inercial).

En todos los casos, siempre es conveniente trabajar en términos de los ejes principales de inercia. Esto permite aprovechar la forma sencilla que toma la energía cinética. Este sistema de ejes *rota* con el cuerpo rígido, así que es un sistema de referencia no inercial.

Recordemos una vez más que las magnitudes comunes a todos los puntos del cuerpo no tienen por qué mantenerse quietas: al moverse el cuerpo tanto la velocidad angular como la dirección del eje de rotación y los puntos que se encuentran en el eje de rotación pueden cambiar instante a instante.

Ecuaciones de Euler

Las ecuaciones de movimiento que vamos a derivar surgen directamente de un análisis newtoniano (aunque pueden obtenerse también en el formalismo de Lagrange, por supuesto, pero me parece un poco largo y distractivo). Se llaman *ecuaciones de Euler*, y son como una versión rotacional de la segunda ley de Newton, $\mathbf{F} = m\mathbf{a}$.

Elegimos dos sistemas de referencia convenientes (Fig. 5.3). Un sistema inercial (x, y, z) (sistema *del laboratorio*) y un sistema fijo al cuerpo, con origen en el CM o en el punto fijo (x', y', z'). Recordemos

5.7. DINÁMICA DE UN CUERPO RÍGIDO

además que para todo cuerpo, y para todo punto (sin importar la simetría del cuerpo ni el punto), existen *ejes principales*, cuya elección como base del sistema de coordenadas simplifica la forma del momento angular. Consideremos entonces estos dos hechos:

(A) Si elegimos ejes principales $(\hat{1}, \hat{2}, \hat{3})$, el momento angular *en el sistema del cuerpo* es sencillamente

$$\mathbf{L} = (I_1\omega_1, I_2\omega_2, I_3\omega_3).$$

(B) Sabemos cómo evoluciona el momento angular *en el sistema del laboratorio*, por acción del torque externo:

$$\left(\frac{d\mathbf{L}}{dt}\right)_{SL} = \mathbf{N}, \qquad (5.16)$$

como calculamos en (5.11) ya que un cuerpo rígido no es más que un sistema de partículas.

¿Cómo podemos vincular (A) con (B)? Bueno, el SC es un sistema no inercial que rota con velocidad angular $\boldsymbol{\omega}$. Tenemos que calcular una derivada temporal en un sistema no inercial. En los libros encontrarán capítulos enteros sobre el tema, que tiene muchos fenómenos interesantes (Coriolis, el péndulo de Foucault, las mareas, etc). Hagamos rapidito el cálculo.

Paréntesis: Derivadas temporales en un sistema rotante

La velocidad de cualquier punto fijo al cuerpo rígido (o sea, al sistema no inercial en rotación) es:

$$\mathbf{v}_P = \boldsymbol{\omega} \times \mathbf{r} \Rightarrow \frac{d\mathbf{r}}{dt} = \boldsymbol{\omega} \times \mathbf{r}.$$

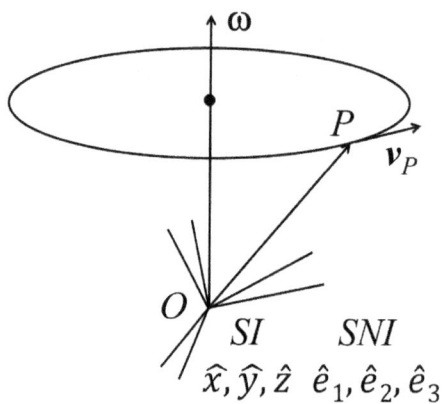

Esta fórmula vale para cualquier vector **r** fijo al sistema no inercial, incluso para los versores:

$$\frac{d\hat{e}_i}{dt} = \boldsymbol{\omega} \times \hat{e}_i. \tag{5.17}$$

Sea un vector **a** arbitrario, que pueda cambiar en el tiempo. Queremos encontrar la relación entre su velocidad vista desde el sistema inercial y desde el sistema no inercial, que llamaremos

$$\left(\frac{d\mathbf{a}}{dt}\right)_{SI} \text{ y } \left(\frac{d\mathbf{a}}{dt}\right)_{SNI}.$$

Escribo el vector en coordenadas en el sistema no inercial:

$$\mathbf{a} = a_1\hat{e}_1 + a_2\hat{e}_2 + a_3\hat{e}_3,$$

donde los $\hat{e}_i$ están fijos en el sistema no inercial, lo cual es conveniente si uno se para en el sistema no inercial.

Notemos que el desarrollo en estas coordenadas vale también en el sistema inercial, ¡sólo que los $\hat{e}_i$ se mueven!

Calculo la derivada en el sistema no inercial:

$$\left(\frac{d\mathbf{a}}{dt}\right)_{SNI} = \sum_i \frac{da_i}{dt}\hat{e}_i, \tag{5.18}$$

5.7. DINÁMICA DE UN CUERPO RÍGIDO

donde hay que notar dos cosas: las componentes cambian y los versores no. Los versores no cambian porque en el sistema no inercial están fijos. Sólo cambian las componentes. Pero al escribir la derivada no es necesario poner los paréntesis y el subíndice SNI, porque las componentes son las mismas vistas en los dos sistemas.

Ahora derivamos en el sistema inercial:

$$\left(\frac{d\mathbf{a}}{dt}\right)_{SI} = \underbrace{\sum_i \frac{da_i}{dt}\hat{e}_i}_{\text{es (5.18)}} + \sum_i a_i \left(\frac{d\hat{e}_i}{dt}\right)_{SI}, \qquad (5.19)$$

donde los versores ahora sí cambian, vistos desde el sistema inercial. Usando (5.17):

$$\sum_i a_i \left(\frac{d\hat{e}_i}{dt}\right)_{SI} = \sum_i a_i (\boldsymbol{\omega} \times \hat{e}_i),$$

$$= \boldsymbol{\omega} \times \sum_i a_i \hat{e}_i \quad (\boldsymbol{\omega} \text{ es independiente de } i),$$

$$= \boldsymbol{\omega} \times \mathbf{a},$$

$$\Rightarrow \boxed{\left(\frac{d\mathbf{a}}{dt}\right)_{SI} = \left(\frac{d\mathbf{a}}{dt}\right)_{SNI} + \boldsymbol{\omega} \times \mathbf{a},}$$

que a veces escribimos:

$$\boxed{\left(\frac{d\cdot}{dt}\right)_{SI} = \left(\frac{d\cdot}{dt}\right)_{SNI} + \boldsymbol{\omega} \times \cdot\,.}$$

Volvamos al problema del cuerpo rígido y la cuestión del momento angular. Por lo que acabamos de calcular, podemos escribir:

$$\left(\frac{d\mathbf{L}}{dt}\right)_{SL} = \left(\frac{d\mathbf{L}}{dt}\right)_{SC} + \boldsymbol{\omega} \times \mathbf{L}, \qquad (5.20)$$

y juntando las Ecs. (5.16) y (5.20):

$$\left(\frac{d\mathbf{L}}{dt}\right)_{SC} + \boldsymbol{\omega} \times \mathbf{L} = \mathbf{N},$$

que en general escribimos sin el subíndice SC (pero sin olvidar que nos referimos al sistema solidario al cuerpo):

$$\boxed{\dot{\mathbf{L}} + \boldsymbol{\omega} \times \mathbf{L} = \mathbf{N}.} \qquad (5.21)$$

Ésta es la *ecuación de Euler*, que es la ecuación dinámica equivalente a $F = ma$ para la rotación referida al SC. Vale la pena decir que todavía no usamos los ejes principales, así que la Ec. (5.21) es completamente general. Usemos ahora los ejes principales:

$$\mathbf{L} = (I_1\omega_1, I_2\omega_2, I_3\omega_3),$$

$$\Rightarrow \dot{\mathbf{L}} = (I_1\dot{\omega}_1, I_2\dot{\omega}_2, I_3\dot{\omega}_3).$$

Y por otro lado:

$$\boldsymbol{\omega} \times \mathbf{L} = \det \begin{bmatrix} \hat{1} & \hat{2} & \hat{3} \\ \omega_1 & \omega_2 & \omega_3 \\ I_1\omega_1 & I_2\omega_2 & I_3\omega_3 \end{bmatrix}, \text{(¡cada columna tiene sólo una } \omega_i!)$$

$$= \begin{pmatrix} I_3\,\omega_2\omega_3 - I_2\,\omega_2\omega_3 \\ I_1\,\omega_1\omega_3 - I_3\,\omega_1\omega_3 \\ I_2\,\omega_1\omega_2 - I_1\,\omega_1\omega_2 \end{pmatrix}, \text{(¡factores comunes!)}$$

$$= \begin{pmatrix} (I_3 - I_2)\,\omega_2\omega_3 \\ (I_1 - I_3)\,\omega_1\omega_3 \\ (I_2 - I_1)\,\omega_1\omega_2 \end{pmatrix}.$$

Juntando los términos y escribiendo una ecuación por coordenada tenemos las *ecuaciones de Euler*:

$$I_1\,\dot{\omega}_1 + (I_3 - I_2)\,\omega_2\,\omega_3 = N_1, \qquad (5.22)$$
$$I_2\,\dot{\omega}_2 + (I_1 - I_3)\,\omega_1\,\omega_3 = N_2, \qquad (5.23)$$
$$I_3\,\dot{\omega}_3 + (I_2 - I_1)\,\omega_1\,\omega_2 = N_3. \qquad (5.24)$$

5.7. DINÁMICA DE UN CUERPO RÍGIDO

Estas ecuaciones determinan la evolución de la velocidad angular $\boldsymbol{\omega}$, vista en un sistema solidario al cuerpo.

Las ecuaciones de Euler son complicadas por dos razones. En primer lugar, son 3 ecuaciones diferenciales acopladas y no lineales (¡independientemente de la interacción, a diferencia de la segunda ley de Newton!). En segundo lugar, las componentes del torque externo **N**, *vistas desde el cuerpo*, son funciones del tiempo (porque el torque es externo y el SC está girando), desconocidas y en general complicadas. Por esta razón la principal utilidad de estas ecuaciones corresponde a los casos en que el torque aplicado es cero. Éste es uno de los casos que vamos a analizar en detalle.

Hay otras situaciones simplificadas. Notemos que los momentos de inercia aparecen restados, así que las simetrías del cuerpo ayudan a simplificar las ecuaciones. Por ejemplo, si $I_1 = I_2 \neq I_3$ la Ec. (5.24) se desacopla. Y si el torque es siempre perpendicular al eje de simetría (I_3), como es el caso del torque gravitatorio para un trompo apoyado, entonces $N_3 = 0$, y tenemos $\dot\omega_3 = 0$. Así que ω_1 y ω_2 cambian sin afectar a ω_3, lo cual es un resultado valioso. Veremos este caso un poco más adelante.

Movimiento libre de un trompo simétrico

Vamos a estudiar un par de situaciones libres de torques, a manera de ejemplos. En los dos casos hay una dinámica interesante e ilustrativa. Escribamos las ecuaciones de Euler para un cuerpo rígido libre de torques:

$$I_1 \dot\omega_1 = (I_2 - I_3)\, \omega_2\, \omega_3,$$
$$I_2 \dot\omega_2 = (I_3 - I_1)\, \omega_3\, \omega_1,$$
$$I_3 \dot\omega_3 = (I_1 - I_2)\, \omega_1\, \omega_2.$$

(Notar que I_1, I_2 e I_3 aparecen permutados cíclicamente. Escrito así, las diferencias llevan signos positivos delante de los paréntesis.)

Si adicionalmente no hay fuerzas externas, el centro de masa está quieto con respecto al sistema del laboratorio (o moviéndose con

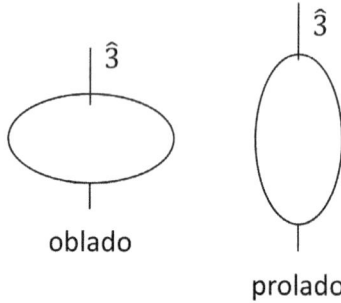

oblado

prolado

movimiento rectilíneo uniforme, y podemos considerarlo quieto). En tal caso se conserva la energía cinética y el momento angular total. Estas dos constantes permiten integrar completamente las ecuaciones de Euler en términos de funciones elípticas. Pero no es un programa particularmente interesante ni pedagógico. Miremos, mejor, un caso más sencillo e ilustrativo: un *trompo simétrico*. Digamos que:

$$\boxed{I_1 = I_2 \neq I_3,}$$

es decir, el eje $\hat{3}$ es un eje de simetría del cuerpo. Hay dos tipos de cuerpos con esta forma: *prolados* (como un zucchini, o un huevo) y *oblados* (como un zapallito, o como la Tierra misma).[5]

Digamos además que $\boldsymbol{\omega}$ no coincide con ninguno de los ejes principales, si no es trivial.

Pongamos esta forma en las ecuaciones de Euler:

$$I_1 \dot{\omega}_1 = (I_1 - I_3)\,\omega_2\,\omega_3,$$
$$I_1 \dot{\omega}_2 = (I_3 - I_1)\,\omega_3\,\omega_1,$$
$$I_3 \dot{\omega}_3 = \cancel{(I_1 - I_1)}\,\omega_1\,\omega_2 \Rightarrow \boxed{\omega_3 = \text{constante.}}$$

---

[5]Estos adjetivos no existen en castellano. Los españolicé del inglés *prolate* y *oblate*. En castellano existe "oblongo", que significa "más largo que ancho", es decir *prolate*. Su antónimo es "achatado", que vendría a ser la traducción de *oblate*. La Wikipedia en español tiene una nota sobre esferoides "prolatos" y "oblatos", donde podemos ver que el esferoide prolato es oblongo. Todo esto es muy confuso. Sólo vale la pena recordar que hay de dos tipos, dependiendo de la relación entre sus momentos de inercia.

5.7. DINÁMICA DE UN CUERPO RÍGIDO

Vemos que la tercera ecuación se desacopla, dando ω_3 constante, vista desde el cuerpo. Así que podemos escribir las otras dos ecuaciones como:

$$\dot{\omega}_1 = \left(\frac{I_1 - I_3}{I_1}\omega_3\right)\omega_2 \equiv \Omega_c\,\omega_2,$$

$$\dot{\omega}_2 = -\left(\frac{I_1 - I_3}{I_1}\omega_3\right)\omega_1 \equiv -\Omega_c\,\omega_1,$$

donde Ω_c es una constante (con unidades de velocidad angular) con subíndice c para recordar que depende del cuerpo y que está vista desde el cuerpo.

Estas ecuaciones parecen sencillas. ¿Cómo las resolvemos? Como la constante que multiplica los miembros de la derecha es la misma, conviene usar el truco de definir una variable compleja:

$$\left.\begin{array}{l}\dot{\omega}_1 = \Omega_c\omega_2 \\ \dot{\omega}_2 = -\Omega_c\omega_1\end{array}\right\} \Rightarrow \left.\begin{array}{l}\dot{\omega}_1 - \Omega_c\omega_2 = 0 \\ \dot{\omega}_2 + \Omega_c\omega_1 = 0\end{array}\right\} \Rightarrow \begin{array}{l}\dot{\omega}_1 - \Omega_c\omega_2 = 0, \\ i\dot{\omega}_2 + \Omega_c\,i\omega_1 = 0,\end{array}$$

multiplicando la última por i. Sumo:

$$\dot{\omega}_1 + i\dot{\omega}_2 - \Omega_c\omega_2 + \Omega_c i\omega_1 = 0,$$
$$\Rightarrow \dot{\omega}_1 + i\dot{\omega}_2 + \Omega_c(i\omega_1 - \omega_2) = 0.$$

Sea $z = \omega_1 + i\omega_2$. Con lo cual $\dot{z} = \dot{\omega}_1 + i\dot{\omega}_2$, e $iz = i\omega_1 + i^2\omega_2 = i\omega_1 - \omega_2$, que es lo que tenemos entre paréntesis:

$$\boxed{\dot{z} + i\Omega_c z = 0,}$$

que se resuelve muy fácil:

$$z(t) = z_0 e^{-i\Omega_c t}, \quad z_0 \in \mathbb{C}.$$

Podemos elegir los ejes $\hat{1}$ y $\hat{2}$ de manera que a $t = 0$ el eje $\hat{1}$ apunte en la dirección de la proyección de $\boldsymbol{\omega}$ en ese plano, y tengamos entonces $\omega_1 = \omega_0$ y $\omega_2 = 0$, con lo cual $z_0 = \omega_0 \in \mathbb{R}$. Así:

$$\boxed{z(t) = \omega_0 e^{-i\Omega_c t}.} \tag{5.25}$$

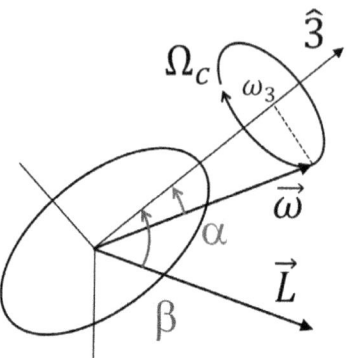

Figura 5.4: Precesión libre vista desde el cuerpo rígido.

Tomando las partes real e imaginaria de $z(t)$ tenemos la solución completa:

$$\boldsymbol{\omega} = (\omega_0 \cos \Omega_c t, -\omega_0 \sin \Omega_c t, \omega_3),$$

con ω_0 y ω_3 constantes (son condiciones iniciales). (Notar que ω_3 está también metida en Ω_c.)

Paréntesis: podríamos sacar ω_0 y ω_3 de la conservación de la energía y el momento angular:

$$T = \tfrac{1}{2}\boldsymbol{\omega} \cdot \mathbf{L} = \tfrac{1}{2}(\omega_1, \omega_2, \omega_3) \cdot (I_1\omega_1, I_2\omega_2, I_3\omega_3),$$
$$= \tfrac{1}{2}I_1\omega_0^2 + \tfrac{1}{2}I_3\omega_3^2,$$
$$L^2 = I_1^2\omega_0^2 + I_3^2\omega_3^2,$$
$$\Rightarrow (\omega_0, \omega_3)\ldots$$

¿Cómo interpretamos esta solución? ¿Cómo es el movimiento? Bueno, tenemos que ω_3 es constante a lo largo del eje $\hat{3}$, mientras que ω_1 y ω_2 rotan con velocidad constante.

Vista desde el cuerpo (Fig. 5.4), entonces, la velocidad angular *precede* alrededor del eje de simetría. La velocidad de esta precesión es Ω_c. El ángulo que forma $\boldsymbol{\omega}$ con el eje $\hat{3}$ es constante (α en la figura). Es decir, $\boldsymbol{\omega}$ describe un *cono* cuyo eje es el eje de simetría. (El sentido de la precesión depende del signo de $I_1 - I_3$.)

5.7. DINÁMICA DE UN CUERPO RÍGIDO

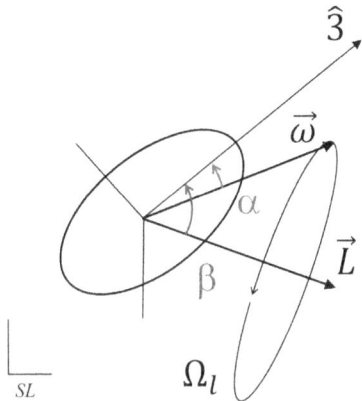

Figura 5.5: Precesión libre vista desde el laboratorio.

El momento angular no es paralelo a $\boldsymbol{\omega}$, pero está relacionado con ella:

$$\begin{aligned}\mathbf{L} &= (I_1\omega_1\,,\,I_2\omega_2\,,\,I_3\omega_3),\\ &= (I_1\omega_0\cos\Omega_c t\,,\,-I_1\omega_0\sin\Omega_c t\,,\,I_3\omega_3).\end{aligned}$$

Y vemos que le pasa lo mismo que a $\boldsymbol{\omega}$: la componente $\hat{3}$ es constante ($I_3\omega_3$) y la componente en el plano $(\hat{1},\hat{2})$ rota con velocidad angular constante. O sea, $\mathbf{L}$ también precede con velocidad Ω_c alrededor del eje $\hat{3}$. Como la velocidad de precesión es la misma para $\boldsymbol{\omega}$ que para $\mathbf{L}$, los vectores $\hat{3}$, $\boldsymbol{\omega}$ y $\mathbf{L}$ están siempre en un mismo plano, manteniendo los ángulos α y β.

Paréntesis: que $\hat{3}$, $\boldsymbol{\omega}$ y $\mathbf{L}$ son coplanares es fácil de demostrar matemáticamente, observando que $\mathbf{L}\cdot(\boldsymbol{\omega}\times\hat{3}) = 0$:

$$\boldsymbol{\omega}\times\hat{3} = \omega_2\hat{1} - \omega_1\hat{2}, \quad \mathbf{L} = (I_1\omega_1\,,\,I_2\omega_2\,,\,I_3\omega_3),$$
$$\Rightarrow \mathbf{L}\cdot\boldsymbol{\omega}\times\hat{3} = I_1\omega_1\omega_2 - I_1\omega_2\omega_1 = 0.$$

Lo que acabamos de describir es distinto de lo que describimos en la Sección 5.6, donde vimos que $\hat{3}$ precedía alrededor de $\mathbf{L}$. ¡Pero tiene que estar relacionado, porque es el mismo sistema! Veamos.

¿Cómo se ve el movimiento desde el sistema inercial del laboratorio? En el SL el vector **L** está fijo porque no actúan torques. Para satisfacer que $\hat{3}$, $\boldsymbol{\omega}$ y **L** permanezcan en el mismo plano, ambos vectores, $\hat{3}$ y $\boldsymbol{\omega}$, tienen que rotar alrededor de **L**, conservando los ángulos α y β (Fig. 5.5). Esto define *otro* cono, el *cono del laboratorio* de $\boldsymbol{\omega}$ alrededor de **L**.

¿Se entiende por qué tiene que ocurrir ésto? Los tres vectores están en un plano, con ángulos constantes entre ellos. Esto es así en cualquier sistema de referencia (¡no relativista!). Los vectores son vectores, apuntan para donde apuntan y listo. Son sus coordenadas las que dependen del sistema de referencia. Entonces, con **L** fijo y el cuerpo rotando alrededor de $\boldsymbol{\omega}$, necesariamente el eje $\hat{3}$ tiene que rotar alrededor de **L**. Y entonces $\boldsymbol{\omega}$ *también* debe rotar, acomodándose para permanecer los tres en un mismo plano.

El que no se convenció puede pensarlo de la siguiente manera. En ausencia de fuerzas la energía cinética es constante:

$$T_{rot} = \tfrac{1}{2}\boldsymbol{\omega}\cdot\mathbf{L}.$$

En ese producto escalar, como **L** está fijo, $\boldsymbol{\omega}$ debe cambiar de manera que su proyección en la dirección de **L** sea constante. Esto determina el cono del laboratorio y la precesión de $\boldsymbol{\omega}$ alrededor de **L** con velocidad Ω_l.

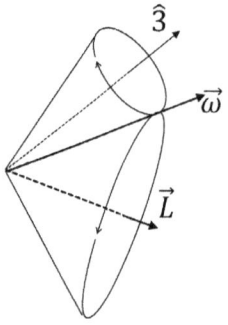

Tenemos entonces dos conos, apoyados uno sobre el otro a lo largo de una generatriz ($\boldsymbol{\omega}$), y rodando uno sobre el otro: con $\hat{3}$ fijo visto desde el cuerpo, y con **L** fijo visto desde el laboratorio. Los ángulos α y β son en general distintos, así que las velocidades de precesión también son distintas, $\Omega_c \neq \Omega_l$. Puede demostrarse que $\Omega_l = L/I_1$, (como hicimos en el segundo ejemplo de la Sección 5.6).

Nota importante. La precesión que vemos aquí no tiene origen en ningún torque externo aplicado al cuerpo. En particular, no tiene nada que ver con la *precesión de los equinoccios*, que es una precesión del eje de la Tierra con respecto a las estrellas fijas, debida al torque gravitatorio del Sol y la Luna sobre el bulto ecuatorial del planeta.[6] La precesión de los equinoccios tiene un período de 26000 años, y fue descubierta por los astrónomos antiguos (por Hiparco, según Ptolomeo), basándose en miles de años de observaciones de los astrónomos babilonios.

Pero la Tierra es justamente un cuerpo con un eje de simetría. ¿Tendrá una precesión "libre"? Euler, por supuesto, predijo que debería ser así. ¿Qué período debería tener? Tenemos:

$$\Omega_c = \frac{I_1 - I_3}{I_1}\,\omega_3,$$

y para la Tierra $(I_1 - I_3)/I_1 \approx 1/300$. Como ω_3 es la revolución diurna, es una vuelta por día. Así que $\Omega_c \approx \omega_3/300$ es una vuelta cada 300 días: 10 meses. Desde el punto de vista de alguien parado en la Tierra, esta precesión se manifestaría como un cambio en la latitud y la longitud, que se miden con respecto al eje de rotación de la Tierra (la dirección de $\boldsymbol{\omega}$), el cual se encontraría en movimiento con respecto al sistema fijo a la Tierra. (¡A menos que justo fuera $\boldsymbol{\omega} \parallel \hat{3}$ exactamente!)

Un movimiento de este tipo fue descubierto por el astrónomo aficionado Seth Chandler, en 1891. No es una precesión estricta, sino algo más irregular, así que se la llama *Chandler wobble* (bamboleo de Chandler, Fig. 5.6). Tiene un período de unos 400 días, así que parece ser la precesión libre de la Tierra. Su amplitud es de unos 10 m (en el polo sur), que corresponden a 0.32″ de inclinación. Su estudio es complicado, principalmente porque la Tierra no es rígida. Encima, su análisis espectral parece indicar un amortiguamiento. Lo cual está muy bien, porque tanto las mareas como el movimiento diferencial del núcleo producen disipación. Pero el tiempo característico de este amortiguamiento sería de 10–20 años, y no se sabe qué lo mantiene vivo. Además, cambió de fase en 180° y nadie sabe por

---

[6] En el libro de Goldstein está hecho con todo detalle el cálculo de la precesión del equinoccio, Sección 5.8.

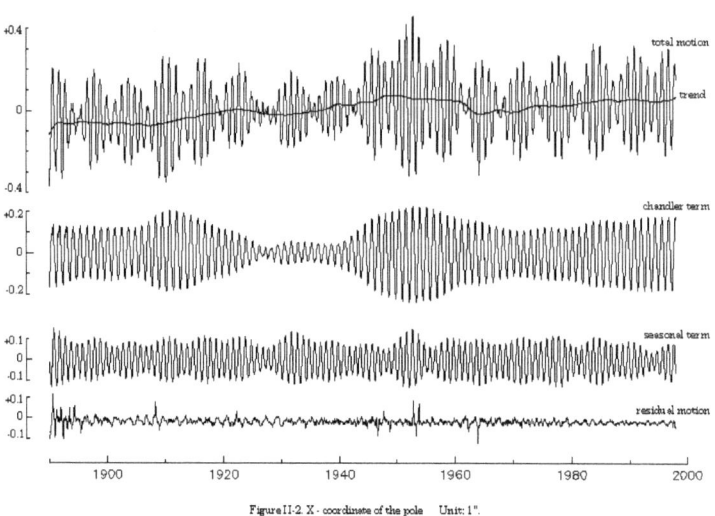

Figura 5.6: Coordenada x del polo sur desde 1890, mostrando una tendencia, un término estacional y uno de Chandler. El movimiento residual de la parte inferior incluye irregularidades que recurren en un rango de días a años, debidos al forzado atmosférico. (Fuente: IERS.)

qué[7]. Se encarga de su monitoreo un organismo internacional con un nombre copadísimo: el *International Earth Rotation and Reference Systems Service*.

Movimiento libre de un cuerpo sin simetrías

En segundo lugar vamos a analizar la dinámica de un cuerpo rígido con tres momentos de inercia distintos, digamos $I_1 < I_2 < I_3$. Consideremos también un movimiento libre de fuerzas, y pensemos en una situación en la que la rotación es alrededor de uno de los ejes principales. O casi: lo hacemos rotar alrededor de un eje principal, pero le pifiamos un poquito. ¿Qué pasa?

---

[7]Z Malkin and N Miller, *Chandler wobble: two more large phase jumps revealed*, arxiv.org/pdf/0908.3732.pdf

5.7. DINÁMICA DE UN CUERPO RÍGIDO

Figura 5.7: *Trust me, you don't want to get on the wrong side of the paramilitary enforcement arm of the International Earth Rotation and Reference Systems Service* (Randal Munroe, xkcd: Foucault pendulum (xkcd.com/2201)).

Empecemos, para concretar, con una rotación alrededor del eje $\hat{1}$:
$$\boldsymbol{\omega} = \omega_1 \hat{1} + \epsilon\,\hat{2} + \delta\,\hat{3},$$
con ϵ y δ pequeños, en particular $\epsilon \ll \omega_1$ y $\delta \ll \omega_1$. Así que el cuerpo está girando *casi* alrededor del eje $\hat{1}$. ¿Qué nos dicen las ecuaciones de Euler?
$$\begin{aligned} I_1\,\dot{\omega}_1 &= (I_2 - I_3)\,\epsilon\,\delta, \\ I_2\,\dot{\epsilon} &= (I_3 - I_1)\,\delta\,\omega_1, \\ I_3\,\dot{\delta} &= (I_1 - I_2)\,\omega_1\,\epsilon. \end{aligned}$$

Hay un solo término donde aparece $\epsilon\delta$, el producto de dos cantidades pequeñas. Despreciamos este término (estrictamente, ésta es la condición de pequeñez: que podamos despreciar este término con respecto a las otras magnitudes del problema). Entonces, en la primera ecuación:
$$\epsilon\delta \approx 0 \Rightarrow \dot{\omega}_1 \approx 0 \Rightarrow \boxed{\omega_1 \approx \text{cte.}}$$

Es decir, el cuerpo gira alrededor de $\hat{1}$ con la velocidad que le dimos. Fenómeno.

Las otras ecuaciones nos dicen cómo evolucionan $\epsilon(t)$ y $\delta(t)$:

$$\dot\epsilon = \left(\frac{I_3 - I_1}{I_2}\omega_1\right)\delta,$$

$$\dot\delta = \left(\frac{I_1 - I_2}{I_3}\omega_1\right)\epsilon.$$

Son dos ecuaciones diferenciales de primer orden, *lineales*. El sistema es parecido al del problema anterior, el de la precesión libre. Pero acá los coeficientes constantes son distintos entre sí. No podemos usar el truco de la variable compleja. ¿Cómo resolvemos este sistema?

Una manera es pasar al sistema de segundo orden (es equivalente a "despejar y reemplazar" en los sistemas algebraicos). Pongamos:

$$\begin{cases} \dot\epsilon = a\,\delta \Rightarrow \ddot\epsilon = a\,\dot\delta, \\ \dot\delta = b\,\epsilon, \end{cases}$$

$$\Rightarrow \boxed{\ddot\epsilon = ab\,\epsilon,}$$

que es una ecuación lineal de segundo orden. La solución de esta ecuación la podemos escribir como combinación lineal de senos y cosenos (que es lo mejor cuando el coeficiente nos da un cambio de signo) o como combinación de exponenciales complejas (que es lo que conviene hacer cuando no sabemos nada de los signos de los coeficientes). Acá sabemos los signos. Pero cuando terminemos de analizar lo que pasa con la rotación alrededor de $\hat 1$ vamos a querer hacer lo mismo con las rotaciones alrededor de $\hat 2$ y $\hat 3$, donde las diferencias entre momentos angulares van a quedar diferentes. Así que nos conviene encontrar una expresión general. Buscamos entonces una solución de la forma:

$$\epsilon(t) = A\,e^{i\Omega t} + B\,e^{-i\Omega t},$$

$$\Rightarrow \ddot\epsilon = A(i\Omega)^2 e^{i\Omega t} + B(-i\Omega)^2 e^{-i\Omega t},$$
$$= -\Omega^2 A\,e^{i\Omega t} - \Omega^2 B\,e^{-i\Omega t},$$
$$= -\Omega^2\,\epsilon,$$

5.7. DINÁMICA DE UN CUERPO RÍGIDO

$$\Rightarrow \Omega = \sqrt{-ab} = \sqrt{-\frac{(I_3 - I_1)}{I_2}\frac{(I_1 - I_2)}{I_3}\omega_1^2},$$

$$= \omega_1\sqrt{\frac{(I_3 - I_1)(I_2 - I_1)}{I_2 I_3}},$$

donde usé el signo menos para invertir el factor $(I_1 - I_2)$; así, como I_1 es el menor de los momentos de inercia, todos los factores en el radicando son positivos, y Ω es un número real. Por lo tanto, $\epsilon(t)$ hace una oscilación armónica.

Las ecuaciones para $\epsilon(t)$ y para $\delta(t)$ son equivalentes, así que si despejamos $\ddot{\delta}$ en lugar de $\ddot{\epsilon}$ obtenemos la misma ecuación, con la misma Ω, y tanto $\epsilon(t)$ como $\delta(t)$ son oscilaciones armónicas. De manera que el movimiento preserva la pequeñez de ϵ y δ, y el cuerpo se mantiene rotando aproximadamente alrededor del eje $\hat{1}$, el de menor momento de inercia.

¿Qué pasa si lo ponemos a rotar alrededor de alguno de los otros ejes? El análisis es completamente análogo. En cada caso se anula el término $\epsilon\delta$ en una ecuación de Euler diferente. Así que podemos directamente usar la Ω encontrada permutando con cuidado los índices:

$$\Omega_1 = \omega_1\sqrt{\frac{(I_3 - I_1)(I_2 - I_1)}{I_2 I_3}} \quad \in \mathbb{R},$$

$$\Omega_2 = \omega_2\sqrt{\frac{(I_2 - I_3)(I_2 - I_1)}{I_1 I_3}} \quad \notin \mathbb{R} \text{ porque } (I_2 - I_3) < 0,$$

$$\Omega_3 = \omega_3\sqrt{\frac{(I_3 - I_2)(I_3 - I_1)}{I_1 I_2}} \quad \in \mathbb{R}.$$

Vemos que si el cuerpo rota aproximadamente alrededor de los ejes correspondientes al *mayor* o al *menor* de los momentos de inercia, el movimiento es *estable*. Ojo: no es asintóticamente estable, pero se mantiene acotado. En cambio, si rota alrededor del eje que corresponde al momento de inercia *intermedio*, Ω_2 es imaginario, y las perturbaciones se comportan distinto:

$$\begin{aligned}\epsilon(t) &= A\,e^{i\Omega_2 t} + B\,e^{-i\Omega_2 t}, \\ &= A\,e^{ii\alpha t} + B\,e^{-ii\alpha t}, \\ &= \underbrace{A\,e^{-\alpha t}}_{\to 0} + \underbrace{B\,e^{\alpha t}}_{\to \infty}.\end{aligned}$$

Así que $\epsilon(t)$ y $\delta(t)$ empiezan a crecer de manera no acotada y la rotación deja de estar alineada aproximadamente al eje $\hat{2}$.

Por supuesto, ω_1 y ω_3 *no divergen*, porque el análisis que hicimos está basado en que sean pequeñas. Cuando crecen no podemos despreciar nada en las ecuaciones de Euler y el movimiento es más complicado. Lo que se ve es un paseo de $\boldsymbol{\omega}$ por todo el cuerpo, alejándose del eje $\hat{2}$ y acercándose nuevamente a él. Es sencillo demostrarlo con un pedazo de madera, un libro, una Rhodesia, una billetera, hasta una raqueta de tenis.[8]

Finalmente, si $I_1 = I_2$, el único movimiento estable es la rotación alrededor del eje $\hat{3}$, ya sea si $I_3 < I_1$ o si $I_1 < I_3$. En este caso, $\epsilon(t)$ no crece exponencialmente sino linealmente (ejercicio).

5.8 Ángulos de Euler

En una formulación lagrangiana del movimiento de un cuerpo rígido necesitamos 3 coordenadas generalizadas que nos describan la orientación del cuerpo con respecto a los ejes del sistema inercial (SL). Es decir, la orientación de los ejes del sistema del cuerpo con respecto a los ejes del SL. Hay varias maneras de hacerlo, todas ellas increíblemente complicadas. De lejos, la más usual y la más útil es la que forman los *ángulos de Euler*. Se trata entonces de una elección de variables angulares que relacionan los ejes $\hat{x}'$, $\hat{y}'$, $\hat{z}'$ con respecto a $\hat{x}$, $\hat{y}$, $\hat{z}$. Se necesitan 3 rotaciones sucesivas para pasar de una terna a la otra. A los ángulos de estas tres rotaciones los llamamos θ, ϕ y ψ, alrededor de tres ejes diferentes (Fig. 5.8).

---

[8]Ver el video Dancing T-handle in zero-g (youtu.be/1n-HMSCDYtM). Me imagino la cara de estupor del primer astronauta al que le pasó esto.

5.8. ÁNGULOS DE EULER

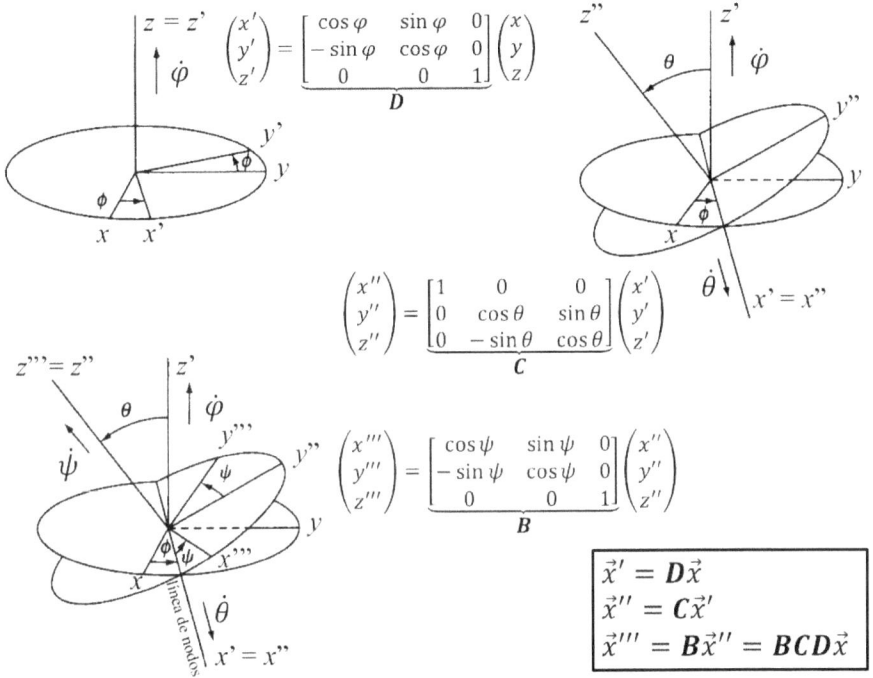

Figura 5.8: Las tres rotaciones que definen los ángulos de Euler.

Imaginemos el cuerpo inicialmente con sus ejes alineados con $\hat{x}$, $\hat{y}$, $\hat{z}$.

Paso 1. Rotación de ángulo ϕ alrededor del eje $\hat{z}$. Esto lleva $x \to x'$, $y \to y'$, manteniéndolos en el plano perpendicular a z.

Paso 2. Rotación de ángulo θ alrededor del eje $\hat{x}'$. Esto mueve z' (que todavía era z) e y', dejando x' sin cambio. Evidentemente estas dos operaciones nos permiten poner z'' en la orientación que queramos (por ejemplo, la $\hat{3}$ del cuerpo rígido). Así que sólo queda por hacer una rotación con eje z''.

Paso 3. Rotación de ángulo ψ alrededor del eje $\hat{z}''$. Esto finalmente "eleva" $x'' \to x'''$, sacándolo del plano perpendicular a z.

Los tres ángulos (θ, ϕ, ψ) especifican la orientación del cuerpo en el espacio. Por ejemplo, podemos hacerlo de manera que $\hat{z}''' \equiv \hat{3}$,

$\hat{x}''' \equiv \hat{1}$, $\hat{y}''' \equiv \hat{2}$, y tenemos las direcciones principales de inercia orientadas con respecto a (x, y, z). Para poder usarlos tenemos que expresar en términos de ellos algunos parámetros del cuerpo rígido, en particular la velocidad angular $\boldsymbol{\omega}$.

Para calcular las componentes del vector $\boldsymbol{\omega}$ observemos que las tres operaciones que usamos para definir los ángulos de Euler son rotaciones de los sistemas de coordenadas intermedios. Para encontrar la velocidad angular del cuerpo rígido con respecto al SL, no tenemos más que sumar las velocidades angulares relativas de cada sistema respecto del anterior. Sumarlas vectorialmente.[9] Entonces tenemos:

$$\boldsymbol{\omega} = \dot{\phi}\,\hat{z} + \dot{\theta}\,\hat{\eta} + \dot{\psi}\,\hat{3},$$

que es un híbrido de sistemas de coordenadas, pero que podemos manejar vectorialmente. (La dirección que llamamos $\hat{\eta}$ es la dirección de la línea de nodos.)

Para empezar, tenemos que transformar la componente en $\hat{z}$ al SC. Esto requiere el uso de las tres rotaciones:

$$(\boldsymbol{\omega}_\phi)''' = BCD\boldsymbol{\omega}_\phi = BCD \begin{pmatrix} 0 \\ 0 \\ \dot{\phi} \end{pmatrix} = \begin{pmatrix} \dot{\phi}\sin\theta\sin\psi \\ \dot{\phi}\sin\theta\cos\psi \\ \dot{\phi}\cos\theta \end{pmatrix}. \quad (5.26)$$

En segundo lugar, tenemos $\boldsymbol{\omega}_\theta$ a lo largo de la línea de nodos. Esto nos ahorra un par de rotaciones, porque $\hat{\eta}$ coincide con x'':

$$(\boldsymbol{\omega}_\theta)''' = B(\boldsymbol{\omega}_\theta)'' = B \begin{pmatrix} \dot{\theta} \\ 0 \\ 0 \end{pmatrix} = \begin{pmatrix} \dot{\theta}\cos\psi \\ -\dot{\theta}\sin\psi \\ 0 \end{pmatrix}. \quad (5.27)$$

Finalmente, tenemos $\boldsymbol{\omega}_\psi$ ya a lo largo del eje $\hat{3}$:

$$(\boldsymbol{\omega}_\psi)''' = \begin{pmatrix} 0 \\ 0 \\ \dot{\psi} \end{pmatrix}. \quad (5.28)$$

---

[9]En la mecánica no relativista las velocidades angulares se suman igual que las traslacionales. La demostración es trivial usando $v = \omega \times r$ y $v = v_1 + v_2$.

5.8. ÁNGULOS DE EULER

Así que, en definitiva, sumando (5.26)+(5.27)+(5.28) tenemos las tres componentes de la velocidad angular, expresadas mediante los ángulos de Euler:

$$(\boldsymbol{\omega})''' = \begin{pmatrix} \omega_1 \\ \omega_2 \\ \omega_3 \end{pmatrix} = \begin{pmatrix} \dot\phi \sin\theta \sin\psi + \dot\theta \cos\psi \\ \dot\phi \sin\theta \cos\psi - \dot\theta \sin\psi \\ \dot\phi \cos\theta + \dot\psi \end{pmatrix}.$$

Esto es lo que necesitamos para escribir la energía cinética de rotación, ya que si $(\hat{1}, \hat{2}, \hat{3})$ los elegimos a lo largo de los ejes principales de inercia:

$$T_{rot} = \frac{1}{2}(I_1 \omega_1^2 + I_2 \omega_2^2 + I_3 \omega_3^2).$$

Movimiento de un trompo apoyado

Vamos a ilustrar el uso de los ángulos de Euler con un ejemplo: la peonza simétrica pesada, o simplemente trompo apoyado. Hagámoslo al estilo de Lagrange, ya que con $\boldsymbol{\omega}$ podemos escribir la energía cinética y luego el lagrangiano.

Supongamos que los momentos principales de inercia satisfacen $I_1 = I_2 \neq I_3$ y que el trompo está apoyado en su cúspide, O, así que conviene referirse a O, que es un punto quieto. El sistema tiene 3 grados de libertad, ya que las coordenadas de O están fijas (son 3 vínculos); usaremos los 3 ángulos de Euler como coordenadas generalizadas (Fig. 5.9).

Los momentos principales de inercia referidos al punto O se calculan sencillamente con el Teorema de Steiner:

$$I_1^o = I_2^o = I_1 + ml^2,$$
$$I_3^o = I_3.$$

Podríamos escribir: $T = T_{trasl}^G + T_{rot}^G$ si usáramos como punto de referencia el centro de masa, pero esto no nos sirve en este caso, porque queremos usar como punto de referencia el punto de apoyo.

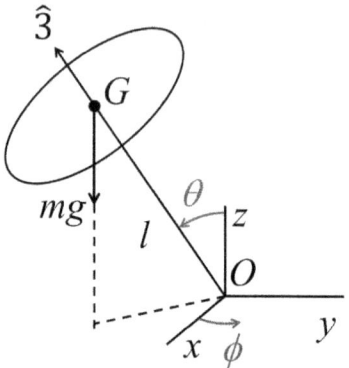

Figura 5.9: El trompo apoyado.

Lo que tenemos que escribir es:

$$T = T^o_{rot} = \tfrac{1}{2}(I^o_1\omega_1^2 + I^o_2\omega_2^2 + I^o_3\omega_3^2),$$
$$= \tfrac{1}{2}I^o_1(\omega_1^2 + \omega_2^2) + \frac{1}{2}I^o_3\omega_3^2. \qquad (5.29)$$

Usamos los ángulos de Euler para escribir $\boldsymbol{\omega}$:

$$\omega_1 = \dot\phi \sin\theta \sin\psi + \dot\theta \cos\psi,$$
$$\omega_2 = \dot\phi \sin\theta \cos\psi - \dot\theta \sin\psi,$$
$$\omega_3 = \dot\phi \cos\theta + \dot\psi.$$

Calculemos por separado los dos términos que aparecen en (5.29). En primer lugar:

$$\begin{aligned}\omega_1^2 + \omega_2^2 =& (\dot\phi \sin\theta \sin\psi + \dot\theta \cos\psi)^2 + (\dot\phi \sin\theta \cos\psi - \dot\theta \sin\psi)^2,\\ =& \dot\phi^2 \sin^2\theta \sin^2\psi + \dot\theta^2 \cos^2\psi + \underline{2\dot\phi\dot\theta \sin\theta \sin\psi \cos\psi} +\\ & \dot\phi^2 \sin^2\theta \cos^2\psi + \dot\theta^2 \sin^2\psi - \underline{2\dot\phi\dot\theta \sin\theta \sin\psi \cos\psi},\\ =& \dot\phi^2 \sin^2\theta + \dot\theta^2.\end{aligned}$$

En segundo lugar:
$$\omega_3^2 = (\dot\psi + \dot\phi \cos\theta)^2.$$

5.8. ÁNGULOS DE EULER

Finalmente:

$$T^o_{rot} = \tfrac{1}{2}I^o_1(\dot\theta^2 + \dot\phi^2\sin^2\theta) + \tfrac{1}{2}I^o_3(\dot\psi + \dot\phi\cos\theta)^2.$$

Por otro lado, el potencial es el gravitatorio:

$$U = mgz = mgl\cos\theta,$$

expresado en el ángulo de Euler θ. Así que el lagrangiano es:

$$\mathcal{L}(\phi,\theta,\psi,\dot\phi,\dot\theta,\dot\psi) = T - U = T_{rot} - U =$$
$$= \tfrac{1}{2}I^o_1(\dot\theta^2 + \dot\phi^2\sin^2\theta) + \tfrac{1}{2}I^o_3(\dot\psi + \dot\phi\cos\theta)^2 - mgl\cos\theta.$$

Inmediatamente notamos que ϕ y ψ son cíclicas. Así que sus correspondientes momentos generalizados se conservan. Esto nos da de regalo dos constantes de movimiento que (como tenemos tres grados de libertad) nos permitirán reducir el problema a uno equivalente unidimensional. Veamos el primero:

$$p_\phi = \frac{\partial \mathcal{L}}{\partial \dot\phi} = I^o_1\sin^2\theta\,\dot\phi + I^o_3(\dot\psi + \dot\phi\cos\theta)\cos\theta \equiv L_z, \qquad (5.30)$$

que es constante porque no hay torque en la dirección z. El otro momento conservado es:

$$p_\psi = \frac{\partial \mathcal{L}}{\partial \dot\psi} = I^o_3(\dot\psi + \dot\phi\cos\theta) \equiv L_3, \qquad (5.31)$$

(notar que es el segundo término de L_z sin el $\cos\theta$, que proyecta $\hat{3}$ sobre $\hat{z}$), que es constante porque tampoco hay torque a lo largo de $\hat{3}$. El único torque está en la dirección de la línea de nodos.

Podemos combinar (5.30) y (5.31) para obtener una expresión interesante para la velocidad angular $\dot\phi$:

$$L_z = I^o_1\dot\phi\sin^2\theta + \underbrace{I^o_3(\dot\psi + \dot\phi\cos\theta)}_{L_3}\cos\theta,$$

$$\Rightarrow \boxed{\dot\phi = \frac{L_z - L_3\cos\theta}{I_1^o \sin^2\theta}.} \qquad (5.32)$$

Y también que $\dot\psi = L_3/I_3^o - \dot\phi\cos\theta$ (que no usaremos).

La Ec. (5.32) nos dice que el trompo podría preceder: si se mantuviera con inclinación constante θ, el ángulo de azimut ϕ se movería con velocidad constante en el plano horizontal. El eje del trompo describiría un cono alrededor de la vertical.

Esto es realmente lo que ocurre, y lo obtendremos a partir de la ecuación para θ, que todavía no usamos y que podremos analizar como un problema unidimensional con un potencial efectivo. En este caso es más sencillo encontrar el potencial efectivo $U_{ef}(\theta)$ a partir de la energía que a partir de la ecuación de movimiento, así que hagámoslo así. La energía mecánica (que se conserva) es:

$$E = T + U,$$
$$= \tfrac{1}{2}I_1^o(\dot\theta^2 + \dot\phi^2\sin^2\theta) + \tfrac{1}{2}I_3^o(\dot\psi + \dot\phi\cos\theta)^2 + mgl\cos\theta,$$
$$= \tfrac{1}{2}I_1^o\dot\theta^2 + \tfrac{1}{2}I_1^o\dot\phi^2\sin^2\theta + \tfrac{1}{2}I_3^o(\dot\psi + \dot\phi\cos\theta)^2 + mgl\cos\theta,$$
$$= \tfrac{1}{2}I_1^o\dot\theta^2 + \tfrac{1}{2}I_1^o\frac{(L_z - L_3\cos\theta)^2}{I_1^{o2}\sin^4\theta}\sin^2\theta + \tfrac{1}{2}I_3^o\frac{L_3^2}{I_3^{o2}} + mgl\cos\theta,$$
$$= \underbrace{\tfrac{1}{2}I_1^o\dot\theta^2}_{\text{cinética ef.}} + \frac{1}{2}\frac{(L_z - L_3\cos\theta)^2}{I_1^o\sin^2\theta} + \underbrace{\frac{1}{2}\frac{L_3^2}{I_3^o}}_{\text{constante}} + mgl\cos\theta.$$

$$\underbrace{\phantom{\frac{1}{2}\frac{(L_z - L_3\cos\theta)^2}{I_1^o\sin^2\theta} + \frac{1}{2}\frac{L_3^2}{I_3^o} + mgl\cos\theta}}_{\text{potencial efectiva}}$$

En definitiva:

$$\boxed{U_{ef}(\theta) = \frac{1}{2}\frac{(L_z - L_3\cos\theta)^2}{I_1^o\sin^2\theta} + mgl\cos\theta.} \qquad (5.33)$$

Aquí podríamos separar variables e integrar (la integral es elíptica y puede hacerse), pero no lo haremos. Más vale, analicemos cualitativamente el potencial efectivo, como hacemos habitualmente.

Si $L_z = L_3 = 0$ el trompo no gira, y el potencial efectivo es simplemente un coseno, como si fuera un péndulo físico suspendido

5.8. ÁNGULOS DE EULER

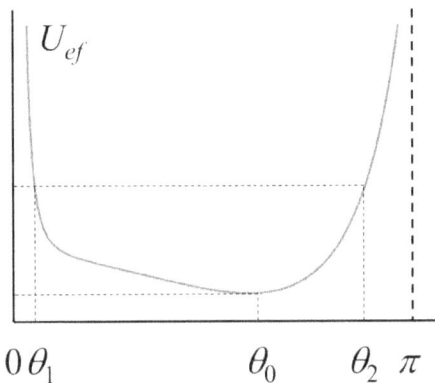

Figura 5.10: El potencial efectivo del trompo apoyado, en la coordenada de inclinación θ. Dependiendo de los parámetros L_z, L_3, I_1, mgl y E puede lograrse que los puntos de retorno estén "hacia arriba" (ambos menores que $\pi/2$), hacia abajo, o muy exagerados como aquí.

del punto de apoyo. El punto $\theta = 0$ es un equilibrio inestable, y el trompo se cae. El equilibrio estable está en el mínimo, en $\theta = \pi$, es decir con el trompo colgando hacia abajo del punto de apoyo. Es una situación imposible para un verdadero trompo, pero tiene sentido como péndulo.

Si $L_z \neq L_3 \cos\theta$, donde se anula el denominador el potencial efectivo diverge positivamente. Son las dos barreras centrífugas[10] en $\theta = 0$ y $\theta = \pi$. En medio hay un solo mínimo, que es un equilibrio estable del problema unidimensional equivalente.

Si el trompo tiene una energía correspondiente a ese valor $\theta = \theta_0$, lo conserva constante y su eje precede con la velocidad angular $\dot\phi$ alrededor de la vertical que calculamos en (5.32).

Si la energía está por encima de la correspondiente al mínimo, hay dos puntos de retorno en la dinámica de $\theta(t)$, θ_1 y θ_2. El trompo

---

[10]Si $L_z = L_3 \neq 0$, es decir si el trompo está girando exatamente vertical, desaparece la barrera centrífuga del 0 y el trompo se queda trabado allí. El fenómeno se llama *gimbal lock*, y es una complicación en el diseño de giróscopos para navegación.

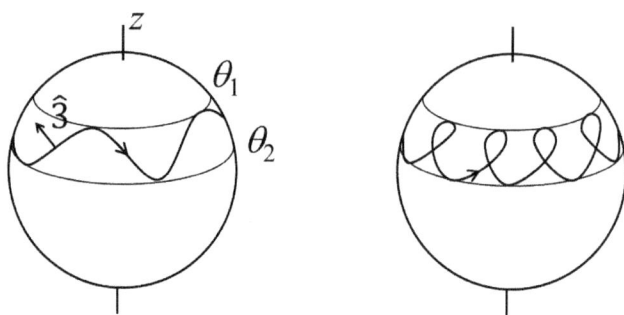

Figura 5.11: Movimiento de nutación del eje de un trompo apoyado.

cabecea en su inclinación entre estos dos valores, que pueden estar cercanos a θ_0 o muy lejos. Este cabeceo se llama *nutación*. Los detalles del movimiento dependen de cómo evoluciona $\phi(t)$, porque en el numerador de (5.32) hay una diferencia que involucra a θ:

$$\dot{\phi}(t) = \frac{L_z - L_3 \cos \theta(t)}{I_1^o \sin^2 \theta(t)}. \tag{5.34}$$

Como puede verse en (5.34), existen varias situaciones posibles. Por un lado, si $L_z > L_3$, el numerador no se anula nunca, la velocidad $\dot{\phi}$ no se anula nunca y no cambia de signo. La combinación de la nutación con la precesión produce trayectorias del eje $\hat{3}$ como se ven en la Fig. 5.11.

Por otro lado, si $L_z < L_3$, existe un tiempo tal que $\dot{\phi}(t) = 0$. Específicamente, esto ocurre cuando $\theta(t) = \arccos L_z/L_3 \equiv \theta_3$. Entonces, si $\theta_3 \notin [\theta_1, \theta_2]$, la velocidad azimutal en realidad no se anula nunca. Pero si $\theta_3 \in [\theta_1, \theta_2]$ entonces $\dot{\phi}$ efectivamente cambia de signo y la trayectoria del eje $\hat{3}$ hace rulitos como se ven en la Fig. 5.11 (derecha). Existe un régimen intermedio, separando ambos comportamientos, en que la velocidad de precesión se anula pero no se invierte, y las trayectorias forman cúspides al alcanzar uno de los puntos de retorno de θ (Fig. 5.11, izquierda).

La velocidad de precesión Ω correspondiente a inclinaciones $\theta \approx$

5.8. ÁNGULOS DE EULER

θ_0 puede obtenerse sencillamente de la ecuación de movimiento:

$$\frac{d}{dt}\frac{\partial \mathcal{L}}{\partial \dot\theta} = \frac{\partial \mathcal{L}}{\partial \theta} \Rightarrow$$

$$I_1^o \ddot\theta = I_1^o \dot\phi^2 \sin\theta \cos\theta + I_3^o \underbrace{(\dot\psi + \dot\phi \cos\theta)}_{\omega_3 \text{ (calculada)}} \dot\phi(-\sin\theta) + mgl\sin\theta,$$

$$\overset{\sin\theta \neq 0}{\Rightarrow} 0 = I_1^o \Omega^2 \cos\theta_0 - I_3^o \omega_3 \Omega + mgl,$$

que es una cuadrática en Ω (notar que Ω es $\dot\phi$). Dependiendo de los parámetros, puede tener raíces reales:

$$\Omega = \frac{I_3^o \omega_3 \pm \sqrt{I_3^{o2}\omega_3^2 - 4I_1^o \cos\theta_0 \, mgl}}{2I_1^o \cos\theta_0}.$$

Podemos ver que si ω_3 es suficientemente rápido (trompo veloz), entonces las dos raíces son reales, una grande y una chica. La raíz grande es:

$$\Omega \approx \frac{I_3^o \omega_3}{I_1^o \cos\theta_0},$$

que no depende de g, así que debería existir aun sin gravedad. No es más que la precesión del trompo libre de fuerzas que ya analizamos. La raíz chica se obtiene desarrollando la raíz cuadrada y se obtiene:

$$\Omega \approx \frac{mgl}{I_3^o \omega_3}.$$

Es una precesión mucho más lenta: tiene ω_3, que supusimos grande, en el denominador en lugar del numerador. La precesión de los equinoccios terrestres (de 26000 años), o de otros cuerpos celestes (naturales o artificiales) se debe a la existencia de un torque gravitatorio. Es un fenómeno similar a este, aunque no estén apoyados; en tal caso el análisis hay que hacerlo referido al centro de masa.

Paréntesis: detalle del cálculo aproximado de las velocidades de precesión. La velocidad angular Ω satisface una ecuación homogénea de grado 2 de la forma:

$$a\,\Omega^2 - b\,\Omega + c = 0.$$

Para el trompo veloz tenemos b grande. Desarrollemos las soluciones en este caso:

$$\Omega_\pm = \frac{b \pm \sqrt{b^2 - 4ac}}{2a} = \frac{b \pm \sqrt{b^2(1 - \frac{4ac}{b^2})}}{2a},$$

$$= \frac{b}{2a} \pm \frac{b}{2a}\left(1 - \frac{4ac}{b^2}\right)^{1/2},$$

$$\approx \frac{b}{2a} \pm \frac{b}{2a}\left(1 - \frac{2ac}{b^2}\right),$$

$$= \frac{b}{2a} \pm \left(\frac{b}{2a} - \frac{2\!\!\!/bac}{2\!\!\!/ab^2}\right),$$

$$= \frac{b}{2a} \pm \left(\frac{b}{2a} - \frac{c}{b}\right),$$

$$\Rightarrow \Omega_\pm = \begin{cases} \dfrac{b}{2a} + \dfrac{b}{2a} - \dfrac{c}{b} = \dfrac{b}{a} - \dfrac{c}{b} \approx \dfrac{b}{a}, \\ \dfrac{b}{2a} - \dfrac{b}{2a} + \dfrac{c}{b} = \dfrac{c}{b}. \end{cases}$$

Con $a = I_1 \cos\theta$, $b = I_3\omega_3$, $c = mgl$ tenemos:

$$\Rightarrow \Omega_\pm = \begin{cases} \dfrac{I_3\omega_3}{I_1 \cos\theta}, \\ \dfrac{mgl}{I_3\omega_3}. \end{cases}$$

No es difícil ver que Ω_+, independiente de la gravedad, es igual a la obtenida en la Sección 5.6, en el ejemplo de la precesión libre. La precesión lenta Ω_- es la que se debe al torque gravitatorio.

La Tierra, como dijimos, aunque no esté apoyada en un punto como el trompo que acabamos de analizar, sufre estos movimientos superpuestos a su traslación en la órbita. Además de la precesión libre ya comentada (el *Chandler wobble*), tiene una precesión lenta debida al torque neto que ejerce la atracción gravitatoria de la Luna y el Sol sobre el abultamiento ecuatorial. El período asociado es de

5.8. ÁNGULOS DE EULER

Figura 5.12: Cambio anual en la posición del Trópico de Cáncer, debido a la nutación de la Tierra, junto a una ruta en México. (Foto de Roberto González - Own work, GFDL, en Wikipedia).

26 mil años, correspondiente a la precesión de los equinoccios. Y también sufre una nutación, de pequeña amplitud y un período de 18 años, cuyo efecto es cambiar la posición de los círculos de latitud (los trópicos, por ejemplo) unos pocos metros por año. El análisis es complicado porque se debe no sólo a la Luna y el Sol, sino también al resto de los planetas, y porque la Tierra sólo es aproximadamente rígida. Un cálculo bastante detallado de la precesión de la Tierra (y de las órbitas de los satélites, otro tema importante hoy en día) está en el libro de Goldstein.

CAPÍTULO 6

MECÁNICA HAMILTONIANA

En la formulación lagrangiana un sistema está caracterizado por n coordenadas generalizadas, que constituyen un punto $(q_1 \ldots q_n)$ en un *espacio de configuraciones*.

Pero la configuración sola no determina el estado del sistema: la Mecánica es de orden dos, así que necesitamos posición *y* velocidad. Caracterizamos esto con un *espacio de estados*, con el doble de dimensiones que el de configuración. Un punto en este espacio está formado por todas las coordenadas generalizadas y sus derivadas temporales: $(q_1 \ldots q_n, \dot{q}_1 \ldots \dot{q}_n)$.

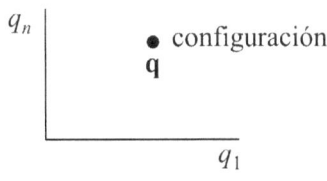

En este espacio, el sistema está definido por el objeto central de la teoría, el lagrangiano:

$$\mathcal{L} = \mathcal{L}(q_1 \ldots q_n, \dot{q}_1 \ldots \dot{q}_n, t) = T - U,$$

función del estado y eventualmente del tiempo. Dado un estado inicial (condiciones iniciales $\mathbf{q}_0, \dot{\mathbf{q}}_0$) las ecuaciones de movimiento que determinan la evolución del sistema son las ecuaciones de Lagrange:

$$\frac{\partial \mathcal{L}}{\partial q_i} = \frac{d}{dt}\frac{\partial \mathcal{L}}{\partial \dot{q}_i}, \quad i = 1, \ldots n.$$

La solución de este sistema de n ecuaciones diferenciales de segundo orden es una *trayectoria* (una *órbita*) en el espacio de estados, única para cada estado inicial.

También definimos el *momento generalizado*:

$$p_i = \frac{\partial \mathcal{L}}{\partial \dot{q}_i}.$$

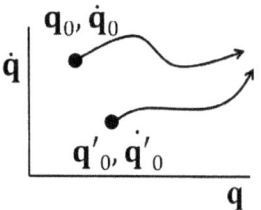

Recordemos que si las q_i son las coordenadas cartesianas, los p_i son los momentos lineales usuales. En general no lo son, pero juegan el mismo rol, y también los llamamos *momentos canónicos* o *momentos conjugados* (a q_i).

En la mecánica hamiltoniana el rol central de $\mathcal{L}$ es reemplazado por el *hamiltoniano*, que ya conocemos:

$$\mathcal{H} = \sum_{i=1}^{n} p_i \dot{q}_i - \mathcal{L}.$$

Las ecuaciones de movimiento, que en un rato encontraremos, involucran derivadas de $\mathcal{H}$ con respecto a sus propias variables, que son (q_i, p_i), en lugar de $(q_i, \dot{q}_i)$ como en el caso de $\mathcal{L}$. Recordemos que si los vínculos no dependen del tiempo y si U no depende de las velocidades, $\mathcal{H}$ es la energía mecánica del sistema: una cantidad física familiar, fácil de visualizar, que generalmente pensamos como la capacidad de hacer trabajo o, simplemente, como la *causa* del movimiento. (Algo de verdad hay en esto, como veremos.)

Como las variables de $\mathcal{H}$ no son los estados $(q_i, \dot{q}_i)$ conviene pensar un poco sobre ellas. Las variables de $\mathcal{H}$ son

$$(q_1 \ldots q_n, p_1 \ldots p_n)$$

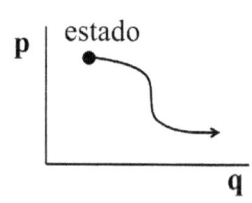

que también forman un espacio $2n$ dimensional como el espacio de estados, pero no es exactamente el mismo. Lo llamamos *espacio de fases*, y el estado del sistema también está definido por un punto en este espacio.

Resulta que este espacio tiene propiedades geométricas muy convenientes, y por eso ha terminado por ocupar un rol central en la teoría. Las ecuaciones de Hamilton nos dicen cómo se mueve ese punto, describiendo una órbita o trayectoria en el espacio de fases. El conjunto de todas las trayectorias posibles (o unas cuantas que sean suficientemente características de todas las posibles) suele llamarse *cuadro de fases*.

6.1 Ecuaciones de Hamilton

Caso sencillo 1D

Supongamos un sistema conservativo unidimensional. El lagrangiano es:
$$\mathcal{L} = \mathcal{L}(q, \dot{q}) = T(q, \dot{q}) - U(q).$$
En general, la energía cinética depende de q y $\dot{q}$, pero ya sabemos que si los vínculos son independientes del tiempo, es una función cuadrática homogénea de las velocidades:
$$\mathcal{L} = \tfrac{1}{2} A(q)\, \dot{q}^2 - U(q),$$
donde $A(q)$ puede ser tan complicada como uno quiera en q.

El hamiltoniano es:
$$\mathcal{H} = p\dot{q} - \mathcal{L}, \tag{6.1}$$
pero tenemos que poner la velocidad en términos del momento, que es:
$$p = \frac{\partial \mathcal{L}}{\partial \dot{q}} = A(q)\,\dot{q}.$$
De aquí[1] despejo $\dot{q}$:
$$\dot{q} = \frac{p}{A(q)} = \dot{q}(q, p), \tag{6.2}$$

---

[1]También podemos verificar que $\mathcal{H}$ es $T+U$: (6.1) $\Rightarrow p\dot{q} = A(q)\dot{q}^2 = 2T \Rightarrow \mathcal{H} = 2T - (T - U) = T + U$.

que usamos para reemplazar en (6.1):

$$p\frac{p}{A} - \frac{1}{2}A\frac{p^2}{A^2} + U = \frac{1}{2}\frac{p^2}{A(q)} + U(q),$$

y nos queda un hamiltoniano como función de (q,p), que es lo que necesitamos. Para ponerlo de manera horrible:

$$\boxed{\mathcal{H}(q,p) = p\,\dot{q}(q,p) - \mathcal{L}(q,\dot{q}(q,p)).} \qquad (6.3)$$

Busquemos las ecuaciones de movimiento. Derivamos $\mathcal{H}$ con respecto a sus variables:

$$\frac{\partial \mathcal{H}}{\partial q} = p\frac{\partial \dot{q}}{\partial q} - \left(\frac{\partial \mathcal{L}}{\partial q} + \underbrace{\frac{\partial \mathcal{L}}{\partial \dot{q}}}_{p}\frac{\partial \dot{q}}{\partial q}\right), \quad \text{(por Regla de la Cadena)}$$

$$= p\frac{\partial \dot{q}}{\partial q} - \frac{\partial \mathcal{L}}{\partial q} - p\frac{\partial \dot{q}}{\partial q} = -\frac{\partial \mathcal{L}}{\partial q},$$

$$\Rightarrow \frac{\partial \mathcal{H}}{\partial q} = -\frac{\partial \mathcal{L}}{\partial q} = \quad \text{(por la Ec. de Lagrange)}$$

$$= -\frac{d}{dt}\underbrace{\frac{\partial \mathcal{L}}{\partial \dot{q}}}_{p} = -\frac{d}{dt}p = -\dot{p}. \qquad (6.4)$$

Hacemos lo mismo con la otra derivada de $\mathcal{H}$:

$$\frac{\partial \mathcal{H}}{\partial p} = \left(\dot{q} + p\frac{\partial \dot{q}}{\partial p}\right) - \underbrace{\frac{\partial \mathcal{L}}{\partial \dot{q}}}_{p}\frac{\partial \dot{q}}{\partial p} = \dot{q}. \qquad (6.5)$$

Es decir, encontramos en (6.4)-(6.5) las siguientes *ecuaciones de Hamilton* para un sistema 1D:

$$\boxed{\dot{q} = \frac{\partial \mathcal{H}}{\partial p}; \quad \dot{p} = -\frac{\partial \mathcal{H}}{\partial q}.}$$

6.1. ECUACIONES DE HAMILTON

En lugar de tener $n = 1$ ecuaciones de orden 2, tenemos $2n = 2$ ecuaciones de orden 1.

Ejemplo: el péndulo

A manera de ejemplo consideremos un péndulo simple, plano. Tiene un solo grado de libertad, de manera que el espacio de fases tiene dos dimensiones y podemos dibujarlo fácilmente. En el capítulo de Problemas encontrarán el caso general del péndulo simple sin la restricción a un plano de oscilación, llamado péndulo esférico.

Ya conocemos el lagrangiano:

$$\mathcal{L}(\theta, \dot{\theta}) = \tfrac{1}{2}ml^2\dot{\theta}^2 + mgl\cos\theta,$$

usando como coordenada generalizada el ángulo de elevación respecto de la vertical. Su momento canónico conjugado es:

$$p_\theta = \frac{\partial \mathcal{L}}{\partial \dot{\theta}} = ml^2\dot{\theta}.$$

De aquí podemos despejar la velocidad generalizada:

$$\dot{\theta} = \frac{p_\theta}{ml^2}.$$

Entonces el hamiltoniano es:

$$\begin{aligned}
\mathcal{H} &= p_\theta\,\dot{\theta} - \mathcal{L}, \\
&= p_\theta\,\dot{\theta} - \tfrac{1}{2}ml^2\dot{\theta}^2 - mgl\cos\theta, \\
&= p_\theta\frac{p_\theta}{ml^2} - \tfrac{1}{2}ml^2\left(\frac{p_\theta}{ml^2}\right)^2 - mgl\cos\theta, \\
&= \boxed{\frac{p_\theta^2}{2ml^2} - mgl\cos\theta} = \mathcal{H}(\theta, p_\theta).
\end{aligned}$$

¿Cuáles son las ecuaciones de movimiento? Veamos:

$$\begin{cases} \dot{\theta} = \dfrac{\partial \mathcal{H}}{\partial p_\theta} \\ \dot{p}_\theta = -\dfrac{\partial \mathcal{H}}{\partial \theta} \end{cases} \Rightarrow \boxed{\begin{aligned} \dot{\theta} &= \frac{p_\theta}{ml^2}, \\ \dot{p}_\theta &= -mgl\sin\theta. \end{aligned}} \tag{6.6}$$

El caso general

Consideremos el caso general, no necesariamente conservativo. Tenemos:
$$\mathcal{H} = \sum_{i=1}^{n} p_i \dot{q}_i - \mathcal{L}(q_i, \dot{q}_i, t),$$
donde usaremos las coordenadas generalizadas q_i y sus momentos,
$$p_i = \frac{\partial \mathcal{L}}{\partial \dot{q}},$$
que usamos para despejar
$$\dot{q}_i = f_i(q_i, p_i, t)$$
y reemplazar en $\mathcal{H}$.

Para obtener las ecuaciones de evolución calculamos el diferencial total de $\mathcal{H}$:
$$d\mathcal{H} = \sum_{i=1}^{n} \left(\frac{\partial \mathcal{H}}{\partial q_i} dq_i + \frac{\partial \mathcal{H}}{\partial p_i} dp_i \right) + \frac{\partial \mathcal{H}}{\partial t} dt. \tag{6.7}$$

Por otro lado, escribimos $d\mathcal{H}$ usando su forma como transformada de Legendre de $\mathcal{L}$:
$$d\mathcal{H} = \sum_{i=1}^{n} \left(\cancel{p_i d\dot{q}_i} + \dot{q}_i dp_i - \frac{\partial \mathcal{L}}{\partial q_i} dq_i - \underbrace{\frac{\partial \mathcal{L}}{\partial \dot{q}_i}}_{p_i} \cancel{d\dot{q}_i} \right) - \frac{\partial \mathcal{L}}{\partial t} dt,$$
$$= \sum_{i=1}^{n} \left(\dot{q}_i dp_i - \underbrace{\frac{\partial \mathcal{L}}{\partial q_i}}_{\dot{p}_i} dq_i \right) - \frac{\partial \mathcal{L}}{\partial t} dt. \tag{6.8}$$

Comparando (6.7) y (6.8) obtenemos las $2n+1$ ecuaciones diferenciales:
$$\boxed{\dot{q}_i = \frac{\partial \mathcal{H}}{\partial p_i}; \quad \dot{p}_i = -\frac{\partial \mathcal{H}}{\partial q_i}; \quad \frac{\partial \mathcal{H}}{\partial t} = -\frac{\partial \mathcal{L}}{\partial t}.}$$

Estas son las *ecuaciones de Hamilton*, o *ecuaciones canónicas*. Son equivalentes a las ecuaciones de Lagrange, y dan la evolución del sistema mecánico.

La derivada temporal

La cuestión de la derivada temporal de $\mathcal{H}$ es importante y sutil. Acabamos de ver que su derivada *parcial* temporal es igual a la derivada parcial temporal del lagrangiano. Así que, si el lagrangiano no depende del tiempo, $\mathcal{H}$ tampoco. ¿Eso es todo? ¿Qué podemos decir de la evolución temporal de $\mathcal{H}$, es decir de su derivada total con respecto al tiempo?

A medida que transcurre el tiempo, **q** y **p** cambian, y eso hace cambiar el hamiltoniano *además* del cambio producido por la derivada parcial. Es decir, tenemos que calcular:

$$\frac{d}{dt}\mathcal{H} = \sum_{i=1}^{n} \underbrace{\left(\frac{\partial \mathcal{H}}{\partial q_i} \dot{q}_i + \frac{\partial \mathcal{H}}{\partial p_i} \dot{p}_i \right)}_{\substack{\text{todas} = 0 \,\forall i \\ \times \text{ ec. Hamilton}}} + \frac{\partial \mathcal{H}}{\partial t},$$

$$\Rightarrow \boxed{\frac{d}{dt}\mathcal{H} = \frac{\partial \mathcal{H}}{\partial t}}.$$

Es decir, $\mathcal{H}$ es una constante de movimiento si no depende (ni $\mathcal{H}$ ni $\mathcal{L}$, es lo mismo) explícitamente del tiempo. En tal caso, la órbita en el espacio de fases será por curvas de $\mathcal{H}$ = cte (o E = cte si $\mathcal{H} = E$). En otras palabras, $\mathcal{H}$ da el movimiento, pero no cambia. ¡Esto, definitivamente, no pasaba con $\mathcal{L}$ en el espacio de estados!

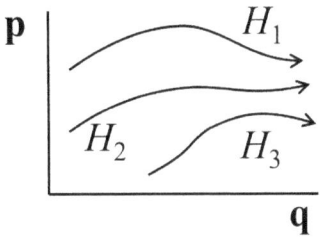

Ejemplo: partícula en un potencial central

Consideremos una partícula en un plano, moviéndose sujeta a una fuerza conservativa central. Usemos coordenadas polares:

$$T = \tfrac{1}{2}m(\dot{r}^2 + r^2\dot{\phi}^2),$$

$$U = U(r) \leftarrow \text{ central.}$$

La relación entre (r, ϕ) y (x, y) no depende del tiempo, y $U(r)$ no depende de las velocidades, así que sabemos que $\mathcal{H} = T+U$. (Ejercicio: mostrar que $\mathcal{H} = \sum \frac{\partial \mathcal{L}}{\partial \dot{q}_i} \dot{q}_i - \mathcal{L}$ da lo mismo.)

Pero tenemos que poner todo en coordenadas canónicas, así que usamos las definiciones de los momentos:

$$p_r = \frac{\partial \mathcal{L}}{\partial \dot{r}} = m\dot{r},$$

$$p_\phi = \frac{\partial \mathcal{L}}{\partial \dot{\phi}} = mr^2\dot{\phi}.$$

Las invertimos para despejar las velocidades generalizadas:

$$\dot{r} = \frac{p_r}{m}, \quad \dot{\phi} = \frac{p_\phi}{mr^2},$$

que usamos en el hamiltoniano:

$$\mathcal{H} = T + U = \tfrac{1}{2}m(\dot{r}^2 + r^2\dot{\phi}^2) + U(r),$$
$$= \tfrac{1}{2}m\left(\frac{p_r^2}{m^2} + r^2\frac{p_\phi^2}{m^2 r^4}\right) + U(r),$$
$$= \boxed{\frac{1}{2m}\left(p_r^2 + \frac{p_\phi^2}{r^2}\right) + U(r).}$$

Ahora podemos escribir las cuatro ecuaciones de Hamilton:

$$\left.\begin{array}{l} \dot{r} = \dfrac{\partial \mathcal{H}}{\partial p_r} = \dfrac{p_r}{m}, \\[2mm] \dot{\phi} = \dfrac{\partial \mathcal{H}}{\partial p_\phi} = \dfrac{p_\phi}{mr^2}, \end{array}\right\} \text{no son más que las definiciones de los momentos canónicos.}$$

$$\dot{p}_r = -\frac{\partial \mathcal{H}}{\partial r} = \frac{p_\phi^2}{mr^3} - \frac{dU}{dr}, \tag{6.9}$$

$$\dot{p}_\phi = -\frac{\partial \mathcal{H}}{\partial \phi} = 0. \tag{6.10}$$

6.1. ECUACIONES DE HAMILTON

La Ec. (6.10) dice que el momento angular se conserva, $p_\phi = $ cte $= p_\phi(0)$. Lo más relevante está en (6.9). Si ponemos $p_r = m\dot{r}$ reobtenemos la relación entre la aceleración radial y la fuerza externa más la centrífuga:
$$m\ddot{r} = -U'(r) + \frac{p_\phi^2}{mr^3}.$$
Es decir: una ruta alternativa para llegar a las mismas ecuaciones de movimiento. ¿Vale la pena? Veremos a continuación un hint de algunas de las bellezas y ventajas de esta formulación

Coordenadas ignorables

Ya hemos visto que, si el lagrangiano es independiente de una coordenada q_i, el momento correspondiente p_i es constante. A esas coordenadas las llamamos cíclicas, y también se las llama ignorables, por razones que veremos de inmediato.

En el formalismo hamiltoniano pasa lo mismo: si $\mathcal{H}$ es independiente de q_i, entonces la ecuación de Hamilton del momento correspondiente dice que:
$$\dot{p}_i = -\frac{\partial \mathcal{H}}{\partial q_i} = 0 \Rightarrow p_i = \text{cte}.$$
Es lo que pasó en el ejemplo que acabamos de ver con p_ϕ, ya que $\mathcal{H}$ era independiente de ϕ. ¡Parece que no hubiera nada nuevo! Pero hay una ventaja sutil en el manejo de las coordenadas cíclicas. Para verlo, supongamos un sistema de 2 grados de libertad, y que el hamiltoniano sea independiente de q_2. Es decir, tenemos:
$$\mathcal{H} = \mathcal{H}(q_1, p_1, p_2).$$
Por ejemplo, el hamiltoniano del ejemplo de la fuerza central es de este tipo. Por ser $\mathcal{H}$ independiente de q_2, tenemos que $p_2 = k$ es una constante determinada por las condiciones iniciales. Es decir, el hamiltoniano es en realidad:
$$\mathcal{H} = \mathcal{H}(q_1, p_1, k),$$

que es una función de *sólo dos* coordenadas canónicas, y el problema está automáticamente reducido a *un solo grado de libertad*. Es decir, podemos directamente *ignorar* la coordenada q_2: de ahí su nombre.

En general, para un sistema de n grados de libertad con m coordenadas ignorables, la solución del movimiento en el formalismo hamiltoniano es exactamente equivalente a la solución de un problema de $n - m$ grados de libertad, un problema más sencillo.

En el formalismo lagrangiano, si bien es completamente cierto que si q_2 es cíclica entonces p_2 se conserva, no podemos hacer la misma simplificación. El lagrangiano sería

$$\mathcal{L} = \mathcal{L}(q_1, \dot{q}_1, \dot{q}_2).$$

Aunque p_2 sea constante, no sabemos lo que pasa con $\dot{q}_2$, ¡y no podemos ignorarla! Así que el problema no se simplifica, al menos no de manera evidente y automática.

Es lo que pasa en el ejemplo de la fuerza central. El lagrangiano es $\mathcal{L}(r, \dot{r}, \dot{\phi})$, y aunque ϕ es cíclica $\dot{\phi}$ cambia al transcurrir el tiempo:

$$\mathcal{L} = \tfrac{1}{2}m\dot{r}^2 + \tfrac{1}{2}mr^2\dot{\phi}^2 - U(r),$$

$$\Rightarrow \frac{\partial \mathcal{L}}{\partial \phi} = 0 = \frac{d}{dt}\frac{\partial \mathcal{L}}{\partial \dot{\phi}} = \frac{d}{dt}(mr^2\dot{\phi}) = m(2r\dot{r}\dot{\phi} + r^2\ddot{\phi}),$$

$$\Rightarrow r\ddot{\phi} + 2\dot{r}\dot{\phi} = 0.$$

Si bien en este caso es fácil seguir a partir de aquí, porque usamos $mr^2\dot{\phi} = \text{cte}$) en la otra ecuación de Lagrange para independizarnos de $\dot{\phi}$, en general el problema lagrangiano podría quedar bastante más complicado que el hamiltoniano.

Las ecuaciones de movimiento

El hecho de que el formalismo de Hamilton tenga ecuaciones de orden 1 mientras que el de Lagrange tiene ecuaciones de orden 2 no es en sí mismo una gran ventaja. Después de todo, cualquier sistema

6.1. ECUACIONES DE HAMILTON

de orden 2 puede llevarse a orden 1 definiendo nuevas variables. Por ejemplo, si:
$$f(q, \dot{q}, \ddot{q}) = 0,$$
defino $s = \dot{q} \Rightarrow \dot{s} = \ddot{q}$ y el sistema original resulta:
$$f(q, s, \dot{s}) = 0,$$
$$\dot{q} = s,$$
que es un sistema de primer orden.

La gracia está en la *forma específica* que tienen las ecuaciones de Hamilton. Para verlo, escribámoslas de manera canchera. Digamos que:
$$\dot{q}_i = \frac{\partial \mathcal{H}}{\partial p_i} = f_i(\mathbf{q}, \mathbf{p}),$$
donde cada f_i es alguna función de $\mathbf{q}$ y $\mathbf{p}$, así que podemos llamar $\mathbf{f} = (f_1, \ldots, f_n)$ como de costumbre:
$$\dot{\mathbf{q}} = \mathbf{f}(\mathbf{q}, \mathbf{p}).$$

De manera similar:
$$\dot{\mathbf{p}} = \mathbf{g}(\mathbf{q}, \mathbf{p}),$$
donde $g_i = -\partial \mathcal{H}/\partial q_i$.

Ahora hagamos
$$\mathbf{z} = (\mathbf{q}, \mathbf{p}) = (q_1, \ldots q_n, p_1, \ldots p_n)$$
y: $\mathbf{h} = (\mathbf{f}, \mathbf{g}) = (f_1, \ldots f_n, g_1, \ldots g_n).$

Las ecuaciones de Hamilton tienen la forma:
$$\boxed{\dot{\mathbf{z}} = \mathbf{h}(\mathbf{z}),} \quad 2n \text{ dimensional.}$$

Esta ecuación es una ecuación diferencial ordinaria de primer orden en el espacio de fases, con una forma particularmente sencilla:

$$\boxed{\text{derivada de algo} = \text{función de algo.}}$$

Este tipo de ecuaciones aparecen por todos lados, no sólo en la Mecánica, y existe un enorme cuerpo matemático dedicado a su estudio.[2] Por ejemplo, si $u(t)$ es la cantidad de conejos en un campito y $v(t)$ es la cantidad de zorros, consideraciones *ecológicas* (no mecánicas) permiten escribir:

$$\dot{u} = u(1-u) - \alpha u v,$$
$$\dot{v} = \beta u v - \gamma v,$$

¡que tiene la misma forma $\dot{\mathbf{z}} = \mathbf{f}(\mathbf{z})$!

Para abusar del problema de la fuerza central:

$$\mathcal{L} = \tfrac{1}{2} m(\dot{r}^2 + r^2 \dot{\phi}^2) - U(r),$$

las ecuaciones de Lagrange son:

$$\left.\begin{array}{l} \dfrac{\partial \mathcal{L}}{\partial r} = m r \dot{\phi}^2 - U'(r) \\[6pt] \dfrac{\partial \mathcal{L}}{\partial \dot{r}} = m \dot{r} \to m \ddot{r} \end{array}\right\} \quad \begin{array}{l} m\ddot{r} = mr\dot{\phi}^2 - U'(r), \\[6pt] \Rightarrow \boxed{m\ddot{r} - m r \dot{\phi}^2 + U'(r) = 0.} \end{array} \qquad (6.11)$$

$$\frac{\partial \mathcal{L}}{\partial \phi} = 0,$$
$$\frac{\partial \mathcal{L}}{\partial \dot{\phi}} = m r^2 \dot{\phi} \to 2m\!\!\!/ \, \dot{r}\dot{\phi} + m\!\!\!/ \, r^{\not2} \ddot{\phi} = 0,$$

$$\Rightarrow \boxed{2\dot{r}\dot{\phi} + r\ddot{\phi} = 0.} \qquad (6.12)$$

Si hacemos $v_r = \dot{r}$, $v_\phi = \dot{\phi}$ y reemplazamos en (6.11)-(6.12), obtenemos un sistema de orden 1:

$$\begin{cases} \dot{r} = v_r, \\ \dot{\phi} = v_\phi, \\ m\!\!\!/\,\dot{v}_r = m\!\!\!/\,r v_\phi^2 - \dfrac{U'(r)}{m}, \\ \dot{v}_\phi = -\dfrac{2}{r} v_r v_\phi, \end{cases}$$

---

[2] A decir verdad, ese cuerpo matemático creció originalmente en el siglo XIX precisamente empujado por el estudio de los sistemas mecánicos.

que *no son* las ecuaciones de Hamilton.

La manera en la que combinamos las n coordenadas **q** con los n momentos **p** sugiere que hay una equivalencia entre posiciones y momentos en el espacio de fases. Ya sabemos que si cambiamos de coordenadas generalizadas:

$$\mathbf{q} = (q_1, \ldots q_n) \to \mathbf{Q} = (Q_1, \ldots Q_n),$$

donde $\mathbf{Q} = \mathbf{Q}(\mathbf{q})$, las nuevas coordenadas son funciones de las otras, entonces las ecuaciones de Lagrange son las mismas en las nuevas coordenadas. Podemos decir que las ecuaciones (¡las ecuaciones!) de Lagrange son *invariantes* con respecto a cambios de coordenadas (que se llaman *transformaciones de contacto* en el espacio de configuraciones).

Las ecuaciones de Hamilton tienen la misma flexibilidad ante cambios de coordenadas, pero van más allá: también son invariantes ante ciertas transformaciones en el espacio de fases:

$$\mathbf{Q} = \mathbf{Q}(\mathbf{q}, \mathbf{p}),$$
$$\mathbf{P} = \mathbf{P}(\mathbf{q}, \mathbf{p}),$$

que se llaman *transformaciones canónicas*, con inmensas consecuencias, como veremos en breve.

6.2 El espacio de fases

El espacio de fases es una herramienta conceptual poderosa para analizar el movimiento aún antes de resolver las ecuaciones diferenciales. Está formado por los puntos $\mathbf{z} = (\mathbf{q}, \mathbf{p})$, y la solución de las ecuaciones de Hamilton para una condición inicial $\mathbf{z}(0) = (\mathbf{q}(0), \mathbf{p}(0))$ es una trayectoria $\mathbf{z}(t)$ en este espacio (se dice órbita o trayectoria un poco por gusto de cada uno, al

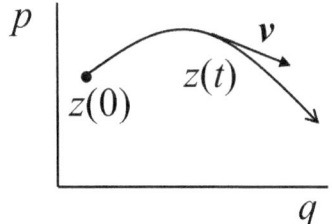

menos en el ámbito de la física). El punto $\mathbf{z}(t)$ se "mueve" por el espacio de fases con una "velocidad de fase" $\mathbf{v} = (\dot{\mathbf{q}}, \dot{\mathbf{p}})$. Pero $\mathbf{z}(t)$ obedece las ecuaciones de Hamilton, así que

$$\mathbf{v} = (\dot{q}, \dot{p}) = \left(\frac{\partial \mathcal{H}}{\partial p}, -\frac{\partial \mathcal{H}}{\partial q} \right).$$

Es inmediato reconocer en $\mathbf{v}$ las componentes del gradiente de $\mathcal{H}$, pero con un signo cambiado. El gradiente de $\mathcal{H}$ es

$$\nabla \mathcal{H} = \left(\frac{\partial \mathcal{H}}{\partial q}, \frac{\partial \mathcal{H}}{\partial p} \right),$$

que es siempre obviamente perpendicular a $\mathbf{v}$: $\boxed{\mathbf{v} \perp \nabla \mathcal{H}}$.

Así que las trayectorias en el espacio de fases son siempre perpendiculares a la dirección de máxima variación de $\mathcal{H}$ (que es la dirección del gradiente).

Por otro lado, si $\partial \mathcal{H}/\partial t = 0 \Rightarrow d\mathcal{H}/dt = 0 \Rightarrow \mathcal{H} =$ constante. Así que el movimiento es en un "paisaje" de $\mathcal{H}$, a lo largo de sus curvas de nivel. Además, como $|\mathbf{v}| = |\nabla \mathcal{H}|$, la velocidad será mayor donde las curvas de nivel estén más apretadas (mayor gradiente).

¿Puede haber puntos con $\mathbf{v} = 0$? Sí, son los puntos con $\dot{q} = 0$, $\dot{p} = 0$, es decir son los equilibrios del sistema. En el espacio de fases se los llama *puntos fijos*.

¿Pueden cruzarse trayectorias en el espacio de fases? No: las ecuaciones de Hamilton nos dicen que hay *una* solución que pasa por cada punto del espacio de fases (si el sistema es autónomo, $\partial \mathcal{H}/\partial t = 0$). Así que todas las $\mathbf{z}(t)$ forman una especie de fluido en el espacio de fases, razón por la cual en la teoría se lo llama *flujo* (flow).

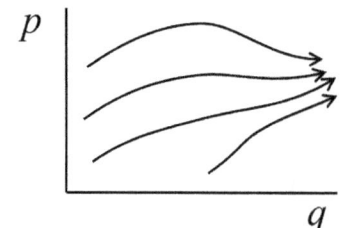

Hay una excepción. La pendiente de la trayectoria en cada punto es la pendiente de la velocidad de fase, es decir $(\partial \mathcal{H}/\partial p)/(\partial \mathcal{H}/\partial q)$, que tiene un valor único y bien

6.2. EL ESPACIO DE FASES

definido. Por eso no se cruzan las trayectorias. Claramente puede ser 0 (trayectorias "horizontales") o infinita (trayectorias "verticales"). Pero además puede estar indeterminada: en los puntos fijos, donde vale 0/0. Sólo en esos puntos pueden cruzarse las trayectorias.

Volvamos al problema del péndulo. ¿Cómo son las trayectorias en el espacio de las fases? Las ecuaciones (6.6) son no lineales, así que tienen la dificultad de siempre. En el próximo capítulo vamos a ver un procedimiento general para analizar fácilmente lo que ocurre cerca de los dos equilibrios, similar a lo que hicimos para pequeñas oscilaciones alrededor del equilibrio estable. Mientras tanto, podemos notar que $\mathcal{H}$ es constante y analizarlo:[3]

$$\mathcal{H} = \frac{p_\theta^2}{2ml^2} - mgl\cos\theta.$$

Ésta es una ecuación implícita de las trayectorias en el espacio de fases (θ, p_θ), donde el tiempo es un parámetro implícito. Así que puesta en la computadora podemos graficarlas aún sin resolver las ecuaciones de movimiento. Incluso podemos sacar algunas conclusiones sin la computadora. Por ejemplo, cerca del equilibrio $\theta = 0$ aproximamos el coseno y tenemos:

$$\mathcal{H} = \frac{p_\theta^2}{2ml^2} - mgl(1 - \frac{\theta^2}{2}),$$

$$\text{reacomodando} \Rightarrow \frac{p_\theta^2}{2ml^2} + \frac{\theta^2}{2/mgl} = \mathcal{H} + mgl,$$

que (para cada $\mathcal{H}$ fijo) es la ecuación de una elipse. Así que alrededor del punto $(0,0)$ las trayectorias son elipses, como mostramos en la Fig. 6.1.

Alrededor de $\theta = \pi$ el coseno también es cuadrático, pero con el otro signo:

$$\mathcal{H} = \frac{p_\theta^2}{2ml^2} - mgl(-1 + \frac{(\theta - \pi)^2}{2}),$$

---

[3] En este caso es lo mismo analizar la conservación de la energía mecánica $E = \mathcal{H}$.

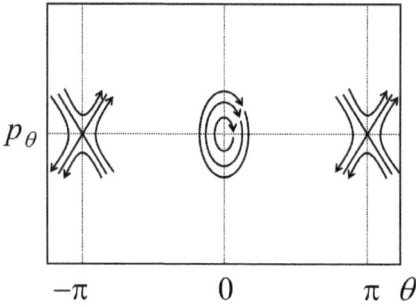

Figura 6.1: El espacio de fases de un péndulo, mostrando el flujo cerca de los equilibrios.

$$\Rightarrow \frac{p_\theta^2}{2ml^2} - \frac{(\theta - \pi)^2}{2/mgl} = \mathcal{H} - mgl,$$

así que es una hipérbola (Fig. 6.1). ¿En el medio, cómo será?

6.3 El teorema de Liouville

Estábamos considerando las trayectorias a partir de varios puntos en el espacio de fases. Si tenemos una cantidad grande de puntos iniciales podemos visualizar que a lo largo del tiempo se mueven en el espacio de fases como un enjambre, y eventualmente como un fluido si en lugar de puntos disjuntos consideramos una porcioncita continua del espacio moviéndose y cambiando de forma, cada punto siguiendo su propia trayectoria.

En algún sentido, un fluido verdadero es como una implementación del espacio de fases. Si las interacciones entre las moléculas de un gas son despreciables (un *gas ideal*), entonces cada molécula es un sistema mecánico independiente. Son todas idénticas, gobernadas por el mismo hamiltoniano, con las mismas ecuaciones de movimiento. A un tiempo dado cada una tiene 6 coordenadas en su espacio de fases, y a lo largo del tiempo se mueven, justamente,

6.3. EL TEOREMA DE LIOUVILLE

como un enjambre de 10^{23} condiciones iniciales en un mismo espacio de fases.

Por simplicidad (para visualizarlo y dibujarlo) imaginemos que el sistema tiene un grado de libertad, es decir que el espacio de fases es un plano (q,p). A tiempo $t=0$ cada punto del enjambre tiene coordenadas $\mathbf{z}(0) = (q(0), p(0))$. Las ecuaciones de Hamilton determinan que cada punto se mueve con velocidad

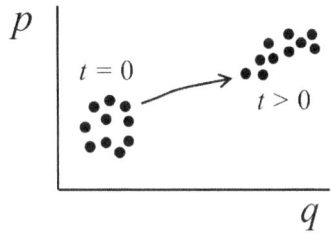

$$\dot{\mathbf{z}} = (\dot{q}, \dot{p}) = \left(\frac{\partial \mathcal{H}}{\partial p}, -\frac{\partial \mathcal{H}}{\partial q}\right) = \mathbf{v}. \qquad (6.13)$$

Diferentes puntos se moverán con diferentes velocidades, y el enjambre se deformará, un poco más o un poco menos, dependiendo del sistema (es decir, del hamiltoniano) y de la región del espacio de fases donde esté el enjambre inicial. Sin embargo, como veremos a continuación, el *tamaño* de la nubecita (su área en el sistema de 1 grado de libertad, su volumen en general) no cambia.

Para demostrarlo, en lugar de una nubecita de puntos consideremos una superficie cerrada, encerrando todas las condiciones iniciales cuyo movimiento queremos seguir a lo largo del tiempo (Fig. 6.2). En el plano, esa superficie es una curva cerrada. Todas las condiciones iniciales están dentro, y a medida que el tiempo pasa la curva encierra a todos los puntos que evolucionan desde ellas. Como las moléculas del gas del que hablábamos. La nube podrá tomar una forma muy complicada, como en la Fig. 6.2, pero siempre consideramos la superficie que la encierra por completo: nada entra y nada sale. El *Teorema de Liouville*[4] dice que el volumen dentro de esa superficie es constante. Hay varias maneras de demostrar-

---

[4] Joseph Liouville (1809–1882), matemático francés. Además de su talento científico fue también un gran organizador de la matemática como actividad. Este es uno de los varios teoremas importantes que llevan su nombre, y es crucial en la Mecánica Estadística.

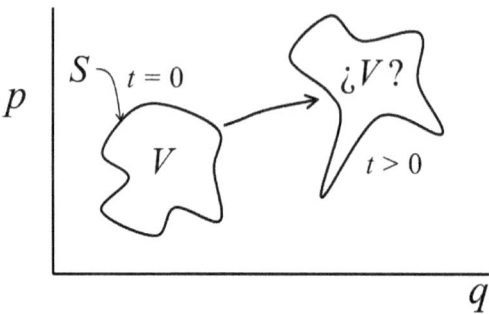

Figura 6.2: Evolución de una superficie cerrada en el espacio de fases.

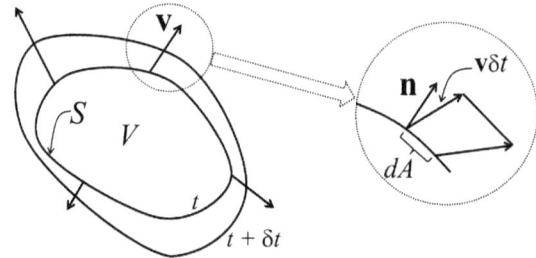

Figura 6.3: Evolución de un volumen del espacio de fases en un tiempo infinitesimal δt.

lo. Vamos a hacerlo usando un par de relaciones matemáticas tipo Análisis II, que muchos conocerán.

En primer lugar tenemos que calcular una expresión para el cambio de volumen encerrado por la superficie. La Fig. 6.3 muestra la evolución de la superficie en un tiempo δt (que luego haremos tender a cero). El cambio de volumen total es el volumen encerrado entre las dos superficies, a tiempo t y a tiempo $t+\delta t$. Para calcularlo consideramos elementos diferenciales como el de la figura, cuya base es un elemento de área dA y cuyos lados son las trayectorias de los puntos del borde de dA en el tiempo δt (que no son necesariamente normales a la superficie, como se muestra). En un espacio plano

6.3. EL TEOREMA DE LIOUVILLE

estos volumencitos son unos trapezoides, en más dimensiones serán unos cilindritos torcidos. Podemos calcular su volumen proyectando sobre la normal a la superficie:

$$\mathbf{n} \cdot \mathbf{v} \delta t \, dA,$$

que luego usamos para calcular el cambio de volumen total integrando sobre toda la superficie:

$$\delta V = \int_S \mathbf{n} \cdot \mathbf{v} \delta t \, dA.$$

Como lo hicimos en un tiempo infinitesimal, podemos calcular una velocidad de cambio del volumen (dividiendo por δt y tomando el límite $\delta t \to 0$):

$$\frac{dV}{dt} = \int_S \mathbf{n} \cdot \mathbf{v} \, dA. \qquad (6.14)$$

Si usamos siempre la normal exterior $\mathbf{n}$, el producto escalar se encarga de darle un signo negativo a las partes donde la superficie se meta por dentro del lugar que ocupaba a tiempo t, así que la expresión sirve para cualquier velocidad, entrando o saliendo de la superficie inicial. Inclusive en algunas partes puede salir y en otras entrar. De hecho, si el fluido es *incompresible* (como el agua), el volumen no puede cambiar, así que si en algunas partes la superficie se mueve hacia afuera, en otras se debe mover hacia adentro para compensar exactamente el cambio. El dibujo está hecho en dos dimensiones, pero la expresión (6.14) vale en cualquier dimensión, y nos interesan particularmente las dimensiones pares, que son las de los espacios de fases.

Ahora vamos a usar el Teorema de Gauss,[5] o Teorema de la Divergencia, que dice que las integrales de superficie como la que aparece en el miembro de la derecha de (6.14) pueden calcularse

---

[5]Karl Friedrich Gauss (1777–1858), genial matemático alemán, el *Príncipe de los Matemáticos*. Sus innumerables contribuciones abarcan el álgebra, la estadística, el análisis, la geometría, la mecánica, la geodesia, la astronomía, la óptica... Fue uno de los matemáticos más influyentes de toda la Historia.

haciendo una integral de volumen de la divergencia del campo vectorial del integrando:

$$\int_S \mathbf{n} \cdot \mathbf{v}\, dA = \int_V \nabla \cdot \mathbf{v}\, dV.$$

Este teorema es mucho más poderoso que lo que necesitamos: el campo vectorial puede ser cualquiera, el campo eléctrico, por ejemplo, y el teorema tiene consecuencias en el electromagnetismo. En particular, si el campo vectorial tiene divergencia nula, entonces la integral de volumen da cero y la integral de superficie también. Es lo que ocurrirá aquí. Apliquémoslo al sistema hamiltoniano donde $\mathbf{v}$ es la velocidad de fase (6.13). Calculamos su divergencia:

$$\nabla \cdot \mathbf{v} = \frac{\partial \dot{q}}{\partial q} + \frac{\partial \dot{p}}{\partial p} = \frac{\partial}{\partial q}\left(\frac{\partial \mathcal{H}}{\partial p}\right) + \frac{\partial}{\partial p}\left(-\frac{\partial \mathcal{H}}{\partial q}\right) = \frac{\partial^2 \mathcal{H}}{\partial q \partial p} - \frac{\partial^2 \mathcal{H}}{\partial p \partial q} = 0.$$

Es decir, ¡el campo vectorial de velocidades de un sistema hamiltoniano es un fluido incompresible! Por lo tanto $dV/dt = 0$. QED.

Vale la pena anticipar aquí que, en el caso de los sistemas caóticos, veremos que dos condiciones iniciales casi idénticas se alejan rapidísimo en el espacio de fases. Es decir, si consideramos un volumen arbitrariamente chico en el espacio de fases, la evolución caótica tiene el efecto de *estirarlo* muchísimo (exponencialmente). Pero el volumen se tiene que conservar, así que no puede estirarse en todas direcciones: en alguna dirección tiene que comprimirse. A medida que pasa el tiempo el volumencito inicial se convierte en un fideo cada vez más largo y más fino. Muchas veces ocurre, como ya sabemos, que las trayectorias del sistema están acotadas, no pueden alejarse hasta el infinito. Si esto le pasa a un sistema caótico, el fideo tiene que plegarse sobre sí mismo, sin cortarse nunca, cada vez más largo, más finito y más enroscado. Un ejemplo de esta situación es el sistema de Lorenz,[6] la famosa mariposa que se ha vuelto popular (Fig. 6.4).

---

[6]Edward Lorenz, matemático y meteorólogo norteamericano (1917–2008), pionero de la teoría del caos. Fue el creador de la noción de *atractor extraño* y del *efecto mariposa*. Me apresuro a agregar que el sistema de Lorenz no es hamiltoniano, pero el concepto es el mismo.

6.4 Transformaciones canónicas

Usada como método de cálculo, la teoría de Hamilton no ofrece grandes ventajas con respecto a la de Lagrange: uno termina con las mismas ecuaciones de movimiento para resolver. La ventaja, ya hemos dicho, reside principalmente en la estructura matemática, con coordenadas y momentos como variables independientes, que le dan gran flexibilidad. Tanto la Mecánica Estadística como la Mecánica Cuántica se construyen sobre esa flexibilidad.

¿Para qué podría servir esa flexibilidad? Nos podría servir

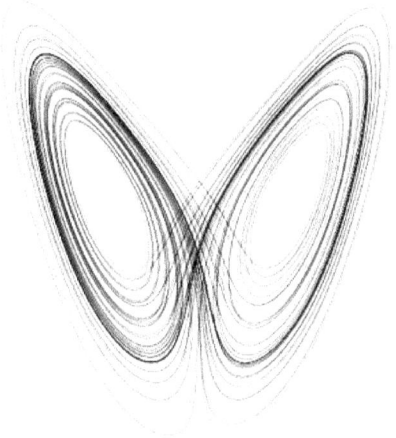

Figura 6.4: Atractor de Lorenz.

para transformar un problema complicado en uno más sencillo. Para transformar un "mal" sistema de variables canónicas en uno "bueno". ¿Cuál sería un "buen" sistema, con un hamiltoniano sencillo? No hay duda: un buen sistema es uno uno donde la solución de las ecuaciones de Hamilton sea sencilla. Hay un caso donde la solución es trivial: imaginen que *todas* las coordenadas q_i sean cíclicas. En ese caso todos los momentos conjugados son constantes:

$$p_i = \alpha_i.$$

Y como $\mathcal{H}$ no es función de ninguna de las q_i, sólo de las p_i (que son todas constantes), uno tiene

$$\mathcal{H} = \mathcal{H}(\alpha_1, \ldots \alpha_n).$$

Así que las ecuaciones de las q_i son simplemente:

$$\dot{q}_i = \frac{\partial \mathcal{H}}{\partial \alpha_i} = \omega_i,$$

donde ω_i son sólo funciones de las α_i, y por lo tanto constantes. Estas ecuaciones son triviales:

$$q_i = \omega_i t + \beta_i$$

con β_i constantes de integración (dependientes de las condiciones iniciales).

¿Se podrá hacer algo así, donde todas las coordenadas sean cíclicas? Recuerden cuando transformamos el problema de las fuerzas centrales, de coordenadas cartesianas $\{x, y\}$ (ninguna cíclica) a coordenadas polares $\{r, \phi\}$, y ϕ resultó cíclica, pero r no. Acá queremos algo parecido, pero mejor: queremos *todas* cíclicas.

Para lograrlo será necesario transformar no sólo el espacio de configuraciones sino todo el espacio de fases (Fig. 6.5).

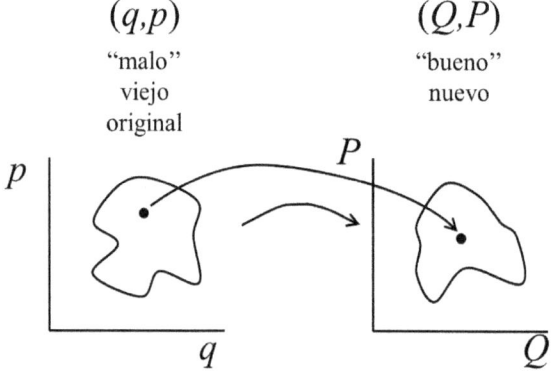

Figura 6.5: Una transformación canónica actúa sobre el espacio de fases.

O sea:
$$Q_i = Q_i(\mathbf{q}, \mathbf{p}, t),$$
$$P_i = P_i(\mathbf{q}, \mathbf{p}, t).$$

Ahora, las Q y P nuevas no pueden ser cualquier cosa: si en las nuevas variables no valen las ecuaciones de Hamilton nos quedamos trabados con la transformación, y punto. Lo que queremos es que Q y P sean variables canónicas, es decir:

6.4. TRANSFORMACIONES CANÓNICAS

> Que la transformación preserve las ecuaciones de Hamilton.

Matemáticamente, que exista una función (el "hamiltoniano transformado") $\mathcal{H}'(Q,P,t)$ tal que las ecuaciones de movimiento sean:

$$\dot{Q}_i = \frac{\partial \mathcal{H}'}{\partial P_i}, \quad \dot{P}_i = -\frac{\partial \mathcal{H}'}{\partial Q_i},$$

(a veces se designa K a $\mathcal{H}'$ y hasta se le dice informalmente "kamiltoniano").

Sorprendentemente (bueno, en cosas como esta radica justamente el poder de la teoría de Hamilton), uno puede hacer esto de manera general, no problema por problema. Es decir, encontrar una transformación del espacio de fases que preserve las ecuaciones de Hamilton. Sin importar que el hamiltoniano original sea por ejemplo el oscilador armónico: la misma transformación dará ecuaciones de Hamilton cuando se aplique al problema de Kepler (ponele). Para no olvidarnos de esto vamos a seguir calculando en general, en lugar de usar un ejemplo motivador como hicimos en otros capítulos. Los ejemplos los veremos después.

Para las variables canónicas iniciales vale el principio de Hamilton:

$$\delta S = \delta \int \underbrace{\sum [p_i \dot{q}_i - \mathcal{H}(q,p,t)]}_{\mathcal{L}} dt = 0. \tag{6.15}$$

Si queremos que **Q** y **P** también sean variables canónicas, entonces también deberán satisfacer el principio de Hamilton:

$$\delta \int \sum [P_i \dot{Q}_i - \mathcal{H}'(Q,P,t)] \, dt = 0. \tag{6.16}$$

Por supuesto, la igualdad de las integrales no implica la igualdad de los integrandos. Los integrandos pueden diferir en una derivada total con respecto al tiempo de una función arbitraria $F(\mathbf{q}, \mathbf{p}, \mathbf{Q}, \mathbf{P})$

ya que:

$$S_F = \int_{t_1}^{t_2} \frac{dF}{dt} dt = F(t_2) - F(t_1)$$

tiene variación $\delta S_F = 0$, porque los extremos de la variación están fijos. Entonces tenemos:

$$\sum p_i \dot{q}_i - \mathcal{H}(q,p,t) = \sum P_i \dot{Q}_i - \mathcal{H}'(Q,P,t) + \frac{dF}{dt}. \qquad (6.17)$$

Dijimos que $F = F(\mathbf{q}, \mathbf{p}, \mathbf{Q}, \mathbf{P})$, que son $4n$ variables. Pero no son todas independientes, porque las $(\mathbf{Q}, \mathbf{P})$ son funciones de las $(\mathbf{q}, \mathbf{p})$. Sólo $2n$ son independientes. Así que tenemos cierta libertad para elegir las variables independientes de F. En general conviene una mezcla de viejas y nuevas variables: (q, Q), (q, P), (p, Q), (p, P). Cada elección nos da un "tipo" de F. Pero, aparte de eso, tenemos libertad para elegir su forma funcional, y cada elección (llamada *función generatriz*) nos da una *transformación canónica* particular.

Consideremos $F = F(q, Q)$. De (6.17) tenemos:

$$\sum p_i \dot{q}_i - \mathcal{H} = \sum P_i \dot{Q}_i - \mathcal{H}' + \left(\frac{\partial F}{\partial q_i} \dot{q}_i + \frac{\partial F}{\partial Q_i} \dot{Q}_i + \frac{\partial F}{\partial t} \right),$$

$$= \sum \left(P_i \dot{Q}_i + \frac{\partial F}{\partial q_i} \dot{q}_i + \frac{\partial F}{\partial Q_i} \dot{Q}_i \right) - \mathcal{H}' + \frac{\partial F}{\partial t},$$

$$\Rightarrow \sum \left(p_i \dot{q}_i - P_i \dot{Q}_i - \frac{\partial F}{\partial q_i} \dot{q}_i - \frac{\partial F}{\partial Q_i} \dot{Q}_i \right) + \left(\mathcal{H}' - \mathcal{H} - \frac{\partial F}{\partial t} \right) = 0.$$

Queda mejor escrito en términos de diferenciales:

$$\sum \left(p_i - \frac{\partial F}{\partial q_i} \right) dq_i - \left(P_i + \frac{\partial F}{\partial Q_i} \right) dQ_i + \left(\mathcal{H}' - \mathcal{H} - \frac{\partial F}{\partial t} \right) dt = 0.$$

6.4. TRANSFORMACIONES CANÓNICAS

Y para que valga la igualdad para cualquier valor de las variables independientes de F debemos satisfacer:

$$p_i = \frac{\partial F(\mathbf{q}, \mathbf{Q})}{\partial q_i}, \qquad (6.18)$$

$$P_i = -\frac{\partial F(\mathbf{q}, \mathbf{Q})}{\partial Q_i}, \qquad (6.19)$$

$$\mathcal{H}' = \mathcal{H} + \frac{\partial F}{\partial t}. \qquad (6.20)$$

Para conocer las nuevas variables tenemos que despejar las Q_i de (6.18), y usarlas en (6.19) para conocer las nuevas P_i. La ecuación (6.20) nos da el nuevo hamiltoniano que (esperamos) tenga una forma funcional más sencilla que $\mathcal{H}$.

Estas F que dependen de (q, Q) se llaman de *tipo 1*: $F_1(q, Q, t)$. Con los otros tipos se obtienen *relaciones constitutivas* similares a (6.18)-(6.19). La relación (6.20) vale para todas. La Tabla 6.1 resume las relaciones constitutivas de las relaciones de las transformaciones F_1 a F_4.

A veces suelen ser útiles unas relaciones *directas*, que se obtienen de las constitutivas derivando una vez más, y usando la igualdad de las derivadas cruzadas:

	Relaciones directas
F_1	$\frac{\partial p_i}{\partial Q_j} = -\frac{\partial P_j}{\partial q_j}$
F_2	$\frac{\partial p_i}{\partial P_j} = \frac{\partial Q_j}{\partial q_j}$
F_3	$\frac{\partial q_i}{\partial Q_j} = \frac{\partial P_j}{\partial p_j}$
F_4	$\frac{\partial q_i}{\partial P_j} = -\frac{\partial Q_j}{\partial p_j}$

Los que tengan una mente más matemática se estarán preguntando si no se podrá pasar de una a otra mediante una transformada

Tabla 6.1: Relaciones constitutivas de las transformaciones canónicas.

Función generatriz	Relaciones	Caso trivial especial
$F_1 = F_1(q, Q, t)$	$\frac{\partial F_1}{\partial q} = p$ $\frac{\partial F_1}{\partial Q} = -P$	$F_1 = qQ$ $Q = p, P = -q$
$F_2 = F_2(q, P, t)$	$\frac{\partial F_2}{\partial q} = p$ $\frac{\partial F_2}{\partial P} = Q$	$F_2 = qP$ $Q = q, P = p$
$F_3 = F_3(Q, p, t)$	$\frac{\partial F_3}{\partial Q} = -P$ $\frac{\partial F_3}{\partial p} = -q$	$F_3 = pQ$ $Q = -q, P = -p$
$F_4 = F_4(p, P, t)$	$\frac{\partial F_4}{\partial p} = -q$ $\frac{\partial F_4}{\partial P} = Q$	$F_4 = pP$ $Q = p, P = -q$

de Legendre.[7] Sí, se puede; por ejemplo:

$$F_2(\mathbf{q}, \mathbf{P}) = F_1(\mathbf{q}, \mathbf{Q}) + \sum P_i Q_i$$

y otras por el estilo, que pueden calcular o buscar en los libros. Ojo: no hay que creerse (erróneamente) que *cualquier* transformación canónica puede ser expresada en términos de algunas de las F_1 a F_4 y alguna transformación de Legendre. Eso no siempre es posible.

Tampoco hay que engañarse pensando que todas las funciones generatrices son de alguno de los cuatro tipos en todas sus variables. Por ejemplo, podría ser necesario usar una función generatriz así: $F(q_1, p_2, P_1, Q_2, t)$, que uno puede meter en (6.17) y obtener las

---

[7]Adrien-Marie Legendre (1752–1833), matemático francés. Una transformación de Legendre es un cambio de variable de una función $f(x)$ definida por que las derivadas de la función y su transformada sean inversas una de la otra. Tiene aplicaciones en Mecánica y en Termodinámica.

6.4. TRANSFORMACIONES CANÓNICAS

ecuaciones de transformación:

$$p_1 = \frac{\partial F}{\partial q_1}, \quad Q_1 = \frac{\partial F}{\partial P_1},$$
$$q_2 = -\frac{\partial F}{\partial p_2}, \quad P_2 = \frac{\partial F}{\partial Q_2},$$

además de, como siempre:

$$\mathcal{H}' = \mathcal{H} + \frac{\partial F}{\partial t}.$$

Ejemplos

La identidad

La función generatriz de tipo 2:

$$F_2(q, P) = q_i P_i$$

genera la identidad:

$$p_i = \frac{\partial F_2}{\partial q_i} = P_i,$$
$$Q_i = \frac{\partial F_2}{\partial P_i} = q_i,$$
$$\mathcal{H}' = \mathcal{H}.$$

Parece una pavada, pero sirve cuando uno quiere generar una transformación canónica que sea casi la identidad, se la puede generar con esta F_2 más un cachito, como veremos.

Las transformaciones de contacto

Lo mismo, pero un poco más general:

$$F_2 = f_i(\mathbf{q}, t) P_i,$$
$$\Rightarrow Q_i = \frac{\partial F_2}{\partial P_i} = f_i(\mathbf{q}, t).$$

Es decir, las nuevas coordenadas dependen de las viejas, sin involucrar a los viejos momentos. Si las f_i son invertibles, de manera que también tengamos $q_i(\mathbf{Q})$, éstas son las transformaciones de contacto (los cambios de coordenadas en el espacio de configuraciones), que resultan ser todas canónicas.

Libertad total
Sea $F_1 = q_i Q_i$,

$$\Rightarrow p_i = \frac{\partial F_1}{\partial q_i} = Q_i, \quad P_i = -\frac{\partial F_1}{\partial Q_i} = -q_i.$$

Esta transformación *intercambia coordenadas con momentos*, enfatizando la total independencia que hay en la teoría hamiltoniana entre lo que es una coordenada y lo que es un momento. No hay vestigio de lo que es una posición espacial y lo que es masa por velocidad.

El oscilador armónico
¿Qué puede ser más sencillo que el oscilador armónico? Sea un oscilador armónico unidimensional:

$$\mathcal{H}(q,p) = \frac{1}{2m}p^2 + \frac{k}{2}q^2 = \frac{1}{2m}p^2 + \frac{m\omega^2}{2}q^2,$$
$$= \frac{1}{2m}(p^2 + m^2\omega^2 q^2).$$

Esta forma, la suma de dos cuadrados, nos sugiere que podríamos hacer una transformación canónica que nos deje una sola variable, con la otra ignorable. Si hiciéramos $p = \cos$ de algo y $q = \sin$ del mismo algo, el algo desaparecería del hamiltoniano. Hagamos:

$$\left.\begin{array}{r}p = f(P)\cos Q \\ q = \dfrac{f(P)}{m\omega}\sin Q\end{array}\right\} \Rightarrow \mathcal{H}' = \mathcal{H} = \frac{f^2(P)}{2m}(\cos^2 Q + \sin^2 Q) = \frac{f^2(P)}{2m},$$

con Q cíclica. ¡El problema es encontrar una f tal que la transformación sea canónica! Usemos una $F_1(q,Q)$:

$$F_1 = \frac{m\omega}{2}q^2 \cot Q \Rightarrow P = -\frac{\partial F_1}{\partial Q} = f(q,Q).$$

6.4. TRANSFORMACIONES CANÓNICAS

De la tabla de relaciones constitutivas:

$$p = \frac{\partial F_1}{\partial q} = m\omega q \cot Q, \quad (6.21)$$

$$P = -\frac{\partial F_1}{\partial Q} = m\omega q^2 \frac{1}{2\sin^2 Q}, \quad (6.22)$$

$$(6.22) \Rightarrow q^2 = \frac{2P}{m\omega}\sin^2 Q \Rightarrow \boxed{q = \sqrt{\frac{2P}{m\omega}}\sin Q,} \quad (6.23)$$

(es frecuente que aparezcan estas ambigüedades de signo, y también puntos singulares...).

$$(6.21) \Rightarrow p = m\omega \sqrt{\frac{2P}{m\omega}\frac{\cos Q}{\sin Q}}\sin Q,$$

$$\Rightarrow \boxed{p = \sqrt{2m\omega P}\cos Q.} \quad (6.24)$$

Es decir, $f(P) = \sqrt{2m\omega P}$, con lo cual el hamiltoniano resulta apenas

$$\mathcal{H}'(Q,P) = \mathcal{H}'(P) = \omega P \;\;(!!!)$$

Claramente Q es cíclica. Las ecuaciones de movimiento son:

$$\frac{\partial \mathcal{H}'}{\partial Q} = 0 = -\dot{P} \Rightarrow P = \text{cte} \equiv \frac{E}{\omega},$$

($\mathcal{H} = \omega P$, y $\mathcal{H} = E$, así que $P = E/\omega$.)

$$\frac{\partial \mathcal{H}'}{\partial P} = \omega = \dot{Q} \Rightarrow Q = \omega t + \alpha.$$

Luego, en las variables originales:

$$(6.23) \Rightarrow q = \sqrt{\frac{2E}{m\omega^2}}\sin(\omega t + \alpha),$$

$$(6.24) \Rightarrow p = \sqrt{2mE}\cos(\omega t + \alpha).$$

¿Cómo es geométricamente esta transformación del espacio de fases? q y p oscilan, mientras que Q y P son lineales:

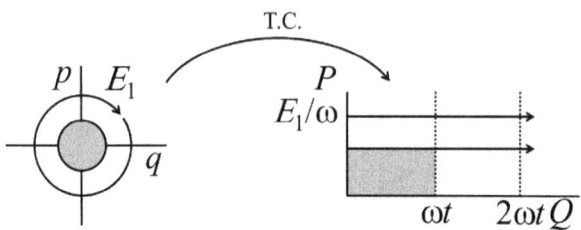

Corchetes de Poisson

Vamos a presentar ahora una descripción más bien algebraica que analítica de la Mecánica, que hace que resulte casi idéntica a la Mecánica Cuántica. Empezamos con una definición. Sean dos funciones en el espacio de fases, $f(q,p)$ y $g(q,p)$. Definimos su *corchete de Poisson*:[8]

$$\{f,g\} = \sum_i \frac{\partial f}{\partial q_i}\frac{\partial g}{\partial p_i} - \frac{\partial f}{\partial p_i}\frac{\partial g}{\partial q_i}.$$

Parece una definición tirada de los pelos, así que veamos algunas propiedades para agarrarle la mano:

1. $\{f,g\} = -\{g,f\}$ (es anticonmutativa).

2. $\{f,c\} = 0$ $\forall c$ constante.

3. Linealidad: $\{\alpha f + \beta g, h\} = \alpha\{f,h\} + \beta\{g,h\}$.

4. Regla de Leibniz: $\{fg,h\} = f\{g,h\}+\{f,h\}g$ (sale de la Regla de la Cadena).

5. Identidad de Jacobi: $\{f,\{g,h\}\} + \{g,\{h,f\}\} + \{h,\{f,g\}\} = 0$. Para demostrarla se necesita un papel muy largo y un termo entero de mate.

---

[8]Siméon Poisson (1781–1840), matemático francés. A pesar de sus muchas contribuciones valiosas, fue un ferviente opositor a la teoría ondulatoria de la luz, asunto en el que fue refutado experimentalmente por Arago, quien llevó adelante el experimento de Fresnel. Arago sería luego Primer Ministro de Francia.

6.4. TRANSFORMACIONES CANÓNICAS

6.
$$\{q_i, q_j\} = 0,$$
$$\{p_i, p_j\} = 0,$$
$$\{q_i, p_j\} = \delta_{ij}.$$

Un conjunto de variables que satisfacen (6) se llaman *variables canónicas conjugadas*.

7.
$$\{f, q_i\} = -\frac{\partial f}{\partial p_i},$$
$$\{f, p_i\} = \frac{\partial f}{\partial q_i}.$$

Y si $f = \mathcal{H}$ salen las ecuaciones de Hamilton:

$$\{\mathcal{H}, q_i\} = -\frac{\partial \mathcal{H}}{\partial p_i} = -\dot{q}_i \Rightarrow \boxed{\dot{q}_i = \{q_i, \mathcal{H}\}},$$
$$\{\mathcal{H}, p_i\} = \frac{\partial \mathcal{H}}{\partial q_i} = -\dot{p}_i \Rightarrow \boxed{\dot{p}_i = \{p_i, \mathcal{H}\}}.$$

Pero la mejor de todas es ésta, así que la ponemos separada sin número:
$$\boxed{\frac{df}{dt} = \{f, \mathcal{H}\} + \frac{\partial f}{\partial t}}$$
para toda $f(q, p, t)$.

Demostración:
$$\frac{df}{dt} = \frac{\partial f}{\partial p_i}\dot{p}_i + \frac{\partial f}{\partial q_i}\dot{q}_i + \frac{\partial f}{\partial t},$$
$$= -\frac{\partial f}{\partial p_i}\frac{\partial \mathcal{H}}{\partial q_i} + \frac{\partial f}{\partial q_i}\frac{\partial \mathcal{H}}{\partial p_i} + \frac{\partial f}{\partial t},$$
$$= \{f, \mathcal{H}\} + \frac{\partial f}{\partial t}. \text{ QED}$$

Una consecuencia genial es que si tenemos una función cualquiera $I(q, p)$ tal que
$$\{I, \mathcal{H}\} = 0$$

("I conmuta con $\mathcal{H}$"), entonces I es una constante de movimiento.

Ejemplo: Corchetes de los momentos angulares

Escribamos $\mathbf{L} = \mathbf{r} \times \mathbf{p}$ en componentes:

$$L_1 = r_2 p_3 - r_3 p_2, \quad L_2 = r_3 p_1 - r_1 p_3, \quad L_3 = r_1 p_2 - r_2 p_1.$$

Se puede calcular: $\{L_1, L_2\} = L_3$. (Ejercicio).

Así que si L_1 y L_2 se conservan, L_3 se conserva también. O sea, $\mathbf{L}$ se conserva si se conservan dos de sus componentes. (Esto a nadie se le hubiera ocurrido fácilmente sin meterse en el formalismo hamiltoniano.)

También:
$$\{L^2, L_i\} = 0.$$

Y el siguiente vector: $\mathbf{A} = \frac{1}{m} \mathbf{p} \times \mathbf{L} - \hat{r}$, que satisface $\mathbf{A} \cdot \mathbf{L} = 0$, satisface también (hay que calcularlo...):

$$\{L_i, A_j\} = \epsilon_{ijk} A_k,$$

donde el símbolo ϵ_{ijk} es parecido a la delta de Kroenecker, y se llama tensor de Levi-Civita. Es un tensor completamente antisimétrico de rango 3, es decir: $\epsilon_{ijk} = 1$ si ijk es una permutación cíclica de 123, –1 si la permutación no es cíclica, y 0 si se repite algún índice.

$$\{A_i, A_j\} = -\frac{2}{m}\left(\frac{\mathbf{p}^2}{2m} - \frac{1}{r}\right) \epsilon_{ijk} L_k.$$

¡Lo que está entre paréntesis es el hamiltoniano del problema de Kepler! Así que:

$$\{A_i, A_j\} = -\frac{2\mathcal{H}}{m} \epsilon_{ijk} L_k,$$

y es posible mostrar que

$$\{\mathcal{H}, \mathbf{A}\} = 0.$$

Así que el problema de Kepler tenía otra cantidad conservada, que se nos había escapado. Se llama *vector de Runge-Lenz*.

Relación con las transformaciones canónicas

Los corchetes de Poisson son invariantes ante transformaciones canónicas. Vale decir, podemos calcular $\{f,g\}$ en cualquiera de las variables, y da lo mismo:

$$\{f,g\}_{(q,p)} = \{f,g\}_{(Q,P)}.$$

Transformaciones canónicas infinitesimales

Como anticipamos, si la diferencia entre (q,p) y (Q,P) es infinitesimal, la transformación es "cercana" a la identidad. Así que podemos buscarle una función generatriz de tipo 2:

$$F_2(q,P) = qP + \epsilon W(q,P,\epsilon),$$

donde qP genera la identidad, y $\epsilon \ll 1$ es un parámetro. Derivamos:

$$\frac{\partial F_2}{\partial q} = p = P + \epsilon \frac{\partial W}{\partial q} \Rightarrow \delta p = P - p = -\epsilon \frac{\partial W}{\partial q},$$
$$\frac{\partial F_2}{\partial p} = Q = q + \epsilon \frac{\partial W}{\partial P}.$$

El último término, $\epsilon \partial W/\partial P$ es lineal en ϵ. Y P difiere de p en un infinitésimo de orden ϵ. Por lo tanto podemos reemplazar la derivación con respecto a P por derivación con respecto a p, y considerar: $W(q,P,\epsilon) \to G(q,p)$ cuando $\epsilon \to 0$. Entonces:

$$Q = q + \epsilon \frac{\partial G}{\partial p}.$$

Es decir, poniendo las dos variaciones juntas:

$$\delta q = \epsilon \frac{\partial G}{\partial p},$$
$$\delta p = -\epsilon \frac{\partial G}{\partial q}.$$

La función G se llama *generador* de la transformación canónica infinitesimal (no confundir con la función generatriz).

Los signos que aparecen en las derivadas de G, ¿qué nos recuerdan? Nos recuerdan los corchetes de Poisson. Si armamos un vectorcito

$$\boldsymbol{\eta} = \begin{pmatrix} q \\ p \end{pmatrix}$$

podemos escribir:

$$\delta \boldsymbol{\eta} = \epsilon \{\boldsymbol{\eta}, G\},$$

ya que

$$\{q, G\} = \frac{\overset{1}{\cancel{\partial q}}}{\cancel{\partial q}}\frac{\partial G}{\partial q} - \frac{\overset{0}{\cancel{\partial q}}}{\cancel{\partial p}}\frac{\partial G}{\partial q} = \frac{\partial G}{\partial q},$$

$$\{p, G\} = \frac{\overset{0}{\cancel{\partial p}}}{\cancel{\partial q}}\frac{\partial G}{\partial q} - \frac{\overset{1}{\cancel{\partial p}}}{\cancel{\partial p}}\frac{\partial G}{\partial q} = -\frac{\partial G}{\partial p}.$$

Es decir

$$\boxed{\delta \boldsymbol{\eta} = \eta\{\boldsymbol{\eta}, G\}.}$$

Pensemos en el siguiente interesantísimo caso: que el parámetro sea el *tiempo* y que $G(q, p)$ sea el hamiltoniano: $\epsilon = dt$ (infinitesimal) y $G = \mathcal{H}$. Tenemos:

$$\delta \boldsymbol{\eta} = \epsilon \{\boldsymbol{\eta}, \mathcal{H}\}.$$

¿Reconocen esta ecuación?

$$\Rightarrow \begin{cases} \delta q = dt \dfrac{\partial \mathcal{H}}{\partial p} = dt \, \dot{q} = dq, \\ \delta p = -dt \dfrac{\partial \mathcal{H}}{\partial q} = dt \, \dot{p} = dp. \end{cases}$$

En estas ecuaciones, el miembro de la izquierda es el cambio en la variable como resultado de la transformación canónica. Y el miembro del extremo derecho es el cambio producido *por la evolución dinámica*. Dicho en palabras: *el hamiltoniano es el generador de la*

6.4. TRANSFORMACIONES CANÓNICAS

evolución temporal. El movimiento de un sistema mecánico corresponde a la implementación de una transformación canónica, generada por el hamiltoniano.

Es interesante señalar que esto se corresponde con la visión antigua y hasta intuitiva de la mecánica: que el movimiento lo produce la energía, que se necesita energía para moverse. El hamiltoniano, que "es la energía" (salvo en los Parciales de esta materia) resulta ser el responsable de generar de manera continua el movimiento.

Pensando de manera más matemática: debe existir una transformación canónica que lleve el estado del sistema, de los valores iniciales constantes a sus valores a cada tiempo. Encontrar esa transformación canónica es obviamente equivalente a resolver el problema mecánico. Es decir: resolver el movimiento es encontrar una transformación canónica tal que todas sus variables (coordenadas y momentos) sean constantes de movimiento.

Sea una función cualquiera de q y p: $f(q,p)$. Ante la transformación canónica infinitesimal f cambia así:

$$\delta f = \sum_i \frac{\partial f}{\partial q_i}\delta q_i + \frac{\partial f}{\partial p_i}\delta p_i,$$
$$= \epsilon \sum_i \frac{\partial f}{\partial q_i}\frac{\partial G}{\partial p} - \frac{\partial f}{\partial p_i}\frac{\partial G}{\partial q_i},$$
$$= \epsilon\{f, G\}.$$

O sea: el corchete de Poisson con el generador da la transformación de *cualquier* función de q y p, no sólo de q y p mismas.

En particular, si f es el hamiltoniano: $f = \mathcal{H}$,

$$\Rightarrow \delta\mathcal{H} = \epsilon\{\mathcal{H}, G\}.$$

¿En qué caso $\delta\mathcal{H} = 0$, o sea $\mathcal{H}$ es invariante, y la transformación canónica es una *simetría de* $\mathcal{H}$? El corchete de Poisson de las constantes de movimiento da cero con el hamiltoniano. O sea:

> Las constantes de movimiento son generadoras de las simetrías del hamiltoniano.

¡Todos los casos que ya conocemos son ejemplos de este resultado!

Por ejemplo: sea q_j cíclica. Entonces $\partial \mathcal{H}/\partial q_j = 0$,

$$\Rightarrow \mathcal{H} = \mathcal{H}(q_1 \ldots q_{j-1}, q_{j+1} \ldots q_n, p_1 \ldots p_n).$$

La transformación

$$\begin{cases} \delta q_i = \epsilon \delta_{ij}, \\ \delta p_i = 0, \end{cases}$$

es una transformación que deja invariante el hamiltoniano (¿es canónica? ¡Ejercicio!) $\Rightarrow \delta \mathcal{H} = 0$. ¿Cuál es su generador?

$$\left. \begin{array}{l} \delta q_i = \epsilon \dfrac{\partial G}{\partial p_i} = \epsilon \delta_{ij} \\ \delta p_i = \epsilon \dfrac{\partial G}{\partial q_i} = 0 \end{array} \right\} \Rightarrow \boxed{G = p_j.}$$

Luego, p_j es la constante de movimiento y generador de la transformación canónica infinitesimal.

El jacobiano de una transformación canónica

Las transformaciones canónicas preservan el volumen en el espacio de fases. Esta propiedad es una especie de generalización del Teorema de Liouville que ya vimos: que la evolución del sistema preserva el volumen en el espacio de fases. Como la evolución es una transformación canónica particular (la generada por el hamiltoniano), es un caso particular de lo que ocurre con las transformaciones canónicas en general.

Para verlo hay que calcular el *jacobiano* de la transformación. Digamos que en el espacio original tenemos

$$dV = dq\, dp \Rightarrow V = \int dV,$$

mientras que en el transformado:

$$dV' = dQ\, dP \Rightarrow V' = \int dV'.$$

6.4. TRANSFORMACIONES CANÓNICAS

El volumen es el mismo si el jacobiano es 1:

$$V' = \int dV' = \int J\, dV = V \iff J = 1.$$

En sistemas de un solo grado de libertad es fácil calcular este jacobiano:

$$J = \det \begin{bmatrix} \frac{\partial Q}{\partial q} & \frac{\partial Q}{\partial p} \\ \frac{\partial P}{\partial q} & \frac{\partial P}{\partial p} \end{bmatrix} = \frac{\partial Q}{\partial q}\frac{\partial P}{\partial p} - \frac{\partial Q}{\partial p}\frac{\partial P}{\partial q} = \{Q,P\} = 1$$

porque es una transformación canónica. QED.

En más dimensiones podemos hacer lo siguiente. Descomponemos el jacobiano en un producto usando la Regla de la Cadena:

$$J = \frac{\partial(Q_1\ldots Q_n, P_1\ldots P_n)}{\partial(q_1\ldots q_n, p_1\ldots p_n)} =$$

$$= \frac{\partial(Q_1\ldots Q_n, P_1\ldots P_n)}{\partial(q_1\ldots q_n, P_1\ldots P_n)}\frac{\partial(q_1\ldots q_n, P_1\ldots P_n)}{\partial(q_1\ldots q_n, p_1\ldots p_n)} \quad (6.25)$$

que es como hacer la transformación en dos pasos: primero transformamos las p's, y después transformamos las q's. En cada paso, las variables que no cambian pueden ser eliminadas del cálculo:

$$(6.25) = \frac{\partial(Q_1\ldots Q_n)}{\partial(q_1\ldots q_n)}\frac{\partial(P_1\ldots P_n)}{\partial(p_1\ldots p_n)}.$$

Ahora, usemos una $F_2(q,P)$ para generar la transformación canónica:

$$\frac{\partial(Q_1\ldots Q_n)}{\partial(q_1\ldots q_n)} = \det\left[\frac{\partial}{\partial q}\frac{\partial F_2}{\partial P}\right] = \det\left[\frac{\partial^2 F_2}{\partial q \partial P}\right],$$

$$\frac{\partial P_1\ldots P_n}{\partial p_1\ldots p_n} = \det\left[\frac{\partial}{\partial P}\frac{\partial F_2}{\partial q}\right] = \det\left[\frac{\partial^2 F_2}{\partial P \partial q}\right],$$

(ya que $Q = \partial F_2/\partial P$ y $p = \partial F_2/\partial q$ por propiedades de la F_2 de una transformación canónica). Estas dos matrices son una transpuesta de la otra, así que sus determinantes son iguales. Entonces:

$$J = \frac{\partial(Q_1\ldots Q_n, P_1\ldots P_n)}{\partial(q_1\ldots q_n, p_1\ldots p_n)} = \frac{\partial(Q_1\ldots Q_n)}{\partial(q_1\ldots q_n)}\left[\frac{\partial(p_1\ldots p_n)}{\partial(P_1\ldots P_n)}\right]^{-1} = 1.$$

QED.

En la práctica, dada la pregunta ¿es tal o cual una transformación canónica?, en general es bastante fácil contestar calculando el jacobiano y viendo si es igual a 1, en lugar de calcular *todos* los corchetes de Poisson de las variables entre sí.

Capítulo 7

SISTEMAS DINÁMICOS

Como vimos, el estado de un sistema en el espacio de fases satisface un flujo $(\dot{q}, \dot{p})$ dado por las ecuaciones de Hamilton. Si uno se abstrae de los sistemas mecánicos, cuyos espacios de fase siempre tienen dimensión par, nada impide pensar en espacios de fase cualquier dimensión. De manera abstracta, se trata de sistemas diferenciales de primer orden, del tipo:

$$\dot{\mathbf{x}} = \mathbf{f}(\mathbf{x}),$$

donde el vector $\mathbf{x}$ es el estado del sistema y el campo vectorial $\mathbf{f}$ dicta su dinámica. Estos símbolos pueden representar prácticamente cualquier cosa. Por ejemplo, si $\mathbf{x}$ son concentraciones de substancias químicas en un reactor, o en una célula, las $\mathbf{f}$ están dadas por las reacciones entre ellas, sus fuentes y sumideros, etc. Si x es la cantidad de fotones en la cavidad de un láser, la f estará dada por la interacción entre el campo electromagnético y los átomos, la pérdida por los espejos, etc. Si x fuera la corriente eléctrica entre los electrodos de un circuito, la dinámica estará dictada por potenciales eléctricos, ionización del medio, etc. Incluso podría ser dinero, y el miembro de la derecha involucraría las transacciones, la producción y el consumo. Si fueran individuos que forman poblaciones, el sistema describiría la dinámica poblacional, con nacimientos, muertes, migraciones, interacciones ecológicas, etc. Veamos un ejemplo famoso de apenas una dimensión, para agarrarle el gustito.

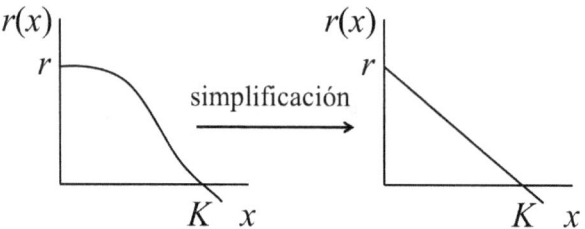

Figura 7.1: Tasa neta de reproducción en un modelo no lineal de población.

7.1 Flujos en una dimensión

El modelo más sencillo para el crecimiento de la población de un organismo es

$$\dot{x} = r\,x,$$

donde $x(t)$ es la población y r es la tasa neta de reproducción. Este modelo lineal (debido a Malthus[1]) predice un crecimiento exponencial de la población si $r > 0$: $x(t) = x_0 \exp(rt)$. Esto, por supuesto, no puede ser estrictamente cierto si los recursos para el crecimiento son limitados. El problema surge de considerar a r constante: en realidad los recursos decrecientes harán que la tasa de reproducción dependa de x de alguna manera decreciente, haciéndose cero para algún valor de x que sería la "capacidad" del sistema, como en la Fig. 7.1.

El modelo no lineal más sencillo corresponde a tomar una tasa que decrece linealmente con x, como se muestra en la Fig. 7.1 (derecha). De esta elección resulta la *ecuación logística* (Verhulst,[2] 1838):

$$\dot{x} = r\,x\left(1 - \frac{x}{K}\right),$$

---

[1]Thomas Robert Malthus (1766–1834), clérigo y estudioso inglés, influyente en el campo de la economía política.

[2]Pierre Francois Verhulst (1804–1849), matemático belga.

7.1. FLUJOS EN UNA DIMENSIÓN

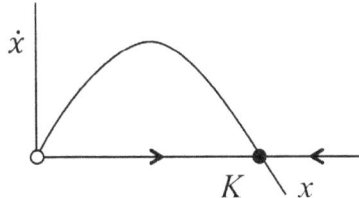

Figura 7.2: Cuadro de fases de la ecuación logística.

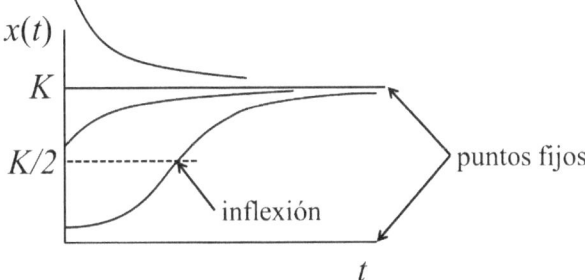

Figura 7.3: La evolución de x en la ecuación logística, para distintas condiciones iniciales.

Es una ecuación no lineal que puede ser resuelta analíticamente haciendo el cambio de variable $y = 1/x$ (Problema 12.6.). Pero es más educativo analizarla gráficamente. Si graficamos la velocidad (la velocidad de fase en función de la fase, vendría a ser) tenemos una parábola, como se muestra en la Fig. 7.2.

El flujo del sistema es a lo largo del eje x. Podemos ver que entre 0 y K, $\dot{x}$ es positiva, y por lo tanto x crece. Si $x > K$, $\dot{x}$ es negativa y x disminuye. Finalmente, como x es una población, no nos interesa la región $x < 0$.

Hay dos puntos donde $\dot{x} = 0$: son puntos fijos del flujo. $x^* = 0$ parece repeler el flujo, y $x^* = K$ parece atraerlo. Si graficamos $x(t)$ obtenemos la evolución que mostramos en la Fig. 7.3.

El comportamiento de los puntos fijos acá parece intuitivo. Por supuesto, puede ponérselo en forma matemática analizando su *estabilidad*, en particular su *estabilidad lineal*, es decir el comportamiento de una versión aproximada y linealizada del sistema, válida en la proximidad del equilibrio. Es similar a la Teoría de Pequeñas Oscilaciones del capítulo 4.

Sea $\eta(t)$ un pequeño apartamiento del equilibrio x^*:

$$\eta(t) = x(t) - x^*$$

derivo: $\dot{\eta} = \dot{x} - \cancel{\dot{x}^*} = \dot{x}$,

$$\Rightarrow \dot{\eta} = f(x) = f(x^* + \eta),$$

$$= \underbrace{f(x^*)}_{=0} + \eta\, f'(x^*) + o(\eta^2) \quad \text{por Taylor,}$$

$$\stackrel{\text{aproximo}}{\Rightarrow} \dot{\eta}(t) = f'(x^*)\, \eta,$$

$$\Rightarrow \begin{cases} \text{Si } f' > 0 \Rightarrow \text{ exponencial creciente (inestable, repele),} \\ \text{Si } f' < 0 \Rightarrow \text{ exponencial decreciente (estable, atrae).} \end{cases}$$

En la ecuación logística: $f(x) = r\, x(1 - x/K)$:

$$\Rightarrow f' = r\left(1 - \frac{2x}{K}\right) = \begin{cases} r \text{ en } x^* = 0 \Rightarrow \text{ inestable,} \\ -r \text{ en } x^* = K \Rightarrow \text{ estable.} \end{cases}$$

Notar: el crecimiento exponencial al alejarse de $x^* = 0$ vale sólo *cerca* de 0; al alejarse, las *nolinealidades* del sistema acaban ganándole al comportamiento lineal.

Notar también: la estabilidad del punto $x^* = K$ es *distinta* de la estabilidad de los problemas que analizamos en Pequeñas oscilaciones. En la proximidad de aquellos equilibrios las trayectorias quedaban acotadas sin alejarse. Acá pasa algo más fuerte: las trayectorias se acercan al equilibrio. Estos equilibrios se llaman *asintóticamente*

7.1. FLUJOS EN UNA DIMENSIÓN

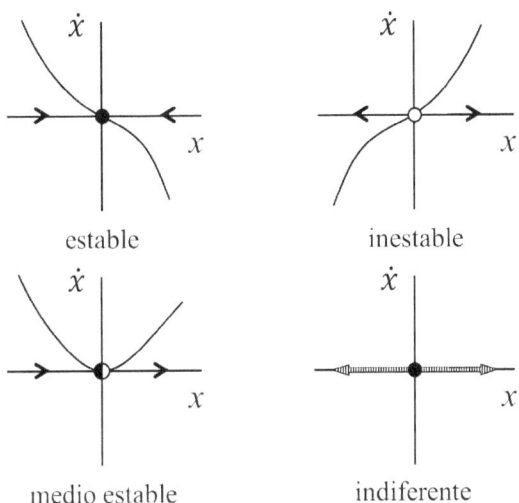

Figura 7.4: Los cuatro tipos de equilibrios en sistemas dinámicos de dimensión 1. En el caso indiferente, entiéndase un continuo de equilibrios a lo largo de x.

estables, y no existen en los sistemas conservativos como los que estudiamos en el Capítulo 4, pero sí en sistemas disipativos.

En una dimensión esto parece agotar todas las posibilidades: según sea $f'(x^*)$ podemos clasificarlas en alguna de las cuatro categorías que se muestran en la Fig. 7.4.

Vale la pena enfatizar que estamos siendo intencionalmente desprolijos desde un punto de vista matemático, porque nos interesan más los conceptos que el rigor. Pero hay que tener en cuenta que detrás de estos conceptos hay todo un edificio matemático, que forma parte de la teoría de los sistemas dinámicos, que algunos de Uds. estudiarán más adelante.

En sistemas de una dimensión no ocurre nada muy complicado: el flujo va para un lado, o va para el otro, o se queda quieto. No puede ir y volver, no puede oscilar, porque las trayectorias no pueden cruzarse. Para oscilar se necesitan al menos dos dimensiones. Al aumentar el número de dimensiones el flujo puede hacerse más y más complicado. Vuelve a ocurrir al pasar de dimensión dos a dimensión 3, pero afortunadamente ahí se acaba todo, no hay comportamiento más complicado que el de dimensión 3.

Bifurcaciones en 1D

El flujo en una dimensión es tan trivial que uno se pregunta ¿no hay nada más interesante? La respuesta es que sí: *la dependencia en los parámetros*. La cuestión es que la estructura cualitativa del flujo puede cambiar cuando cambian los parámetros. Los puntos fijos pueden crearse o destruirse, o su estabilidad puede cambiar. Estos cambios cualitativos de la dinámica se llaman *bifurcaciones*, y los valores de los parámetros para los cuales se producen se llaman *puntos de bifurcación*.

Las bifurcaciones son extremadamente valiosas en la ciencia y la ingeniería, porque son modelos de las transiciones e inestabilidades que pueden ocurrir en un sistema cuando cambia un *parámetro de control*. Por ejemplo, al aumentar la carga de una columna no pasará nada hasta que se alcance un valor crítico, la columna se pandee y eventualmente se rompa. El peso de la carga sería el parámetro de control y la deflexión de la columna respecto de la vertical sería la variable dinámica unidimensional x.

El mecanismo básico de creación y destrucción de equilibrios es la *bifurcación saddle-node* (silla-nodo). Al cambiar el parámetro de control dos puntos fijos de estabilidad opuesta se acercan, colisionan, se aniquilan y desaparecen. El prototipo es el sistema:

$$\dot{x} = r + x^2.$$

Si graficamos el espacio $(\dot{x}, x)$ (Fig. 7.5) vemos que hay tres posibilidades, según sea $r < 0$, $r = 0$ o $r > 0$.

Si controlamos r y hacemos que se aproxime a cero por la izquierda, entonces vemos que los dos puntos fijos, uno estable y uno inestable se acercan. Cuando $r = 0$ los dos puntos fijos coalescen y se forma un punto fijo semi-estable, que es extremadamente delicado: desaparece apenas $r > 0$ y no queda ningún punto fijo.

7.1. FLUJOS EN UNA DIMENSIÓN

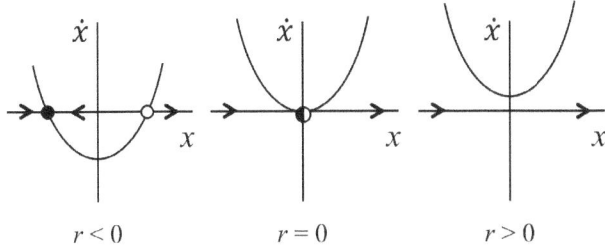

Figura 7.5: Cuadro de fases alrededor de una bifurcación saddle-node en una dimensión.

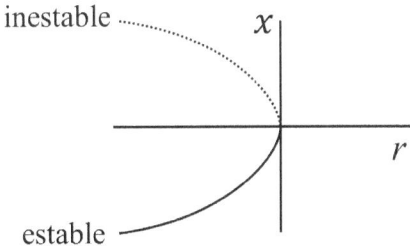

Figura 7.6: Diagrama de bifurcación saddle-node.

Hay otras maneras de representar gráficamente esta situación, y una de las más útiles es una que ya hemos usado subliminalmente en el problema de la bolita en el aro giratorio: un diagrama de bifurcaciones, con la fase x en el eje vertical y el parámetro de control r en el horizontal (Fig. 7.6).

La bifurcación que sufre un sistema como el logístico que vimos en la sección anterior es de un tipo distinto. Se llama *bifurcación transcrítica* y su prototipo es precisamente el sistema:

$$\dot{x} = r\,x - x^2$$

que tiene la misma pinta que la ecuación logística. Acá $\dot{x}$ es también una parábola que cambia de altura cuando uno cambia r, pero siempre corta el espacio de fases ($x = 0$ es siempre equilibrio), así que los puntos fijos no desaparecen. Véase la Fig. 7.7.

Si bien el que está a la izquierda siempre es inestable y el que está a la derecha siempre es estable (ya que la estabilidad depende del signo de f'), cuando uno los dibuja en un diagrama de bifurcaciones parece que intercambian estabilidad. El diagrama de bifurcaciones (Fig. 7.8) permite apreciar esto.

Con $f(x)$ cuadrática no se pueden obtener cosas cualitativamente distintas que éstas, pero si f es cúbica sí. El sistema:

$$\dot{x} = r\,x - x^3$$

es el prototipo de la *bifurcación pitchfork* (horqueta). El punto $x = 0$ es siempre fijo, y los otros dos pueden o no estar, como vemos en la Fig. 7.9.

Cuando controlamos r de positivo a negativo, es como si los puntos fijos estables (en esta región el sistema se dice *biestable*) de los lados colisionaran con el inestable del origen, dando lugar a un único equilibrio estable (Fig. 7.10). En el diagrama de bifurcaciones se ve así (y se entiende el nombre porque parece una horqueta): ¡Ésta es la bifurcación de la bolita en el aro, que nos viene acompañando desde hace tanto! Para hacerlo disipativo podemos considerar una fricción proporcional a la velocidad. Hágalo como ejercicio.

Hay una variante de la pitchfork llamada *pitchfork subcrítica*. Su

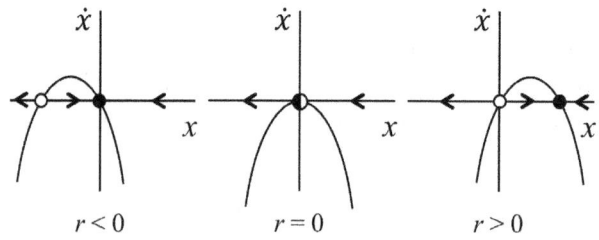

Figura 7.7: El flujo ante una bifurcación transcrítica.

7.1. FLUJOS EN UNA DIMENSIÓN

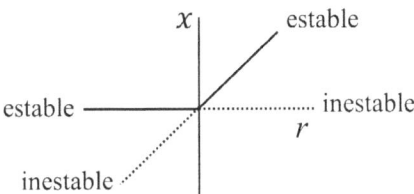

Figura 7.8: Diagrama de bifurcación transcrítica.

prototipo tiene la cúbica cambiada de signo:

$$\dot{x} = r\,x + x^3.$$

¡Dibújela! y trate de imaginarse en qué difiere de la pitchfork *supercrítica* que es la de arriba. Ojo que hay una explosión. Ya que estamos, imagínese en qué ayuda que el sistema tenga un término "estabilizante" de orden más alto:

$$\dot{x} = r\,x + x^3 - x^5.$$

¿Qué pasa en este caso si primero aumento r, y después lo reduzco?

Salvo imperfecciones y catástrofes, ahora sí no hay más.

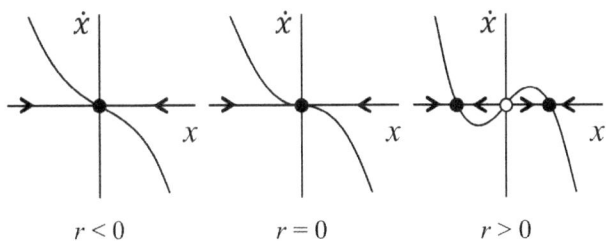

Figura 7.9: El flujo alrededor de una bifurcación pitchfork.

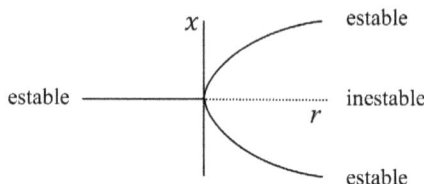

Figura 7.10: Diagrama de bifurcación pitchfork.

7.2 El plano de fases

En un espacio de fases de dos dimensiones empiezan a pasar cosas más piolas. Además, es el caso que abarca los sistemas mecánicos de un grado de libertad. En otras aplicaciones también es más relevante: los seres vivos no existen en poblaciones aisladas, sino que forman complejos sistemas de poblaciones interactuantes llamados *ecosistemas*, y el caso de dos poblaciones es el más sencillo de estos.

Consideremos entonces sistemas de dos dimensiones, con variables x e y:

$$\frac{dx(t)}{dt} = f(x(t), y(t)), \tag{7.1}$$

$$\frac{dy(t)}{dt} = g(x(t), y(t)), \tag{7.2}$$

donde f y g son funciones completamente generales y, en general, no lineales en sus variables. Las soluciones de este sistema, con apropiadas condiciones iniciales, son curvas en el plano (x, y) que definen un *flujo*. Estas trayectorias no se cortan: su definición paramétrica $dy/dx = g(x,y)/f(x,y)$ muestra que en cada punto su derivada está bien definida, de manera que no pueden cortarse. Excepto, por supuesto, en aquellos puntos en los cuales el cociente g/f no esté bien definido, por ejemplo donde tanto el numerador como el denominador se anulen. Estos puntos son, como veremos de inmediato, los equilibrios del sistema.

7.2. EL PLANO DE FASES

Muchos sistemas de ecuaciones diferenciales no lineales como (7.1-7.2) no pueden ser resueltos por medios analíticos. Su estudio debe abordarse mediante la resolución numérica y el análisis cualitativo de sus soluciones. Definitivamente, lo primero que debe encararse es un análisis de sus equilibrios y de su estabilidad lineal. Es una técnica sencilla y de aplicación muy general, así que vale la pena aprenderla antes de analizar modelos de interacción particulares. En sistemas de dimensión 2, el estudio puede llevarse a cabo por completo de manera analítica sin dificultad.

En primer lugar, observamos que los *equilibrios* del sistema (7.1-7.2) son los valores de x e y que satisfacen $\dot{x} = \dot{y} = 0$, es decir:

$$f(x,y) = 0, \quad g(x,y) = 0, \tag{7.3}$$

cada una de las cuales define implícitamente una curva en el espacio (x, y). Estas curvas se llaman *nulclinas*, y sus intersecciones (donde se satisfacen ambas condiciones simultáneamente) son los equilibrios del sistema, que llamaremos x^* e y^*. Cada nulclina divide el plano de fases en dos regiones: en una las velocidades de la variable correspondiente tienen un signo, y en la otra tienen el opuesto, y es muy sencillo ver cuál es cual (basta ver un punto). Esto ayuda a imaginarse el flujo sin resolver las ecuaciones diferenciales. Además, como sobre cada nulclina una de las velocidades se anula, sabemos que el flujo las cruza en dirección vertical u horizontal.

En los equilibrios las derivadas temporales se anulan, y la dinámica se detiene. Son puntos fijos de la dinámica. El comportamiento de las soluciones en *la proximidad* de los puntos fijos (y no en los puntos fijos mismos) es crucial en la estructura de las soluciones. Para estudiar el comportamiento de las soluciones en la vecindad de los puntos fijos hacemos el siguiente cambio de variables:

$$x(t) = x^* + \epsilon(t), \quad y(t) = y^* + \eta(t). \tag{7.4}$$

Derivando y reemplazando en (7.1-7.2) obtenemos un par de ecuaciones dinámicas para los apartamientos:

$$\dot{\epsilon} = f(x^* + \epsilon, y^* + \eta),$$
$$\dot{\eta} = g(x^* + \epsilon, y^* + \eta).$$

Este sistema es igualmente difícil de resolver que el original. Pero podemos desarrollar las funciones f y g en serie de Taylor alrededor del equilibrio:

$$\dot{\epsilon} = f(x^*, y^*) + \left.\frac{\partial f}{\partial x}\right|_{x^*,y^*} \epsilon + \left.\frac{\partial f}{\partial y}\right|_{x^*,y^*} \eta + o(\epsilon^2, \eta^2, \epsilon\eta),$$
$$\dot{\eta} = g(x^*, y^*) + \left.\frac{\partial g}{\partial x}\right|_{x^*,y^*} \epsilon + \left.\frac{\partial g}{\partial y}\right|_{x^*,y^*} \eta + o(\epsilon^2, \eta^2, \epsilon\eta),$$

donde tanto $f(x^*, y^*)$ como $g(x^*, y^*)$ son nulos (por ser x^*, y^* un equilibrio). Además, si nos importa solamente la dinámica en un vecindario del equilibrio, podemos quedarnos con el primer orden (lineal) del desarrollo, lo cual simplifica considerablemente el análisis. Es decir (simplificando un poco la notación):

$$\dot{\epsilon} = f_x(x^*, y^*)\epsilon + f_y(x^*, y^*)\eta,$$
$$\dot{\eta} = g_x(x^*, y^*)\epsilon + g_y(x^*, y^*)\eta.$$

Este sistema es lineal de primer orden, de manera que es natural proponer soluciones exponenciales:

$$\epsilon(t) = c_1 e^{\lambda t}, \quad \eta(t) = c_2 e^{\lambda t},$$

con c_1, c_2 y λ a determinar. Reemplazando en las ecuaciones tenemos:

$$c_1 \lambda e^{\lambda t} = c_1 f_x e^{\lambda t} + c_2 f_y e^{\lambda t},$$
$$c_2 \lambda e^{\lambda t} = c_1 g_x e^{\lambda t} + c_2 g_y e^{\lambda t},$$

donde podemos simplificar las exponenciales y finalmente escribir el siguiente sistema algebraico:

$$\begin{bmatrix} f_x & f_y \\ g_x & g_y \end{bmatrix} \begin{pmatrix} c_1 \\ c_2 \end{pmatrix} = \lambda \begin{pmatrix} c_1 \\ c_2 \end{pmatrix}.$$

7.2. EL PLANO DE FASES

Vemos que la solución del problema diferencial linealizado se reduce a la solución de un problema algebraico de autovalores, lo cual en general es mucho más sencillo. En dos dimensiones puede hacerse explícitamente, ya que los autovalores λ pueden encontrarse sencillamente a partir del polinomio característico:

$$\boxed{\lambda^2 - \lambda \operatorname{tr} J + \det J = 0,}$$

donde J es la matriz de las derivadas parciales (el *jacobiano*) evaluada en el equilibrio, y tr y det son su traza y su determinante respectivamente. Si existen dos autovalores distintos las soluciones del sistema lineal serán superposiciones de dos exponenciales, mientras que si los dos autovalores son iguales las soluciones serán de la forma $(c_1 + c_2 t)e^{\lambda t}$.

Una vez que tenemos los autovalores, tanto la estabilidad del equilibrio como la naturaleza del flujo a su alrededor pueden analizarse de manera sencilla, ya que no existen muchas posibilidades. Si la parte real de ambos autovalores es negativa, las soluciones se aproximarán exponencialmente al punto fijo, que resulta así *asintóticamente estable*. Si al menos una de las partes reales es positiva, el equilibrio es inestable. Si la parte imaginaria de los autovalores es no nula (ambas, ya que son complejos conjugados), habrá oscilaciones armónicas alrededor del equilibrio. Las posibilidades se resumen convenientemente en la Fig. 7.11.

Ejemplo: Competencia

Imaginemos dos especies de herbívoros en competencia, por ejemplo conejos y ovejas. Supongamos que cada población tiene un comportamiento logístico en ausencia de la otra:

$$\begin{aligned} \dot{x} &= x(3-x), \\ \dot{y} &= y(2-y), \end{aligned}$$

donde consideramos que los conejos, de tamaño pequeño y grandes reproductores, tienen un poquito más de tasa de reproducción y de capacidad de carga que las ovejas.

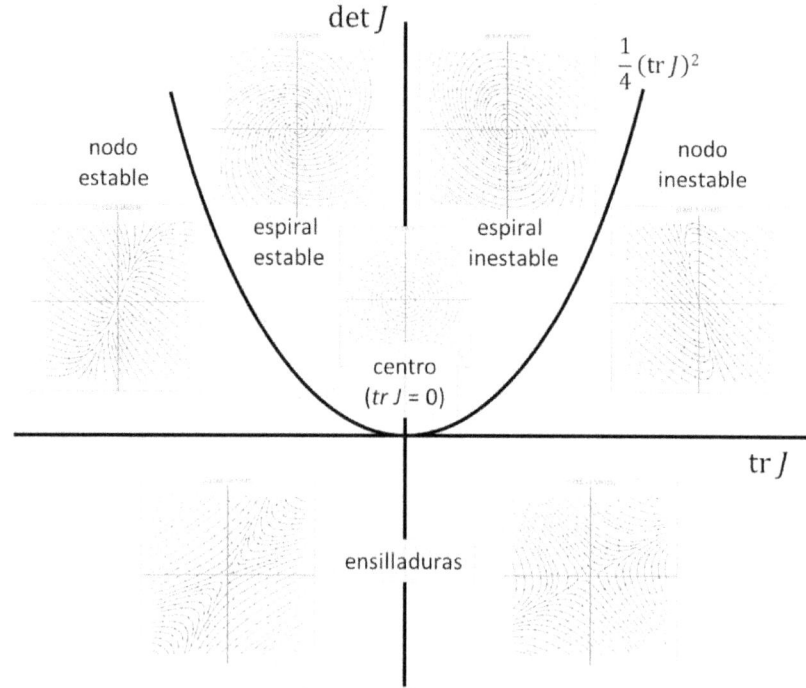

Figura 7.11: En el plano definido por la traza y el determinate de la matriz del sistema linealizado, ésta es la clasificación de los posibles equilibrios de un sistema de dos dimensiones. Los equilibrios estables se encuentran sólo en el segundo cuadrante. Sobre el eje vertical positivo están los centros, que son *estructuralmente inestables*.

Ahora imaginemos que cuando se encuentran se produce una interacción: las ovejas, que son más grandes, desplazan al conejo. Digamos que este efecto es proporcional al tamaño de la población: si hay el doble de ovejas, cada conejo tiene el doble de probabilidad de sufrir un conflicto de este tipo. Como dificultan la alimentación, cada conflicto tiene el efecto de reducir la tasa neta de reproducción, y aparece como un término negativo en las ecuaciones. Finalmente, para fijar ideas, supongamos que el conflicto es peor para el conejo.

7.2. EL PLANO DE FASES

Por ejemplo:
$$\dot{x} = x(3-x) - 2xy \equiv f(x,y),$$
$$\dot{y} = y(2-y) - yx \equiv g(x,y).$$

Existen cuatro equilibrios que podemos encontrar graficando las nulclinas $\dot{x} = 0$ y $\dot{y} = 0$ en el plano (x,y). Es un caso sencillo que podemos resolver exactamente y obtener: $(0,0)$, $(0,2)$, $(3,0)$, $(1,1)$. Para clasificarlos calculamos el jacobiano:

$$J = \begin{bmatrix} f_x & f_y \\ g_x & g_y \end{bmatrix} = \begin{bmatrix} 3 - 2x - 2y & -2x \\ -y & 2 - x - 2y \end{bmatrix}.$$

Analicemos uno por uno.

Equilibrio $(0,0)$

$$J = \begin{bmatrix} 3 & 0 \\ 0 & 2 \end{bmatrix}.$$

Los autovalores son $\lambda = 3, 2$, así que $(0,0)$ es un *nodo inestable*. Las trayectorias se alejan del origen paralelas al autovector de $\lambda = 2$ (regla: en un nodo, las trayectorias son tangentes a la auto-dirección más lenta), que es en este caso el eje y.

Equilibrio $(0,2)$

$$J = \begin{bmatrix} -1 & 0 \\ -2 & -2 \end{bmatrix}.$$

Los autovalores son -1 y -2, ambos negativos, así que es un nodo estable. El autovector del más lento (el -1) es $(1,-2)$, así que las trayectorias se acercan al equilibrio como se ve en la figura.

Equilibrio $(3,0)$

$$J = \begin{bmatrix} -3 & -6 \\ 0 & -1 \end{bmatrix},$$

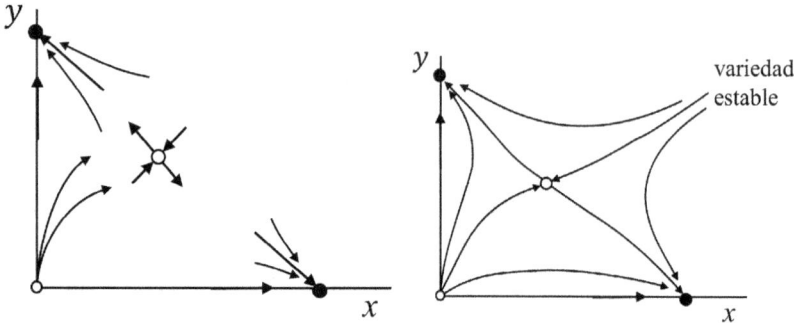

Figura 7.12: Análisis lineal del modelo de competencia.

con autovalores -3 y -1, así que también es un nodo estable. En este caso el autovector más lento está en la dirección $(3, -1)$, así que las trayectorias se acercan al equilibrio como se ve en la figura.

Equilibrio $(1, 1)$

$$J = \begin{bmatrix} -1 & -2 \\ -1 & -1 \end{bmatrix}.$$

Los autovalores son $\lambda = -1 \pm \sqrt{2}$, así que hay uno positivo y uno negativo: es un punto de ensilladura (*saddle*). El flujo cerca de este equilibrio es como se ve en la figura, con una dirección estable (la del autovector del autovalor $-1-\sqrt{2}$) y una inestable (la del autovector del autovalor positivo $\sqrt{2} - 1$).

Combinando estos cuatro análisis en la proximidad de los equilibrios ya tenemos un panorama del flujo lineal, que podemos complementar con las trayectorias a lo largo de los ejes, que cuando $x = 0$ da $\dot{x} = 0$, una trayectoria a lo largo del eje y, y lo mismo en el otro eje (Fig. 7.12, izquierda).

Ahora usamos sentido común para unir las trayectorias llenando el resto del espacio de fases. Por ejemplo, las trayectorias que salen del origen irán a uno u otro equilibrio. Una de ellas irá al equilibrio de coexistencia. Como no hay más equilibrios, las nuevas trayecto-

7.2. EL PLANO DE FASES

rias no pueden cruzarse más, así que las que quedan de un lado de ésta irán al equilibrio de arriba, y las que queden abajo irán abajo (Fig. 7.12, derecha).

Del otro lado del origen también habrá una trayectoria que viene de lejos y que acaba en el punto de ensilladura. Esta trayectoria se llama *variedad estable* del equilibrio: es como el espacio estable, pero curvado. La otra se llama *variedad inestable*.

Si resolvemos el sistema en la computadora confirmamos nuestro análisis cualitativo.

Este sistema tiene una interpretación interesante: vemos que la coexistencia es imposible. Si la condición inicial está debajo de la variedad estable, se extinguen las ovejas. Si está por encima, se extinguen los conejos. La única trayectoria especial es la que separa estas dos cuencas, llamada *separatriz*, pero una situación así es imposible en la práctica, porque tiene medida nula en el espacio de las condiciones iniciales. Esta dicotomía se llama, en Biología, principio de exclusión competitiva: n especies no pueden coexistir compitiendo por $n-1$ recursos limitados. Existen sin embargo excepciones interesantes sobre las que han trabajado Kuperman y Wio: si se permite que las poblaciones se muevan difusivamente, dos especies que quietas se excluirían pueden coexistir.[3]

Un caso interesante de exclusión competitiva es el de la extinción de los Neanderthales (*Homo sapiens neanderthalensis*) durante su coexistencia en Europa con los *Homo sapiens sapiens*, tras la invasión de estos hace algunas decenas de miles de años. Es un tema controvertido, aún no cerrado, pero la extinción competitiva es una posibilidad.[4]

---

[3]C Schat, M Kuperman and HS Wio, Math. Biosciences 131:205 (1996). M Kuperman, B von Haeften and HS Wio, Bull. Math. Biology 58:1001–1018 (1996).

[4]Un modelo sencillo es el de JC Flores, *A mathematical model for Neanderthal extinction*, J. Theor. Biol. 191:295–298 (1998).

Ejemplo: Depredación

Volterra[5] (1926) propuso el siguiente modelo para explicar las oscilaciones de los bancos de pesca en el mar Adriático (Lotka,[6] independientemente en 1920):

$$\dot{x} = x(a - by),$$
$$\dot{y} = y(cx - d),$$

donde x es una *presa* e y su *depredador*, mientras que a, b, c y d son constantes. El modelo se basa en las siguientes suposiciones:

- En ausencia de depredadores, las presas aumentan exponencialmente *alla* Malthus.

- El efecto de los depredadores es reducir el número de presas de manera proporcional a ambas poblaciones.

- En ausencia de presas, los depredadores desaparecen exponencialmente.

- Las presas contribuyen a hacer crecer la población de depredadores de manera proporcional a su propia población. Esto es una simplificación considerable de algún mecanismo complejo que convierte carne de presas en hijos de depredadores.

Se pueden redefinir variables y parámetros para poner el sistema en una forma más sencilla de analizar:

$$\dot{u} = u(1 - v),$$
$$\dot{v} = \alpha v(u - 1).$$

Este sistema tiene dos equilibrios:

$$u = v = 0, \quad u = v = 1.$$

---

[5]Vito Volterra (1860–1940), influyente matemático y físico italiano, uno de los fundadores del análisis funcional.

[6]Alfred Lotka (1880–1949), matemático y físico-químico estadounidense, nacido en Polonia circunstancialmente. Educado en Birmingham, Leipzig y Cornell, trabajó casi toda su carrera en Estados Unidos.

7.2. EL PLANO DE FASES

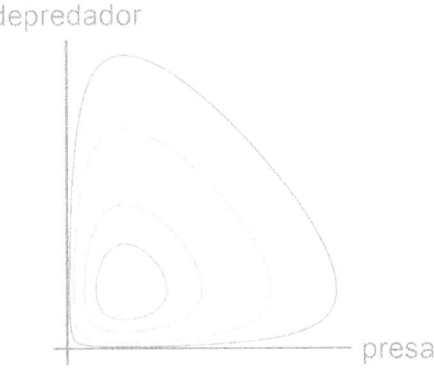

Figura 7.13: Ciclos del modelo de Lotka-Volterra.

Las trayectorias son curvas cerradas[7] alrededor del equilibrio $u = v = 1$, que resulta ser un centro:

$$J|_{u=v=0} = \begin{bmatrix} 1 & 0 \\ 0 & -\alpha \end{bmatrix} \Rightarrow \text{saddle},$$

$$J|_{u=v=1} = \begin{bmatrix} 0 & -1 \\ \alpha & 0 \end{bmatrix} \Rightarrow \lambda = \pm i\sqrt{\alpha} \Rightarrow \text{centro},$$

Cerca del equilibrio, como vimos, las trayectorias son exponenciales de la forma $e^{\lambda t}$. Como en este caso los λ son imaginarios la solución es una oscilación armónica, cuyo período está dada por la parte imaginaria de los autovalores:

$$\tau = \frac{2\pi}{\sqrt{\alpha}} = 2\pi\sqrt{\frac{a}{d}},$$

que depende de la relación entre la tasa de crecimiento de las presas y la de muerte de los depredadores. Lejos del equilibrio las trayectorias también son ciclos, si bien no armónicos, como se muestra en la Fig. 7.13.

---

[7]Las trayectorias exactas se pueden encontrar en términos de una constante de movimiento: $H = \alpha u + v - \ln u^\alpha v$.

Se conocen muchos casos de poblaciones oscilatorias de depredadores y presas, como el famoso de los linces y liebres en Canadá, registrado por el número de pieles entregados por los cazadores a la Hudson Bay Company durante casi 100 años.

Ciclos límite

Las oscilaciones como las del modelo de Lotka-Volterra tienen una cantidad de dificultades. Una de ellas es crucial en muchos sistemas físicos y biológicos que oscilan: no son estructuralmente estables. Es decir, el período depende de la amplitud de la oscilación (y por lo tanto, de las condiciones iniciales). En muchos sistemas físicos sabemos que una pequeña perturbación de un ciclo que tiene una frecuencia bien determinada produce un retorno al mismo ciclo. Estos ciclos estables, además, son autosostenidos: no requieren una fuerza externa para excitarlos (pueden requerir energía, por supuesto, pero no un mecanismo de excitación). Es el caso de los latidos del corazón, de los disparos periódicos de una neurona marcapaso, de los ritmos circadianos de temperatura, hormonas, etc., de sistemas químicos con oscilaciones sostenidas, de las vibraciones en alas de aviones o puentes, etc.

Por supuesto, conocemos sistemas físicos de un grado de libertad (espacio de fases de dos dimensiones) que oscilan. Si son lineales tienen oscilaciones armónicas (con soluciones exponenciales). En los sistemas no lineales pueden existir trayectorias cerradas en el espacio de fases que atraen (o repelen, según su estabilidad) a las trayectorias de su vecindario. Estas órbitas cerradas se llaman *ciclos límite*, y pueden tener formas complicadas en el espacio de fases (a diferencia de las simples elipses de los sistemas lineales), siempre sin cortarse. Su estudio detallado escapa un poco al contenido del curso, pero son tan interesantes que vale la pena curiosear a ver qué son.

Un sistema muy sencillo con un ciclo límite es el siguiente (en

7.2. EL PLANO DE FASES

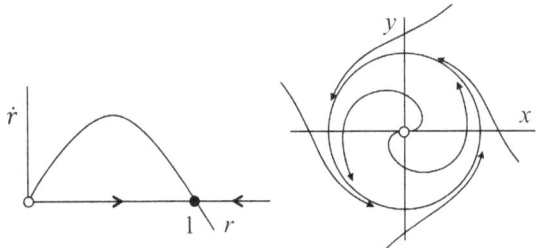

Figura 7.14: Izquierda: cuadro de fases de la dirección radial del modelo de ciclo límite. Derecha: esquema del flujo en el espacio de fases.

coordenadas polares):

$$\dot{r} = r(1 - r^2),$$
$$\dot{\theta} = 1,$$

donde las variables son $r(t)$ y $\theta(t)$ (el radio vector y el ángulo de las coordenadas polares). La parte radial y la angular están *desacopladas*, así que las podemos analizar por separado. Los equilibrios en la dirección radial son los valores donde se anula $r(1 - r^2)$, y es fácil ver que $r^* = 0$ es inestable y que $r^* = 1$ es estable. En la dirección radial el sistema es de dimensión 1, de manera que el análisis de estabilidad lineal es trivial, y tenemos $df/dr = 1 - 3r^2$ que en $r = 0$ da $1 > 0$ (inestable) y en $r = 1$ da $-2 < 0$ (estable) (Fig. 7.14, izquierda). Las trayectorias, entonces, se alejan del origen y se acercan al círculo de radio 1 (Fig. 7.14, derecha).

Como el movimiento en la dirección angular es una rotación a velocidad angular constante, resulta que, en el círculo, la trayectoria es un movimiento periódico armónico. Dentro del círculo las trayectorias son espirales que se enroscan por dentro al círculo unidad, y por fuera se aprietan sobre él.

Por supuesto, la forma del ciclo no necesita ser un círculo. El oscilador de van der Pol,[8] por ejemplo, que es un caballito de batalla

---
[8]Balthasar van der Pol (1889–1959), físico holandés.

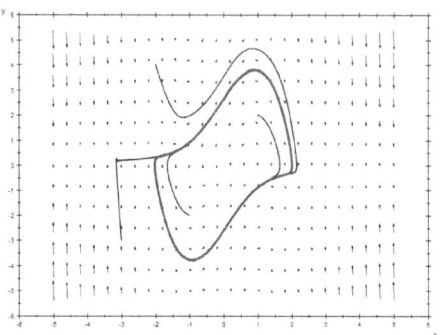

Figura 7.15: Flujo del oscilador de van der Pol. En tono más oscuro se destaca el ciclo límite.

de los osciladores no lineales (es un circuito eléctrico en un tubo de los que se usaban en las radios antes de la era de los transistores), tiene la forma que vemos en tono más oscuro en la Fig. 7.15. La ecuación permite ver que es un oscilador con un amortiguamiento no lineal:

$$\ddot{x} + \mu(x^2 - 1)\dot{x} + x = 0.$$

O sea: amortigua oscilaciones grandes (si $|x| > 1$), pero oscilaciones de amplitud pequeña tienen un "amortiguamiento negativo" y son amplificadas. El sistema eventualmente se estabiliza en una oscilación autosostenida que equilibra los dos efectos. La oscilación en función del tiempo es claramente no armónica, como vemos en la Fig. 7.16 (es un *oscilador de relajación*, con una parte del ciclo lenta y otra parte rápida):

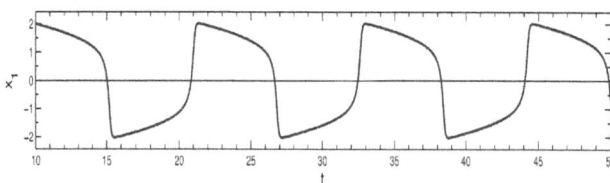

Figura 7.16: Oscilaciones no armónicas del sistema de van der Pol.

7.2. EL PLANO DE FASES

Podemos transformar la ecuación de orden 2 a dos ecuaciones de orden 1 de varias maneras (hay varias opciones, para estudiar los casos μ chico o grande, pero no vienen al caso). Hagamos simplemente $y = \dot{x}$, con lo cual:

$$\dot{x} = y \equiv f(x,y),$$
$$\dot{y} = \mu(1-x^2)y - x \equiv g(x,y).$$

El jacobiano entonces es:

$$J = \begin{bmatrix} 0 & 1 \\ -1 - 2\mu xy & \mu(1-x^2) \end{bmatrix}$$

que, en el único equilibrio $(0,0)$, se evalúa en

$$J = \begin{bmatrix} 0 & 1 \\ -1 & \mu \end{bmatrix},$$

para la cual calculamos los autovalores:

$$\det \begin{bmatrix} -\lambda & 1 \\ -1 & \mu - \lambda \end{bmatrix} = \lambda(\lambda - \mu) + 1 = \lambda^2 - \mu\lambda + 1 = 0,$$

con lo cual

$$\lambda_\pm = \frac{\mu \pm \sqrt{\mu^2 - 4}}{2} = \frac{\mu}{2} \pm \sqrt{\left(\frac{\mu}{2}\right)^2 - 1}.$$

Vemos que hay tres bifurcaciones. Si comenzamos con μ muy negativo, los dos autovalores son reales y negativos. El origen es un nodo estable. Al crecer μ hay un punto de bifurcación en $\mu = -2$ donde el nodo se convierte en espiral estable (el radicando se hace negativo y aparecen partes imaginarias conjugadas en los autovalores). Una segunda bifurcación ocurre cuando $\mu = 0$, ya que la parte real pasa de ser negativa a positiva, y la espiral cambia de estable a inestable. Para valores mayores de μ la espiral inestable vuelve a convertirse en un nodo (inestable), pero esto no afecta al ciclo límite que se formó alrededor, que sigue existiendo. Sólo cambia la forma de las trayectorias en la proximidad del origen.

El oscilador de van der Pol está muy relacionado con el de Rayleigh,[9] que describe las oscilaciones de la lengüeta del clarinete o de la cuerda de un violín. En la ecuación de Rayleigh también la nolinealidad proviene del término de amortiguamiento, que tiene un coeficiente que cambia de signo no con la amplitud (como el de van der Pol) sino con la velocidad ($\mu(1 - \dot{x}^2)$).

Análisis lineal de aparición de un ciclo límite

Existen diversos mecanismos de creación de ciclos límite. Uno de los principales es la bifurcación de Hopf,[10] que analizaremos brevemente aquí.

Para el análisis usaremos un prototipo sencillo, de dimensión 2, que en coordenadas polares es:

$$\dot{r} = \mu r(t) - r(t)^3,$$
$$\dot{\theta} = \omega - br(t)^2,$$

donde μ, ω y b son parámetros. Vemos que la velocidad angular $\dot{\theta}$ tiene una parte constante, ω, que señala la posibilidad de que el sistema oscile alrededor del origen. Pero vemos también que tiene una parte que depende del radio, es decir que la velocidad angular depende de la amplitud de la oscilación (a diferencia de los osciladores armónicos). Vemos que el sistema es parecido al que escribimos

---

[9]John William Strutt, Lord Rayleigh (1842–1919). Físico británico, descubridor del argón, lo cual le valió el Premio Nobel. Rayleigh fue uno de los grandes físicos de fines del siglo XIX, y muchos fenómenos están asociados con su nombre: la dispersión de la luz que da el color azul al cielo, las ondas de superficie en el agua, la radiación de un cuerpo negro a longitudes de onda largas (cuyo fracaso para ondas cortas llevó a Planck al primer modelo cuántico de la física), la inestabilidad de un fluido calentado por abajo, el poder de resolución de un instrumento óptico...

[10]Eberhard Hopf (1902–1983), matemático austríaco. Uno de los fundadores de la teoría ergódica y de la teoría de las bifurcaciones.

7.2. EL PLANO DE FASES

antes. Le hemos puesto parámetros para poder analizar una mayor riqueza dinámica.

De la ecuación radial (desacoplada de la angular), tenemos que los equilibrios en r son ahora $r^* = 0$ y $r^* = \sqrt{\mu}$. En el análisis lineal la derivada df/dr es ahora $\mu - 3r^2$, de manera que $r^* = 0$ puede ser estable o inestable dependiendo del signo de μ. Si $\mu < 0$ el origen es estable y el otro equilibrio no existe. Si $\mu > 0$ el origen es inestable y existe el equilibrio estable en $r^* = \sqrt{\mu}$. En la dirección radial, se trata de una bifurcación pitchfork, de las analizadas en 1D.

Pasemos a coordenadas cartesianas de manera de poder analizar la bifurcación mediante el análisis lineal. El sistema, en coordenadas cartesianas (usando que $x = r\cos\theta$ e $y = r\sin\theta$), es:

$$\dot{x} = [\mu - (x^2 + y^2)]x - [\omega + b(x^2 + y^2)]y,$$
$$\dot{y} = [\mu - (x^2 + y^2)]y + [\omega + b(x^2 + y^2)]x.$$

Podemos distribuir y revisar los términos lineales, o derivar los miembros de la derecha y evaluar en el origen. De uno u otro modo encontraremos que el jacobiano en el origen es:

$$J = \begin{bmatrix} \mu & -\omega \\ \omega & \mu \end{bmatrix},$$

cuyos autovalores son

$$\lambda = \mu \pm i\omega.$$

Como esperábamos, hay una parte imaginaria, que es la responsable de las oscilaciones. Además, la parte real cambia de signo controlada por el signo de μ. Los autovalores *cruzan el eje imaginario* cuando μ pasa de ser negativo a positivo. Esta situación caracteriza a una *bifurcación de Hopf*. En general, la trayectoria de los autovalores en el plano complejo puede ser complicada al cambiar el parámetro responsable de la bifurcación (en este caso son simplemente rectas horizontales, ver Fig. 7.17, izquierda) pero el fenómeno es siempre el mismo: dos autovalores complejos conjugados que cruzan el eje imaginario a la vez, produciendo la inestabilidad de una espiral estable.

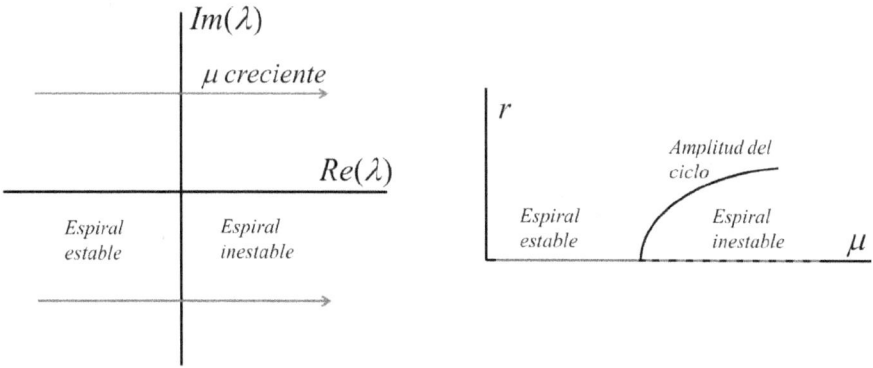

Figura 7.17: Bifurcación de Hopf del sistema.

Vemos también que, en la proximidad de la transición, la amplitud del ciclo es directamente $\sqrt{\mu}$ (despreciamos el término cuadrático en la ecuación angular). Esto también es una característica general de las bifurcaciones de Hopf (ver Fig. 7.17, derecha). La frecuencia angular de las oscilaciones, también cerca de la bifurcación, es ω. En definitiva, cerca de la bifurcación el movimiento es armónico, lo cual es natural ya que el análisis lineal sólo permite movimientos armónicos. A medida que μ sea mayor, el ciclo crecerá y el movimiento será cada vez menos armónico, pero siempre conservando las mismas características cualitativas. No hay más sorpresas en este sistema, no hay más bifurcaciones.

Espacio de fases de un péndulo

Veamos el espacio de fases de un péndulo simple, plano, que es un sistema favorito de la Mecánica y uno de los más sencillos sistemas no lineales que podemos analizar. La ecuación de movimiento es de orden 2:

$$\ddot{\theta} + \frac{g}{l}\sin\theta = 0.$$

7.2. EL PLANO DE FASES

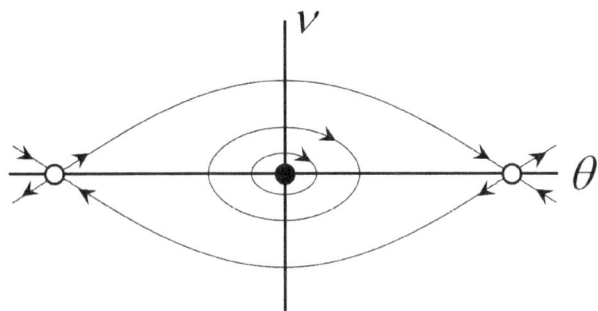

Figura 7.18: Espacio de fases del péndulo linealizado.

Hagamos el cambio de variable independiente $\tau = \omega t$, usando la frecuencia natural $\omega = \sqrt{g/l}$, para adimensionalizarla:

$$\ddot{\theta} + \sin\theta = 0,$$

que podemos convertir en un sistema dinámico de orden 1:

$$\dot{\theta} = \nu,$$
$$\dot{\nu} = -\sin\theta,$$

donde ν es la velocidad angular adimensional. Los puntos fijos son $(\theta^*, \nu^*) = (k\pi, 0)$, con k entero. En el sistema físico no hay diferencia entre los puntos cuyo ángulo difiere en 2π, así que podemos concentrarnos solamente en $(0,0)$ y $(\pi, 0)$. Es fácil calcular el jacobiano del sistema linealizado en cada uno de estos puntos, y resulta que el $(0,0)$ es un *centro* y el $(\pi, 0)$ es una *ensilladura*. El cuadro de fases en la proximidad de los equilibrios, entonces, es como vemos en la Fig. 7.18.

¿Cómo completamos este cuadro de fases, en la región lejos de los equilibrios, donde el comportamiento es no lineal? Como es sistema es conservativo, simplemente dibujamos contornos de energía $E = \frac{1}{2}\nu^2 - \cos\theta$, para diferentes valores de E (Fig. 7.19). La figura es, por supuesto, periódica en la dirección θ y simétrica respecto de este eje.

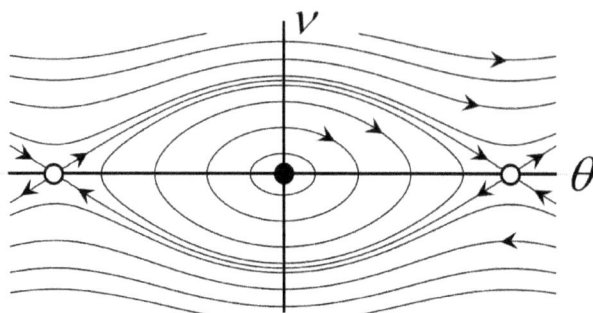

Figura 7.19: Espacio de fases del péndulo no lineal.

El estado de menor energía corresponde al equilibrio en $(0,0)$. A mayores energías vemos, cerca del equilibrio, elipses correspondientes al movimiento aproximadamente armónico del sistema aproximadamente lineal. A energías mayores estas elipses se deforman, acercándose desde dentro a las variedades estables e inestables del punto de ensilladura. Para un valor de energía, las variedades estable e inestable se conectan. Esta situación corresponde a un movimiento con la energía justa para llegar al equilibrio inestable de arriba (acercándose por la variedad estable); a partir de allí una perturbación aleja el péndulo del equilibrio a lo largo de la variedad inestable.

Las energías aun mayores no pasan por los equilibrios. Corresponden a un péndulo tan energético que da vueltas sin puntos de retorno. La máxima velocidad angular corresponde al péndulo pasando por el ángulo $\theta = 0$, y la mínima a cuando pasa por el punto de arriba, $\theta = \pi$.

Las órbitas cerradas se llaman *libraciones*, las trayectorias que conectan equilibrios se llaman *heteroclinas*, y las trayectorias abiertas se llaman *rotaciones*. Las rotaciones, en el caso del péndulo, también son periódicas si consideramos el espacio de fases periódico en la dirección θ, identificando los puntos que difieren en 2π. Podemos incluso plegarlo formando un espacio de fases cilíndrico.

7.3 El caos

En tres dimensiones, un sistema dinámico autónomo no lineal puede empezar a hacer cosas que son radicalmente distintas: el *caos*. La teoría del caos es mucho más nueva que toda la teoría que venimos desarrollando, y rápidamente toma para lados que se nos escaparían de las manos en este curso. Pero es de todos modos un tema importante y fascinante, y vale la pena que aprendan algo, más allá de los que puedan haber escuchado en algún documental de Discovery Channel.

Hay dos vertientes más o menos separadas del estudio del caos: el caos en sistemas disipativos (como un péndulo amortiguado, o con el espíritu de los sistemas de tipo biológico que estuvimos analizando), y el caos en sistemas no disipativos, llamado caos hamiltoniano. El caos en sistemas disipativos fue descubierto en la segunda mitad del siglo XX, con el uso de las primeras computadoras. Requiere sistemas dinámicos de, al menos, dimensión 3. El caos hamiltoniano es más antiguo: fue vislumbrado por Poincaré[11] en el contexto de la dinámica de tres cuerpos en interacción. Requiere al menos orden (dimensión) 4, ya que 3 no es par. Veremos primero algo de caos disipativo y a continuación un poco de caos hamiltoniano, en ambos casos basándonos en casos emblemáticos. El capítulo de caos en el libro de Goldstein es de caos hamiltoniano.

---

[11]Henri Poincaré (1854–1912), matemático francés. Su trabajo abarca no sólo la matemática y la física, sin también la ingeniería, la filosofía de la ciencia y la divulgación. Fue absolutamente genial, tal vez el último científico que se destacó en todos los campos de la ciencia de su época. Sus principales contribuciones fueron en la matemática pura, la física matemática y la mecánica celeste. En su investigación del problema de tres cuerpos fue el primero en descubrir el caos determinista. También fue el primero en poner las transformaciones de Lorentz en su forma actual, observando la invariancia de las ecuaciones de Maxwell. Casi tuvo la Relatividad Especial antes que Einstein.

Sistemas no lineales

La no linealidad es esencial para el caos. Si las ecuaciones de movimiento son lineales el caos no es posible. Por ejemplo, el oscilador armónico:
$$m\ddot{x} = -k\,x,$$
es lineal. No hay caos allí.

Pero el péndulo es no lineal:
$$ml^2\ddot{\phi} = -mgl\sin\phi.$$

Un planeta alrededor del Sol es no lineal:
$$m\ddot{\mathbf{r}} = -GmM\frac{\hat{r}}{r^2}.$$

Así que la no linealidad no es algo esotérico: es algo común en sistemas muy corrientes. Lo raro es la linealidad, que sin embargo forma la mayor parte del cuerpo de los modelos científicos simplemente porque son más fáciles de resolver. No fue sino hasta la década de 1970 cuando el estudio de los sistemas no lineales cobró impulso gracias a las computadoras.

Pero ni el péndulo ni el planeta son caóticos: la no linealidad es necesaria pero no es suficiente. La ecuación de movimiento tiene que ser no lineal y *complicada*: tiene que tener más dimensiones. Un péndulo más realista, amortiguado:
$$ml^2\ddot{\phi} = -mgl\sin\phi - \gamma l^2\dot{\phi}$$

todavía no es caótico. Claro: se frena. Tiene un punto fijo en $(0,0)$ en el espacio de fases, que es una espiral estable y atractor de la dinámica. Claramente eso no es el caos. Para que no se frene ¿que hay que hacer? Hay que hamacarlo:
$$ml^2\ddot{\phi} = -mgl\sin\phi - \gamma l^2\dot{\phi} + l\,f(t).$$

Y este sistema *sí* es caótico (para algunos valores de los parámetros).

¿Qué tiene de especial la no linealidad? No es una pregunta fácil de contestar. Tal vez es más productivo preguntarse qué tiene de especial la linealidad, que forma un conjunto pequeñísimo en medio de todos los sistemas dinámicos posibles. Lo más especial que tiene es el *principio de superposición*: la combinación lineal de dos soluciones también es solución. Así es como encontramos la "solución general": superponiendo soluciones independientes.

En los sistemas no lineales esto no vale. Por ejemplo, puede mostrarse sencillamente (¡ejercicio!) que dos soluciones $x_1(t)$ y $x_2(t)$ de
$$p(t)\ddot{x} + q(t)\dot{x} + r(t)\,x(t) = 0$$
pueden superponerse, pero que si cambiamos el último término así:
$$p(t)\ddot{x} + q(t)\dot{x} + r(t)\sqrt{x(t)} = 0$$
la combinación lineal no es solución.

El péndulo amortiguado y forzado (PAF)

Volvamos a la ecuación de movimiento del PAF:
$$ml^2\ddot{\phi} = -mgl\sin\phi - \gamma l^2 \dot{\phi} + l\,f(t).$$

Supongamos que la fuerza externa es periódica de frecuencia ω (es un hamacado), y específicamente que es armónica:
$$f(t) = f_0 \cos\omega t,$$
lo cual es razonablemente realista (pueden generarse fuerzas muy armónicas en experimentos).

Reorganizando la ecuación:
$$\ddot{\phi} + \underbrace{\frac{\gamma}{m}}_{=2\beta}\dot{\phi} + \frac{g}{l}\sin\phi = \frac{f_0}{ml}\cos\omega t,$$

donde hemos definido una constante de amortiguamiento β, y también reconocemos la frecuencia natural del péndulo al cuadrado: $\omega_0^2 = g/l$. La amplitud de la fuerza también tiene las mismas unidades. Manipulémosla para reescribirla en términos de ω_0^2 y sacarnos de encima algunas magnitudes:

$$\frac{f_0}{ml} = \frac{f_0}{m\cancel{l}} \frac{g/l}{g/\cancel{l}} = \frac{f_0}{mg} \frac{g}{l} = \frac{f_0}{mg} \omega_0^2 \equiv \alpha\,\omega_0^2.$$

Vemos que α es el cociente entre la amplitud de la fuerza externa y el peso, y la llamamos *intensidad del forzado*. De manera que en definitiva tenemos:

$$\boxed{\ddot{\phi} + 2\beta\dot{\phi} + \omega_0^2 \sin\phi = \alpha\omega_0^2 \cos\omega t.}$$

Ésta es la ecuación que queremos estudiar. Notemos que, escrita como sistema dinámico *autónomo* (sin que aparezca explícitamente el tiempo), tiene orden 3:

$$\dot{\phi} = v,$$
$$\dot{v} = -2\beta v - \omega_0^2 \sin\phi + \alpha\omega_0^2 \cos\theta,$$
$$\dot{\theta} = \omega,$$

y todo el miembro de la derecha es una $F(\phi, v, \theta)$ independiente de t.

¿Qué podemos esperar, antes de ponernos a calcular? Notemos que si $\alpha < 1$, la intensidad del forzado es menor que el peso, y uno debería esperar un movimiento de amplitud pequeña: f_0 no alcanza a mantener el péndulo a 90°. Sería un régimen casi lineal. En cambio, si $\alpha > 1$, el forzado excede el peso y podemos esperar incluso que lo haga dar vueltas. Ése sería seguro un dominio de amplitudes grandes y nolinealidad fuerte.

Propiedades del oscilador lineal

Para apreciar las diferencias de la dinámica no lineal, empecemos por repasar el comportamiento esperable del régimen lineal.

7.3. EL CAOS

Soltemos el péndulo en la posición de equilibrio con una velocidad inicial pequeña. Si $\alpha \ll 1$, como decíamos, la fuerza no puede "levantar" mucho el péndulo, así que la amplitud de las oscilaciones será pequeña. Podemos aproximar:

$$\sin \phi \approx \phi,$$

y la ecuación es la de un oscilador armónico forzado y amortiguado:

$$\ddot{\phi} + 2\beta\dot{\phi} + \omega_0^2 \phi = \alpha\omega_0^2 \cos\omega t.$$

En este caso sabemos lo que pasa:[12] hay un régimen transitorio que pasa rápidamente, durante el cual todas las diferencias que pueda haber debido a las condiciones iniciales desaparecen y el movimiento converge hacia un "atractor" que oscila armónicamente con la frecuencia del forzado:

$$\phi(t) = A \cos(\omega t - \delta).$$

En resumen:

1. Hay un único atractor.

2. El atractor es armónico de frecuencia ω.

Éste es el régimen que conocemos de Física I (Fig. 7.20). Vamos más allá.

Oscilaciones casi lineales

Aumentamos un poco la intensidad del forzado, de manera que la amplitud de la oscilación es un poco mayor. No mucho, pero ya no

---

[12] Recomiendo recordar o repasar todos los fenómenos interesantes del oscilador forzado, en particular la resonancia.

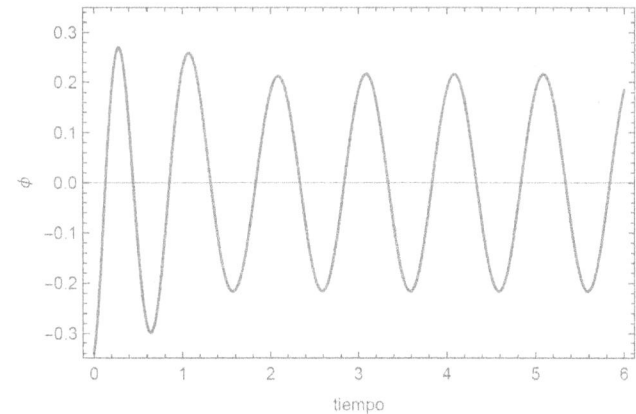

Figura 7.20: Régimen lineal del péndulo forzado y amortiguado. El eje horizontal está en unidades de ciclos del forzado. $\alpha = 0.1$.

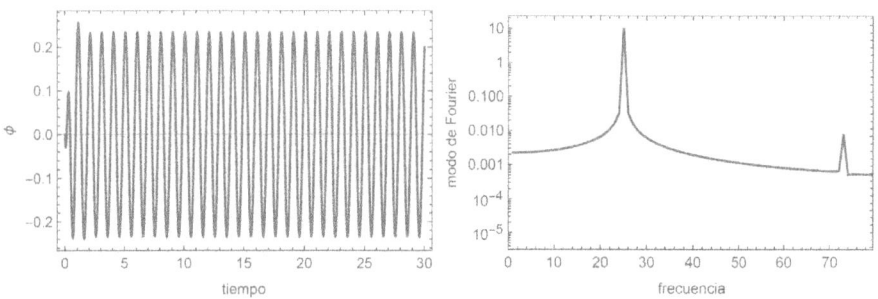

Figura 7.21: Régimen casi lineal. El gráfico de la derecha muestra la transformada de Fourier, que delata la aparición de un armónico superior a la frecuencia del forzado ($24 \times 3 = 72$). $\alpha = 0.15$.

podemos aproximar linealmente el $\sin \phi$, sino que necesitamos agregar el orden siguiente en el desarrollo de Taylor del seno alrededor del cero:
$$\sin \phi \approx \phi - \frac{1}{6}\phi^3.$$
Así que la ecuación aproximada es:
$$\ddot{\phi} + 2\beta\dot{\phi} + \omega_0^2\left(\phi - \frac{1}{6}\phi^3\right) = \alpha\omega_0^2 \cos \omega t. \qquad (7.6)$$

7.3. EL CAOS

Si la amplitud de la oscilación no es muy grande, el término ϕ^3 tampoco será muy grande. Así que la solución, si bien no exactamente armónica, tampoco será muy distinta:

$$\phi(t) \approx A\cos(\omega t - \delta). \tag{7.7}$$

Si ponemos (7.7) en (7.6), el término ϕ^3 contribuye con un $\cos^3$, y tenemos que:

$$\cos^3 x = \frac{1}{4}(3\cos x + \cos 3x).$$

¿Qué es esto? Si lo ponemos en la ecuación:

$$\ddot{\phi} + 2\beta\dot{\phi} + \omega_0^2\phi - \frac{1}{6\times 4}\bigg(3\cos(\omega t - \delta) + \cos 3(\omega t - \delta)\bigg) = \alpha\omega_0^2\cos\omega t,$$

vemos que el miembro de la izquierda *tiene un término con un tercer armónico del* $\cos\omega t$, y el miembro de la derecha *no lo tiene*. Así que, para satisfacer la igualdad, ya sea ϕ, o $\dot{\phi}$, o $\ddot{\phi}$ (¡o las tres!) tienen que tener un tercer armónico del $\cos\omega t$. Es decir, en lugar de (7.7) tendríamos que tener:

$$\phi(t) \approx A\cos(\omega t - \delta) + B\cos 3(\omega t - \delta), \tag{7.8}$$

con $B \ll A$. Así que podemos anticipar que, al aumentar α, aumentará la amplitud y aparecerá un tercer armónico, algo con frecuencia 3ω, como efectivamente podemos apreciar en la Fig. 7.21.

Pero ahora podemos repetir el argumento: si substituímos (7.8) en (7.6), el ϕ^3 nos va a dar armónicos todavía más altos, que deben estar en $\phi(t)$. La Fig. 7.22 también muestra el quinto armónico presente en la solución correspondiente a $\alpha = 0.5$.

La conclusión es la siguiente:

> A medida que aumenta la intensidad del forzado, la solución se vuelve menos armónica, incorporando armónicos superiores de la frecuencia del forzado.

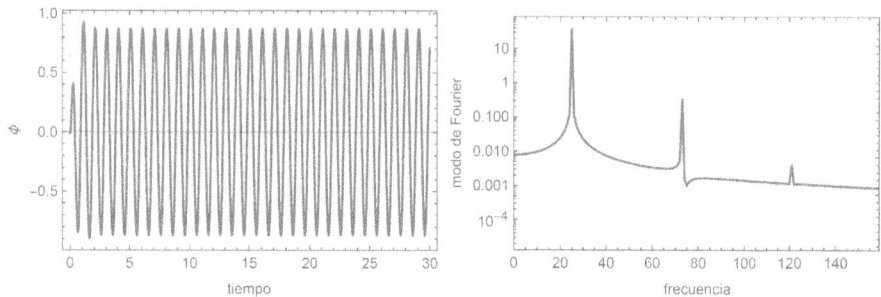

Figura 7.22: Régimen casi lineal, con α más grande. La transformada de Fourier muestra ahora un quinto armónico de la frecuencia del forzado ($24 \times 5 = 120$). $\alpha = 0.5$.

La aparición de armónicos superiores es típica de los sistemas no lineales. Es importante notar, de todos modos, que todos estos armónicos tienen frecuencias múltiplos de la del forzado. Es decir, cuando la fundamental completa un ciclo, el n-ésimo armónico completa n ciclos. Exactos. Así que *la solución sigue siendo periódica de período* $\tau = 2\pi/\omega$.

La ruta al caos

Si seguimos aumentando α, en algún momento tendremos $\alpha > 1$, donde la amplitud máxima del forzado empieza a superar el peso del péndulo. Llamamos a $\alpha = 1$ el límite entre forzamiento débil y fuerte. Veamos cómo es la solución apenas superado este umbral (Fig. 7.23). Lo más notable es que el transitorio, que antes era tan cortito, ahora es muy largo. Además, durante estas primeras oscilaciones, el péndulo dio varias vueltas. Por otro lado, vemos que el atractor sigue estando centrado en $2k\pi$, posición que coincide con el péndulo colgando en el punto inferior. En esta situación es imposible estar completamente seguro de si el movimiento sigue siendo periódico con período $2\pi/\omega$. Podemos tener alguna evidencia de esto (sin ser una demostración) revisando $\phi(t)$ en los tiempos enteros. Si lo hacen, tengan en cuenta que el transitorio es largo, y hay que

7.3. EL CAOS

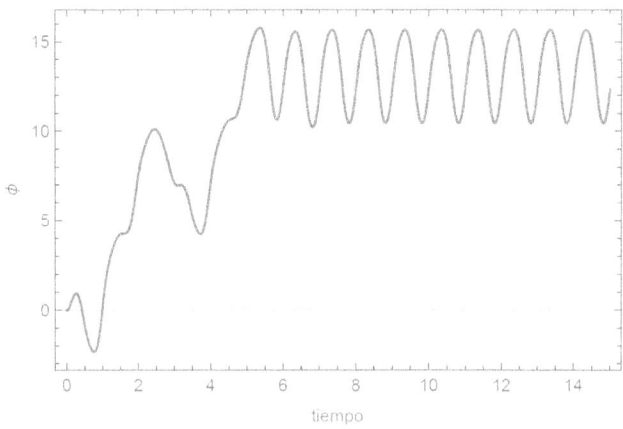

Figura 7.23: Apenas superado el régimen lineal: $\alpha = 1.06$.

ir hasta $t \approx 45$ para tener valores que se repiten.

Período dos

Llevamos α apenas más arriba: 1.073. De nuevo vemos un largo transitorio, y de nuevo un atractor aparentemente periódico. Pero si revisamos el período (Fig. 7.24) vemos que los valores se repiten *cada dos ciclos de forzado*. Es decir, el período es el doble que el que teníamos en el régimen anterior. En términos de frecuencias, esto es un *subarmónico* de ω. La solución sigue pareciendo "cercana" a una armónica, pero ahora con un pequeño subarmónico $\omega/2$.

Cascada de duplicación del período

Aumentando α todavía más, aparece toda una secuencia de bifurcaciones de duplicación de período, llamada *cascada de bifurcaciones*. En la Fig. 7.25 vemos un detalle del régimen asintótico correspondiente a las primeras bifurcaciones, mostrando solamente los picos inferiores de las soluciones periódicas para que se distinga bien. Contando picos de las distintas alturas podemos verificar que se trata de soluciones de período-1, 2, 4 y 8 con respecto al período "fundamental".

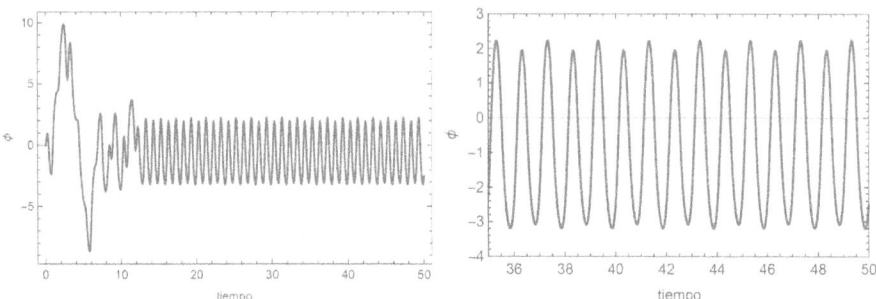

Figura 7.24: Período-2, con $\alpha = 1.073$. El panel de la derecha muestra una ampliación del régimen periódico, donde claramente se ve el período duplicado respecto de los regímenes lineal o casi lineal.

Esta cascada es infinita: las duplicaciones de período se suceden al aumentar α, cada vez más apretadas. La diferencia entre cada una y la siguiente es muy pequeña, pero son distintas, y es un fenómeno que se ha observado experimentalmente en gran acuerdo con la teoría.

El fenómeno es en sí mismo sorprendente, pero lo que es realmente extraordinario es que la manera en que ocurre la cascada es siempre la misma para un amplio rango de sistemas, independientemente de los detalles de cada uno. Esta propiedad se llama *universalidad*. Las primeras bifurcaciones satisfacen:

n	período	α_n	$\Delta\alpha$	
1	$1 \to 2$	1.0663		
2	$2 \to 4$	1.0793	0.0130	cada uno
3	$4 \to 8$	1.0821	0.0028	es $\approx 1/5$
4	$8 \to 16$	1.0827	0.0006	del anterior

A fines de la década de 1970 Feingenbaum[13] mostró que en to-

---

[13]Mitchell Feingenbaum, matemático estadounidense (1944–). Pionero del estudio del caos, su descubrimiento permitió por primera vez dar un paso hacia la comprensión de las propiedades generales dentro de la aparente aleatoriedad del caos determinista.

7.3. EL CAOS

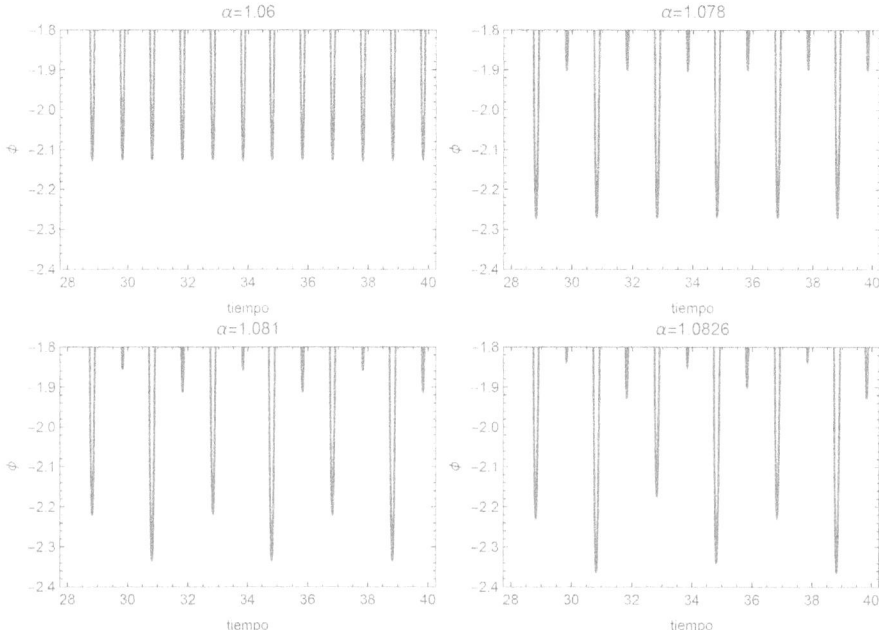

Figura 7.25: Ampliaciones de los sucesivos regímenes periódicos que se bifurcan a partir del de frecuencia ω (arriba a la izquierda). Vemos el período-2, con $\alpha = 1.078$, el período-4 y el período-8 con α apenas mayryores.

dos esos sistemas los puntos de bifurcación satisfacen una relación geométrica:

$$(\alpha_{n+1} - \alpha_n) \approx \frac{1}{\delta}(\alpha_n - \alpha_{n-1}),$$

donde $\delta = 4.6692016\ldots$ se llama constante de Feingenbaum o, como hay dos, δ de Feingenbaum.

El signo $\approx$ se debe a que la relación es válida estrictamente en el límite $n \to \infty$. En ese límite, todas las α_n convergen:

$$\alpha_n \xrightarrow{n \to \infty} \alpha_c = 1.0829\ldots \text{ para el PAF.}$$

¿Y qué pasa cuando se atraviesa el umbral α_c? Pasa que la solución *deja de ser periódica* y se vuelve caótica. El mecanismo de

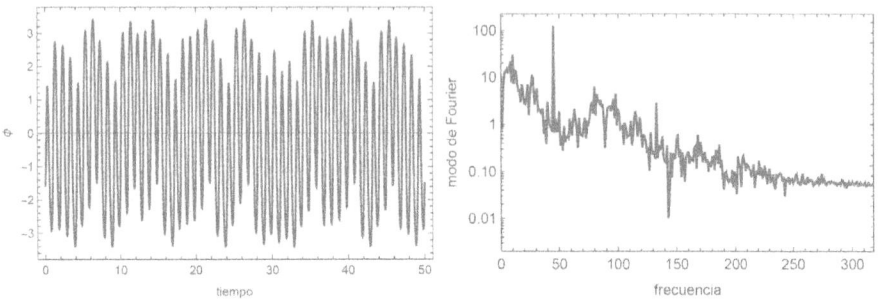

Figura 7.26: Régimen caótico, con $\alpha = 1.105$.

cascada de duplicación de período es una de las posibles *rutas al caos* (pero no es la única).

El caos

Si graficamos el ángulo del péndulo en el régimen caótico vemos un comportamiento temporal de aspecto irregular, no periodico (Fig. 7.26, izquierda). Podemos asegurarnos observando su transformada de Fourier, en la que vemos una multitud de picos de alturas diversas (Fig. 7.26, derecha). Este movimiento errático es una de las características del caos. Es la que le da el nombre, después de todo. Pero hay otra característica distintiva importante: la *sensibilidad a las condiciones iniciales*.

Sensibilidad a las condiciones iniciales

Imaginemos de nuevo dos condiciones iniciales apenas distintas. Los movimientos que se suceden a partir de cada una de ellas, ¿convergen a una misma trayectoria como vimos que ocurría para α chico? ¿O permanecen cercanas una a la otra? En la Fig. 7.27 (izquierda) vemos un ejemplo, para $\alpha = 1.105$ y un diferencia inicial de $\epsilon = 0.01$. Al principio las dos soluciones parecen coincidir, pero a medida que pasa el tiempo vemos que se separan.

Para cuantificar lo que pasa podemos definir:

$$\Delta\phi(t) = \phi_2(t) - \phi_1(t),$$

7.3. EL CAOS

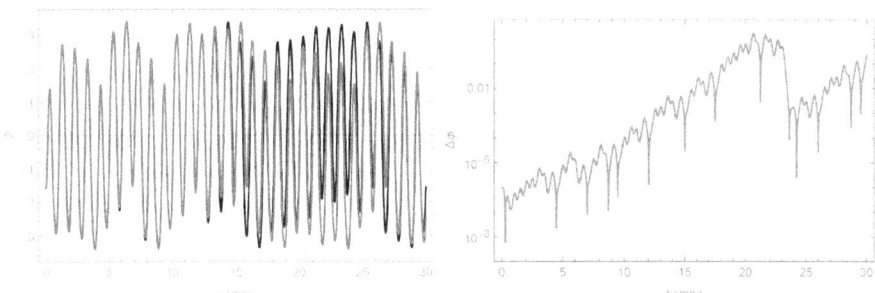

Figura 7.27: Sensibilidad a las condiciones iniciales, con $\alpha = 1.105 > 1.0829$. En el panel izquierdo, las curvas muestran dos soluciones que inicialmente difieren en $\Delta\phi = \epsilon = 0.01$. El panel derecho muestra la diferencia correspondiente a $\epsilon = 10^{-6}$ en escala logarítmica.

donde ϕ_1 y ϕ_2 son las trayectorias correspondientes a las dos condiciones iniciales cercanas. Para el oscilador lineal vimos que $\Delta\phi \to 0$. Como la solución general es (acordarse de sumar la solución particular porque el sistema es no homogéneo):

$$\phi(t) = A\cos(\omega t - \delta) + C_1 e^{r_1 t} + C_2 e^{r_2 t},$$

$$\Rightarrow \Delta\phi(t) = B_1 e^{r_1 t} + B_2 e^{r_2 t},$$

donde B_1 y B_2 dependen de las condiciones iniciales. Para el caso subamortiguado es

$$\propto e^{-\beta t}\cos(\omega_1 t - \delta),$$

con β y ω_1 funciones de r_1 y r_2. (Calculen esto si tienen ganas.)

Si graficamos esta diferencia en escala logarítimca $\log|\Delta\phi(t)|$, veremos que decae (lo hacemos con un logaritmo porque la exponencial mata tan rápido la oscilación que no se vería nada). Si lo hacen, verán un decaimiento lineal en escala logarítmica, o sea un decaimiento exponencial. En el régimen no lineal no sabemos la forma exacta de $\Delta\phi$. Pero en principio, mientras α no es muy grande, vemos que $\Delta\phi$ sigue decayendo exponencialmente. Por ejemplo, con $\alpha = 1.07$ (que corresponde a un período-2), si nos vamos a un tiempo $t \approx 40$, seguimos viendo un decaimiento, si bien más lento.

Pero si superamos $\alpha_c = 1.0829\ldots$ el comportamiento cambia radicalmente: $\Delta\phi$ *crece*. En la Fig. 7.27 (derecha) vemos el caso $\alpha = 1.105$, con $\epsilon = 10^{-6}$: la diferencia de las dos soluciones crece exponencialmente. Por supuesto, la diferencia no puede hacerse mayor que π, así que al final parece saturarse.

Esta extrema sensibilidad a las condiciones iniciales hace imposible una predicción exacta (o precisa) en algunos sistemas donde la condición inicial se conozca imperfectamente. A lo sumo habrá un horizonte temporal de validez. Es lo que pasa en la metereología, por ejemplo, que se ocupa precisamente de un sistema fuertemente no lineal de dimensión alta.

Matemáticamente, uno tiene que mirar en cada punto de la trayectoria cómo divergen las órbitas, y observar el comportamiento:

$$\boxed{\Delta\phi \sim e^{\lambda t}.}$$

El coeficiente λ se llama *exponente de Lyapunov*.[14] Si el comportamiento es "regular" (no caótico), entonces $\lambda < 0$. Si es caótico, entonces $\lambda > 0$.

Ventanas de regularidad

Si uno sigue aumentando α puede encontrarse con más sorpresas. Por ejemplo, en $\alpha = 1.13$ (Fig. 7.28) encontramos una ventana de período-3. ¿Cómo se llega a un p-3 a partir de p-1, bifurcando el período? Parece imposible. Parece necesario que en el medio tiene que ocurrir algo drástico: algo como el caos. Precisamente, hay un teorema de Yorke y Li (1975) que demuestra que *período tres implica caos*.

Para $\alpha = 1.503$ la solución es de nuevo caótica, pero de otro tipo: el péndulo da muchas vueltas (¡hágalo!).

---

[14] Aleksandr Mikhailovich Lyapunov, matemático ruso (1857–1918). Conocido por el desarrollo de la teoría de la estabilidad de los sistemas dinámicos. Su trabajo tuvo gran impacto, y numerosos conceptos matemáticos (además del exponente) llevan su nombre.

7.3. EL CAOS

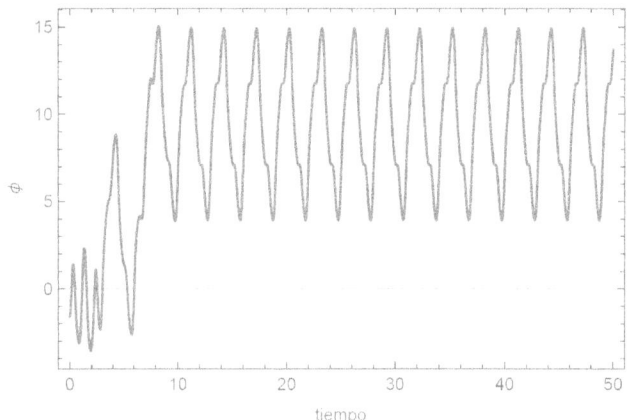

Figura 7.28: Ventana de estabilidad con $\alpha = 1.13 > 1.0829$. El comportamiento asintótico es un período-3.

Diagrama de bifurcaciones

Es hora de poner todos estos comportamientos en una sola figura que funcione como un catálogo del tipo de solución. Este tipo de figura se llama *diagrama de bifurcaciones*. En el eje vertical ponemos algo que caracteriza a la trayectoria, y en el eje horizontal un "parámetro de control" que cambiamos para cambiar el comportamiento. Ya hicimos estos diagramas graficando la posición de equilibrio de la bolita en el aro vs. la velocidad angular del aro, para mostrar la transición entre un equilibrio y dos equilibrios. Acá no tenemos equilibrios, así que lo que podemos hacer es lo siguiente. Como queremos ver si la solución es periódica o no, y con qué período, podemos tomar los valores:

$$\phi(t_0), \quad \phi(t_0 + 1), \quad \phi(t_0 + 2), \ldots$$

para algún t_0 suficientemente grande (donde ya haya pasado el transitorio). Si la trayectoria es periódica de período n, habrá n valores distintos. Si la trayectoria es caótica, veremos un desparramo de puntos, en un rango de valores de ϕ, pero sin orden aparente. La Fig. 7.29 (izquierda) muestra el resultado con valores de α hasta 1.087.

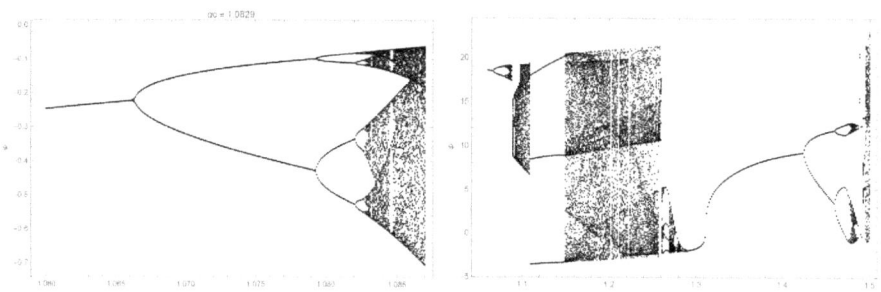

Figura 7.29: Diagramas de bifurcaciones del PAF. Izquierda: usando el ángulo ϕ, vemos el régimen casi lineal, la cascada de bifurcaciones de período, y el comienzo del régimen caótico (en medio del cual se distingue una ventana de comportamiento peródico con período 6). Derecha: usando la velocidad $\dot\phi$ podemos llegar a valore mayores de α.

Cuando α es muy grande el forzado es muy fuerte y el péndulo empieza a dar vueltas, los valores de ϕ crecen sin cota. En este caso una posibilidad es hacer el diagrama de bifurcaciones con la velocidad $\dot\phi$, que no tiene esa ambigüedad. En la Fig. 7.29 la vemos mostrando claramente la ventana de período-3 alrededor de $\alpha = 1.13$. También hay una notable ventana de período-1 con $\alpha \sim 1.35$: es un giro sin parar.

La sensibilidad no alcanza

El sencillo sistema

$$\dot x(t) = x(t),$$

también tiene sensibilidad a las condiciones iniciales: las trayectorias se separan exponencialmente (¡ver!). Pero claramente no es caótico. Algo le falta.

Hay otras dos características necesarias del caos, que vale la pena aunque sea mencionar. Además de sensibilidad a las condiciones iniciales, los sistemas caóticos deben ser *mixing* y tener *trayectorias densas*.

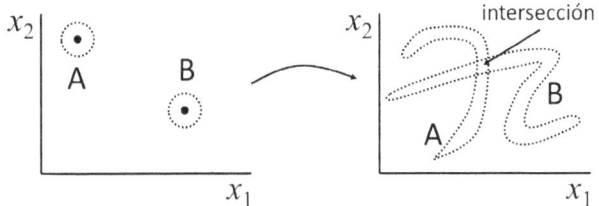

Figura 7.30: La propiedad de *mixing*, o mezclado de las condiciones iniciales.

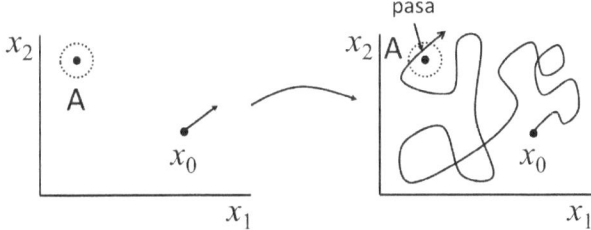

Figura 7.31: La propiedad de densidad de las órbitas.

Mixing significa que si uno toma dos abiertos disjuntos de condiciones iniciales, la evolución hace que su intersección sea no nula. Lo que la palabra dice: las condiciones iniciales se mezclan.

La densidad es algo parecido (si no me equivoco que es lo primero que encontró Poincaré): para todo abierto y una condición inicial fuera de él, la evolución hace que la trayectoria pase por el abierto. Es decir, dado *cualquier* punto del espacio de fases, la trayectoria que parte de *cualquier otro punto* acaba pasando arbitrariamente cerca del primero.

7.4 Caos en sistemas hamiltonianos

Para algunos sistemas hamiltonianos, las soluciones también desafían la intuición y han dado lugar a toda una rama de la mecánica y de la física matemática en la cual el análisis computacional ha jugado un rol crucial: el caos en los sistemas hamiltonianos. Vamos a estudiar un poquito de esto.

En general, el movimiento de un sistema hamiltoniano de más de 2 grados de libertad es extremadamente complejo. Son pocas las cosas que pueden decirse de ellos con total generalidad: que preservan el volumen en el espacio de fases es casi la única.[15] Para un hamiltoniano con una energía cinética cuadrática en los momentos y un potencial que depende sólo de las posiciones:

$$\mathcal{H} = \sum_{i=1}^{n} \frac{p_i^2}{2m} + U(\{q_i\}),$$

sabemos también que se conserva la energía mecánica, y que es igual al hamiltoniano,

$$\mathcal{H}(q_i, p_i) = E.$$

Esto hace que las trayectorias en el espacio de fases $2n$-dimensional estén *restringidas* a alguna variedad (un "espacio") de $2n - 1$ dimensiones. Algunas propiedades interesantes ocurren incluso en sistemas de dos grados de libertad, así que para concretar (y para poder dibujar), pensemos en el movimiento de una partícula en dos dimensiones:

$$\mathcal{H} = \tfrac{1}{2}(p_x^2 + p_y^2) + U(x, y).$$

Dadas condiciones iniciales en las posiciones y los momentos, la trayectoria está dada por las cuatro ecuaciones de Hamilton:

$$\dot{x} = \frac{\partial \mathcal{H}}{\partial p_x}, \quad \dot{p}_x = -\frac{\partial \mathcal{H}}{\partial x},$$
$$\dot{y} = \frac{\partial \mathcal{H}}{\partial p_y}, \quad \dot{p}_y = -\frac{\partial \mathcal{H}}{\partial y}.$$

El espacio de fases es 4D, pero la conservación de la energía mecánica vincula las cuatro variables y restringe estas trayectorias

---

[15]Una consecuencia de esto que que no hay atractores en los sistemas hamiltonianos: no hay estabilidad asintótica, ni ciclos límite, ni nada de eso.

7.4. CAOS EN SISTEMAS HAMILTONIANOS

a una variedad 3D:
$$\mathcal{H}(x, y, p_x, p_y) = E.$$

Supongamos que, si la energía es suficientemente pequeña (por ejemplo, si hay un mínimo en un potencial efectivo, como en el caso de dos partículas con atracción gravitatoria), la partícula permanece confinada en alguna región del espacio de fases. Es decir, las órbitas están *acotadas* (¡ah, bueno, pudimos decir algo más en general!).

Una clase importante de sistemas hamiltonianos es la de los *sistemas integrables*.[16] Para ellos podemos decir algo más sobre las trayectorias. Son los sistemas que tienen alguna otra cantidad conservada, otra función de las coordenadas y los momentos que se conserva. Este vínculo adicional de coordenadas y momentos restringe todavía más las trayectorias, que están obligadas a moverse en una variedad bidimensional. ¿Será un plano? ¿Será una esfera? ¿Será una silla de montar? Ahora lo veremos. El movimiento de los sistemas integrables se llama *regular*. Si hay más grados de libertad que constantes de movimiento, el movimiento puede ser *caótico*. Cuando el número de grados de libertad es grande (problemas mecánicos de muchos cuerpos, por ejemplo), la posibilidad de movimiento caótico es mayor.

Hay dos tipos de sistemas integrables que son bien familiares a esta altura: los sistemas separables y los potenciales centrales. En el caso de los sistemas separables, el potencial es la suma de dos funciones independientes de las coordenadas:

$$U(x, y) = U_x(x) + U_y(y),$$

de manera que el hamiltoniano es la suma de dos hamiltonianos de sólo un grado de libertad:

$$\mathcal{H} = \mathcal{H}_x + \mathcal{H}_y; \quad \mathcal{H}_{x,y} = \tfrac{1}{2}p_{x,y}^2 + U_{x,y}.$$

---

[16]Se llaman integrables, en el sentido de Liouville, los sistemas hamiltonianos que tienen tantas cantidades conservadas independientes como grados de libertad. El concepto está relacionado con la integrabilidad por cuadraturas, también de Liouville.

Esto hace que el movimiento en cada coordenada se desacople del otro, y que cada hamiltoniano 1D se conserve por separado. Así que, además de $E = \mathcal{H}_x + \mathcal{H}_y$ constante de movimiento, tenemos su diferencia, $\mathcal{H}_x - \mathcal{H}_y$, por ejemplo, como segunda cantidad conservada.

En el caso de las fuerzas centrales:

$$U(x,y) = U(r); \quad r = (x^2 + y^2)^{1/2},$$

y se conserva el momento angular $p_\phi = xp_y - yp_x$, con lo cual el hamiltoniano se convierte en:

$$\mathcal{H} = \tfrac{1}{2}p_r^2 + U(r) + \frac{p_\phi^2}{2r^2},$$

donde aparece el potencial centrífugo (3.5) en el último término (el que hace que la Luna no se caiga, recuérdenlo). Una vez reducido el problema a un grado de libertad, las ecuaciones de Hamilton permiten "resolverlo", evaluando alguna integral (por eso se llaman sistemas integrables).

Secciones de Poincaré y toros invariantes

Aunque el movimiento de los sistemas integrables es simple, a menudo no es obvio poner de manifiesto esta simplicidad. No existe ningún método analítico general para saber de antemano si existe esa segunda constante de movimiento, o para encontrarla. Una de las aplicaciones poderosas de las transformaciones canónicas (6.4), es precisamente convertir un sistema misterioso en otro, con la esperanza de que resulte igual a un sistema integrable conocido. O también simplemente generar familias de sistemas integrables a partir de sistemas conocidos, con la esperanza de que sirvan para algo (siempre sirven para algo).

Incluso para sistemas integrables, el cálculo numérico puede ser de poca ayuda, porque nos da las trayectorias, pero las trayectorias pueden ser muy complicadas aun para el movimiento regular. Por ejemplo, si tenemos un potencial armónico en cada coordenada:

$$U_x = \tfrac{1}{2}\omega_x^2 x^2, \quad U_y = \tfrac{1}{2}\omega_y^2 y^2,$$

7.4. CAOS EN SISTEMAS HAMILTONIANOS

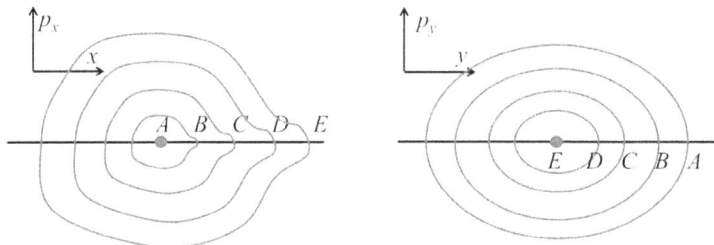

Figura 7.32: Órbitas de un sistema separable, en los dos subespacios de fases asociados a los dos grados de libertad.

con las frecuencias ω_x y ω_y conmensurables entre sí (cociente racional) se forman figuras de Lissajous que pueden ser muy complicadas, y no te digo nada si son inconmensurables.

Una técnica muy astuta para detectar la integrabilidad de un sistema es un análisis más bien *topológico* del espacio de fases, que se le ocurrió a Poincaré.[17] Consideremos el caso del potencial separable. Como los movimientos en cada coordenada son independientes, podemos graficar las trayectorias en dos planos de fases, (x, p_x) e (y, p_y). Recuerden que la partícula está confinada. Por ejemplo, si U_x y U_y tienen cada uno un mínimo simple, las trayectorias serán más o menos como mostramos en la Fig. 7.32:

La partícula se mueve en una curva cerrada en cada una de estas proyecciones del espacio 4D. Cada curva corresponde a cuánta energía mecánica hay en cada una de las coordenadas x e y. Si cambiamos las condiciones iniciales y una de las curvas se agranda, la de la otra se achica porque $E = E_x + E_y$. En cada plano hay una curva máxima, que corresponde a que toda la energía esté en esa coordenada. Estas curvas son las intersecciones de la variedad bidimensional donde viven las trayectorias en el espacio de fases, con los (sub)espacios (x, p_x) e (y, p_y). Por esta razón se llaman superficies de sección, o *secciones de Poincaré*. Las curvas cerradas en estas

---

[17]Ver la nota en el blog: *And the Oscar goes to...* (guillermoabramson.blogspot.com/2020/02/and-oscar-goes-to.html)

secciones son una manifestación de la integrabilidad del sistema.

Pudimos construir esta figura porque sabíamos la naturaleza del sistema separable. Pero podemos hacer algo similar para cualquier sistema, a partir de la trayectoria correspondiente a cada condición inicial. Supongamos que cada vez que observamos que una coordenada, digamos x, pasa por 0 con $p_x > 0$, dibujamos la posición de la partícula en el plano (y, p_y). Es una visualización "estroboscópica" de la trayectoria.

Si los períodos de los movimientos en x y en y son conmensurables (su cociente es racional), estas observaciones darán unos puntos aislados en el plano, ya que las trayectorias se cierran y vuelven a pasar por los mismos lugares. Si los períodos son inconmensurables (cociente irracional), las observaciones irán trazando unas curvas, correspondientes a una de las curvas cerradas en el caso separable. De esta manera podemos estudiar la topología del espacio de fases correspondiente a cualquier hamiltoniano analizando apenas las trayectorias.

El caso de un potencial central sirve para ilustrar el comportamiento general de un hamiltoniano integrable. Para valores dados de la energía y del momento angular, el movimiento radial de una partícula confinada está acotado entre los puntos de retorno r_{in} y r_{out} (Sec. 3.5). Son las soluciones de la ecuación algebraica

$$E - U(r) - \frac{p_\phi^2}{2r^2} = 0 \quad \Rightarrow \quad r_{in}, r_{out}.$$

En el plano (x, y), estos dos radios definen una corona, o un anillo (Fig. 7.33).

Más aun, la conservación del momento angular permite calcular, para cada valor de r, el momento p_r, que puede tomar sólo dos valores:

$$p_r = \pm\sqrt{2E - 2U(r) - \frac{p_\phi^2}{r^2}}.$$

Para los casos de potencial armónico y gravitatorio, estos se ven Fig. 7.34, y son muy parecidos. Para otros potenciales tendrán otra

7.4. CAOS EN SISTEMAS HAMILTONIANOS

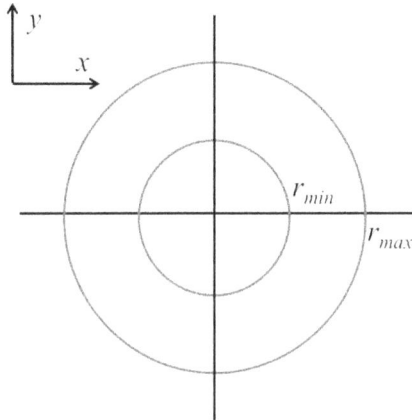

Figura 7.33: Corona que contiene a las órbitas, cuyos ápsides se apoyan en r_{in} y r_{out}.

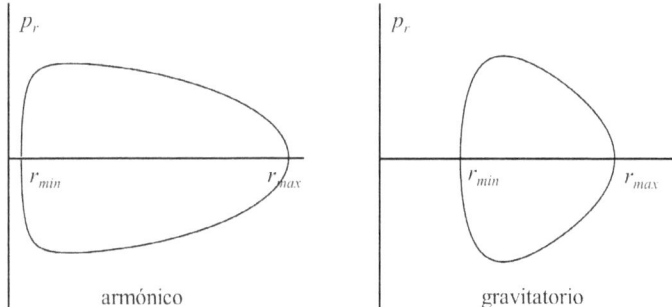

Figura 7.34: Secciones del espacio de fases de los sistemas armónico y gravitatorio.

forma, pero serán cualitativamente como estos. Estos valores del momento definen una variedad (una superficie) bidimensional en el espacio (x, y, p_r), en donde está contenida cada trayectoria. Esta superficie tiene la topología de un toro, que esquematizamos en la Fig. 7.35 (izquierda).

Si tomamos una sección de este toro, cuando $x = 0$, en el plano

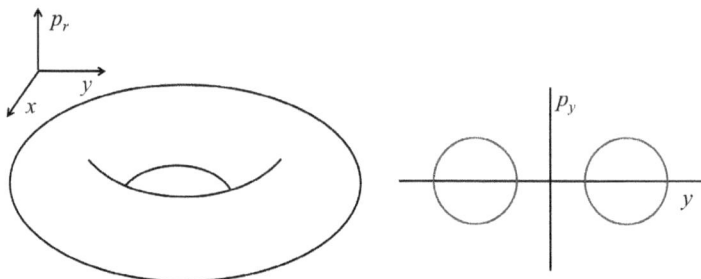

Figura 7.35: Toro, en el espacio de fases, donde encontramos las trayectorias del sistema hamiltoniano de 2 grados de libertad. Derecha: sección del toro en el plano (y, p_y).

$(y, p_r \equiv p_y)$ obtendremos dos curvas cerradas (Fig. 7.35, derecha). Si dejamos la energía fija, pero cambiamos el momento angular (cambiando las condiciones iniciales), el tamaño de este toro cambia, y cambia el tamaño de las curvas en la sección de Poincaré.

Esta topología, ilustrada para los potenciales centrales, es común a todos los sistemas integrables. Para cada valor de las constantes de movimiento, las trayectorias se mantienen confinadas es estas superficies, que se llaman *toros invariantes*. Para cada valor de la energía, hay muchos toros invariantes; cada uno corresponde a un valor de la otra cantidad conservada (el momento angular, para el caso del potencial central). En general, la sección de Poincaré se ve algo como lo que mostramos en la Fig. 7.36.

Los puntos marcados E son *puntos fijos elípticos*, y corresponden a trayectorias que se repiten exactamente después de algún período. Son como los mínimos de un potencial efectivo. A su alrededor hay toros anidados. En el caso del potencial central hay un único punto elíptico correspondiente a la órbita circular de cierta energía. Los toros a su alrededor son de la misma energía, pero distinto momento angular (no confundir con las órbitas elípticas del mismo momento angular y distinta energía, que estudiábamos en el problema de Kepler).

Puede haber más de un punto elíptico, y separando los toros

7.4. CAOS EN SISTEMAS HAMILTONIANOS

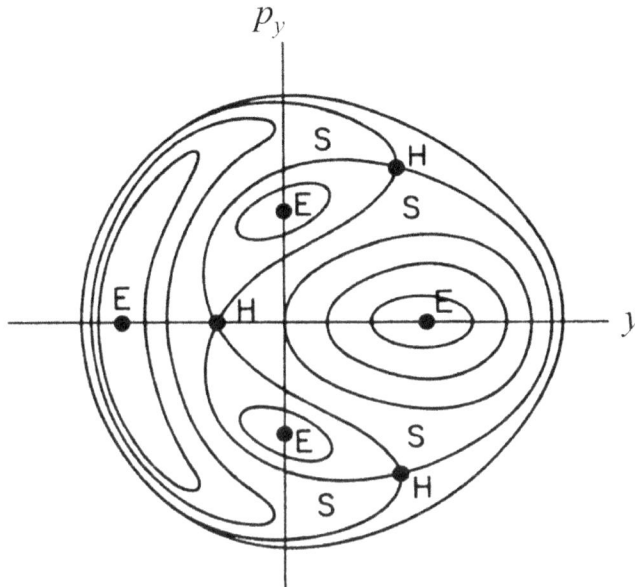

Figura 7.36: Estructura de toros anidados, típica de los sistemas integrables.

cercanos a unos y otros hay *separatrices* (S), que se cruzan en otros puntos fijos (H), llamados *hiperbólicos*, que también son la visión estroboscópica de trayectorias periódicas. Pero mientras los puntos elípticos corresponden a trayectorias estables ante pequeñas perturbaciones, los hiperbólicos corresponden a trayectorias que son estables frente a perturbaciones en una dirección (una asíntota de la hipérbola) e inestables en otra (o sea, como órbita, son inestables). Un teorema de Chirikov[18] demuestra que la existencia de estas intersecciones entre variedades estables e inestables es necesaria para que haya caos en un sistema hamiltoniano.

Ahora bien, una pregunta relevante es: ¿qué pasa con los toros

---

[18]Boris Chirikov es el autor del *mapeo estándar*, que es probablemente el sistema hamiltoniano caótico más sencillo, extensamente estudiado. Es el mapeo de Poincaré de un rotor que recibe un impulso por ciclo.

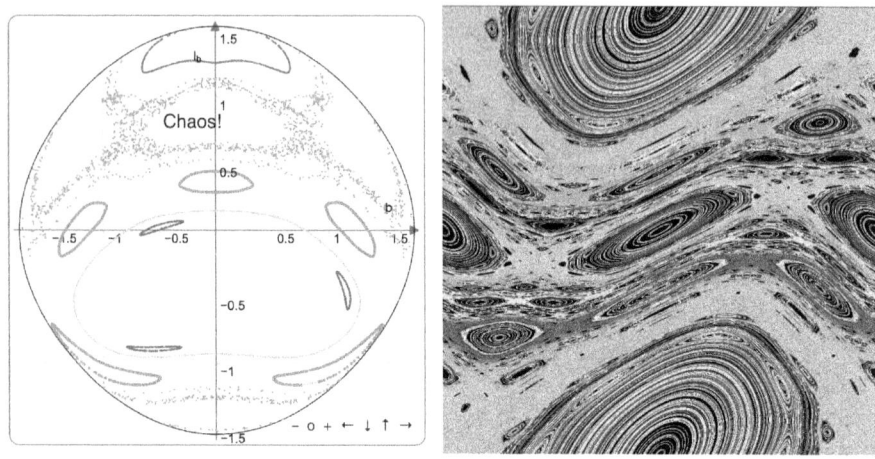

Figura 7.37: Secciones de Poincaré del péndulo doble (izquierda), y del hamiltoniano estándar (derecha).

de un sistema integrable ante una perturbación que destruye la integrabilidad? Para una perturbación "pequeña", la mayor parte de los toros alrededor de los puntos elípticos resultan distorsionados, pero mantienen la topología de toros anidados. Esto es lo que dice el famoso teorema KAM, de Kolmogorov, Arnold y Moser. ¿Qué significa "la mayor parte"? Significa que en regiones adyacentes del espacio de fases las trayectorias se vuelven caóticas, que producen en las secciones de Poincaré algo que parece un desparramo aleatorio de puntos (ni puntos fijos, ni curvas regulares, Fig. 7.37). Y dentro de estas regiones caóticas se encuentran otros puntos elípticos con sus toritos anidados, dando una topología infnitamente intrincada, jeraquizada y fascinante. Las trayectorias correspondientes se llaman *atractores extraños*.

7.4. CAOS EN SISTEMAS HAMILTONIANOS

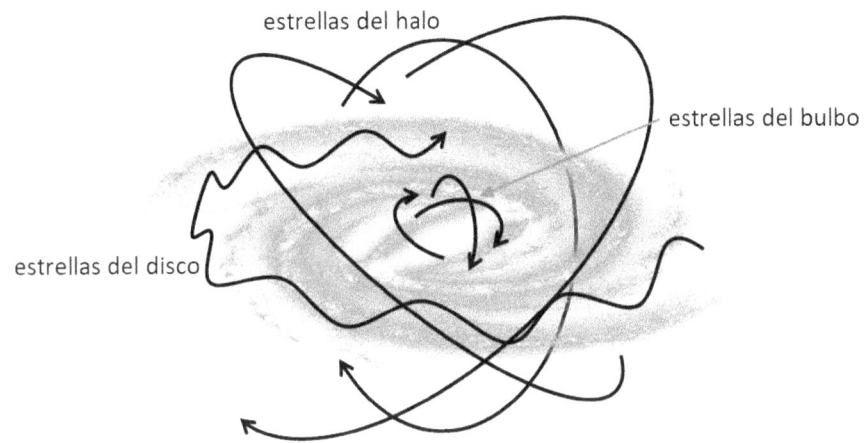

El modelo de Hénon-Heiles

Dos astrónomos de Princeton, Michel Hénon y Carl Heiles[19], estaban estudiando el movimiento de las estrellas en una galaxia de disco (como la Vía Láctea, donde la mayoría de las estrellas forman un disco relativamente fino). Suponiendo que el potencial gravitatorio tiene simetría cilíndrica, $U = U(r, z)$, producido por el conjunto de la distribución de estrellas, ¿cómo se mueve una estrella individual? Cuando la estrella esté por encima del disco, éste la atraerá hacia abajo hasta que lo cruce, y luego de nuevo hacia el lado de arriba. ¿Cómo serán las órbitas, planas como las de los planetas, con dos cruces del disco por órbita? ¿O harán viboritas cruzando el disco muchas veces? Entonces, se preguntaban, ¿qué fracción del espacio ocupa la trayectoria?

El sistema tiene 3 grados de libertad, con un espacio de fases de 6 dimensiones: $r, z, \phi, p_r, p_z, p_\phi$. Deberían existir 3 cantidades conservadas para que el sistema sea integrable, y como máximo 5 si el

---

[19]M Henon and C Heiles, *The applicability of the third integral of motion: Some numerical experiments*, The Astronomical Journal 69:73–79 (1964). Véase también el capítulo 11 en el libro de Goldstein.

sistema fuera *superintegrable*:[20]

$$Q_j(r, z, \phi, p_r, p_z, p_\phi), \quad j = 1\ldots 5,$$

que sean constantes a lo largo de la trayectoria. Dos de ellas son viejas conocidas, la energía y el momento angular:

$$Q_1 = E = \tfrac{1}{2}(\dot{r}^2 + r^2\dot{\phi}^2 + \dot{z}^2) + U(r, z),$$
$$Q_2 = L_z = r^2\dot{\phi},$$

(noten que es sólo una componenete de $\vec{L}$ porque el potencial no es esférico, a diferencia del caso general estudiado en el Cap. 3). Estas dos integrales se llaman *aislantes* (en inglés, *isolating*), porque si uno da un valor de la energía, la ecuación

$$Q(r, z, \phi, p_r, p_z, p_\phi) = E$$

es una hipersuperficie que "aisla" una región del espacio de fases (por ejemplo, la corona definida por los ápsides en el problema gravitatorio). Las trayectorias están en las intersecciones de estas superficies, porque las cantidades conservadas se conservan cada una por su lado. Es decir, tendríamos una función

$$f(r, z, \phi, p_r, p_z, p_\phi) = f(E, L_z).$$

No todas las constantes de movimiento tienen esta propiedad de aislar regiones en el espacio de fases. Obviamente, a las que no lo son se las llama *no aislantes*. Para ejemplificar la diferencia, veámoslo en un ejemplo más sencillo, en un oscilador armónico 2D:

$$x(t) = A\sin\alpha(t - t_x),$$
$$y(t) = B\sin\beta(t - t_y),$$

---

[20]Los sistemas que tienen más cantidades conservadas que grados de libertad se llaman superintegrables. El problema de Kepler (el movimiento de una partícula en un potencial gravitatorio, Sec. 3.5) es superintegrable: además de E y L se conserva el vector de Runge-Lenz.

donde α/β puede ser racional o irracional,[21] ¿Cuáles son las cantidades conservadas? Si derivamos la primera nos da un coseno:

$$\dot{x} = A\alpha \cos\alpha(t - t_x).$$

Así que con un seno y un coseno podemos armar una constante:

$$Q_1 = \dot{x}^2 + \alpha^2 x^2 = A^2(\alpha^2 + 1) = \text{cte 1}.$$

Esta constante restringe x al intervalo $(-A, A)$. Del mismo modo:

$$Q_2 = \dot{y}^2 + \beta^2 y^2 = B^2(\beta^2 + 1) = \text{cte 2}.$$

Juntas, Q_1 y Q_2 "aislan" la órbita a $(-A < x < A, -B < y < B)$. Hay una tercera cantidad conservada (el espacio de fases tiene dimensión 4). Para encontrarla, despejo t de las dos soluciones:

$$t = \frac{1}{\alpha}\operatorname{asin}\frac{x}{A} + t_x = \frac{1}{\beta}\operatorname{asin}\frac{y}{B} + t_y,$$

$$\Rightarrow t_x - t_y = \frac{1}{\beta}\operatorname{asin}\frac{y}{B} - \frac{1}{\alpha}\operatorname{asin}\frac{x}{A} \equiv Q_3 = \text{cte 3}.$$

Es decir, la diferencia de las fases iniciales es constante. Reescribo esto despejando x:

$$x = -A\sin\left(\alpha Q_3 - \frac{\alpha}{\beta}\operatorname{asin}\frac{y}{B}\right).$$

En esta fórmula, la función $\operatorname{asin}(y/B)$ es periódica, de período 2π. Así que el segundo término del paréntesis se repite cada $2\pi\,\alpha/\beta$. Y aquí es donde podemos ver la diferencia entre α/β racional o irracional:

- Si α/β es racional, para *cada* valor de y, existe una cantidad *finita* de valores de $x \in (-A, A)$, y la órbita es periódica. Así que Q_3 tiene una cantidad finita de valores posibles, y Q_3 es aislante.

---

[21]Lo cual da trayectorias bien distintas... ¿en qué sentido?

- Si α/β es irracional, el segundo término puede tener infinitos valores distintos, y lo mismo x, y entonces Q_3 también, y no restringe adicionalmente a la órbita en $(-A, A) \times (-B, B)$. En tal caso Q_3 es "no aislante", y por más que desde un punto de vista matemático sea una constante de movimiento, desde un punto de vista físico no sirve para nada.

Moraleja: para un dado potencial, ¡algunas órbitas pueden tener más cantidades conservadas (aislantes) que otras! ¿No es sorprendente? Esto será responsable de una característica del espacio de fases que veremos en breve.

En el modelo de Hénon-Heiles, tenemos Q_1 y Q_2 aislantes. Otras dos, digamos Q_4 y Q_5, puede demostrarse que son "generalmente" no aislantes. ¿Qué pasa con Q_3? Dicen en el trabajo que durante muchos años se creyó que Q_3 era no aislante, simplemente porque nadie la había encontrado analíticamente a pesar del esfuerzo en tal sentido en la primera mitad del siglo XX. Sin embargo, la distribución de velocidades estelares en la proximidad del sistema solar, y también las primeras soluciones numéricas que se estaban estudiando en esos años, parecían indicar lo contrario.

Como el problema gravitatorio entero es medio inmanejable, Hénon y Heiles hacen "la Gran Lagrange"[22] y lo restringen a 2D. El potencial que eligen *"after some trials"* es un oscilador armónico con perturbaciones cúbicas:[23]

$$\mathcal{H} = \frac{p_x^2}{2m} + \frac{p_y^2}{2m} + \frac{1}{2}k(x^2 + y^2) + \epsilon\left(x^2 y - \frac{1}{3}y^3\right).$$

---

[22]Problema restringido de tres cuerpos y los puntos de Lagrange, Sección 3.9.

[23]El potencial en este hamiltoniano definitivamente no tiene la forma de un problema gravitatorio. Pero como vimos arriba, la topología de las órbitas es la misma tanto si el potencial es gravitatorio como si es armónico. Hénon y Heiles justifican su elección diciendo simplemente que este potencial es: 1) analíticamente sencillo y con trayectorias fáciles de computar, y 2) suficientemente complicado para que esas trayectorias no sean triviales. Es un típico argumento de cualquier físico teórico.

7.4. CAOS EN SISTEMAS HAMILTONIANOS

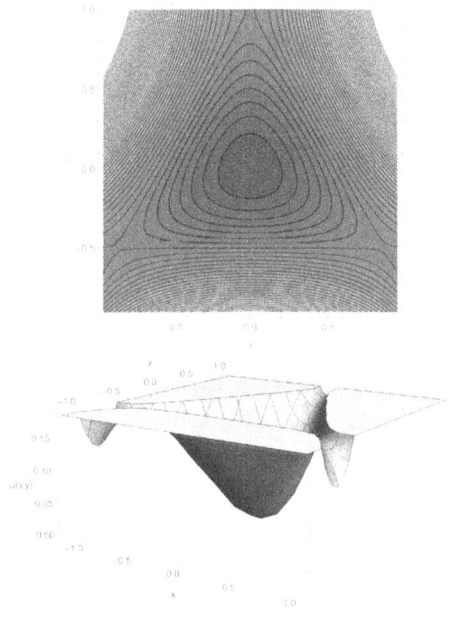

Figura 7.38: Potencial de Hénon-Heiles.

Con estos términos cúbicos, las ecuaciones no se pueden integrar. Para simplificar el cálculo, el hamiltoniano se puede adimensionalizar y el parámetro ϵ se puede absorber en la energía, E, que así se convierte en el apartamiento respecto del comportamiento integrable del oscilador armónico:

$$\mathcal{H}(x,y,p_x,p_y) = E = \frac{p_x^2}{2} + \frac{p_y^2}{2} + \frac{1}{2}(x^2+y^2) + x^2 y - \frac{1}{3}y^3.$$

En coordenadas polares se pone de manifiesto la simetría triangular del potencial:

$$U(r,\phi) = r^2 \left(\frac{1}{2} + \frac{1}{3} r \sin 3\phi \right).$$

Para $E < U_0 = 1/6$ la "estrella" está confinada en un triángulo (Fig. 7.38, izquierda). Para energías mayores, se escapa en tres direcciones posibles (Fig. 7.38, derecha).

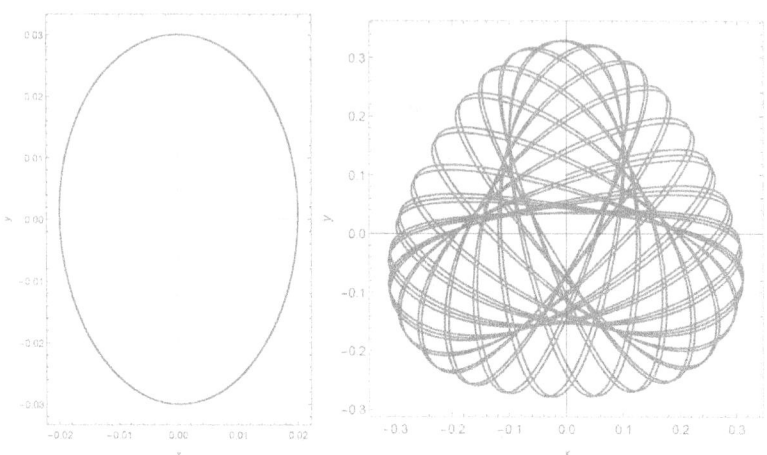

Figura 7.39: Izquierda: $E = 0.0001$, $x_0 = 0.02$, $y_0 = 0.001$, $p_{y0} = 0.03$. Derecha: $E = 0.05$, $x_0 = 0$, $y_0 = 0.1$, $p_{y0} = 0.1$.

Las ecuaciones de movimiento se obtienen sin problema con las ecuaciones de Hamilton, y forman el siguiente sistema de orden 1:

$$\dot{x} = p_x, \tag{7.9}$$
$$\dot{y} = p_y, \tag{7.10}$$
$$\dot{p}_x = -x - 2xy, \tag{7.11}$$
$$\dot{p}_y = -y - x^2 + y^2. \tag{7.12}$$

Como no podemos integrarlas analíticamente, vamos a explorar sus soluciones numéricamente, como hicieron Hénon y Heiles.[24]

Para energías muy pequeñas, las órbitas son sencillas y parecidas a las del oscilador armónico correspondiente al fondo del pozo del potencial (Fig. 7.39, izquierda). Para energías más grandes, o para otras condiciones iniciales, las trayectorias en el espacio 2D o en el espacio de fases 4D son complicadas de analizar (Fig. 7.39, derecha).

---

[24]Como nos interesa que se conserve la energía conviene hacerlo con un método simpléctico. Ver: G Abramson, *Física computacional (bit.ly/IntroFisCom)* (2020).

7.4. CAOS EN SISTEMAS HAMILTONIANOS

Figura 7.40: $E = 0.1$, $x_0 = 0$, $y_0 = 0.01$, $p_{y0} = 0.03$. Derecha: se muestra la trayectoria en el espacio de fases reducido (x, y, p_y), y el plano $x = 0$ que define la sección de Poincaré en el plano (y, p_y).

Una visualización más adecuada son las *secciones de Poincaré* que ya mencionamos.

Digamos que la trayectoria corta la sección S en x, y luego en $P(x)$, y así sucesivamente. Para el análisis nos quedamos sólo con los puntos x, $P(x)$, $P^2(x)$, ..., los puntos de intersección (Fig. 7.40). Es decir, el método convierte el sistema diferencial en un *mapeo iterado*, $P(x)$, y muchas propiedades se pueden analizar directamente en el mapeo. Si la órbita fuera periódica veríamos un solo punto, correspondiente al cruce de la sección una y otra vez por el mismo lugar. Pero las trayectorias no son periódicas. ¿Qué vemos?

En este problema, observemos el plano (y, p_y), y marcamos un punto cada vez que la estrella pasa por $x = 0$, como se muestra en la Fig. 7.40, derecha (con $p_x > 0$ o $p_x < 0$, por una simetría del sistema.[25]

---

[25]Ver Koonin and Meredith, *Computational Physics* (Addison-Wesley, 1990), p. 58.

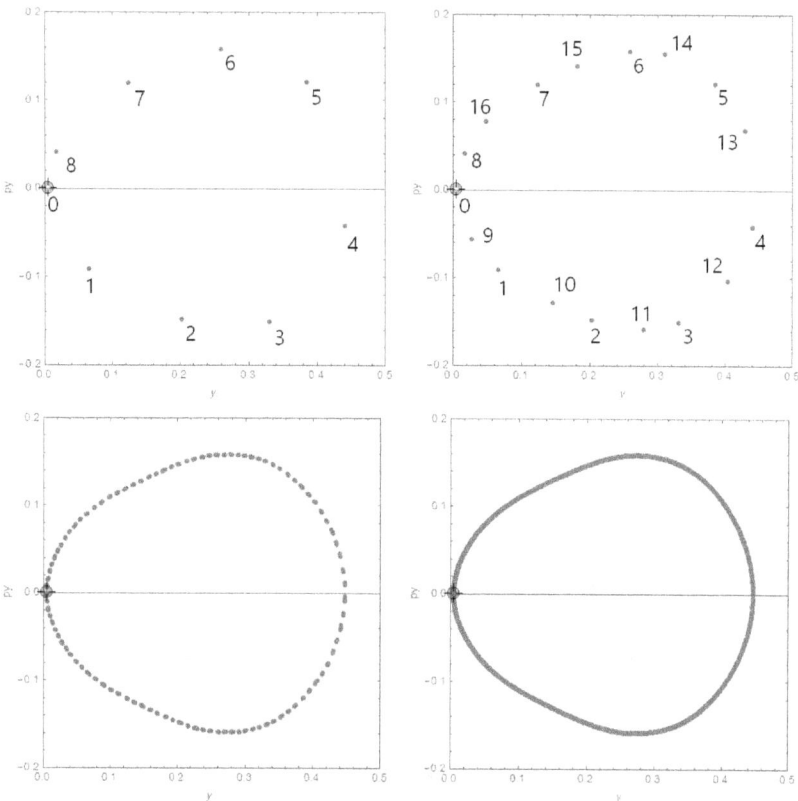

Figura 7.41: Secciones de Poincaré en el plano (y, p_y), para $E = 1/12$. Se muestra una misma condición inicial (cerca del origen) y trayectorias del mapeo hasta tiempos progresivamente más largos. En los paneles de arriba se indica el orden de los puntos del mapeo, que van llenando la curva a medida que la órbita da vueltas en el correspondiente toro en el espacio de fases.

7.4. CAOS EN SISTEMAS HAMILTONIANOS

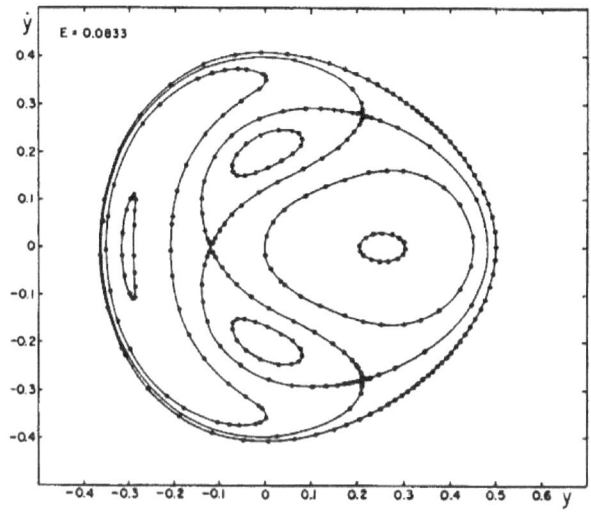

Figura 7.42: Secciones de Poincaré en el plano (y, p_y), para $E = 1/12$. Se muestran las órbitas para varias condiciones iniciales.

Empecemos con $E = 1/12$, Fig. 7.41. Es una energía pequeña, cercana al fondo del pozo del potencial, así que las trayectorias son parecidas a las elipses que ejecutaría un oscilador armónico. Los puntos sucesivos del mapeo caen sobre una curva cerrada y continua. Esto parece indicar que *sí* existe una tercera integral de movimiento, porque esto parece la sección de un toro, sobre el cual se está enroscando la trayectoria. Esta trayectoria no es periódica, pero tiene cierta regularidad. Le decimos *cuasi-periódica*.

Para la misma energía, pero otras condiciones iniciales, tenemos el panorama que se muestra en el Figura 7.42. La curva exterior señala el borde de la región accesible al sistema para esa energía. Dentro de ella vemos que hay cuatro regiones de curvas ovaladas, correspondientes a estas órbitas cuasi-periódicas. En medio de cada una de ellas hay *puntos fijos* del mapeo, de tipo *elíptico*. Separando estas regiones hay una trayectoria distinta. Es una única curva (recordar que estas curvas son trayectorias del mapeo), que se corta

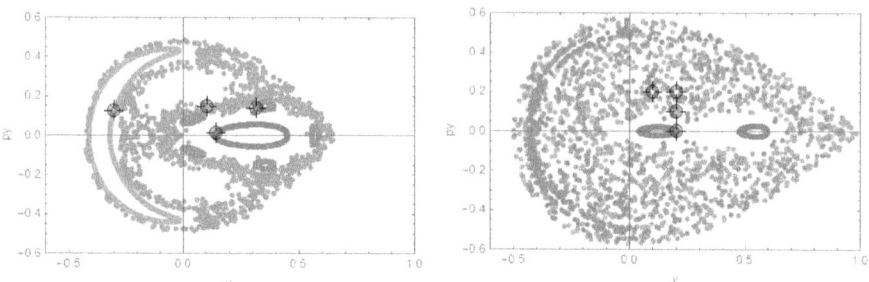

Figura 7.43: Secciones de Poincaré en el plano (y, p_y), para $E = 1/8$ (izquierda) y $E = 1/6$ (derecha). Se muestran las órbitas para varias condiciones iniciales.

a sí misma tres veces, en los *puntos hiperbólicos*. Estas tres componentes son las cruciales para lo que va a ocurrir a continuación. Los puntos hiperbólicos expulsan la órbita de su proximidad, y los puntos elípticos la pliegan a su alrededor. La acción conjunta produce un "amasado" del espacio de fases, con estiramientos y plegamientos sucesivos, que produce en el efecto familiar de un amasado de panadería: hacen desaparecer las condiciones iniciales.

Aumentando la energía a $E = 1/8$ pasa algo inesperado (Fig. 7.43, izquierda). Todavía existen las curvas cerradas rodeando los puntos elípticos. Pero entre ellas ya no hay una curva continua, sino lo que parece un salpicado irregular de puntos aislados.

Si seguimos su orden, parecen saltar de manera irregular en la sección del Poincaré: la trayectoria se hizo caótica. Los puntos que vemos son una sección de una única trayectoria caótica (un *atractor extraño*) del sistema hamiltoniano. Esta trayectoria corta el plano (y, p_y) en puntos al azar.

Aumentando más la energía ($E = 1/6$, Fig. 7.43, derecha) vemos que el caos domina casi todo el espacio de fases. Una manera de cuantificar cuánto caos hay sería graficar el área relativa de las regiones regulares para cada valor de la energía. Es lo que se muestra en la Fig. 7.44. El caos aparece en $E \approx 1/9$, y a partir de allí

7.4. CAOS EN SISTEMAS HAMILTONIANOS

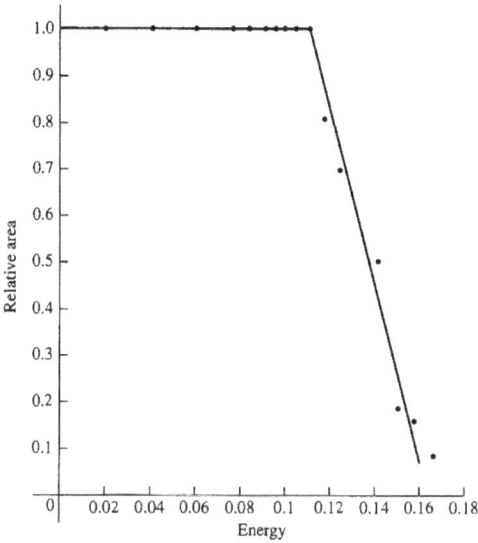

Figura 7.44: Fracción del espacio de fases del sistema de Hénon-Heiles ocupada por órbitas regulares, en función de la energía (del paper de Hénon y Heiles).

la región regular del espacio de fases se achica linealmente hasta el caos total en $E \approx 1/6$.

Otro aspecto inesperado es la existencia de "islas" de comportamiento regular (donde la tercera integral existe y es aislante, de las buenas) inmersas en el mar de caos (donde la tercera integral es no aislante), llamado "región ergódica". Por ejemplo, para $E = 1/8$ (Fig. 7.43) aparecen 5 islitas rodeando uno de los óvalos. Si uno hace un zoom en el mar caótico, se encuentra con una jerarquía de islas, apretadas y con características autosimilares. Esto hace que el atractor extraño tenga una estructura fractal, de dimensión menor que 2 en la sección de Poincaré.

Las trayectorias caóticas son sensibles a las condiciones iniciales, igual que las que vimos en el caso disipativo del péndulo forzado y amortiguado. De mismo modo puede estudiarse la separación exponencial de trayectorias correspondientes a condiciones iniciales vecinas, y caracterizarlas por un exponente de Lyapunov. Como son trayectorias embebidas en más dimensiones, hay que estudiar cómo se alejan en cada dimensión, y obtener varios exponentes ordenados: $\lambda_1 > \lambda_2 > \cdots$. Si el mayor de ellos es positivo, la órbita es caótica. Pero hay una cantidad de sutilezas para medirlos en casos concretos, de manera que existen distintas técnicas numéricas para calcularlos[26]. Lo más sencillo es calcular $\log(d_1/d_0)$, basado en la distancia normal a la trayectoria de referencia luego de un paso de integración. A continuación se renormaliza la condición inicial, a lo largo de esa dirección, para que vuelva a valer d_0, y se calcula un nuevo paso de integración, obteniendo $\log(d_2/d_0)$. Repitiendo el procedimiento un tiempo largo, se calcula el promedio de las $\log(d_i/d_0)$. Hay otras técnicas, que permiten calcular todos los exponentes usando un método variacional o mediante transformadas de Fourier de la trayectoria. Como dijimos, el estudio de estos sistemas se ha convertido en una ciencia en sí misma, de manera que nos detendremos aquí.

---

[26]C Skokos, *The Lyapunov Characteristic Exponents and their computation*. In: Souchay and Dvorak (eds.), *Dynamics of small solar system bodies and exoplanets*, Lecture Notes in Physics, vol 790 (Springer, 2010) (arxiv.org/abs/0811.0882v2) es un buen review reciente.

CAPÍTULO 8

PROBLEMAS

Algunos de los problemas de este capítulo están resueltos, con mayor o menor detalle, en el texto. Donde además, aquí y allá, hay muchos más problemitas sugeridos.

1. Repaso

1. Velocidad y aceleración en polares

En *coordenadas polares* las posiciones se describen utilizando el ángulo ϕ y la distancia al origen de coordenadas ρ. También se utilizan los versores $\hat{\rho}$ en la dirección radial y $\hat{\phi}$ que es perpendicular a ρ. Haga un diagrama.

Demuestre que (el punto sobre una letra indica $\frac{d}{dt}$):

$$\frac{d\hat{\rho}}{dt} = \dot{\phi}\,\hat{\phi},$$
$$\frac{d\hat{\phi}}{dt} = -\dot{\phi}\,\hat{\rho},$$

y con este resultado muestre que la velocidad radial es $\dot{\rho}\hat{\rho}$ y la velocidad tangencial es $\rho\dot{\phi}\hat{\phi}$. Calcule las componentes de la aceleración. ¿Si la componente radial de la aceleración es nula, implica que la componente radial del momento es constante?

Escriba la posición y la velocidad en coordenadas esféricas. Utilice los versores esféricos $\hat{\rho}$, $\hat{\theta}$ y $\hat{\phi}$. Si tiene curiosidad y paciencia, calcule además la aceleración.

2. La bolita en el aro I

Una bolita está enhebrada en un aro vertical que rota con velocidad angular ω constante respecto a su eje vertical. Escriba la energía mecánica de la bolita usando coordenadas esféricas. ¿Se conserva la energía mecánica?

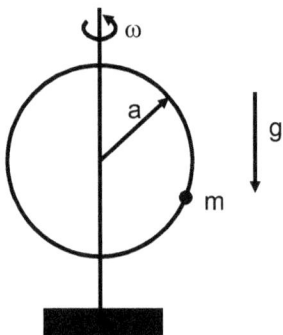

3. Energía mecánica I

Dos partículas de igual masa están unidas por una varilla de longitud a y masa despreciable. Una de las partículas está además articulada con un aro de radio a y masa despreciable. El aro gira con velocidad angular constante ω alrededor de un eje fijo que pasa por su centro y es perpendicular al plano del aro.

1. Calcule la energía mecánica de las dos partículas en función de las coordenadas cartesianas dadas por el sistema de ejes (fijo en el espacio) que se indica en la figura.

2. Escriba la energía mecánica en función de los parámetros del problema y de la coordenada angular θ.

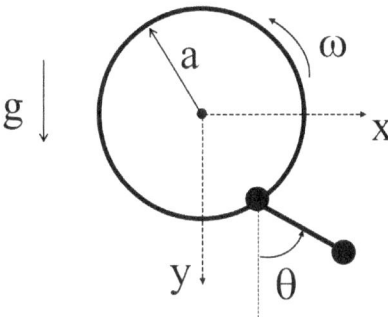

4. Energía mecánica II

Un bloque de masa M y una bola de masa m están unidas por una cuerda de longitud l que pasa por una polea (de masa y tamaño despreciables) tal como se indica en la figura. Los cuerpos sólo se pueden mover en la dirección vertical.

Calcule la energía potencial del sistema en función de las coordenadas cartesianas dadas por el sistema de ejes (fijo en el espacio) que se indica en la figura.

Escriba la energía potencial en función de los parámetros del problema y de la coordenada angular θ. Encuentre la posición de equilibrio. ¿Existe el equilibrio para cualquier valor de las masas y la longitud de la cuerda?

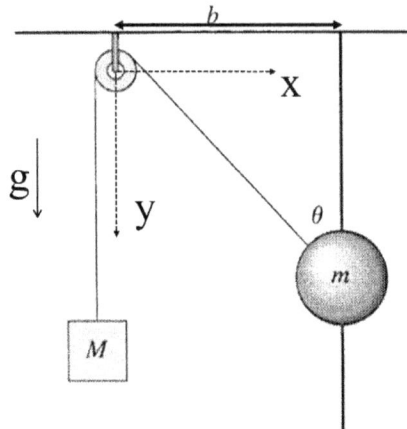

5. Conservación de la energía y el momento lineal

Una bola de nieve se tira contra un pared. ¿A dónde va el momento de la bola? ¿Qué ocurre con la energía mecánica de la bola?

6. Energía mecánica III

Considere el sistema de la figura (unidimensional y en ausencia de gravedad). El resorte central tiene longitud natural L y los otros dos l. La distancia entre las paredes es d. Escriba la energía mecánica del sistema.

7. Fuerza de vínculo

Se lanza una partícula por una vía horizontal sin rozamiento con velocidad v_0. A partir de determinado lugar la vía tiene forma circular, de radio R, como se indica en la figura. Calcule la fuerza de vínculo en función de la posición y la energía inicial de la partícula. Encuentre en qué punto se despega del aro en función de la velocidad inicial. Describa las posibles trayectorias. Calcule la mínima velocidad inicial (en km/h) que debe tener la partícula si el radio es $R = 10$ m para que logre dar la vuelta sin despegarse del aro.

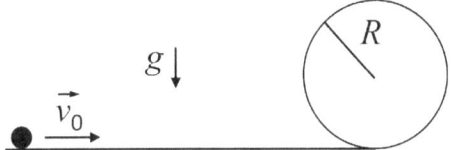

8. Plano inclinado

Se tiene una cuña de ángulo α y masa M apoyada sobre un piso horizontal. Sobre su hipotenusa desliza una partícula de masa m. No hay fuerzas disipativas de rozamiento. Actúa la fuerza de gravedad y suponga que a tiempo inicial ambos cuerpos están en reposo.

A partir de las cantidades conservadas calcule:

1. La trayectoria de la partícula.

2. El tiempo que emplea la partícula en caer desde la altura h.

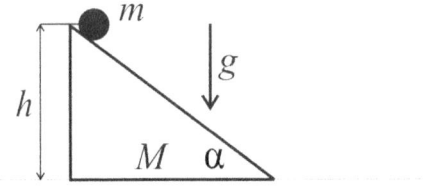

9. Pozos de potencial I

En el diagrama se grafica la energía potencial de un cuerpo en función de la posición x. Indique los puntos de equilibrio, describiendo en cada caso si son estables, inestables o indiferentes. ¿En qué zonas la fuerza es positiva?

Si el cuerpo tiene energía mecánica cero, ¿en qué zona(s) puede estar? ¿Dónde alcanza la máxima velocidad? ¿Cuál es la velocidad en los puntos de retorno?

Grafique las trayectorias para distintas energías en el plano (x, v_x).

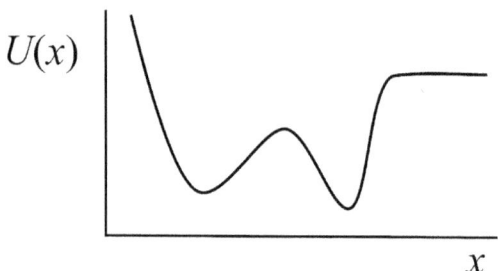

10. Pozos de potencial II

Una partícula está sometida a una fuerza $F(x) = -kx + \frac{a}{x^3}$, con $a > 0$ y $k > 0$.

1. Encuentre el potencial $U(x)$. Discuta los tipos de movimiento posibles. Halle las posiciones de equilibrio estable y encuentre una expresión para la solución general $x(t)$.

2. Discuta el comportamiento de la partícula en el límite $E^2 \gg ka$, donde E es la energía de la partícula. Si el movimiento fuera oscilatorio encuentre el período. Interprete.

3. Discuta el movimiento en el límite $E^2 \approx ka$. ¿Cuál es el período de las oscilaciones?

11. Serie de Taylor

Durante toda la materia será útil tener presente cómo se hace un desarrollo de Taylor en una o varias variables. Desarrolle las siguientes funciones a orden cuadrático alrededor del punto indicado:

- $f(x) = \cos(x)$ en torno a $x_0 = 0$.
- $f(x) = \cos(x)$ en torno a $x_0 = \pi/2$.
- $f(x,y) = \cos(xy)$ en torno a $(x_0, y_0) = (0, 0)$.
- $f(x,y) = \cos(xy)$ en torno a $(x_0, y_0) = (0, \pi/2)$.

2. Coordenadas generalizadas

1. Grados de libertad

Para cada uno de los sistemas de la figura indique el número de grados de libertad (suponga que el sistema es plano) ¿Cómo cambian los grados de libertad si suprimimos **g**? ¿Y si cambiamos los resortes por barras rígidas de masa despreciable?

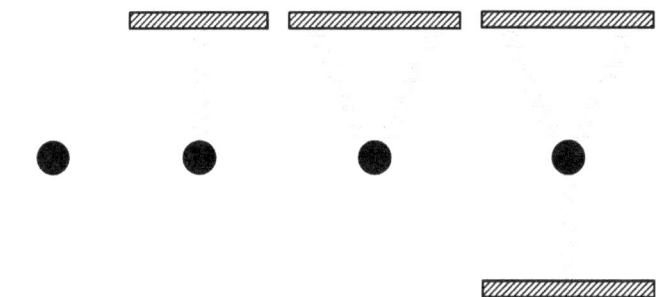

2. Coordenadas generalizadas

Considere los siguientes sistemas (ver también la figura). Indique en cada caso el número de grados de libertad y proponga coordenadas generalizadas adecuadas.

1. Dos partículas unidas por un resorte y que se mueven sobre una mesa (a).

2. El caso anterior, pero suponga que la mesa rota con $\omega =$ cte.

386   CAPÍTULO 8. PROBLEMAS

3. Dos partículas unidas por un resorte y que se mueven dentro de un tubo (c).

4. Dos partículas unidas por resortes a la pared y unidas entre sí por una barra rígida (d).

5. Dos péndulos sostenidos desde el mismo punto P. Discuta los casos P fijo y P móvil (e).

6. Una masa enhebrada en un alambre elíptico (f).

7. Una máquina de Atwood. Analice los casos en que la cuerda desliza y no desliza sobre la polea (g).

8. Una partícula puntual que cae por una esfera (h).

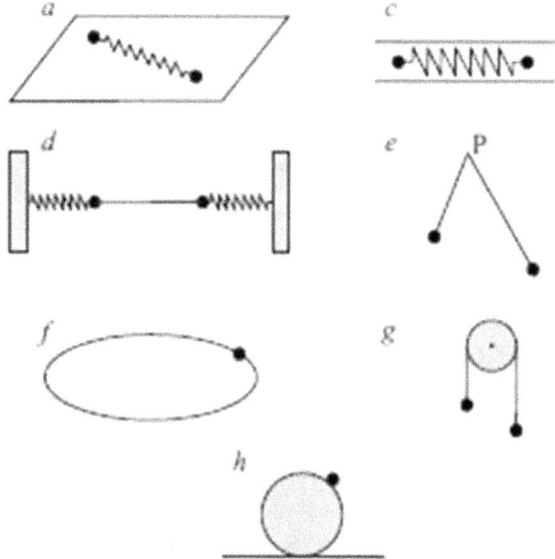

3. Péndulo plano

Considere un péndulo que sólo se puede mover en un plano vertical.

1. ¿Cuántos grados de libertad tiene el sistema?

2. Use el ángulo con respecto a la vertical como coordenada generalizada. Encuentre el lagrangiano y las ecuaciones de movimiento.

3. Ahora escriba el lagrangiano usando coordenadas cartesianas como si fueran independientes. Encuentre las ecuaciones de Euler-Lagrange y observe que son incorrectas. ¿Por qué? Discuta el rol del vínculo.

4. Cadena elástica

Considere el sistema de la figura (unidimensional y en ausencia de gravedad) Sean: $q_1 = x_1 + x_2$ y $q_2 = x_1 - x_2$, donde x_1 y x_2 se miden a partir de las posiciones de equilibrio.

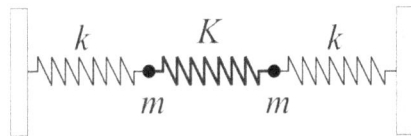

1. Demuestre que (q_1, q_2) definen un conjunto admisible de coordenadas generalizadas.

2. Utilice q_1 y q_2 para escribir el lagrangiano y resolver las ecuaciones de movimiento. Describa el movimiento de cada partícula en el caso en que $q_1 = 0$ o que $q_2 = 0$

3. Calcule las fuerzas generalizadas Q_1 y Q_2.

5. Péndulo con suspensión móvil

Sea un péndulo de masa m cuyo punto de suspensión tiene masa M y se desplaza en el mismo plano sobre una recta horizontal. Determine el número de grados de libertad, escriba el lagrangiano y encuentre las ecuaciones de movimiento (recuerde incluir la gravedad). Suponga que el sistema sólo se puede mover en un plano.

Verifique, usando las ecuaciones de movimiento obtenidas, que el centro de masa del sistema no tiene aceleración en la dirección horizontal. Combine las ecuaciones obtenidas para escribir una ecuación para el ángulo de apartamiento del péndulo de la vertical que sea independiente de la posición del punto de suspensión. Analice esa ecuación para el caso en que la amplitud de las oscilaciones sea muy pequeña (despreciando términos de orden cuadrático o superior en la amplitud) y concluya que la frecuencia de la oscilación es $\sqrt{1 + m/M}$ veces mayor que la del mismo péndulo colgando de un punto fijo. Interprete el resultado en los casos $m \ll M$ y $m \gg M$.

6. Honda

Se tiene una bolita enhebrada en un alambre que rota con velocidad constante ω ($\phi = \omega t$) (desprecie la masa del alambre). Considere que el movimiento es en un plano vertical en presencia de gravedad. ¿Cuántos grados de libertad tiene el sistema? ¿Cuáles son las ecuaciones de vínculo? Escriba el lagrangiano y resuelva las ecuaciones de movimiento.

Supongamos ahora que la barra gira libremente. ¿Se modifican los grados de libertad? ¿Puede usar las mismas ecuaciones de movimiento que obtuvo antes?

Finalmente, suponga que no hay gravedad. Encuentre una cantidad conservada. ¿Es la energía mecánica? ¿Por qué?

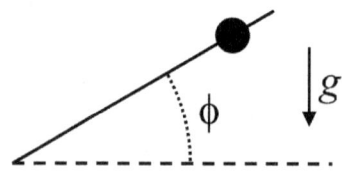

3. Mecánica de Lagrange

1. Partícula en un cono

Bajo la acción de la gravedad una partícula de masa m desliza sin rozamiento por una superficie cónica de apertura α.

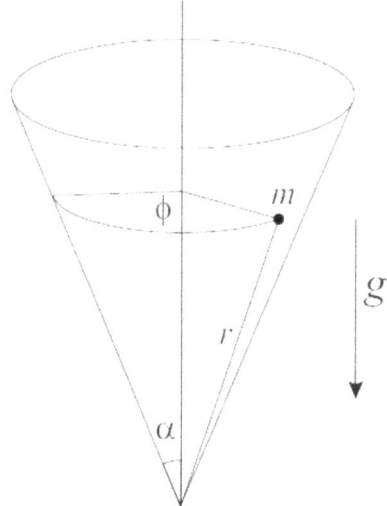

1. Determine las condiciones de vínculo, el número de grados de libertad y coordenadas generalizadas apropiadas. Escriba el lagrangiano y las ecuaciones de movimiento. Indique qué cantidades se conservan.

2. A partir del potencial efectivo del problema unidimensional equivalente, muestre que las órbitas circulares son posibles y halle el radio y la velocidad angular de la partícula en tales órbitas.

3. Halle los puntos de retorno r_{min} y r_{max} (correspondientes a mínimo y máximo apartamiento de la partícula del vértice del cono, respectivamente), para el caso en que $\alpha = \pi/6$ y las

condiciones iniciales sean: $r(t=0)=a$, $\dot{r}(0)=0$, $\dot{\phi}^2(0)=\frac{4\sqrt{3}g}{a}$ (r y ϕ están indicados en la figura).

4. Suponiendo a la partícula en movimiento circular, halle la constante del oscilador y el período de oscilación para pequeñas perturbaciones de este movimiento. Calcule el cociente entre este período y el de revolución. Observe cómo depende de α y describa cualitativamente el movimiento perturbado.

2. La cruz

Considere el sistema de la figura: una cruz formada por dos varillas, cada una enhebrando a una bolita de masa m. Estas últimas están unidas mediante una barra rígida de masa despreciable y longitud a que está articulada en los extremos de manera que las bolitas pueden deslizar sin rozamiento.

1. Indique el número de grados de libertad, escriba el lagrangiano, encuentre las ecuaciones de movimiento e indique qué cantidades se conservan en los siguientes casos:
   i) La cruz puede girar libremente y sin roce sobre su eje vertical.
   ii) La cruz gira con velocidad angular constante sobre su eje vertical.
   iii) La cruz *no* puede girar sobre su eje vertical.

2. Escriba y resuelva las ecuaciones de movimiento en un entorno del punto de equilibrio para el caso en que la cruz *no* pueda girar sobre su eje vertical. Describa el movimiento del sistema.

3. Defina un potencial efectivo y construya un problema equivalente de un solo grado de libertad para el caso en que la cruz pueda girar libremente y sin roce sobre su eje vertical. Grafique cualitativamente el potencial efectivo y describa el movimiento del sistema.

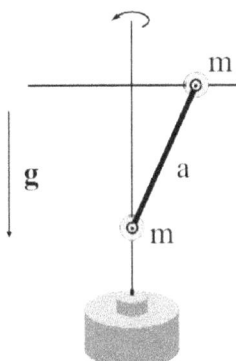

3. Bolita en un aro II

Una bolita está enhebrada en un anillo vertical que rota con velocidad angular constante respecto a su eje vertical. Determine los grados de libertad del sistema, escriba el langrangiano y halle las ecuaciones de movimiento (desprecie la masa del anillo). Describa el movimiento de la partícula. Halle las posibles posiciones de equilibrio de la bolita y discuta su estabilidad.

Resuelva nuevamente el problema suponiendo que el anillo puede girar libremente.

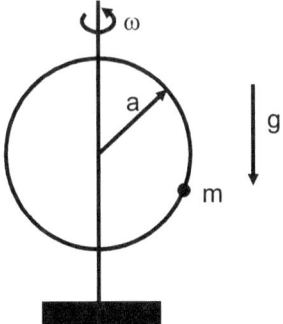

4. Péndulo loco

Escriba el lagrangiano de un péndulo plano (de longitud l) donde el punto de suspensión se desplaza uniformemente con velocidad angular ω por un círculo vertical de radio a.

5. Propiedades del lagrangiano

Muestre que:

1. Dos lagrangianos que difieren entre sí en una derivada total respecto del tiempo de una función que depende sólo de q y t conducen a las mismas ecuaciones de movimiento.

2. Dos lagrangianos que difieren en una constante multiplicativa conducen a las mismas ecuaciones de movimiento.

6. Fuerza de Lorentz

Sea una partícula libre de masa m y carga q en un campo electromagnético con potenciales ϕ y $\mathbf{A}$. ($\mathbf{E} = -\nabla\phi - c^{-1}\partial\mathbf{A}/\partial t$; $\mathbf{B} = \nabla \times \mathbf{A}$). Obtenga a partir del lagrangiano $\mathcal{L} = T - U$, donde $U = q\phi - qc^{-1}\mathbf{v} \cdot \mathbf{A}$, las ecuaciones de movimiento. Muestre que la fuerza aplicada sobre la partícula es la *fuerza de Lorentz*: $\mathbf{F} = q(\mathbf{E} + c^{-1}\mathbf{v} \times \mathbf{B})$.

7. Geodésica en un cilindro

Aplicando principios variacionales encuentre la trayectoria más corta entre dos puntos de la superficie de un cilindro.

8. Tobogán

Suponga que quiere evacuar un avión. Encuentre la forma del tobogán de emergencia de manera que los pasajeros lleguen al suelo en el menor tiempo posible. Considere que la puerta del avión está a

3. MECÁNICA DE LAGRANGE

una altura y_0 y que el otro extremo del tobogán está a una distancia d de la puerta.

9. Problema del bañero

Un guardavidas, en la playa, ve una persona pidiendo auxilio en el agua. Si el bañero corre a velocidad v_c y nada a velocidad v_n, ¿dónde le conviene entrar al agua para llegar a rescatar al ahogado en el menor tiempo posible? Piense en lo que sabe de óptica, antes de ponerse a calcular.

10. Rayo de luz

Suponiendo que la velocidad de la luz dentro de un material es proporcional a la coordenada y como se muestra en la figura, muestre que un haz de luz describe una trayectoria circular dentro de dicho material.

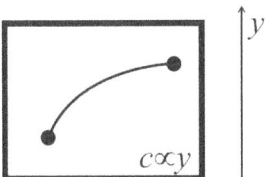

11. Disipación

Cuando existen fuerzas *no conservativas* las ecuaciones de Euler-Lagrange pueden escribirse de la forma:

$$\frac{d}{dt}\left(\frac{\partial \mathcal{L}}{\partial \dot{q}_i}\right) - \frac{\partial \mathcal{L}}{\partial q_i} = Q_i,$$

donde $\mathcal{L}$ es el lagrangiano conteniendo el potencial debido a las fuerzas conservativas, como de costumbre, y Q_i representa a las fuerzas que *no* se derivan de un potencial. Un caso frecuente es el de la fuerza de fricción viscosa, proporcional a la *velocidad*:

$$\mathbf{F} = -\mu\mathbf{v}.$$

Las fuerzas de este tipo pueden derivarse de una *función de disipación* de la forma:

$$\mathcal{F} = \frac{1}{2}\mu|\mathbf{v}|^2.$$

Suponga una partícula suspendida del techo por un resorte, que puede moverse sólo verticalmente, y sometida a una fuerza viscosa. Escriba el lagrangiano y la función de disipación. Luego calcule la fuerza generalizada y encuentre las ecuaciones de movimiento (recuerde incluir la gravedad).

La función de disipación tiene una conveniente interpretación física. Calcule el trabajo realizado por el sistema en contra de la fricción en un desplazamiento infinitesimal dy y encuentre su relación con la función de disipación.

(La conocida ley de Stokes, "seis pájaros nunca remontan vuelo", se deriva de esta manera.)

4. Simetrías y conservación

1. Simetrías del potencial

¿Qué componentes de **p** y **L** se conservan para el movimiento de una partícula en los siguientes campos?

1. Las superficies equipotenciales son planos.

2. El potencial es constante sobre superficies elipsoidales ($a \neq b \neq c$). ¿Qué pasa si $a = b$?

3. Campo debido a una red unidimensional de cargas positivas separadas entre sí una distancia d constante.

4. Las superficies equipotenciales son toros.

En este problema, y en algunos de los que siguen, puede resultar útil la siguiente idea. Considere una variable $\xi = \xi(x,y,z)$ que es constante en las superficies equipotenciales del problema. Por ejemplo, para el caso del potencial con superficies elipsoidales: $\xi(x,y,z) = x^2/a^2 + y^2/b^2 + z^2/c^2$. Con una elección de este tipo, el potencial será función de x, y y z exclusivamente a través de ξ: $U(\mathbf{r}) = U(\xi)$. Ahora, para ver si el potencial es invariante ante una transformación en las coordenadas ($\delta U = 0$), alcanza con analizar si la variable ξ lo es ($\delta \xi = 0$), ya que $\delta U = (dU/d\xi)\delta\xi$, donde la dependencia de U con ξ es arbitraria (es el cambio de U al pasar de una superficie equipotencial a otra).

2. Potencial helicoidal

Considere una partícula que se mueve bajo la acción de un potencial de la forma $U(\mathbf{r}) = U(\rho, k\theta + z)$, donde k es una constante y las coordenadas ρ, θ y z son cilíndricas (de modo que las equipotenciales tienen simetría *helicoidal*). ¿Se conserva alguna componente de $\mathbf{p}$ o $\mathbf{L}$? Halle alguna transformación de coordenadas que deje invariante $\mathcal{L}$ y calcule la cantidad conservada asociada.

3. Potencial central

Se tienen dos partículas de masas m_1 y m_2 que interactúan con un potencial $U = U(\mathbf{r}_1 - \mathbf{r}_2)$. Demuestre explícitamente que para que se conserve el impulso angular es necesario que $U = U(|\mathbf{r}_1 - \mathbf{r}_2|)$.

4. Todas las cantidades conservadas

Para un sistema con dos grados de libertad y un lagrangiano de la forma: $\mathcal{L} = \frac{1}{2}(c_1\dot{q}_1^2 + 2c_2\dot{q}_1\dot{q}_2 + c_3\dot{q}_2^2) - U(q_1 + q_2)$, donde q_1 y q_2 son las coordenadas generalizadas y c_1, c_2 y c_3 son constantes, encuentre *todas* las cantidades conservadas e indique a que simetrías corresponden. ¿Se conserva la energía mecánica?

5. Teorema de Noether generalizado

Ante un cambio de coordenadas $q_i \to q_i + \epsilon \gamma_i$ que deja invariante el lagrangiano ($\delta \mathcal{L} = 0$), el teorema de Noether garantiza la conservación de la cantidad $\sum_i \frac{\partial \mathcal{L}}{\partial \dot{q}_i} \gamma_i$.

En rigor, es suficiente que el cambio del lagrangiano sea igual a una derivada total con respecto al tiempo: $\delta \mathcal{L} = \epsilon \frac{d\Phi}{dt}$. En ese caso, el teorema se generaliza asegurando que la cantidad conservada es: $\sum_i \frac{\partial \mathcal{L}}{\partial \dot{q}_i} \gamma_i - \Phi$.

Considere una partícula en un campo gravitatorio uniforme.

1. Calcule el cambio en el lagrangiano $\mathcal{L}$ ante la transformación: $y \to y + \epsilon$ y halle la constante de movimiento asociada a esta simetría.

2. Use la constante hallada para obtener la trayectoria $y(t)$. Una vez hecho le resultará sencillo interpretar qué es lo que se conserva, ¿no?

5. Multiplicadores de Lagrange

1. Plano inclinado

Encuentre las ecuaciones de movimiento de una partícula de masa m que se desliza por un plano inclinado utilizando las ecuaciones de Lagrange. Utilice las coordenadas cartesianas que se proponen en la figura e incluya el vínculo utilizando un multiplicador de Lagrange (λ). Discuta el significado de λ.

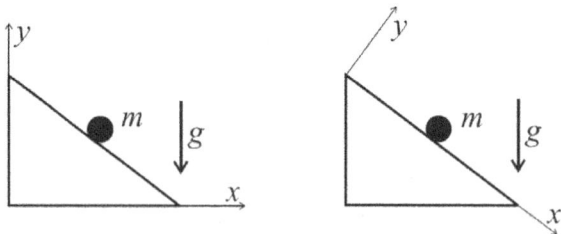

2. Mesa agujereada

Sean dos partículas de masa m_1 y m_2 unidas por un hilo, con una de ellas apoyada sobre una mesa. En el centro de la mesa hay un agujero por donde pasa un hilo, que sostiene la otra partícula colgando debajo de la mesa y sólo se puede mover verticalmente.

Encuentre el lagrangiano y las ecuaciones de movimiento. Incluya el vínculo dado por la cuerda utilizando un multiplicador de Lagrange (λ). Discuta el significado de λ.

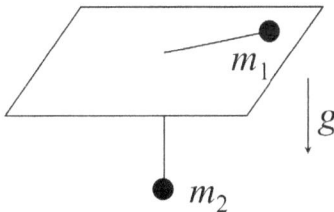

3. Plano inclinado móvil

Se tiene una cuña de masa M apoyada sobre un piso horizontal como se muestra en la figura. Sobre su hipotenusa desliza una partícula de masa m. No hay fuerzas disipativas de rozamiento: la cuña desliza sin roce sobre el piso, y la masa lo hace de la misma forma sobre la hipotenusa de la cuña. Actúa la fuerza de gravedad.

Calcule:

1. El tiempo que emplea la partícula en caer desde una altura h respecto del suelo, partiendo del reposo tanto m como M.

2. La trayectoria de m.

3. La fuerza de reacción que la cuña ejerce sobre la partícula.

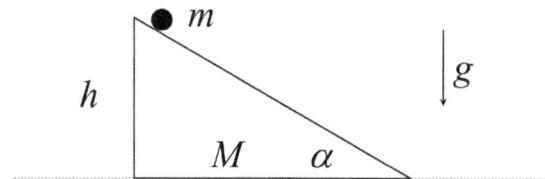

6. Fuerzas centrales

1. Potencial armónico

Considere una partícula de masa m que se mueve en un potencial armónico central $U(\mathbf{r}) = kr^2/2$, con k un constante positiva y $\mathbf{r}$ un vector en un plano.

1. Encuentre las ecuaciones de movimiento. ¿Que magnitudes se conservan?

2. Grafique el potencial efectivo y discuta como es el movimiento de la partícula para distintos valores de la energía.

3. Para un valor dado del momento angular encuentre la energía para la cual la trayectoria es circular.

4. Resuelva el problema unidimensional equivalente para energías cercanas a la de la órbita circular.

2. Caer en el pozo

Considere una partícula moviéndose en el espacio, sujeta a una fuerza dada por el potencial:

$$U(r) = -\frac{\alpha}{r} + \frac{\beta}{r^2},$$

donde r es la distancia al origen. Considere los parámetros: $\alpha > 0$ y $\beta \in \mathbb{R}$ (o sea: $\beta < 0$, $\beta = 0$ o $\beta > 0$).

1. Analice cualitativamente los tipos de órbitas posibles.

2. Obtenga las condiciones para las cuales la partícula puede caer dentro del potencial (es decir, $r \to 0$).

3. Escape del sistema solar

Suponga que la órbita de la Tierra es circular. La masa del Sol súbitamente se reduce a la mitad. ¿Se conserva la energía mecánica del sistema Tierra-Sol? Calcule la energía antes del catastrófico evento. ¿Como se compara la energía cinética con la energía gravitatoria? (es un caso particular del *Teorema del Virial*). Calcule la energía después de la reducción de la masa solar. ¿Qué órbita seguirá la Tierra? ¿Escapará del sistema solar? (Nota: No es necesario *calcular* ninguna órbita; y recuerde que $m_{Sol} \gg m_{Tierra}$.)[1]

4. Encuentro con un planeta

Considere un cometa de masa m que se acerca a un planeta (masa $M \gg m$) desde una distancia muy grande con energía $E > 0$. Este cometa sufre una desviación en su trayectoria por la interacción gravitatoria con el planeta y luego sigue su curso hacia el infinito y más allá.

1. Utilizando la conservación del momento lineal, demuestre que el cambio de velocidad del planeta es del orden de m/M y por lo tanto podemos suponer que el planeta permanece quieto.

2. Utilizando la ecuación de las órbitas:
$$r(\theta) = \frac{L^2/(km)}{1 + \varepsilon \cos \theta},$$

---

[1] Por disparatada que le parezca esta situación, este mecanismo podría ser el origen de muchas *runaway stars* y *rogue planets*, estrellas y planetas eyectados de sistemas donde una de las estrellas pierde la mitad de su masa debido a intensos vientos estelares o una explosión de supernova. (Astrophys. J. 544:L133 (2000) y referencias allí.)

donde $\varepsilon = \sqrt{1 + 2EL^2/(mk^2)}$ y L el momento angular, demuestre que el ángulo de deflexión del cometa vale:

$$\beta = 2\arccos(-1/\varepsilon) - \pi.$$

3. Grafique un esquema de la trayectoria del cometa y su vector velocidad en distintos puntos de la misma, indicando en el mismo a qué ángulo corresponde β.

4. ¿Cuál es la distancia r_{min} de mínimo acercamiento al planeta?

5. Para una energía E fija, grafique ε, r_{min} y β en función del momento angular L.

5. Viaje interplanetario

El método más eficiente para viajar entre los planetas es mediante una *órbita de transferencia de Hohmann*, que se muestra en la figura. El vehículo, que se encuentra en la proximidad del planeta P, aumenta su velocidad de manera que su nuevo afelio se encuentra en la proximidad del planeta P'. Al llegar debe cambiar nuevamente su velocidad, modificando su órbita para permanecer junto a P'. Calcule el tiempo de viaje de la Tierra a Marte suponiendo que las órbitas de los planetas son circulares y que los cambios de velocidad son instantáneos. (Como referencia, a ver si le da bien: el robot Curiosity fue lanzado el 26 de octubre de 2011 y aterrizó el 6 de agosto de 2012.)

6. Encuentro orbital

Los satélites SAC-X y SAC-Y se encuentran en la misma órbita circular de radio R alrededor de la Tierra. Sus radios vectores forman un ángulo α, como se ejemplifica en la figura. El Capitán Beto, al mando de SAC-X, tiene que reunirse con SAC-Y, para lo cual debe realizar una maniobra orbital. Enciende brevemente sus motores logrando reducir su velocidad tangencial una cantidad Δv,

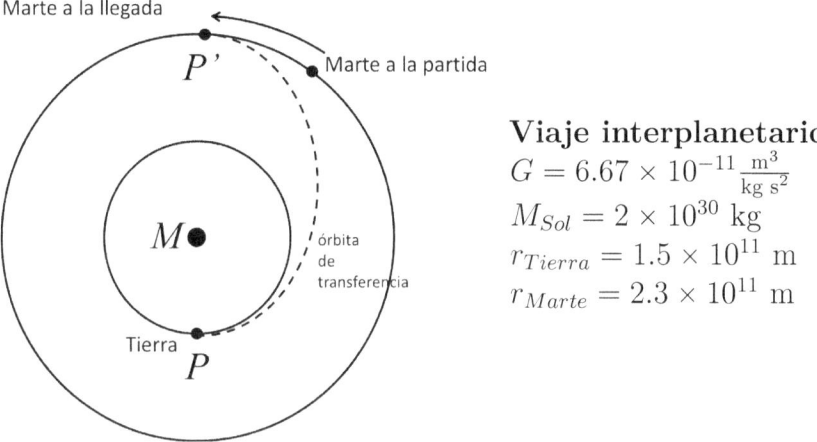

Viaje interplanetario
$G = 6.67 \times 10^{-11} \frac{\text{m}^3}{\text{kg s}^2}$
$M_{Sol} = 2 \times 10^{30}$ kg
$r_{Tierra} = 1.5 \times 10^{11}$ m
$r_{Marte} = 2.3 \times 10^{11}$ m

en un proceso que puede considerarse instantáneo. También, para no complicarse la vida al cuete (je), puede considerar a la Tierra puntual.

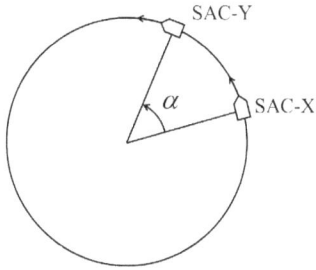

1. Calcule el semieje mayor de la órbita elíptica que sigue el Capitán Beto para que la posición de SAC-X coincida con la de SAC-Y al cabo de una órbita completa de su nave. Grafique y describa la maniobra.

2. Determine el ángulo máximo de separación inicial para el cual es posible lograr el acoplamiento en una sola órbita de SAC-X.

3. Calcule el valor de Δv necesario para lograrlo, en función de la velocidad tangencial inicial y el ángulo de separación inicial, y discuta cómo depende de α.

7. La precesión del perihelio

1. Considere una órbita descripta por el siguiente radio vector:

$$r(\phi) = \frac{a(1-\varepsilon^2)}{1+\varepsilon\cos(\alpha\phi)}, \qquad (8.1)$$

que para $\alpha = 1$ coincide con la órbita elíptica del problema de Kepler. ¿Qué forma tiene cuando $\alpha \neq 1$? Observe que cuando $\alpha \gtrsim 1$ la trayectoria es aproximadamente una elipse que precede. El movimiento de precesión puede describirse en términos de la velocidad de precesión del perihelio. Encuentre una expresión para la velocidad de precesión cuando α es próximo a la unidad.

2. *Perturbación gravitatoria.* Discuta el movimiento de una partícula en un campo central similar al gravitatorio, pero con un término adicional:

$$F(r) = -\frac{k}{r^2} + \frac{\delta}{r^3}.$$

En particular, muestre que la ecuación de la órbita puede escribirse de la forma (8.1). Escriba la órbita en términos de la cantidad adimensional $\eta = \delta/(ka)$, que es una medida de la magnitud del término de perturbación ($\eta \ll 1$).

3. *Precesión anómala del perihelio.* El perihelio de Mercurio precede a una velocidad de $40''$ de arco por siglo (descontando correcciones debidas a perturbaciones producidas por el resto de los planetas). La solución de esta perturbación anómala se logró mediante la Relatividad General (Einstein, 1915). Muestre que esta velocidad de precesión puede ser calculada sin

apelar a la Relatividad si $\eta = 1.42 \times 10^{-7}$, teniendo en cuenta que la excentricidad de la órbita de Mercurio es $\varepsilon = 0.206$ y su período $T = 0.24$ años.[2]

Ayuda: Observe que el problema se reduce al de Kepler, si se redefinen el momento y la variable angular apropiadamente. Por lo tanto *no* es necesario calcular nuevamente la órbita, si ya resolvió el problema de Kepler.

8. The Fall

En la película *Total Recall* (El vengador del futuro, 2012) se muestra un medio de transporte interesantísimo: conecta Inglaterra con Australia, no a lo largo de la superficie de la Tierra sino *atravesando el planeta*. Se llama *the Fall*, y es una especie de ascensor en caída libre. Acelera mientras baja hasta alcanzar una distancia mínima al centro de la Tierra, y a partir de ahí desacelera mientras sube del otro lado, llegando a destino con velocidad cero.

1. En la película el viaje tarda 17 minutos. ¿Le parece razonable? Calcúlelo. ¿Cómo se compara con el período de un satélite en órbita baja?

2. Calcule la velocidad máxima para un viaje a las antípodas. ¿Se le ocurren problemas de ingeniería asociados?

3. Calcule la profundidad y la velocidad máximas de un sistema para viajar de Bariloche a Buenos Aires. ¿Le parece realizable?

---

[2]Esta modificación de la ley de gravitación fue explorada por Newton para explicar el fenómeno, un hecho que salió a la luz recién tres siglos después cuando lo señaló Subrahmanyan Chandrasekhar en *Newton's Principia for the common reader* (1995).

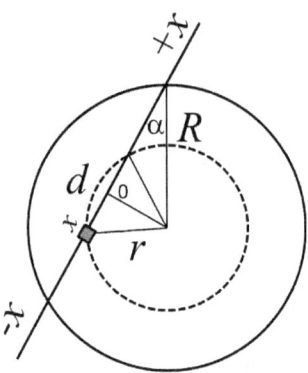

7. Colisiones

1. Sistemas de referencia

Encuentre la relación entre los ángulos de dispersión medidos en el sistema del Laboratorio y del Centro de Masa para una colisión elástica entre dos partículas de distinta masa. Recuerde que el sistema del Laboratorio es aquél en donde una de las partículas se encuentra inicialmente en reposo.

2. Esfera dura

Obtenga la sección eficaz diferencial y la sección eficaz total para un potencial de la forma:

$$U(\mathbf{r}) = \begin{cases} 0 & r > R, \\ \infty & r \leqslant R. \end{cases}$$

3. Potencial coulombiano

Calcule la sección eficaz diferencial $d\sigma/d\Omega$ correspondiente a la dispersión de una partícula por un centro de fuerzas fijo de potencial $U(\mathbf{r}) = Z/r$. ¿Cuál es la sección eficaz total?

4. Pozo esférico

Obtenga la sección eficaz diferencial debida a un pozo esférico de radio R, de potencial:

$$V(r) = \begin{cases} 0 & r > R, \\ -V_0 & r \leqslant R, \end{cases} \quad V_0 > 0.$$

5. Problema de Rutherford

¿Cuál es la probabilidad de que una partícula α de 5 MeV que atraviesa una lámina de oro de 1 mg/cm^2 sea deflectada a través de un ángulo comprendido entre $10°$ y $11°$?

6. Dispersión en una lámina

Un haz bien colimado de partículas α de 10 MeV bombardea una lámina metálica que contiene 1.048×10^{18} átomos/cm^2. Un detector cuya área es de 1 cm^2 se coloca a una distancia de 10 cm de la lámina, de forma tal que las partículas α difundidas incidan normalmente sobre el detector bajo un ángulo medio de $60°$ respecto a la dirección de incidencia original. Cuando la intensidad del haz de las partículas bombardeantes es de 1 μA, la velocidad de conteo en el detector (cuya eficiencia es del 100%) es de 6×10^4 partículas/seg. Calcule el número atómico del elemento que constituye la lámina difusora.

7. Sección eficaz de captura

Calcule la sección eficaz de captura debida a una esfera de radio R que atrae partículas con una fuerza que decrece como $1/r^2$.

8. Oscilaciones

1. Molécula lineal triatómica

El sistema unidimensional que se muestra en la figura se puede considerar como un modelo simplificado de la molécula de CO_2. Suponga que la longitud natural de los resortes es l_0.

Escriba el lagrangiano y encuentre las posiciones de equilibrio. Obtenga las frecuencias propias y los modos normales de oscilación. Describa el movimiento correspondiente a cada modo normal con un dibujo. De una expresión para la solución general del problema.

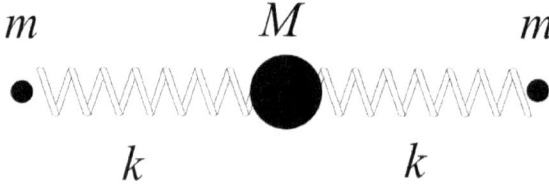

2. Péndulos acoplados I

Considere el sistema de la figura, consistente en dos péndulos simples idénticos de longitud l y masa m unidos por un resorte de constante k y restringidos a moverse en el plano de la figura. Suponga que la longitud natural del resorte es igual a la distancia entre los puntos de suspensión. Encuentre el lagrangiano, las posiciones de equilibrio y las frecuencias propias. Describa los modos normales y encuentre las coordenadas normales.

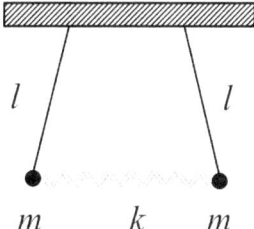

3. Péndulos acoplados II

Los puntos de suspensión de dos péndulos planos se encuentran unidos por una barra de masa M que se mueve libremente sólo en la dirección horizontal tal como se indica en la figura. Las partículas que componen cada péndulo tienen masa m, y la longitud de las sogas es l. Considere que $M = 2m$

Encuentre el lagrangiano en la aproximación de pequeñas oscilaciones. Encuentre las frecuencias propias de la oscilación y los modos normales. Describa el movimiento correspondiente a cada modo normal con un dibujo. Dé una expresión para la solución general del problema en la aproximación de pequeñas oscilaciones.

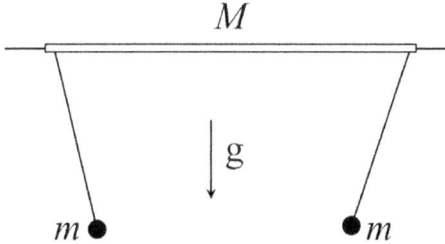

4. Resortes en un aro

Considere tres partículas, todas de masa m, enhebradas en un aro circular fijo. Tres resortes iguales, también enhebrados, conectan a las masas vecinas. Los resortes son de constante k y longitud natural nula.

1. Elija coordenadas generalizadas, escriba el lagrangiano. Encuentre las matrices **M** y **K** y las frecuencias propias de oscilación. Observe que hay una *degeneración*: dos frecuencias son iguales entre sí, y distintas de la tercera. Encuentre los modos normales de oscilación (¡ojo con la degeneración y con la normalización!) y describa el movimiento correspondiente a cada uno de ellos.

2. Considere que las constantes de los resortes son distintas. Muestre que en tal caso no hay degeneración, y que la degeneración sólo ocurre si $k_1 = k_2 = k_3$.

5. Hidróxido de cesio

La molécula de la figura es lineal en el equilibrio. Los tres átomos están sujetos a tres tipos de interacciones:

1. $V_{\text{Cs-O}} = 4\varepsilon \left[(\sigma/r)^{12} - (\sigma/r)^6 \right]$ donde ε y σ son constantes y r es la distancia entre los dos átomos (Cs y O).

2. Una interacción análoga O-H, pero 15 veces más débil.

3. Una interacción elástica de curvatura entre las uniones Cs-O-H con potencial $V = \frac{1}{2} k r_0^2 (\pi - \alpha)^2$, donde r_0 es la distancia entre los átomos de Cs y O a la cual $V_{\text{Cs-O}}$ tiene un mínimo.

Obtenga el lagrangiano de la molécula y las frecuencias características de oscilación en la aproximación de pequeñas oscilaciones. Se puede suponer que el átomo de Cs es mucho más pesado que el de O y que el de H.

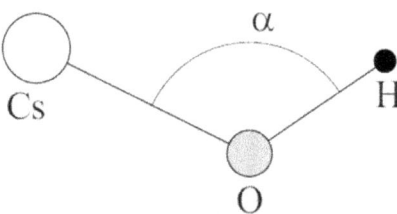

9. Cuerpo rígido

1. Rodadura

Considere una rueda cuyo centro se mueve con velocidad **v** con respecto a un observador fijo. Además, rueda sin deslizar sobre una superficie que se mueve con velocidad $\mathbf{v_0}$ con respecto al mismo observador. Escriba la condición de rodadura.

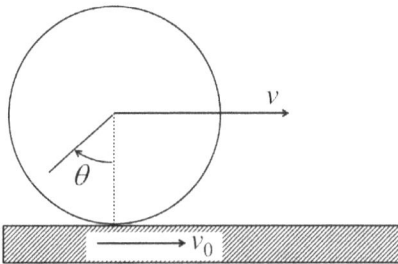

2. Velocidad angular

Escriba la velocidad angular del cuerpo en función de la coordenada indicada en las respectivas figuras. En los casos (a) y (b) los cuerpos son cilindros que ruedan sin deslizar sobre superficies fijas, y en el caso (c) el cuerpo es un anillo colgado de un vástago cilíndrico (fijo) sobre el que rueda sin deslizar.

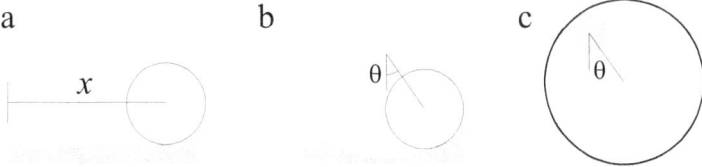

3. Rulemán

La figura muestra un modelo simplificado de un rulemán, que consiste en bolitas que ruedan sin deslizar entre una pista exterior fija y un eje interior que gira con velocidad angular ω.

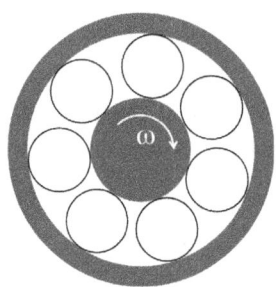

Cuando el eje gira, las bolitas avanzan sobre la pista a la vez que ruedan. Escriba la velocidad angular de las bolitas en función de ω. Observe que el centro de las bolitas se mueve describiendo un círculo alrededor del centro del eje. Describa este movimiento.

4. Tensor de inercia

Determine los ejes principales de inercia y calcule el tensor de inercia respecto del centro de masa para los siguientes sistemas:

1. Una barra rígida de largo l, masa m y diámetro ignorable.

2. Un cascarón esférico de radio exterior a e interior b, y de masa m.

3. Una esfera de radio r y masa m.

4. Una barra de hierro de longitud l y masa m_b unida rígidamente por sus extremos a sendas esferas de aluminio de radio r y masa m_e.

5. Un cubo de lado a con un hueco cúbico concéntrico de lado b, cuya masa total es m.

5. Cono acostado

Considere un cono apoyado sobre un plano horizontal. El cono rueda sin deslizar girando alrededor de un eje vertical que pasa por su vértice con velocidad angular Ω. Calcule la velocidad angular del cono y la energía cinética. ¿Cuál es el eje instantáneo de rotación?

6. Oscilaciones

Para oscilaciones pequeñas, calcule el período de los siguientes sistemas:

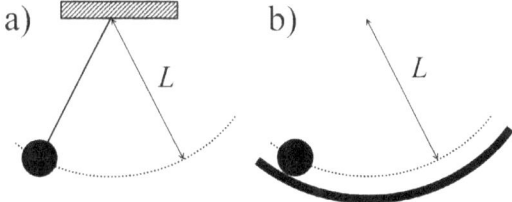

a. Una bolita que cuelga de un hilo inextensible de masa despreciable. Escriba el resultado en función de L, la distancia desde el punto de suspensión hasta el centro de masa de la bolita.

b. Una bolita que rueda sin deslizar sobre una pista fija, de modo tal que su centro de masa se mueve sobre la misma trayectoria que en el caso anterior.

Defina en cada caso una *longitud efectiva* para utilizar la clásica fórmula del péndulo de masa puntual.

7. Bote

Un cilindro semicircular uniforme de masa m y radio a está apoyado sobre un plano horizontal. Escriba el lagrangiano y las ecuaciones del movimiento para pequeños desplazamientos alrededor de la posición de equilibrio.

8. Bisagra

Se tienen dos placas de lados a y b cuyo espesor es despreciable. Una de ellas está fija por su centro de masa a un eje que gira con velocidad angular $\Omega = cte$. La otra placa está unida a la anterior por una bisagra de masa despreciable que le permite moverse como se indica en la figura.

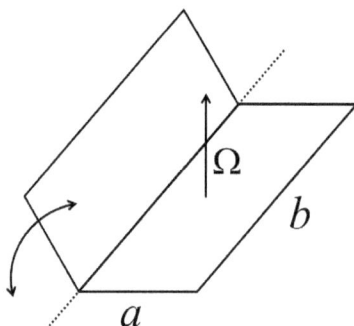

Encuentre el lagrangiano y las ecuaciones de movimiento. Defina un potencial efectivo para el problema unidimensional equivalente. Discuta el movimiento, encontrando si existen equilibrios estables o inestables, con y sin gravedad. En particular, analice cómo afecta la gravedad los puntos de equilibrio.

9. Cuerpos rígidos

Analice los siguientes puntos.

1. Muestre que la velocidad angular de rotación de un sistema de coordenadas ligado al cuerpo es independiente del sistema elegido.

2. Vea que si en un sistema de coordenadas o (fijo al cuerpo), $\mathbf{V}_o$ y $\boldsymbol{\omega}$ son perpendiculares, en el sistema o' (fijo al cuerpo), $\mathbf{V}_{o'}$ y $\boldsymbol{\omega}$ resultan perpendiculares.

3. Muestre que en el caso anterior las velocidades de todos los puntos del cuerpo rígido son perpendiculares a $\boldsymbol{\omega}$.

4. Muestre que si $\mathbf{V}_o$ y $\boldsymbol{\omega}$ son perpendiculares, entonces siempre es posible encontrar un origen o' cuya velocidad $\mathbf{V}_{o'}$ sea nula.

5. Vea que todos los puntos ubicados sobre una recta que pasa por o' y es paralela a ω, tienen velocidad cero. (Éste es el famoso eje instantáneo de rotación.)

6. Calcule la distancia del centro de masa al eje instantáneo de rotación.

7. ¿En que casos la energía cinética puede desacoplarse en un término de rotación más otro de traslación?

10. Rueda más resorte

Considere una rueda cuyo centro se encuentra unido a una pared mediante un resorte de constante k. Encuentre las frecuencias de pequeñas oscilaciones y describa cualitativamente el movimiento en los modos normales de oscilación. Suponga que el sistema rueda sin deslizar.

11. Péndulo doble

Considere un péndulo doble formado por dos barras rígidas delgadas e idénticas que se mueve en el plano bajo la acción de la gravedad. Encuentre las frecuencias de pequeñas oscilaciones y describa cualitativamente el movimiento de las barras en los modos normales de oscilación.

12. Apoyo tangente

Considere el sistema de la figura, en el cual la barra puede deslizar y girar respecto del eje z en su extremo superior mientras permanece apoyada de manera tangencial sobre la esfera. Hay gravedad y las esfera está fija. Determine el lagrangiano y las magnitudes que se conservan.

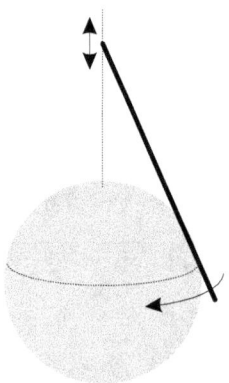

13. Subeybaja

Quizá alguna vez se haya puesto a oscilar un lápiz sobre su dedo mientras piensa. ¿Alguna se detuva a pensarpor qué oscila, o con qué frecuencia? En este ejercicio encontrará todas las respuestas. Considere que el lápiz puede ser representado por un segmento unidimensional de masa M y largo L, montado sobre un semicilindro de radio R. Considere además que el *lpiz*-segmento no desliza sobre el *dedo*-semicilindro. Escriba el lagrangiano del sistema y calcule la frecuencia de oscilación en la aproximación de pequeñas oscilaciones.

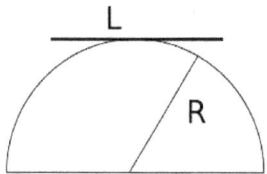

14. Placa colgada

Considere una placa rectangular de masa M y de lados L y ℓ. El sistema resultante cuelga de una varilla sin masa y de longitud

h. El sistema placa-varilla puede oscilar respecto a la vertical y rota alrededor del eje z con velocidad angular constante Ω.

1. Escriba el lagrangiano del sistema. Halle las magnitudes conservadas.

2. Defina un problema efectivo de una dimensión y determine si existe alguna posición de equilibrio. Discuta su estabilidad.

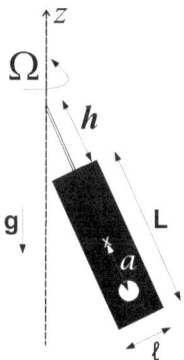

15. Placa colgada II

Una placa rectangular de masa m rota alrededor de un eje sin masa con velocidad angular constante Ω. Como muestra la figura, el eje es paralelo a una de las diagonales de la placa y se encuentra a distancia h de ella. Los lados de la placa son a y b, y el espesor es despreciable. CM marca el centro de masa, y el punto P se encuentra sobre el eje.

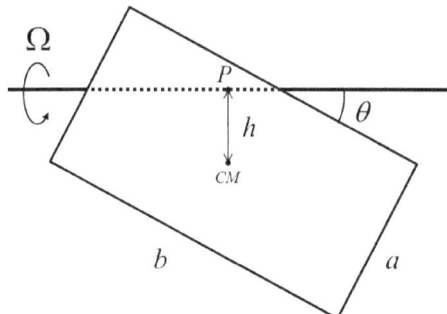

1. Calcule la energía cinética de la placa.

2. Calcule el momento angular **L** con respecto a P. ¿Coincide su dirección con la de la velocidad angular del cuerpo?

3. Calcule el torque con respecto al punto P. ¿En qué casos particulares se anula este torque?

16. Puerta

Una puerta de masa M y lados a, b y c se abre girando alrededor de una de sus aristas con velocidad angular Ω constante. Determine el momento angular y el torque con respecto a cada una de las bisagras. El resultado es sorprendente: se puede desencajar una puerta simplemente haciéndola mover muy rápido.

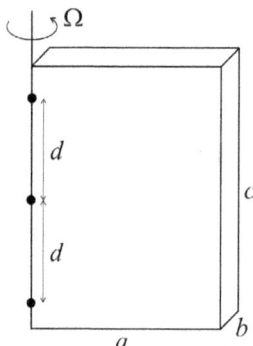

17. Molino

La figura muestra un modelo de una piedra de molino. La rueda puede girar alrededor de un eje horizontal que, en su otro extremo, está articulado a un vástago vertical. Éste gira con velocidad angular Ω como muestra la figura.

1. Calcule la velocidad angular de la rueda. Determine el momento angular con respecto al punto P. Esquematice ambos vectores en el dibujo del sistema.

2. Calcule la fuerza que hace la rueda contra el piso en el caso en que Ω se mantiene constante. (Suponga que la fuerza contra el piso es sólo vertical.) Este resultado también es sorprendente: la fuerza contra el piso es mayor que el peso, ¡lo cual ayuda a la molienda!

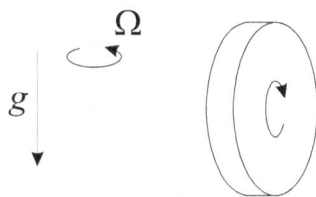

18. Trompo cayendo

Un trompo con un punto de apoyo fijo Q que inicialmente gira alrededor de su eje con velocidad angular ω (la velocidad de precesión es despreciable), toca el piso y casi instantáneamente (debido al rozamiento) pasa a rodar sin deslizar (ver figura).

1. Pruebe que la componente x de $\mathbf{L}_Q$ se conserva en el contacto ($\hat{\mathbf{x}} \parallel QP$). ¿Qué pasa con la energía?

2. ¿Cuál es la nueva velocidad angular del trompo una vez que empieza a rodar sin deslizar?

3. ¿Cuánto tarda el trompo en dar una vuelta alrededor de Q?

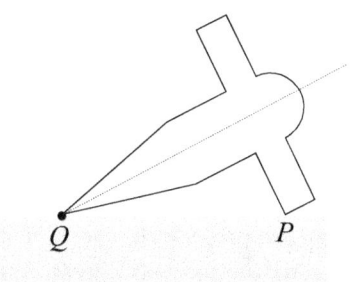

10. Mecánica hamiltoniana

1. Ecuaciones de Hamilton

Obtenga el hamiltoniano y las ecuaciones de movimiento de los siguientes sistemas. Indique las magnitudes conservadas. Haga también un esquema de las trayectorias en el espacio de fases.

- Un péndulo esférico (es decir, un péndulo simple no necesariamente restringido a moverse en un plano, colgado de un punto de suspensión y sin "techo").

- Un péndulo simple cuyo punto de suspensión tiene masa y se desplaza horizontalmente en el plano de oscilación.

- Un péndulo doble (un péndulo colgado de otro péndulo).

2. Bolita en un aro III

Una bolita está enhebrada en un anillo circular vertical de masa despreciable que rota con velocidad angular constante ω alrededor de su eje vertical. Obtenga el hamiltoniano y las ecuaciones canónicas. Encuentre el potencial efectivo. Halle las posibles posiciones de equilibrio de la bolita y discuta su estabilidad en función del valor de ω. ¿El hamiltoniano es igual a la energía? Haga un esquema de las trayectorias en el espacio de fases.

3. Calesita

Considere un disco plano horizontal de radio R, espesor h y masa M que puede girar sin fricción alrededor de un eje O que pasa por el centro. Sobre éste existe una guía de masa despreciable y sin fricción que permite el movimiento radial de una partícula de masa m unida al centro por un resorte de longitud natural nula. Calcule el lagrangiano y el hamiltoniano del sistema. Indique que magnitudes se conservan. Encuentre las ecuaciones de Hamilton. Reduzca el problema a uno unidimensional equivalente y dibuje el potencial efectivo.

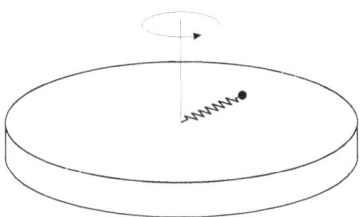

4. Esfera

Una partícula en un campo gravitatorio uniforme se mueve sobre la superficie de una esfera. El radio de la esfera varía en el tiempo, $r = r(t)$, de manera conocida. Obtenga el hamiltoniano y las ecuaciones canónicas. Discuta la conservación de la energía. ¿Es el hamiltoniano igual a la energía total?

5. Flujo en el espacio de fases

Dado un sistema mecánico conservativo unidimensional con espacio de fases descripto por las variables q, p suponga que a $t = 0$ se sabe que $q(0) \in (0,1)$ y que $p(0) \in (0,1)$, pero se desconoce el valor exacto de las variables dentro de estos intervalos. Explique si es posible que a tiempo $t = T > 0$:

1. La variable q podría tomar cualquier valor en un rango (a, b) con $b - a < 1$.

2. La dinámica podría ser tal que a tiempo $t = T$ sea necesariamente $p^2 + q^2 < 1/2$.

11. Transformaciones canónicas

1. Propiedades

Considere una transformación canónica de (q,p) a (Q,P) con función generatriz del tipo $F_2(q,P,t)$. Muestre que:

$$\mathcal{H}' = \mathcal{H} + \frac{\partial F_2}{\partial t}, \qquad p_i = \frac{\partial F_2}{\partial q_i}, \qquad Q_i = \frac{\partial F_2}{\partial P_i}, \qquad \frac{\partial p_i}{\partial P_j} = \frac{\partial Q_j}{\partial q_i}.$$

Repita para el caso de una transformación canónica de (q,p) a (Q,P) con función generatriz del tipo $F_4(p,P,t)$. En este caso muestre que:

$$\mathcal{H}' = \mathcal{H} + \frac{\partial F_4}{\partial t}, \qquad q_i = -\frac{\partial F_4}{\partial p_i}, \qquad Q_i = \frac{\partial F_4}{\partial P_i}, \qquad -\frac{\partial q_i}{\partial P_j} = \frac{\partial Q_j}{\partial p_i}.$$

2. Oscilador armónico

Encuentre la transformación canónica correspondiente a la función generatriz:

$$F(q,Q) = \frac{m\omega q^2}{2} \cot Q.$$

Utilice la transformación hallada para resolver el problema del oscilador armónico unidimensional de hamiltoniano : $\mathcal{H} = \frac{p^2}{2m} + \frac{m\omega^2 q^2}{2}$

3. ¿Caída libre?

El hamiltoniano de una partícula de masa m moviéndose verticalmente en un campo gravitatorio uniforme es $\mathcal{H} = \frac{p^2}{2m} + mgq$. Considere la transformación:

$$Q = -p, \quad P = q + ap^2,$$

donde a es una constante.

1. Demuestre que la transformación es canónica.

2. Calcule la función generatriz $F_1(q,Q)$ de la transformación canónica.

3. Encuentre el hamiltoniano en las nuevas coordenadas y luego determine un valor para la constante a, de modo que Q sea cíclica en el nuevo hamiltoniano.

4. Para esta elección de a, escriba y resuelva las ecuaciones de Hamilton para las variables Q y P. Encuentre q y p como funciones del tiempo. Interprete.

4. Corchetes de Poisson

Demuestre las siguientes propiedades de los corchetes de Poisson, siendo f, g, h funciones arbitrarias de p_i, q_i; $F(f)$ es una función de f, y c es una constante.

- $\{f, c\} = 0$
- $\{f, f\} = 0$
- $\{f, g\} + \{g, f\} = 0$
- $\{f + g, h\} = \{f, h\} + \{g, h\}$
- $\{fg, h\} = f\{g, h\} + \{f, h\}g$
- $\{f, F(f)\} = 0$
- $\frac{\partial f}{\partial q_i} = \{f, p_i\}$
- $\frac{\partial f}{\partial p_i} = -\{f, q_i\}$
- Muestre que si f y g son constantes de movimiento, también lo es $\{f, g\}$.

- Calcule explícitamente, para una partícula, los corchetes de Poisson de las componentes cartesianas de **L** con las de **p** y las de **r**. Además calcule $\{L_x, L_y\}$, $\{L_y, L_z\}$, $\{L_x, L^2\}$, donde $L^2 = |\mathbf{L}|^2$.

- Otras propiedades útiles (demostración optativa)

  - $\{f, g^n\} = n g^{n-1}\{f, g\}$
  - $\{g, F(f)\} = F'(f)\{g, f\}$
  - $\{f, \{g, h\}\} + \{g, \{h, f\}\} + \{h, \{f, g\}\} = 0$
  - $\frac{\partial}{\partial t}\{f, g\} = \{\frac{\partial f}{\partial t}, g\} + \{f, \frac{\partial g}{\partial t}\}$

5. Conservación

Considere un sistema de un grado de libertad con el siguiente hamiltoniano:

$$\mathcal{H}(q,p) = \frac{p^2}{2} - \frac{1}{2q^2}.$$

Usando el álgebra de los corchetes de Poisson, muestre que la siguiente magnitud es una constante de movimiento:

$$D = \frac{pq}{2} - \mathcal{H}t.$$

6. Oscilador oculto

Considere una partícula de masa m moviéndose en el plano de coordenadas $\mathbf{x} = (x_1, x_2)$ y cuyo lagrangiano es el siguiente:

$$\mathcal{L}(\mathbf{x}, \dot{\mathbf{x}}) = \frac{m}{2}|\dot{\mathbf{x}}|^2 - \frac{k}{2}|\mathbf{x}|^2 + \alpha\,\dot{\mathbf{x}}\cdot\mathbf{x}$$

donde · es el producto escalar de dos vectores.

1. Construya el hamiltoniano del sistema.

2. Suponga por un momento que $k = 0$. Demuestre que $p_i - \alpha x_i$, $i = 1, 2$, son cantidades conservadas.

3. Encuentre un cambio de coordenadas $(x_1, x_2, p_1, p_2) \longrightarrow (X_1, X_2, P_1, P_2)$ de modo que el nuevo hamiltoniano se reduzca al del oscilador armónico

$$\mathcal{H}(\mathbf{x}, \mathbf{p}) \longrightarrow \mathcal{H}'(\mathbf{X}, \mathbf{P}) = \frac{|\mathbf{P}|^2}{2m} + \frac{k}{2}|\mathbf{X}|^2 \quad (8.2)$$

¿Es una transformación canónica? Si así fuese, calcule la función generatriz.

7. TC infinitesimal

Considere la transformación canónica generada por

$$F_2 = \sum_i q_i P_i + \epsilon G(\{q\}, \{P\}),$$

donde ϵ es un infinitesimal. En este contexto, también se llama a G *función generadora*.

1. De las ecuaciones de transformación, muestre que $\delta p_i = -\epsilon \frac{\partial G}{\partial q_i}$ y $\delta q_i = \epsilon \frac{\partial G}{\partial p_i}$. En el caso particular en que q_i sea una coordenada cíclica, muestre que la transformación canónica generada por $G = p_i$ corresponde a la transformación de simetría asociada al carácter cíclico de q_i.

2. Muestre que el cambio en el hamiltoniano $\delta \mathcal{H} = \mathcal{H}(q_i + \delta q_i, p_i + \delta p_i) - \mathcal{H}(q_i, p_i)$ es proporcional a $\{\mathcal{H}, G\}$. Muestre, entonces, que las constantes de movimiento son funciones generadoras de transformaciones canónicas infinitesimales que dejan invariante al Hamiltoniano.

3. Ahora considere $G = \mathcal{H}(q, p)$ y $\epsilon = dt$. De las ecuaciones de transformación concluya que el movimiento de un sistema mecánico corresponde a una evolución continua de una transformación canónica infinitesimal generada por el hamiltoniano.

Nota: Le puede resultar de interés leer la sección 9.6 del libro de Goldstein 3a edición (8.6 de la 1a edición, 9-5 de la 2a).

8. Simetrías

El hamiltoniano de un sistema con dos grados de libertad, cuyas coordenadas canónicas son x_1, p_1, x_2, p_2, está dado por la expresión

$$\mathcal{H} = \frac{1}{2m}(p_1^2 + p_2^2).$$

Se realiza una transformación canónica de x_1, p_1, x_2, p_2 a nuevas coordenadas X_1, P_1, X_2, P_2. Se sabe que la transformación es tal que:

$$X_1 = x_1 \cos(\omega t) - x_2 \sin(\omega t), \quad X_2 = x_1 \sin(\omega t) + x_2 \cos(\omega t).$$

1. Encuentre P_1 y P_2 en función de x_1, p_1, x_2, p_2.

2. Obtenga la forma del hamiltoniano luego de la transformación.

3. Analice las simetrías continuas del sistema descripto en las nuevas variables: encuentre las cantidades conservadas y las transformaciones infinitesimales de simetría asociadas.

12. Sistemas dinámicos

1. Oscilador amortiguado

El movimiento de un oscilador armónico amortiguado se puede modelar con la siguiente ecuación diferencial:

$$\ddot{x} + \mu \dot{x} + \omega_0^2 x = 0, \quad \mu > 0.$$

Encuentre los puntos fijos y trace el cuadro (o retrato) en el espacio de fases (x, y), donde $y = \dot{x}$, para los siguientes casos:

12.. SISTEMAS DINÁMICOS

- Oscilador subamortiguado: $0 < \mu < 2\omega_0$.
- Oscilador sobreamortiguado: $\mu > 2\omega_0$.
- Oscilador con amortiguamiento crítico: $\mu = 2\omega_0$.

2. Doble pozo

Estudie el sistema de un grado de libertad definido por el siguiente hamiltoniano:

$$\mathcal{H}(p,q) = \frac{p^2}{2m} + a\,q^2 + b\,q^4.$$

Encuentre y clasifique los puntos fijos, y grafique las trayectorias en el espacio de fases. Considere los casos con a y b tanto positivos como negativos. Intente resolverlo sin hacer cálculos.

3. Linealización I

Encuentre y clasifique todos lo equilibrios del siguiente sistema dinámico:
$$\dot{x} = -x + x^3, \quad \dot{y} = -2y.$$

Dibuje el cuadro de fases del sistema completo ayudándose del comportamiento linealizado cerca de los equilibrios y de las nulclinas.

4. Linealización II

Analice el siguiente sistema dinámico:
$$\dot{x} = -y + a\,x(x^2 + y^2),$$
$$\dot{y} = x + a\,y(x^2 + y^2),$$

donde a es un parámetro. Muestre que la linealización del sistema predice *incorrectamente* que el origen es un centro para todo valor de a, cuando en realidad es una espiral estable para $a < 0$ e inestable para $a > 0$. (Pista: equis cuadrado más ye cuadrado...¡polares!)

5. No linealidad

Considere la ecuación diferencial ordinaria de segundo orden:

$$p(t)\,\ddot{x}(t) + q(t)\,\dot{x}(t) + r(t)\,x(t) = 0,$$

con $p(t)$, $q(t)$ y $r(t)$ dadas. Muestre que vale el *principio de superposición*: si $x_1(t)$ y $x_2(t)$ son soluciones, la combinación lineal $y(t) = a\,x_1(t) + b\,x_2(t)$ también es solución.

Ahora considere que el tercer término de la ecuación se reemplaza por $r(t)\sqrt{x(t)}$. Muestre que para la nueva ecuación no vale el principio de superposición.

6. Ecuación logística

Considere la *ecuación logística*:

$$\dot{x}(t) = r\,x(t)\left(1 - \frac{x(t)}{K}\right),$$

donde la tasa de crecimiento r y la capacidad de carga K son constantes positivas. Encuentre una solución analítica de esta ecuación no lineal haciendo el cambio de variables $y = 1/x$. (No tendrá muchas oportunidades en la vida de encontrar la solución exacta de una ecuación no lineal.)

7. Caos

La figura muestra la evolución de la separación de las soluciones de dos péndulos idénticos, cuyas condiciones iniciales difieren en 10^{-3} radianes. Estime el exponente de Lyapunov y decida si el movimiento es caótico.

12.. SISTEMAS DINÁMICOS

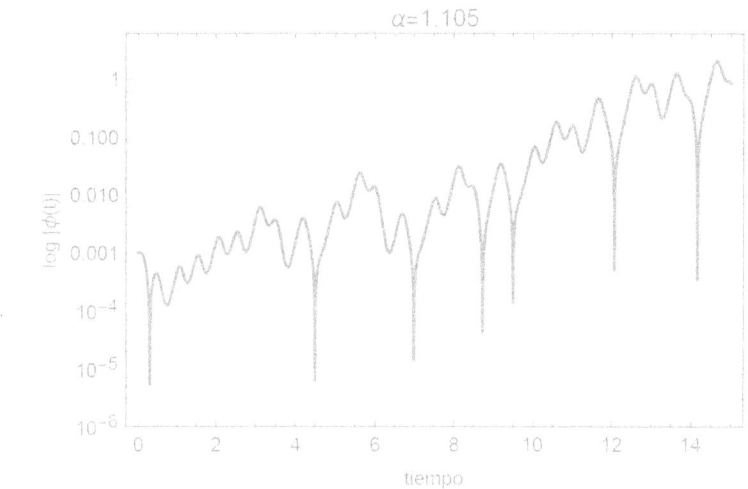

Suponga que conoce la posición inicial de este sistema con una precisión de 10^{-6} radianes, y que tiene que hacer una predicción de la posición del péndulo con una precisión de $1/100$ de radián. ¿Cuál es el tiempo máximo (el *horizonte temporal*) que le permite esta precisión?

Suponga que gasta un montón de dinero para mejorar la precisión de la posición inicial en un factor 1000, hasta 10^{-9}. ¿Cuál es el nuevo horizonte para la misma precisión de la predicción? ¿En qué factor ha mejorado con respecto al anterior? ¿Valió la pena?

8. Mapeo logístico

Los *mapas* o *mapeos* son sistemas dinámicos más sencillos que los sistemas diferenciales. Éste es el *mapeo logístico*:

$$x_{n+1} = r\, x_n(1 - x_n), \quad n \in \mathbb{N}.$$

Es una versión discreta de la ecuación logística: dado un valor inicial x_0 la solución es la secuencia $x_1, x_2, \ldots$ generada por la aplicación iterada del mapa. Pero, a diferencia de la versión diferencial, sus soluciones pueden ser caóticas. Si se da maña con la compu,[3] investigue las propiedades del mapeo logístico. Puede hacer, por ejemplo, un diagrama de bifurcaciones: tiene un punto fijo para r chico, que sufre una cascada de bifurcaciones a medida que el parámetro de control cruza los valores $r_1 = 3$, $r_2 = 3.449\ldots$, etc., llegando al caos en $r_c = 3.570\ldots$. Hay una ventana de período 3 alrededor de 3.84.

---

[3]Mitchell Feigenbaum lo hizo en 1975 con una HP65, así que no tenés excusa.

BIBLIOGRAFÍA

Estos son mis libros favoritos de Mecánica Clásica. Algunos textos adicionales, para temas puntuales, están citados como notas al pie de las referencias correspondientes.

[1] H Goldstein, C Poole and J Safko, *Classical Mechanics*, 3rd edition (Addison Wesley, 2002).

[2] JR Taylor, *Classical Mechanics* (University Science Books, 2005).

[3] D Morin, *Introduction to Classical Mechanics* (Cambridge University Press, 2008). (Este libro tiene muchos problemas resueltos.)

[4] JB Marion and ST Thornton, *Classical Dynamics of Particles and Systems*, 4th edition (Saunders College Publishing, 1995).

[5] LD Landau y E Lifshitz, *Curso Abreviado de Física Teórica*, libro 1 (MIR, 1982).

[6] VH Ponce, *Mecánica clásica* (EDIUNC, 2010).

ÍNDICE ALFABÉTICO

Acción, 38
Acoplamiento débil, 183
Afelio, 108
Ángulo sólido, 155
Ángulos de Euler, 262
Apoapsis, 101, 108
Apogeo, 101, 108
Asistencia gravitacional, 123
Asteroides troyanos, 142
Atractor extraño, 376
Atwood, George, 32
    Máquina de, 31, 32, 78

Baca menos caballo, 240
Bamboleo de Chandler, 257
Barn, 151
Barrera centrífuga, 98
Batido, 187
Bernoulli, Johann, 42
Bessel, Friedrich, 32
Bifurcación
    a período-2, 349
    Bolita en un aro, 36
    de Hopf, 336
    en 1D, 318
    pitchfork, 320
    saddle-node, 318
    transcrítica, 319

Bolita en un aro
    Análisis lagrangiano, 32
    Bifurcación, 36
    Cantidades conservadas, 60
    Energía mecánica y hamiltoniano, 60
    Potencial efectivo, 34, 62
Braquistócrona, 42

Cadena lineal, 205
Camino libre medio, 152
Campo magnético, 49
Cantidad de movimiento, 3
Caos, 341, 352, 357
    hamiltoniano, 357
Cascada de bifurcaciones, 349
Centro de masa, 92
Chandler wobble, 257
Ciclo límite, 332
Cicloide, 44
Cohete, 15
    Empuje, 17
    Velocidad final, 18
Colisiones, 149
Colisión elástica, 5
Competencia ecológica, 325
Condiciones de borde, 212

Conservación
   de la energía, 9, 60
   del hamiltoniano y de la energía mecánica, 64
   del momento angular, 8, 58, 95
   del momento lineal, 3, 56
   Teoremas de, 54
   y corchetes de Poisson, 309
   y simetría, 56
Constantes de movimiento, 309
Coordenadas
   cíclicas, 54
   generalizadas, 23
   ignorables, 283
   normales, 188, 195, 198
   polares, 26
   relativas, 92
Corchetes de Poisson, 304
Cuadro de fases, 277
Cuerpo rígido, 217
   Eje de rotación, 222
   Energía cinética, 225
   Momento angular, 237
   Velocidad angular, 219
Cálculo de variaciones, 37, 39

Degeneración, 184, 200
Depredación, 330
Diagrama de bifurcaciones, 318, 355

Ecuaciones
   de Euler, 246, 250
   de Euler-Lagrange, 41
   de Hamilton, 277
   de Lagrange, 42
Ecuación
   característica, 180, 195
   de Euler, 250
   de onda, 210
   logística, 314
Eje instantáneo de rotación, 222
Energía, 9
   cinética, 22
   de rotación, 227
   mecánica, 63
   potencial, 22, 70
Espacio
   de configuraciones, 25, 275
   de estados, 275
   de fases, 276, 287
   de fases 2D, 322
Estabilidad asintótica, 325
Estabilidad lineal, 315
Euler, Leonhard, 41
   ángulos de, 262
   Ecuaciones de, 246, 250
   Ecuación de, 250
   Teorema de, 83
Euler-Lagrange, ecuaciones de, 41
Excentricidad, 112, 114
Experimento de Geiger y Marsden, 160
Exponente de Lyapunov, 354

ÍNDICE ALFABÉTICO 433

Fermat, Pierre de, 39
   Principio de, 39
Frecuencia natural, 174
Frecuencias normales, 181
Fricción, 52
Fuerza
   central, 89
   conservativa, 9
   de Lorentz, 49
   de vínculo, 72
   disipativa, 52
   electromagnética, 49
   generalizada, 26
   gravitatoria, 90
   que depende de la velocidad, 49
Fuerzas centrales
   Ecuación de la órbita, 103, 104
   Ecuación radial, 97
   Órbitas integrables, 125
   Puntos de retorno, 100
Función de disipación, 52
Función generatriz, 298

Geiger y Marsden, experimento de, 160
Generador
   de una simetría, 66
   de una transformación canónica, 308
Grados de libertad, 24

Half pipe, 231
Hamilton, William Rowan, 21
   Ecuaciones de, 277
   Principio de, 37, 86
Hamiltoniano, 276
   de un bolita en un aro, 60
   Derivada temporal, 281
   y energía mecánica, 63
Honda gravitatoria, 123
Hooke, Robert, 172
   Ley de, 172
Huygens, Christiaan, 45
Hénon-Heiles, modelo de, 367

Integrales aislantes, 368

Kater, Henry, 32
Kepler, Johannes, 96
   Primera ley de, 112
   Problema de, 89, 99
   Segunda ley de, 96
   Tercera ley de, 115, 136

Lagrange, Joseph-Louis, 21
   Ecuaciones de, 22, 42, 45
   Multiplicadores de, 72
   Puntos de, 134, 139
Lagrangiano, 22, 86, 275
   Propiedades de scaling, 83
   Propiedades del, 82
Latus rectum, 112
Linealización, 324
Liouville, Joseph, 291
   Teorema de, 290
Lorentz, Hendrik Antoon, 49
   Fuerza de, 49
Lotka-Volterra, 330
Low Earth orbit, 116

Lyapunov, exponente de, 354

Malthus, 314
Masa reducida, 92, 93
Matriz
    de inercia, 179, 194
    de interacción, 179, 194
    modal, 197
Maxwell, James Clerk, 50
    Ecuaciones de, 50
Modos normales, 181
Momento
    canónico, 276
    conjugado, 276
    generalizado, 26, 276
Momento angular, 237
    intrínseco, 239

Newton, Isaac, 2
    Leyes de, 1
Noether, Emmy, 65
    Carga de, 67
    Teorema de, 65
Nulclinas, 323
Nutación, 269

Órbita
    abierta, 119
    acotada o no acotada, 106
    cerrada o no, 128
    de transferencia de Hohmann, 120
    Ecuación de la, 104
    Excentricidad, 110
    Período, 115
    Problema de Kepler, 106
    Secciones cónicas, 110
    terrestre baja, 116
Onda
    estacionaria, 212
    viajera, 211
Oscilaciones casi lineales, 345
Oscilador
    amortiguado, 176
    armónico, 172
    de van der Pol, 333
    no lineal, 332
Osciladores acoplados, 177

Parámetro de control, 318
Parámetro de impacto, 147
Pequeñas oscilaciones, 193
Periapsis, 101, 107
Perigeo, 101, 107
Perihelio, 107
Período-2, 349
Período-3, 354
Polinomio característico, 325
Potencial
    efectivo, 62
Potencial armónico, 172
Potencial efectivo
    Bolita en un aro, 34
    del problema de Kepler, 97
    Fuerzas centrales, 98
Precesión
    de un trompo, 268
    del perihelio, 101
    del perihelio de Mercurio, 129
    libre, 256

libre de un trompo, 244
Principio
 de superposición, 343
Principio de exclusión competitiva, 329
Principio de Hamilton, 37
Problema de Kepler
 Cónicas, 110
 Ecuación de la órbita, 104
 Excentricidad, 112
 Órbitas abiertas, 119
 Órbita, 106
Problema restringido de tres cuerpos, 134
Puntos de Lagrange, 134
Puntos de retorno
 Fuerzas centrales, 100
Puntos fijos, 315
Péndulo, 338
 amortiguado y forzado, 343
 doble, 188
 elástico, 29
 físico, 241
 plano, 27
Péndulos acoplados, 188, 200

Rayleigh, John William Strutt, Lord, 52
Relaciones constitutivas, 299
Relación de dispersión, 211
Rodadura, 223
Rutherford, Ernest, 145, 167

Saddle-node, 318

Satélite artificial, 116
Scaling, 83
Scattering
 ángulo de, 145
Sección de Poincaré, 360
Sección eficaz, 150
 de captura, 154
 de esferas duras, 151
 de ionización, 154
 de Rutherford, 160
 de scattering, 158
 diferencial, 155
 en distintos sistemas de referencia, 162
 total, 154
Sensibilidad a las condiciones iniciales, 352
Separatriz, 329
Simetría
 continua del lagrangiano, 65
 de gauge, 68
 de rotación, 58
 de traslación, 56
 de traslación temporal, 60
 del lagrangiano, 56
 del potencial, 70
Sistema de referencia, 1
 del centro de masa, 4, 94
 del cuerpo rígido, 219
 del laboratorio, 5
 en rotación, 247
 inercial, 2
 no inercial, 247
 Sección eficaz, 162

Sistema linealizado, 324
Sistemas de coordenadas, 2
Sistemas dinámicos, 285, 313
Sistemas integrables, 359
Sistemas lineales y no lineales, 342
Slingshot, 123
Spin, 239

Tensor de inercia, 228
Teorema
　de Euler, 83
　de Gauss, 294
　de las fuerzas conservativas, 10
　de Liouville, 290
　de los ejes paralelos, 234
　de Noether, 65
　de Steiner, 234
　de Stokes, 10
Toros invariantes, 360
Torque, 238
Trabajo, 9
Transformaciones canónicas, 297
　Función generatriz, 298
　infinitesimales, 307
　Relaciones constitutivas, 299
　Relaciones directas, 299
Transformaciones de contacto, 287
Transformación de Legendre, 280, 299
Transformada de Fourier, 212

Trayectoria, 11, 276
Trompo
　apoyado, 265
　asimétrico libre, 258
　simétrico, 243
　simétrico libre, 251
Troyanos, 142

Variedades estable e inestable, 329
Vector de Runge-Lenz, 306
Velocidad de fase, 288
Viajes interplanetarios, 120
Vínculos
　esclerónomos, 23
　Fuerzas de, 72
　holónomos, 23
　reónomos, 23

Guillermo Abramson es Doctor en Física, investigador del CONICET y profesor del Instituto Balseiro (Bariloche, Argentina). Realizó trabajo postdoctoral en Trieste, Italia, y en Dresde, Alemania, y actualmente es miembro de la División Física Estadística e Interdisciplinaria del Centro Atómico Bariloche. Su labor profesional se centra en el estudio de los Sistemas Complejos, y en particular el modelado matemático de sistemas ecológicos. Ha publicado más de un centenar de trabajos científicos, dirigido tesis y gestionado numerosos proyectos de investigación. El Dr. Abramson es también un entusiasta astrónomo y divulgador de la ciencia. Ha publicado *Viaje a las Estrellas: De cómo y con qué los hombres midieron el universo* (Siglo XXI) y *En el Cielo las Estrellas* (EDIUNC) y escribe semanalmente en su blog *En el Cielo las Estrellas* (guillermoabramson.blogspot.com).

Foto gentileza de Laura García Oviedo.

www.ingramcontent.com/pod-product-compliance
Lightning Source LLC
Chambersburg PA
CBHW052307220526
45472CB00001B/12